Qualité de l'eau en milieu rural

Savoirs et pratiques dans les bassins versants

Philippe Merot,
coordinateur

INSTITUT NATIONAL DE LA RECHERCHE AGRONOMIQUE
147, rue de l'Université, 75338 Paris Cedex 07

Collection *Update Sciences & Technologies*

Conceptual Approach to the Study of Snow Avalanches,
Maurice Meunier, Christophe Ancey, Didier Richard,
2005, 262 p.

© Cemagref, Cirad, Ifremer, Inra, 2006   ISBN : 2-7380-1214-0   ISSN (en cours)

Sommaire

Troisième partie. Les outils de la modélisation au service de la restauration de la qualité de l'eau

Introduction

Ph. Merot

Cet ouvrage présente les savoirs et savoir-faire développés ces dernières années concernant la pollution des eaux en milieu rural et la dynamique de restauration de sa qualité. La majorité des travaux présentés se situe en région d'élevage, dans l'arc atlantique et particulièrement en Bretagne. Un grand nombre d'acteurs, scientifiques, agents du développement, agriculteurs, agents de l'administration et des collectivités territoriales sont concernés et ont produit un nombre tout aussi grand de recherches, de travaux, de réflexions, et d'actions à tous niveaux. Le premier objet de cet ouvrage est de faire apparaître aux yeux du public les interactions importantes, construites, voulues par ces acteurs, et nécessaires pour à la fois :

- se saisir des questions sociétales, ici le problème de la dégradation de la qualité des eaux,

- les reformuler en questions de recherche,

- identifier les problèmes à l'aide de mesures et d'expérimentations, souvent sur le long terme,

- prévoir les évolutions à l'aide en particulier de la modélisation,

- rechercher des solutions, techniques et scientifiques,

- les traduire en terme d'action de reconquête, en trouvant les moyens de sensibilisation, d'adhésion et de mobilisation des acteurs de terrain.

Cet ouvrage se veut le reflet de l'ensemble des actions de ces différents partenaires qui œuvrent collectivement au service de ce bien commun qu'est la ressource en eau. Il est issu d'un colloque qui s'est tenu à Vannes les 20-21 et 22 avril 2004 : *"BV Futur : savoirs et savoir-faire sur les bassins versants"*. Ce colloque était le résultat d'un partenariat entre les chambres d'agriculture de Bretagne, porteuses de cette manifestation, des équipes de recherche de l'INRA, de l'institut fédératif de recherche CAREN (Centre armoricain de recherche en environnement), du Cemagref, des instituts de développement (Institut de l'élevage et Arvalis-institut du végétal), et enfin de la mission Bretagne Eau Pure, chef d'orchestre du plan d'action régional de reconquête de la qualité des eaux.[1]

Bien que ce colloque ait donné lieu à un recueil des communications (pour l'essentiel des résumés, hormis les communications de synthèse), il nous a semblé utile de proposer cet ouvrage-ci. Respectant la division en 4 thématiques, comme le colloque, cet ouvrage est profondément différent du recueil des communications. Nous avons effectué une sélection parmi les articles - privilégiant les synthèses, l'originalité et la complémentarité des thèmes traités - et demandé aux auteurs de développer leurs résultats.

On ne trouvera pas dans cet ouvrage une synthèse sur l'état de la qualité de l'eau en Bretagne. Il nous a semblé préférable de renvoyer le lecteur intéressé par ces aspects au site WEB de Bretagne–environnement, (http://www.bretagne-environnement.org/) où il trouvera toutes les données, actualisées ou plus anciennes, notamment en accédant aux tableaux de bord annuels de la DIREN.

Indicateurs et méthodologies de suivi des évolutions

Il s'agit ici :
- d'évaluer l'importance des changements de pratiques ;
- de mesurer l'efficacité des actions de reconquête de la qualité de l'eau ;
- de préciser le stade d'engagement des acteurs dans une opération.

L'article de Rousseau *et al.* traite, à partir de l'expérience de Bretagne-Eau-Pure, de la notion d'indicateur et de choix d'indicateurs susceptibles de répondre à des objectifs multiples, spécifiques des attentes exprimées par les différents acteurs impliqués. Au-delà des indicateurs techniques apparaît l'intérêt de recueillir des indicateurs permettant de mieux comprendre les comportements (et donc les freins et les moteurs) face à des techniques préconisées, et de percevoir les efforts de sensibilisation et de mobilisation qui restent à déployer avant de faire adhérer les acteurs à des projets d'action. Les contraintes de l'interprétation et de l'utilisation de ces indicateurs sont également évoquées ainsi que les enseignements de l'expérience régionale.

Un deuxième article de synthèse (Ombredanne *et al.*) aborde les indicateurs biologiques, qui, dans le cadre de la mise en place de la directive cadre européenne sur l'eau (DCE) vont devenir le passage obligé pour caractériser la qualité de l'eau, d'une façon plus pertinente et plus complète qu'un simple seuil de concentration.

---

[1] *Il faut souligner ici la participation au comité scientifique du colloque, de Philippe Augeard (CRAB), Paul Bordenave (Cemagref), Claude Cheverry (Agrocampus Rennes, Académie d'agriculture), André Le Gall (Institut de l'élevage) et Joël Thierry (Arvalis – Institut du Végétal) qui ont été rejoints par Patrice Plet, Laurence Ligneau, Jean-René Lucas (CRAB) et Sylvie Le Roy (Mission BEP) pour le comité d'organisation. Sans leur investissement, ni le colloque, ni cet ouvrage n'auraient vu le jour. Qu'ils soient ici remerciés. Soulignons également que beaucoup des travaux présentés ont bénéficié de financement dans le cadre du CPER.*

Trois articles plus courts apportent des éclairages nouveaux. L'article d'Aurousseau et Vinson, aborde le problème, controversé mais décisif pour l'avenir, de l'évolution sur le long terme des teneurs et flux en nitrates, et des cycles climatiques qui interagissent avec cette évolution à long terme. On retrouvera dans l'article proposé par G. Gruau *et al.*, les mêmes tendances cycliques sur le carbone organique dissout, nouveau polluant préoccupant. Enfin Grimaldi *et al.* présentent les conclusions d'une action qui articule l'approche du bassin versant, bien reconnue maintenant, à une approche centrée sur l'hydrosystème "rivière". Cette articulation redonne un poids, sous estimé jusqu'ici, aux processus dans ou proches de la rivière qui permettent d'aborder ainsi la qualité biologique des hydrosystèmes (demandée par la DCE).

Outil et techniques innovants

Le deuxième thème : « outil et techniques innovants : utilisation et efficacité à l'échelle des bassins versants pour la fertilisation, la protection des cultures et l'aménagement rapporte un certain nombre d'expériences tournées vers l'action. Trois articles présentent une synthèse sur les phytosanitaires, l'azote et le rôle régulateur du paysage :
- maîtrise des risques et des outils de diagnostic pour améliorer la gestion de la protection phytosanitaire, identification et évaluation des leviers d'action (Heddadj *et al.*) ;
- maîtrise des flux d'azote et de phosphore à l'échelle de l'exploitation et évaluation de son incidence sur la qualité de l'eau à l'échelle d'un bassin versant (Chambaud *et al.*) ;
- rôle des aménagements du paysage dans la gestion des milieux à l'échelle d'un bassin versant, en considérant que le territoire agricole est aussi composé d'espaces interparcellaires (Baudry *et al.*).

Chacune de ces synthèses est illustrée dans les articles qui suivent : effet du non-labour (Heddadj *et al.*), effet de l'enfouissement d'un couvert (Besnard et Kerveillant), gestion parcellaire de l'érosion, à partir de l'expérience de la Haute-Normandie (Ouvry et Lhériteau). Enfin 2 articles proposent des méthodes de caractérisation spatiale du risque parcellaire appliquée à la problématique du ruissellement, (Le Gouée) ou à celle de la couverture hivernale des sols et notamment des CIPAN (cultures intermédiaires pièges à nitrates ; Hubert-Moy *et al.*).

C'est assurément un thème sur lequel cet ouvrage ne donnera qu'une idée atténuée du foisonnement des initiatives et des expériences.

Outils de la modélisation au service de la restauration de la qualité des eaux

Le troisième thème traite des outils de la modélisation au service de la restauration de la qualité des eaux. En effet, la modélisation, les modélisations, - c'est un truisme de le dire - sont des outils indispensables à l'activité de recherche des connaissances mais aussi à l'action. Ces outils permettent de représenter la réalité, de vérifier des hypothèses et de généraliser des données expérimentales forcément limitées, quand il s'agit de transposer et d'extrapoler.

Les deux exposés initiaux rendent compte de l'apport de la modélisation à 2 questions centrales, quand on s'intéresse aux relations entre l'agriculture et la qualité des eaux. Le premier problème est celui du temps de réponse / temps de transfert des eaux (et des polluants associés). Il s'agit notamment d'évaluer la durée de la période qui sépare la mise en place d'une politique active de maîtrise des excédents et des polluants, et le moment où cela se traduira en terme d'amélioration de la qualité des eaux. Le deuxième est celui de l'approche spatiale et du rôle de la mosaïque paysagère dans le transfert des polluants. Gascuel & Aquilina comme Durand soulignent que ces modèles sont là pour répondre à l'hétérogénéité du milieu, à la multiplicité des processus qu'il faut ordonner et hiérarchiser, à la variabilité temporelle à différentes échelles, clé de la compréhension des réponses observées aux exutoires des bassins versants sur lesquels des actions sont entreprises.

Ces modèles sont également de plus en plus à la base de scénarios d'évolution des pratiques et des aménagements. C'est le cas de l'application à l'azote présentée par Bordenave. Le modèle proposé par Cordier *et al.* appliqué au problème des pesticides est plus prospectif, s'appuyant sur des outils de représentation des connaissances et d'intelligence artificielle. Les contributions suivantes visent à évaluer des effets complexes à une échelle plus locale comme l'effet des haies (Thomas), des cultures intermédiaires. Le thème se clôt sur une réflexion concernant le phosphore, cible peu suivie jusqu'ici, mais préoccupante dans un terme très proche (De Barmon).

La mobilisation des acteurs

Les communications précédentes nous ont montré l'existence de connaissances scientifiques et techniques à la disposition des acteurs locaux pour participer à des solutions à la plupart des problèmes posés par la reconquête de la qualité de l'eau. Le quatrième thème traite de la mobilisation des acteurs, des freins et des leviers aux changements, tels qu'ils sont révélés par les sciences humaines et sociales à la lumière de l'expérience acquise.

Car nous avons tous conscience qu'à eux seuls, les outils et les techniques ne viendront probablement pas à bout de la restauration de la qualité de l'eau. Pour agir sur la qualité de la ressource, il faut agir sur les leviers intermédiaires : protection du sol, mise en place de pratiques durables et bien sûr, mobilisation des acteurs et notamment des agriculteurs.

Les deux premiers articles cadrent ce quatrième thème à partir d'une réflexion, d'une part sur les dispositifs d'action collective appliqués à la gestion de l'eau (Steayert), et d'autre part sur le positionnement des conseillers agricoles face à ces nouveaux enjeux (Brive). Les six articles qui suivent présentent un échantillonnage très riche des expériences actuelles : méthodes de prospective (Narcy *et al.*), diagnostic participatif (Desnos), recensement participatif (Cogne et Le Luron) appliqué notamment à la définition collective du réseau hydrographique, point très délicat dans les parties amont de bassin, et différents schémas de construction d'une concertation (Bégué *et al.*, Herault et Sigwalt; Soulard *et al.*).

Puis, A. Rickard nous apporte de son côté l'expérience assez aboutie de la Cornouaille et du Devon où un programme pionnier de restauration des rivières est engagé depuis 1984. On verra l'intérêt de connaître cette expérience de mobilisation exemplaire des acteurs dans une région qui comme l'Ouest de la France, est dépendante de ses ressources en eau superficielle et possède une haute valeur agricole, patrimoniale et touristique.

Enfin, je voudrais remercier l'ensemble des auteurs qui ont contribué à cet ouvrage. Ils se sont tous pliés volontiers au travail de rédaction, de correction et d'harmonisation demandé par le comité de lecture. Je rappelle ici qu'ils restent cependant responsables du contenu de leur article. J'espère que les lecteurs trouveront dans ce document autant d'intérêt que nous avons eu à le construire.

Partie 1

Qualité de l'eau : indicateurs et méthodologies de suivi des évolutions

Des actions efficaces dans les bassins versants : des indicateurs au service des acteurs

C. Rousseau, Y. Le Troquer, V. Vincent, J.-C. Carn, L. Ligneau, J.-R. Lucas, S. Leroy, O. Michel.

Introduction

Depuis plusieurs années, des opérations de restauration de la qualité de l'eau sont mises en œuvre en réponse à une problématique « alimentation en eau potable » ou « algues vertes ». En France et dans bien d'autres pays européens, il a été décidé, concernant les eaux superficielles, de travailler à l'échelle du bassin versant. La future directive cadre européenne (DCE) sur l'eau 2015 semble également valider ce choix au niveau européen.

Le bassin versant est une entité géographique adaptée aux actions de restauration de la qualité de l'eau. L'échelle est celle des masses d'eau identifiées sur lesquelles des priorités peuvent être définies, et les résultats évalués grâce à l'exutoire unique où se focalisent les observations. Le bassin versant permet de concentrer les énergies et les actions, de sensibiliser, de mobiliser et de faire se rapprocher des acteurs locaux susceptibles d'agir sur cette qualité (industriels, agriculteurs, élus des collectivités, particuliers…). La restauration de la qualité de l'eau ne peut être que le fruit d'un objectif partagé et d'actions concertées. D'autres niveaux d'actions (communes, cantons…) peuvent s'avérer complémentaires, voire indispensables.

Le problème initialement posé est celui de la qualité de l'eau, dont les critères techniques sont suivis avec des indicateurs spécifiques par des organismes spécialisés tels la DDASS[1], la DIREN[2], l'IFREMER[3]. Cette qualité de l'eau est le but final sur lequel les regards de tous restent rivés. Elle est cependant l'aboutissement de nombreux paramètres dont

---

[1] Direction départementale des affaires sanitaires et sociales.
[2] Direction régionale de l'environnement.
[3] Institut français de recherche pour l'exploitation de la mer.

certains sont encore mal maîtrisés. Des efforts sont à poursuivre sur les moyen et long termes, la recherche nous le confirme régulièrement. Dans les programmes bassins versants, l'action privilégie la préservation voire l'amélioration de la ressource, en associant plusieurs types d'acteurs. Son efficacité doit être évaluée : pour cela, il est nécessaire d'utiliser des clefs de lecture, des indicateurs spécifiques. Il a donc fallu se mettre d'accord progressivement, au-delà des indicateurs spécifiques de qualité de l'eau, sur des indicateurs pertinents et efficients. Les indicateurs le plus souvent suivis aujourd'hui, que ce soit au niveau de l'exploitation, du bassin versant ou de la région, concernent les pratiques. La motivation des acteurs du territoire à agir ou le degré de conscience et de sensibilité à la problématique sont rarement pris en compte. Suivre ces aspects permettrait pourtant de mesurer l'appropriation des changements, la durabilité des nouveaux comportements.

Les indicateurs servent à quantifier, mais ils ne sont pas une fin en eux-mêmes. Leur intérêt consiste d'abord à donner des bases pour une analyse et pour un partage du constat. Croiser les indicateurs permet de conforter les conclusions. Ensuite, il faudra approfondir la communication, la définition et le pilotage des actions concrètes, la mobilisation sur des enjeux devenus plus clairs. L'utilisation des indicateurs permettra de faire savoir aux différents acteurs concernés si les objectifs sont effectivement atteints ou en voie de l'être.

Après plusieurs années de programmes de restauration de la qualité de l'eau, en Bretagne mais aussi dans d'autres régions, les premiers résultats significatifs se confirment. Leur mise en pratique par un nombre croissant d'acteurs de terrain (les agriculteurs, les prescripteurs, les techniciens « espaces verts » des collectivités locales...) montre que parler d'environnement n'est plus un tabou et que les bonnes pratiques entrent dans les mœurs.

Mesurer l'efficacité des actions

Les indicateurs : définition et utilité

La notion d'indicateur

Un indicateur est une donnée quantitative. Il caractérise une situation évolutive qui peut être une action ou les conséquences d'une action. Il permet de comparer une situation à différentes dates, passées ou projetées, ou de réaliser des études de nature similaire à la même date. Il nécessite une mesure de référence, un état initial ou une valeur guide. Il visualise un état sur une échelle de valeur simple, propre à rendre plus compréhensible cet état. Mais un indicateur peut rarement rendre compte de tous les aspects à décrire. Il est donc nécessaire de constituer un ensemble cohérent d'indicateurs pour décrire le plus exactement possible une situation précise.

Exemple. Le pourcentage de sols nus en hiver en Côtes-d'Armor était de 21,7 % de la surface agricole utile (SAU) en 1998 (référence initiale) et de 19% en 2000. Ceci traduit une évolution de 2,7 % en deux campagnes (source : évaluation des programmes d'action directive Nitrates). Sur le bassin versant du Gouët (22), ce taux est passé de 18% en 1998 à 1% en 2003 (sources : SMBG, chambre d'agriculture 22). Pour expliquer cette évolution, il faudra se pencher sur le constat de la variation de la réglementation (et l'accompagnement par les acteurs du développement), et, plus localement, sur une analyse de l'assolement, des rotations, des types de couverts végétaux (implantés ou non), critères eux-mêmes dépendant des types d'élevages et de leur conduite, du climat...

Les indicateurs au service du projet

Il est nécessaire de posséder un langage commun, des clefs de lecture partagées des phénomènes qui influencent la qualité de l'eau, pour mieux comprendre la situation, anticiper l'avenir, élaborer des projections, intervenir sur les phénomènes en question. Les préoccupations des intervenants sont différentes et les résultats pourront donc être déclinés selon le public destinataire :

- *pour l'État,* rendre des comptes, d'une part aux instances européennes quant aux efforts consentis pour respecter une réglementation, d'autre part aux contribuables concernant l'utilisation des fonds publics ;
- *pour les financeurs,* mesurer l'efficacité des programmes qu'ils financent ;
- *pour le porteur de projet, le syndicat d'eau,* prouver sa détermination à mettre en place un plan de gestion de la ressource, à justifier de la bonne utilisation des fonds publics, à informer le consommateur, à piloter les actions ;
- *pour l'agriculteur,* clarifier ses objectifs individuels, démontrer sa capacité à améliorer ses pratiques, son image et celle de la profession ;
- *pour les associations, les consommateurs,* être informés et sécurisés ; mesurer les changements
- *pour le technicien, conseiller des agriculteurs,* évaluer et orienter les actions, trouver les leviers techniques pour améliorer l'efficacité des actions, adapter le conseil, valoriser les agriculteurs, favoriser l'émulation.

Le choix des indicateurs pour une opération

La pertinence

Le constat de la qualité de l'eau établi, si l'on remonte le fil de l'eau à partir de l'exutoire du bassin versant ou de la prise d'eau, on peut identifier plusieurs indicateurs, suivant ce que l'on veut mesurer et l'objectif recherché.

- *Les aspects techniques et structuraux*

  - les éléments structurants du paysage (zones humides, fossés, bois, haies, talus) selon leur importance, leur localisation ;
  - l'utilisation des surfaces agricoles (couverture du sol, assolement...), la répartition spatiale des éléments suivis : azote, phytosanitaires (pression d'azote à l'hectare, surfaces épandues...), le matériel utilisé (épandage, désherbage...) ;
  - le nombre et les types d'animaux, les quantités d'azote produites, les modes de stockage des déjections, les quantités de produits phytosanitaires utilisées.

- *Le comportement des hommes*

  - les hommes et leurs pratiques, le raisonnement de l'agriculteur concernant la gestion de son exploitation. Cette réflexion intègre de nombreux domaines comme la fertilisation et le désherbage, la conduite du troupeau, la répartition et la succession des cultures, l'organisation du travail et l'économie ;
  - leurs savoirs, leurs connaissances ;
  - leur sensibilité, leur degré de motivation.

L'aspect à privilégier est donc d'abord le facteur humain, avec des comportements ancrés qui nécessitent souvent de véritables changements. Le vulgarisateur est ainsi responsable, en premier lieu, de la diffusion de l'information ; et non de son adoption, alors que celle-ci est le plus souvent mesurée dans l'évaluation.

- *La sensibilisation et la mobilisation*

On devra mettre systématiquement en place cette étape capitale et retenir des indicateurs capables de mesurer l'évolution et l'impact des actions concernant la :

- sensibilisation : nombre et diversité des actions (réunions, fréquentation...), existence et régularité des bulletins d'informations, diversité des supports, tirages, appropriation des messages.
- mobilisation : présence ou non d'une commission professionnelle agricole (CPA), d'un comité de prescripteurs, nombre de réunions, fréquentation, participation des agriculteurs aux actions collectives, nombre et diversité des actions, nombre d'engagements dans des démarches de progrès agronomiques : CTE (contrats territoriaux d'exploitation) et CAD (contrats d'agriculture durable), MAE (mesures agri-environnementales), EPA (engagements de progrès agronomiques) et demain agriculture raisonnée.

Pour différents acteurs

Les principaux acteurs visés seront d'abord ceux dont les pratiques influent le plus directement sur la qualité de l'eau : agriculteurs, industriels, collectivités, sans oublier les particuliers. On mesurera également l'efficacité de la diffusion des indicateurs sur d'autres publics directement concernés : consommateurs, associations, financeurs, État, Europe. Il peut être intéressant et nécessaire d'avoir des indicateurs spécifiques selon les acteurs.

Concernant par exemple l'agriculteur, en plus des indicateurs de pratiques, des indicateurs technico-économiques seront très utiles dans l'aide à la décision. Une attention particulière devra être apportée au suivi de l'évolution des charges sur certains postes comme les intrants, l'alimentation des animaux, l'amortissement du matériel ou les travaux par tiers liés à la fertilisation et au désherbage. La prise en compte de l'environnement sur l'exploitation agricole participe à l'amélioration du résultat économique (cas, par exemple, des économies d'engrais) ou provoque, au contraire, des charges supplémentaires s'il s'agit de s'équiper de matériel spécifique.

Une attention égale devra être portée à l'organisation du travail. Les agriculteurs sont aussi à la recherche d'une bonne qualité de vie. La prise en compte de l'environnement se fera d'autant mieux que le critère travail aura été intégré à la réflexion sur les pratiques. Les indicateurs évoluent également selon la technicité des agriculteurs et le type d'approche qu'ils privilégient : sectorielle (fertilisation...) ou systémique (pratiques agricoles et d'élevage, travail et économie). Ces derniers aspects sont rarement pris en compte. En résumé, il faut avoir une approche très globale de l'exploitation.

Exemple. L'évolution des pratiques peut aboutir à une surcharge de travail dans le cas d'entretien des nouvelles haies réalisées par l'agriculteur. À l'inverse, l'entretien de ces nouvelles haies peut être l'occasion de réfléchir au temps passé annuellement sur le tracteur ; et de travailler moins, soit en supprimant des heures en mécanisant davantage, soit en déléguant cette tâche pour l'ensemble de l'exploitation à un tiers. Cet exemple vaut aussi dans une réflexion portant sur le système d'élevage, l'assolement, les rotations, le chargement...

La bonne échelle spatiale

Les indicateurs peuvent être utilisés au niveau individuel. Ils vont aider l'agriculteur à piloter et mesurer son efficacité à travers l'évolution de quelques critères de référence. Il pourra ainsi situer son évolution dans le temps par rapport à lui-même ou à un groupe de référence. D'autres échelles pertinentes paraissent être celles du sous bassin versant et du bassin versant. Ensuite, selon l'objectif et l'acteur concernés, il sera nécessaire de dépasser largement cette échelle : c'est le cas de la communication destinée au grand public qui peut être réalisée au niveau local, régional ou national.

D'autres critères à intégrer (liste non exhaustive)

La nécessité d'un bon diagnostic initial : sur de nombreux bassins versants, les agriculteurs, les comités professionnels agricoles, parfois les financeurs eux-mêmes en réfutaient l'utilité, partant du principe que les maux et les remèdes étaient largement connus et qu'il fallait passer le plus vite possible à l'action. Néanmoins, à chaque fois qu'un bon diagnostic initial a pu être réalisé, il a été une source importante de prise de conscience et de références pour la mise en place d'une conduite de projet par objectifs. Il contribue ainsi largement à la durabilité des changements de pratiques entrepris, en permettant de mesurer le chemin accompli.

La nécessité d'un pas de temps suffisant et d'une mesure continue pour percevoir, avec une fiabilité satisfaisante, des changements significatifs et des tendances indépendantes d'autres facteurs (climatiques...).

Exemple. Il y a vingt ans, la préconisation d'utilisation de l'atrazine était de 5 kg/ha. À la veille de son interdiction, son utilisation était passée à 1 kg, voire à 500 g/ha, soit un dosage divisé par cinq à dix.

Au niveau d'un agriculteur, les pratiques n'évoluent que lors de la mise en place de nouvelles cultures, ce qui n'arrive qu'une fois par an, contrairement à d'autres activités (élevage, industrie...) pour lesquelles l'acte de production se répète plusieurs fois dans l'année, voire dans la journée. En agronomie, la tendance est souvent difficile à mesurer d'une année sur l'autre, alors même que, sur les bassins versants, on tente de récolter le plus d'informations possibles en temps réel. Il faudra donc être prudent s'agissant des évolutions mesurées sur des durées très courtes, de l'ordre d'une ou deux années. Une des questions à se poser peut être : doit-on tout collecter et en permanence ?

La facilité de calcul et d'interprétation des indicateurs. Ceux-ci doivent être adaptés au niveau de connaissance du sujet par les publics visés. On ne peut cependant interpréter un phénomène complexe avec des indicateurs simples, il faut trouver le bon compromis.

La prise en compte des recherches en cours. Il existe des guides d'utilisation d'indicateurs agricoles (ex : CORPEN[4]). Des groupes de travail, aux niveaux régional et national, se penchent régulièrement sur la définition d'indicateurs.

---

[4] Comité d'orientation pour des pratiques agricoles respectueuses de l'environnement.

Un échantillon représentatif. Il convient d'avoir dans l'échantillon un nombre suffisant d'agriculteurs, une diversité des systèmes de productions, une échelle spatiale adaptée, pour une interprétation statistique satisfaisante des résultats.

Une base minimum d'indicateurs partagés. C'est un compromis entre de nombreux intérêts. Ainsi, une base minimum commune entre tous les programmes locaux permettra une exploitation au niveau régional.

Une stabilisation des modes de calcul. C'est la condition d'un suivi sur la durée.

La limitation du nombre d'indicateurs pour une communication efficace. Un trop grand nombre d'indicateurs peut finir par noyer l'information.

Interpréter et utiliser les indicateurs

Interpréter pour expliquer

- Faire partager les résultats afin d'en déduire collectivement les actions futures ;
- Permettre l'émulation. Les indicateurs individuels permettent aux individus de se comparer par rapport à des résultats collectifs et d'évaluer leurs progrès. Les indicateurs d'évolution des pratiques agricoles font alors partie du tableau de bord de l'exploitant (guide de conduite de l'exploitation) ;
- Valoriser les efforts de chacun.

Les particularités de l'interprétation

On peut satisfaire différents objectifs selon les types d'acteurs avec un même indicateur. *Exemple. Que veut dire à l'échelle de plusieurs exploitations la baisse de pression d'azote minéral par ha de SAU (fig. 1) ? Pour l'agriculteur, une baisse des charges et l'amélioration de son image ; pour le syndicat d'eau, une baisse des coûts de traitement de l'eau en vue ; pour le consommateur d'eau, plus de sécurité pour la consommation de l'eau potable ; pour les associations de défense de l'environnement, moins de pollution.*

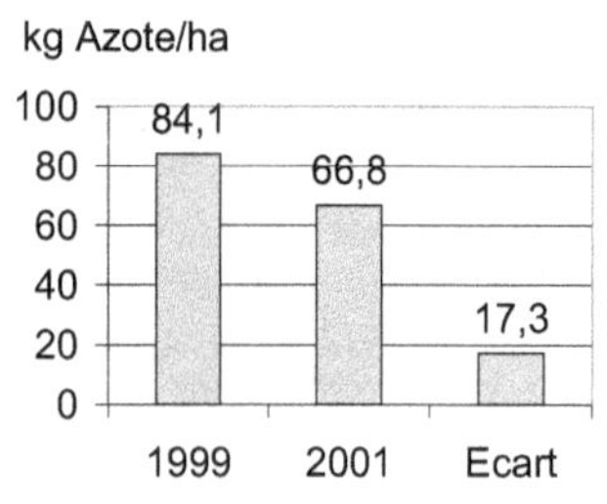

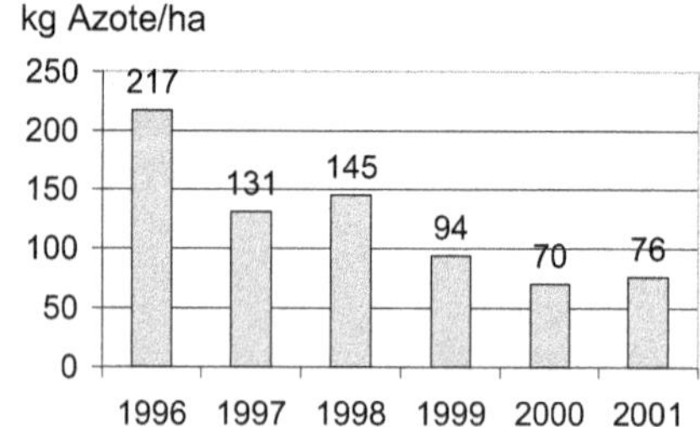

Figure 1. Pression d'azote minéral épandu en kg N/ha de SAU sur le bassin versant du Leff (22). (*sources* : syndicat mixte de la côte du Goëlo, Chambre d'Agriculture des Côtes-d'Armor.)

Figure 2. Reliquats d'azote mesurés en Octobre, après maïs sur le bassin versant de la Noë-Sèche (22) en kg d'azote par ha (*Sources* : conseil général des Côtes-d'Armor, syndicat mixte du barrage du Gouët.).

Ainsi, au niveau de l'exploitation, l'indicateur fera partie des outils d'aide à la décision voire permettra d'entreprendre une réflexion sur son équipement en matériel spécifique ou sur l'organisation de son travail selon ses priorités, ses choix de vie. pour l'agriculteur. La pression d'azote à l'hectare pourra par exemple faire l'objet de projections en termes d'objectif individuel. Cet indicateur permettra à l'agriculteur d'ajuster sa fertilisation,

• L'utilisation d'une série d'indicateurs pour analyser un résultat

Un seul indicateur ne suffit pas pour juger de la pratique de l'agriculteur, il faut un ensemble cohérent d'indicateurs de pratiques, voire prendre en compte des critères indépendants des pratiques.

Exemple 1. Pour l'évolution des reliquats d'azote dans le sol ou de la pression de l'azote à l'ha seront intégrés dans l'analyse : la pluviométrie de l'année, les types de sol de l'exploitation, l'évolution de l'assolement... ; ces éléments auront pu interférer sur l'optimisation de l'épandage des déjections sur les cultures, sur la minéralisation de l'azote (fig. 2)...
Exemple 2. La quantité d'azote minéral épandue par hectare de SAU sur une exploitation augmente par rapport à l'année passée. Est-ce positif ou négatif ? Il serait tentant de dire que c'est négatif, mais ce n'est pas si simple : l'agriculteur a peut-être diminué une production animale ou modifié son assolement

• L'analyse des résultats fait appel à une connaissance de la théorie du développement

Il s'agit là d'ouvrir une autre dimension, plus sociale, culturelle, liée au vécu de la personne et à son environnement. Les efforts de vulgarisation visent à amener une large partie de la population à adopter volontairement et assez rapidement une technique. Il ne faut pas perdre de vue la nécessité de cibler les premières personnes à qui l'on diffuse l'innovation. Il est souhaitable de s'appuyer, dès le départ, sur celles qui ont du poids localement : elles pourront accompagner son appropriation par l'ensemble de la population locale visée. L'innovation se diffuse alors en un processus continu.

Cette méthode implique une autoévaluation permanente et une mise en évidence du moindre blocage. Si ce dernier peut être levé, il faut le faire immédiatement pour continuer le processus ; sinon, il est nécessaire de laisser un objet de vulgarisation en attente, et de passer à un autre. Il est en effet un optimum au-delà duquel, dans le cadre du volontariat, les moyens de vulgarisation mis en oeuvre perdent de leur efficacité. L'élargissement de la nouvelle technique à chaque nouvel acteur coûte alors de plus en plus cher, en moyens humains, en temps, en financements... Les programmes privilégient, dans ce cas, l'accompagnement individuel et un système spécifique d'aides financières

Pour qu'une innovation soit adoptée, des conditions technico-économiques favorables, mais aussi des conditions liées à la nature de l'innovation (telles la reproductibilité ou la facilité à être visualisée) sont nécessaires. En effet, la difficulté d'acceptation peut simplement venir de la complexité de la mise en œuvre des différentes actions.

Exemple. Une action d'épandage de lisier sur céréales sera acceptée et adoptée beaucoup plus vite, et par un plus grand nombre d'agriculteurs, que pourra l'être la fertilisation azotée raisonnée à partir de la « méthode des bilans. »

Plus l'innovation est facile à visualiser, plus elle a d'impact sur les autres agriculteurs. En cela, les essais et les parcelles de démonstration sont plus efficaces que les réunions en salle. Les agriculteurs veulent voir les résultats avant d'essayer l'innovation. Il est donc nécessaire de diffuser aussi bien l'évolution des taux de nitrate ou de produits phytosanitaires que des indicateurs d'évolution de pratiques. Chaque indicateur sera alors analysé en fonction d'objectifs clairement définis, notamment selon le niveau de contraintes liées à l'innovation.

• L'analyse des résultats nécessite la combinaison d'animation et d'expertise

À côté des généralistes (animateurs agricoles...), la présence de spécialistes (conseillers en agronomie, en élevage, en résorption, en réglementation, en bâtiment, sociologues) est nécessaire pour rendre compréhensibles des données complexes.

• Les résultats sont souvent liés à la conjonction d'actions de différentes natures qui dépassent les programmes que l'on met en place

- La réglementation générale, les politiques européennes ou nationales ;
- La pression des médias locaux et nationaux, de l'opinion publique ;
- Les décisions stratégiques des organisations professionnelles agricoles (influence des coopératives, des CUMA...). La conjoncture ;
- La structure et le statut foncier.

Conclusion

Sur les bassins versants de Bretagne, les opérations ont débuté par une phase d'appropriation par les principaux acteurs que sont les agriculteurs. Cette phase a été nettement facilitée lorsqu'un diagnostic de départ a permis à la fois de sensibiliser les personnes et d'avoir un regard objectif sur la situation locale. Au cours des premières années, le suivi a concerné essentiellement la qualité de l'eau et les actions de type collectif, de sensibilisation. En fait, il s'agissait de suivre ce dont les animateurs des programmes étaient directement responsables : la mise en place des programmes d'actions. Aujourd'hui, de façon plus systématique, un suivi des pratiques « en temps réel » se met en place.

Et si les différents acteurs sont encore très attachés à l'évolution de la qualité de l'eau, chacun d'entre eux comprend mieux les délais grâce d'une part aux recherches entreprises sur les temps de réponse du milieu, d'autre part à une meilleure appréhension des temps de réponse des acteurs eux-mêmes, ces acteurs pouvant être freinés dans l'adoption des pratiques par des facteurs d'ordre plus souvent social et culturel que technique. À l'avenir, des travaux de modélisation pourraient permettre de faire plus facilement la lumière sur un élément encore très méconnu, à savoir le lien entre les indicateurs de pratiques et la qualité de l'eau. Cette mise en évidence du lien entre certaines pratiques des agriculteurs et les évolutions observées devra s'élargir, pour leurs propres pratiques, à d'autres acteurs tels les collectivités (sur l'utilisation des produits phytosanitaires) et les particuliers (très peu d'indicateurs recueillis).

Pour réussir une opération bassin versant

La réussite d'une opération bassin versant peut être évaluée en analysant l'évolution de certains indicateurs, qui sont multiples. Ces derniers servent à mesurer l'efficacité des actions proposées et à les faire évoluer. La modification des pratiques n'est pas instantanée, et l'analyse des résultats va permettre de mettre en évidence les quatre étapes nécessaires pour obtenir un changement de pratiques. Chronologiquement, ces étapes se déclinent ainsi :

« Je suis sensibilisé à l'enjeu de l'amélioration de la qualité de l'eau, et je me mobilise sur les objectifs de sa restauration. »

« Je comprends pourquoi mon activité contribue à la détérioration de la qualité de l'eau. »

« J'ai réfléchi à une technique ou à une méthode qui permettrait de contribuer à l'amélioration de la qualité de l'eau sur le bassin versant. »

« J'ai adopté une technique ou une méthode qui permet d'améliorer la qualité de l'eau sur le bassin versant. »

Évolution des pratiques agricoles, puis non agricoles : « J'ai adopté une technique ou une méthode qui permet d'améliorer la qualité de l'eau sur le bassin versant. »

Dans cette partie seront présentés les résultats obtenus par les agriculteurs selon la logique suivante : résorber l'excédent de déjections animales, stocker ces déjections, raisonner l'apport des intrants. Puis viendront quelques résultats sur l'aménagement de l'espace.

Principaux résultats sur la résorption

On parlera ici d'excédent d'azote d'origine animale en zone d'excédent structurel (ZES), défini par la rédaction des arrêtés ZES inclus dans les programmes d'action de la directive nitrate. C'est dans ce cadre que les données et la méthodologie de calcul utilisées ont été les plus précises.

Toutefois, il convient de souligner quelques caractéristiques de cet excédent. Il est calculé à partir de *la production d'azote brut* du cheptel (sans prise en compte d'aucune solution de résorption à la source), et dans l'optique de *respecter le plafond de cent soixante dix kilogrammes d'azote d'origine animale* par hectare de surface épandable.

Le calcul de cet excédent repose sur l'utilisation des données du RGA 2000 avec deux hypothèses majeures :
-    estimation des surfaces épandables à soixante dix pourcents de la SAU (hypothèse ayant servi pour définir les ZES) ;
-    estimation à cinquante cinq pourcents des surfaces des exploitations déficitaires pouvant être mises à disposition des exploitations excédentaires (hypothèse ayant servi à définir les seuils d'obligation de traitement).

De ces calculs d'excédents découle la définition d'objectifs de résorption cantonaux. Pour la Bretagne, cet objectif représente un total de 44 000 tonnes d'azote. C'est par rapport à cet objectif que l'on va évaluer l'état des lieux et l'avancement de la résorption.

En se basant sur la comptabilité officielle, la Bretagne avait, fin 2003, atteint 38% de son objectif de résorption. C'est dans les Côtes-d'Armor que l'effort est le plus conséquent avec 49% de l'objectif atteint (fig. 3). Il est de 32% dans le Finistère, 24% dans le Morbihan et 23% en Ille-et-Vilaine.

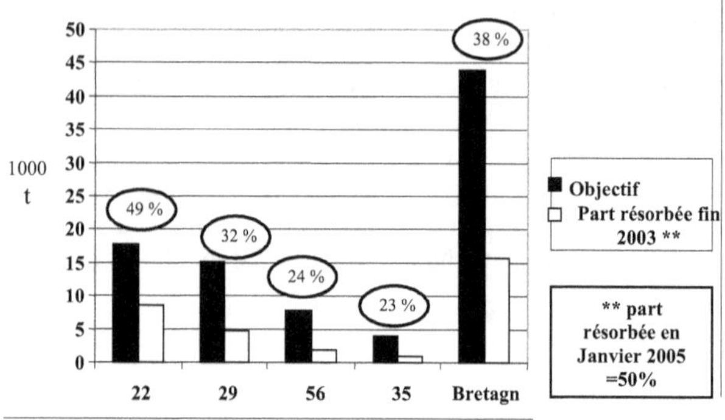

Figure 3. Tableau de bord régional breton au 1er janvier 2004.
(*source* : suivi résorption DDAF décembre 2003)

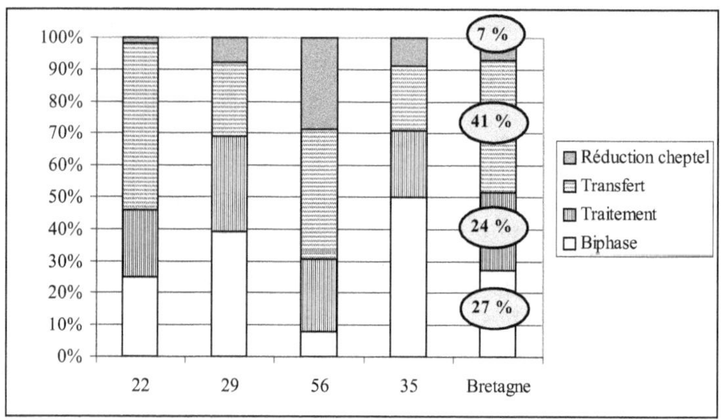

Figure 4. Résorption poste par poste au 1er janvier 2004
(*source* : suivi résorption DDAF décembre 2003)

Dans le détail poste par poste (fig. 4), c'est le transfert qui permet le plus de résorption (41% au niveau régional), suivi de l'alimentation biphase (27%) et du traitement (24%). La réduction d'effectif comptabilisée représente 7% de l'azote résorbé. Le biphase est un poste important, mais il n'évolue plus beaucoup compte-tenu de la bonne diffusion de cette technique chez les éleveurs. C'est donc le transfert et le traitement qui font avancer la résorption à l'heure actuelle.

Principaux résultats sur la mise aux normes des bâtiments d'élevage

Au niveau régional, 29% des éleveurs bretons étaient « aux normes » au 1er mars 2004. Depuis 1996, dans les bassins versants BEP, des opérations groupées de mises aux normes ont permis aux éleveurs non éligibles aux aides du PMPOA d'anticiper leurs travaux. Sur les bassins versants de démonstration (voir définition paragraphe suivant) du programme BEP2, représentant 357 exploitations, environ 60% des éleveurs avaient terminé leurs travaux de mise aux normes des bâtiments d'élevage en 2001. Sur les plus grands bassins versants, représentant 4230 exploitations, environ 36% avaient terminé leur mise aux normes en 2001 (fig.5).

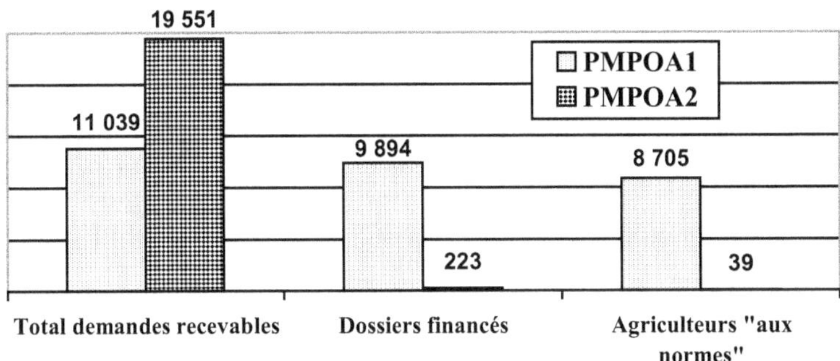

Figure 5. Tableau de bord du programme de maîtrise des pollutions d'origine agricole (PMPOA) Bretagne au 1er mars 2004 (*source* : DRAF).

Principaux résultats sur la gestion des fertilisants

Les résultats suivants sont issus de l'étude « Pratiques agricoles : suivi de l'évaluation des bassins versants, septembre 2003 », réalisée sur commande de la mission Bretagne Eau Pure pour évaluer la pertinence des actions agricoles du programme BEP 1996-2000. Les chambres d'agriculture de Bretagne ont effectué sur 16 bassins versants une synthèse représentant l'analyse de 730 exploitations réparties sur les 4 départements bretons. Cette étude est une synthèse des données existantes.

• *Éléments de méthodologie*

Les données proviennent soit d'enquêtes réalisées par échantillonnage aléatoire, soit des pré-diagnostics réalisés dans le cadre des EPA, soit des plans prévisionnels de fumure. On distingue deux groupes de bassins versants :
- les 6 bassins versants dits « *de démonstration* » sont les plus petits pour lesquels une étude similaire a été réalisée en 1999. Des actions individuelles (plans prévisionnels de fertilisation) et collectives se sont déroulées de 1996 à 2002. Ce sont les bassins versants de Kermorvan, Noë-Sèche, Haut-Gouessant, les captages de Rennes, Chèze-Canut et Fremeur ;
- les 10 bassins versants dits « *d'actions renforcées* », sur lesquels se sont principalement déroulées des actions collectives de 1996 à 2002, sont Élorn, Léguer, Gouët, Ic, Loisance-Minette, Haute-Vilaine, Loc'h, Scorff, Steïr et Pont-l'Abbé.

• *Les principaux résultats pour les bassins versants de démonstration*

L'enquête porte sur 205 exploitations, soit 59% des exploitations situées sur les bassins versants de démonstration. Elle permet de comparer les résultats de la campagne culturale 1998-1999 avec celle de 2000-2001 (à échantillon constant).

⇒ Une meilleure gestion de l'azote organique

En 2001, deux exploitations sur trois échangent les effluents (contre une sur deux en 1998). Les fumiers et lisiers sont utilisés à la place des engrais minéraux avec une plus grande précision de la dose épandue (fig. 6)

Les échanges se font principalement des exploitations hors-sol ou mixtes (lait et porcs ou volailles) vers des exploitations laitières. Les conséquences pour le donneur sont une moindre charge azotée sur ses cultures ; pour le receveur, une économie d'engrais minéral. Ce qui implique, pour ce dernier, de mettre les lisiers de porcs ou les fumiers de volailles sur le maïs, qui valorise bien ces effluents ; et d'*utiliser les prairies pour épandre le fumier mûri ou composté*. Pour beaucoup, c'est un pas à franchir. En effet, dans des élevages de plus en plus performants et suivis, l'épandage des fumiers de bovins sur les prairies qui servent à l'alimentation des animaux a été longtemps déconseillé pour des raisons sanitaires.

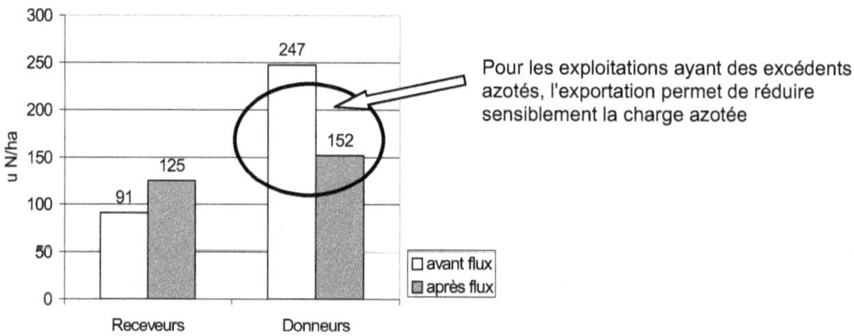

Figure 6. Pression azotée sur SAU en 2001.

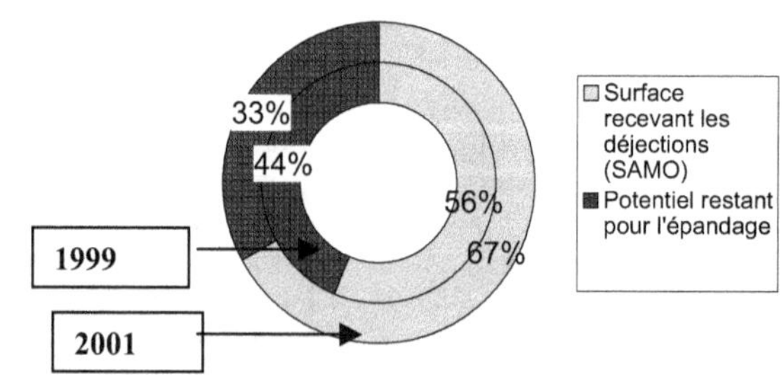

Figure 7. Surface recevant les déjections (SAMO) en pourcentage de la surface potentielle d'épandage (SPE).

On constate que la surface épandable est mieux valorisée : plus 10% en trois ans (fig. 7).

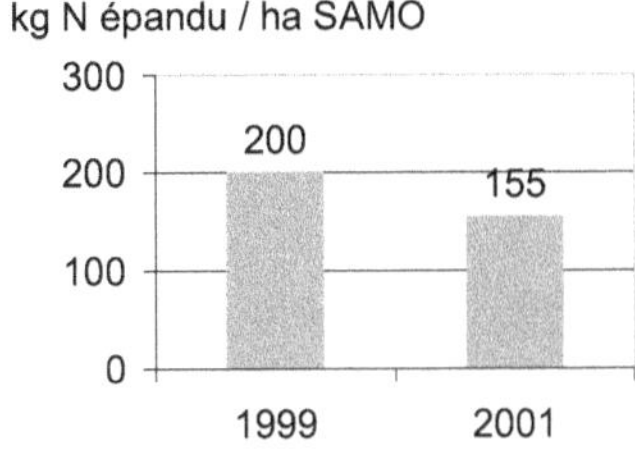

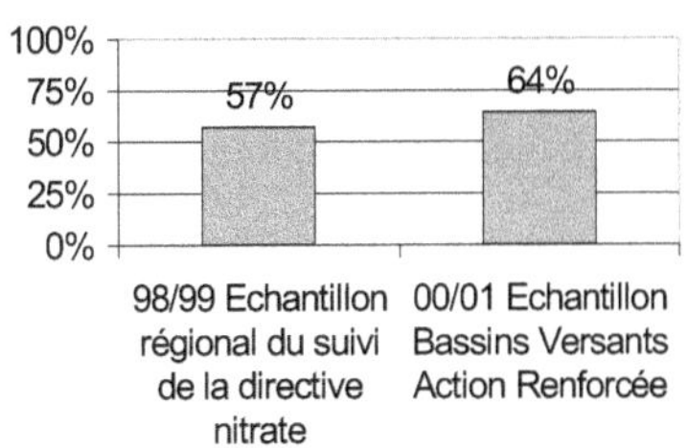

Figure 8. Charge azotée d'origine animale sur les parcelles épandues.

Figure 9. Surface recevant les déjections (SAMO) en pourcentage de la surface potentielle d'épandage (SPE).

En trois ans (fig. 8), on constate un allègement de 20% de la charge azotée d'origine animale sur les parcelles épandues.

⇒ Une réduction sensible (moins treize pourcents) de l'azote minéral utilisé

On est passé d'une moyenne de 81 à 70 unités d'azote entre 1999 et 2001. Sur certains bassins versants, des réductions de l'ordre de 30% des apports d'azote minéral ont été obtenues.

⇒ Une augmentation de la couverture des sols en hiver

La surface couverte par une culture intermédiaire progresse. La surface de sols nus est ainsi passée de 15% en 1999 à 12% en 2001. Ce résultat est à observer sur plusieurs années si l'on désire obtenir une tendance indépendante de la variabilité interannuelle liée à l'assolement ou aux conditions climatiques de fin d'été et d'automne.

• *Les principaux résultats pour les bassins versants d'action renforcée (BVAR)*

Cette analyse porte sur 588 exploitations réparties sur les 10 bassins versants, soit 16% des agriculteurs des bassins versants d'action renforcée. Il s'agit des résultats de l'année culturale 2001-2002, comparés à ceux de l'enquête réalisée dans le cadre du suivi de la directive Nitrates de la campagne 1998-1999.

On note une *nette avancée sur le raisonnement de la fertilisation mesurable* en 2001. Plus de 55% des exploitants connaissent la valeur fertilisante des fumiers, et 75% d'entre eux celle des lisiers ; chiffres qui étaient respectivement, en moyenne, de 15 et 46% en 1998. 64% des exploitants enregistrent leurs pratiques, contre 47% en 1998 (c'est devenu obligatoire désormais).

Les surfaces d'épandage sont mieux utilisées. Le rapport SAMO/SPE est de 64% dans l'échantillon bassin versant BEP, contre 57% dans l'échantillon de l'enquête pour le suivi de la directive Nitrates (fig. 9).

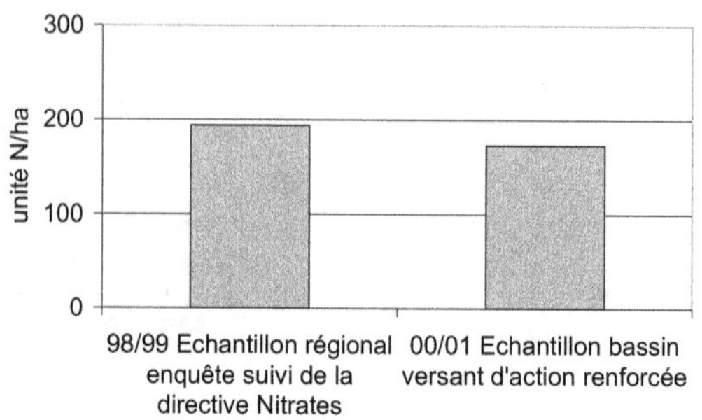

Figure 10. Pression d'azote épandu par hectare de SAMO.

En conséquence, la pression d'azote par hectare de SAMO est inférieure de 21 kg N/ha sur l'échantillon des bassins versants par rapport à l'échantillon de l'enquête du suivi de la directive Nitrates (fig. 10).

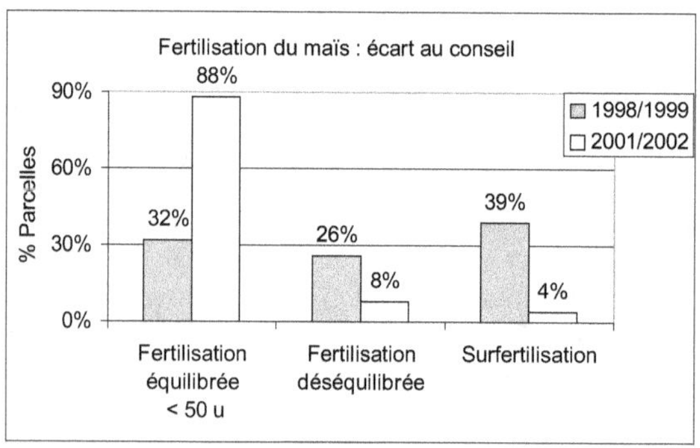

Figure 11. L'écart au conseil concernant la fertilisation du maïs.

On constate une meilleure conduite de la fertilisation du maïs (fig. 11) : globalement, 98% des parcelles sont correctement fertilisées[5] (l'écart par rapport au conseil est inférieur à 50 unités par hectare).

---

[5] L'indicateur de pratiques « pourcentage de parcelles en maïs correctement fertilisées » est construit sur la base d'un écart entre la dose conseillée par le technicien et la dose appliquée par l'éleveur. La dose conseillée est calculée selon le référentiel technique commun des prescripteurs de la charte des prescripteurs de Bretagne (version du 11 juillet 2002). La dose efficace appliquée par l'éleveur est recalculée en fonction des dates d'apport et du type de déjections utilisées.

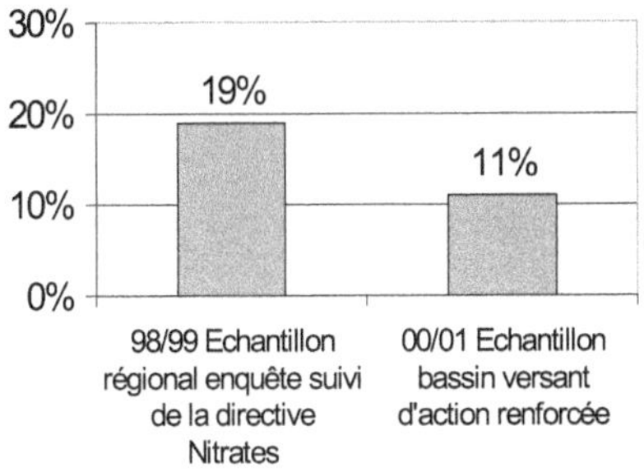

Figure 12. Pourcentage des sols nus en hiver.

Concernant la gestion de l'interculture (fig. 12), on note une augmentation de 8% de la couverture des sols en hiver.

Principaux résultats sur la protection des cultures

En Bretagne, concernant les mesures de désherbage mixte et mécanique, 2600 hectares ont été contractualisés dans le cadre des CTE entre 2000 et 2002. Sur la même période, les molécules de produits phytosanitaires ont été adaptées au niveau de risque de ruissellement de la parcelle sur 38205 hectares. Sur certains bassins versants, d'après des enquêtes réalisées, environ 80% des agriculteurs respectent les préconisations de désherbage sur maïs relatives au niveau de risque de ruissellement de la parcelle, pourcentage qui descend à 60% pour ce qui est du désherbage des céréales. Les évolutions des ventes d'atrazine sont d'ailleurs significatives entre 1998 et 2000 (fig. 13).

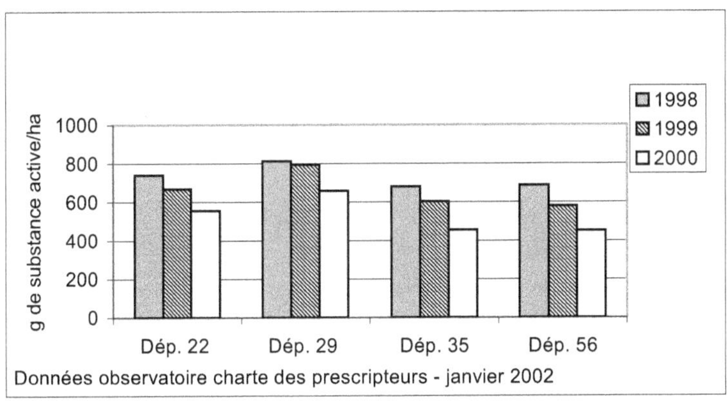

Figure 13. Quantités d'atrazine vendues en Bretagne rapportées à la surface de maïs.

Concernant l'engagement des prescripteurs sur la plupart des bassins versants Bretagne Eau Pure, des chartes de conseil en désherbage ont été signées. Les prescripteurs s'engagent ainsi à conseiller l'agriculteur sur le type de désherbage efficace le moins contraignant pour l'environnement (modification de l'assolement, création de protections en aval de la parcelle, désherbage mécanique, molécules adaptées) en fonction du classement de la parcelle au niveau du risque de ruissellement (fig. 14, l'exemple du bassin versant de Haute Vilaine).

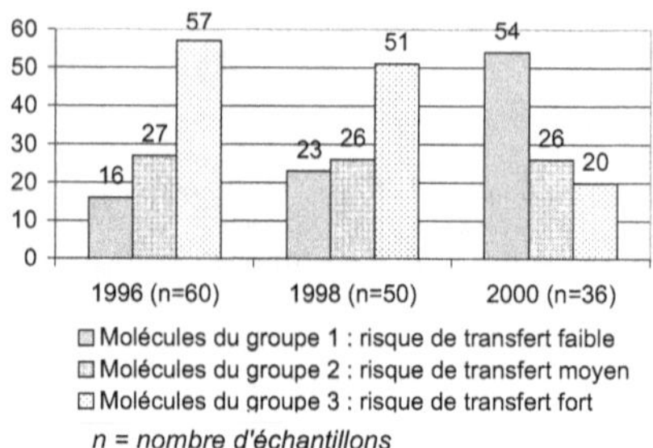

Figure 14. Évolution des types et des quantités de molécules herbicides utilisées entre 1996 et 2000 sur le bassin versant de Haute Vilaine (part des quantités totales en pourcentage).

Les molécules herbicides des céréales et du maïs sont classées chaque année en trois groupes de comportement vis-à-vis du transfert vers l'eau.
Groupe 1 : risque de transfert faible.
Groupe 2 : risque moyen de transfert.
Groupe 3 : risque de transfert fort.

Ces groupes sont réalisés en fonction des doses appliquées, du KOC (coefficient de partage carbone organique/eau, il caractérise la solubilité de la molécule) et de la DT 50 (temps de demi-vie au champ en jours).

Principaux résultats sur l'aménagement de l'espace

Deux types d'indicateurs peuvent être facilement recueillis :
- les surfaces contractualisées (fig. 15) dans le cadre des mesures de reconversion des terres arables (huit mesures agri-environnementales différentes) ;
- les linéaires de talus et de haies plantées (fig. 16).

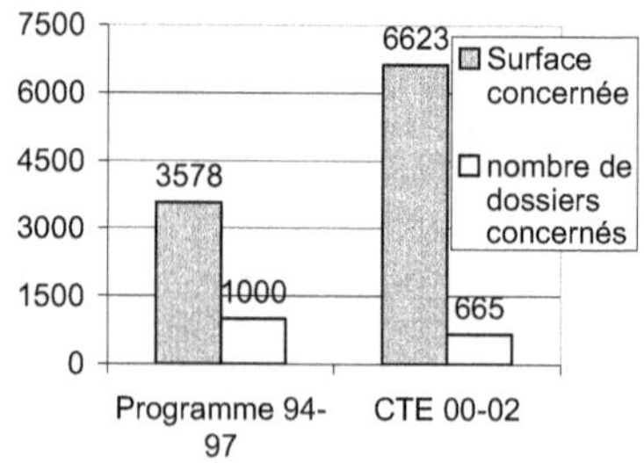

Figure 15. Bilan des mesures de reconversion de terres arables en Bretagne.

Concernant les plantations de haies, sont comptabilisées toutes les plantations publiques, y compris celles qui concernent les particuliers pour leur jardin. Mais si l'on veut mesurer l'impact sur le ruissellement, quels types de haies doit-on prendre en compte ?
On peut noter que ces types d'indicateurs, souvent utilisés faute de mieux, ne suffisent pas pour apprécier l'efficacité des actions correspondantes. Concernant la protection des cours d'eau contre le ruissellement par exemple, il faudrait obtenir la longueur des cours d'eau

protégée par rapport à leur longueur totale. Les définitions de « cours d'eau » et de « cours d'eau protégé » seront élaborées en concertation entre les acteurs du territoire. Ce thème, plus récemment abordé dans les programmes de reconquête de la qualité de l'eau, n'a pas fait l'objet d'une réflexion poussée quant à la définition d'indicateurs spécifiques.

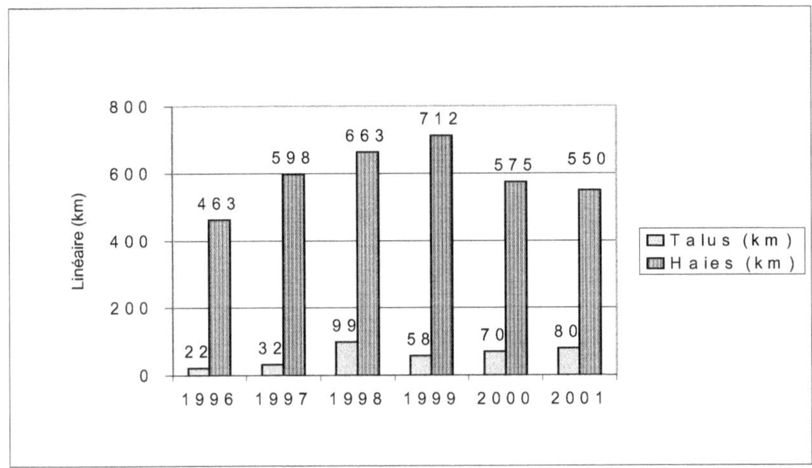

Figure 16. Plantations publiques de haies et de talus entre 1996 et 2001 en Bretagne.
(*Sources* : tableaux de l'agriculture bretonne, DDAF).

Évolution des pratiques non agricoles

Concernant les bassins versants Bretagne Eau Pure, les principales actions concernent les collectivités locales et l'utilisation des produits phytosanitaires. Les indicateurs sont le nombre de communes engagées dans un plan de désherbage communal ou dans une charte de désherbage des espaces communaux, et le nombre d'agents formés au bon usage des produits phytosanitaires.

L'adhésion aux techniques et méthodes proposées : « J'ai réfléchi à une technique ou à une méthode qui permet de contribuer à améliorer la qualité de l'eau sur le bassin versant. »

Les diagnostics de parcelles à risque de ruissellement de produits phytosanitaires, les diagnostics de pulvérisateurs, les plans prévisionnels de fertilisation en azote, en phosphore et en potasse, le plan de chaulage, les diagnostics du système fourrager et les bilans des minéraux sont autant d'actions qui ont permis à l'agriculteur de réfléchir à sa situation et de s'approprier le raisonnement qui conduit au conseil. Ces actions peuvent être conduites en groupe ou individuellement.

Les diagnostics de parcelles à risque de ruissellement des produits phytosanitaires vers l'eau

Sur l'ensemble des bassins versants, ce diagnostic de parcelles a été largement vulgarisé. L'agriculteur apprécie ce tour de parcelles avec un technicien qui lui permet de comprendre le chemin de l'eau, explication indispensable à la prise de conscience de l'impact sur l'eau de l'utilisation des produits phytosanitaires. Cet outil rigoureux et compréhensible par tous a concerné environ deux mille agriculteurs sur les bassins versants Bretagne Eau Pure (fig. 17).

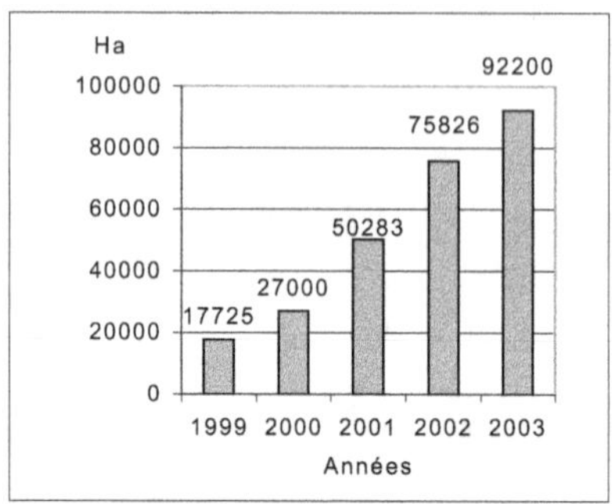

Figure 17. Évolution des surfaces diagnostiquées (*source* : BEP)

Les plans prévisionnels de fertilisation

Ce travail permet à l'agriculteur de faire le point sur la fertilisation de ses cultures. Il permet également d'identifier l'intérêt économique et environnemental de l'optimisation des apports de minéraux grâce à une meilleure gestion des déjections animales.

Le nombre de plans de fertilisation (sur l'azote, le phosphore et la potasse) n'a cessé de croître depuis 1996 (fig. 18). Cette action est maintenant contractualisée entre l'agriculteur et le porteur de projet dans le cadre de l'engagement de progrès agronomique (EPA)[6].

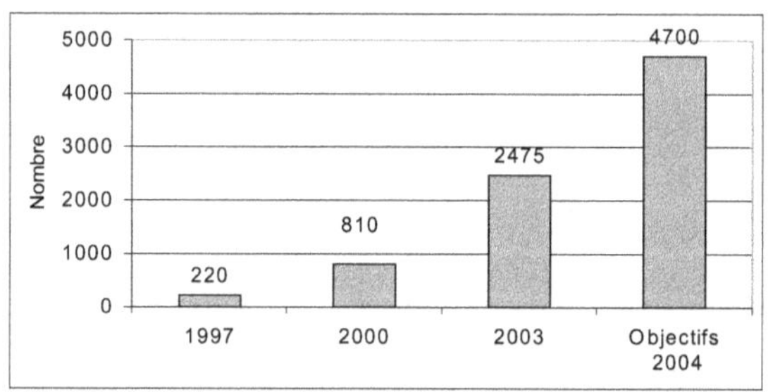

Figure 18. Évolution du nombre de plans prévisionnels de fertilisation (*source* : BEP).

---

[6] L'engagement de progrès agronomique permet à l'agriculteur de réaliser un diagnostic de parcelles à risques, un plan prévisionnel de fertilisation, des analyses de sols et de déjections, des mesures de reliquat azoté. L'action débute par un diagnostic puis se poursuit par un conseil annuel pendant deux ou trois ans.

Les formations sur la gestion des fertilisants ou la protection des cultures

Les chambres d'agriculture proposent des formations en lien avec l'amélioration des pratiques agricoles. Chaque année, les agriculteurs consacrent du temps pour suivre ces formations. Pour l'ensemble de la Bretagne, les chambres d'agriculture ont réalisé, en 2003, 163 stages sur ces thèmes, avec la participation de 1830 agriculteurs.

La compréhension des mécanismes : « Je comprends pourquoi mon activité contribue à la détérioration de la qualité de l'eau. »

Avant d'accepter la réalisation d'un diagnostic sur son exploitation ou de faire la démarche d'aller en formation, l'agriculteur doit savoir en quoi ses pratiques peuvent contribuer à la détérioration de la qualité de l'eau. Il doit le savoir et l'accepter.

Ces actions permettent par exemple de montrer, sur le terrain, l'utilisation de nouvelles techniques d'épandage ou de désherbage, la valeur de telle déjection, l'estimation des quantités de produits phytosanitaires retenues grâce à une bande enherbée ou la quantité d'azote lessivée sous sol nu…

On trouvera ci-dessous quelques résultats de ces actions.

- Environ cinq mille agriculteurs ont participé à des démonstrations sur les bassins versants BEP entre 2000 et 2003.
- Environ quatre mille analyses de déjections ont été réalisées en 2003 sur les bassins versants BEP.
- Les épandages d'automne sur céréales ont été arrêtés. Certains avaient lieu avant le semis des céréales. À cette période, la céréale n'a pas besoin d'apport, l'effluent n'est pas utilisé par la culture et l'azote est donc en grande partie lessivé. Dans les bassins versants de démonstration, grâce à l'augmentation des capacités de stockage, les éleveurs attendent la période de février pour épandre, période à laquelle l'azote sera valorisé par la céréale.
- On note une meilleure connaissance des effluents. 3 agriculteurs sur 4 connaissent la valeur du lisier de porcs. Deux agriculteurs sur trois connaissent la valeur du fumier de volaille qu'ils utilisent. Or les valeurs azotées de ces fumiers sont d'une part élevées (par exemple 20 unités d'azote par tonne en moyenne pour un fumier de volaille de chair), et d'autre part très variables, car la teneur peut varier du simple au double, selon le mode de production, le stockage... Il est donc important d'analyser l'effluent utilisé par chaque éleveur.
- On constate également plus de pesées d'épandeurs. 40% des agriculteurs connaissent précisément (par le biais de pesées) la quantité transportée par les épandeurs.
Ces pesées sont un moyen de connaître les tonnages épandus à l'ha, de mettre en évidence la surestimation ou la sous-estimation des doses épandues.

Exemple des captages de Rennes : les campagnes de pesées d'épandeurs ont mis en évidence la sur ou la sous-estimation des doses épandues. Avant la campagne de pesées, les doses de fumiers de bovins épandues étaient souvent supérieures à 50 t à l'ha. En connaissant la contenance des épandeurs, les agriculteurs se rapprochent maintenant des doses préconisées sur ce bassin versant, à savoir entre 30 et 35 t par ha (on est dans ce cas sur des parcelles recevant très régulièrement des fumiers avec de forts « arrière-effets » des apports organiques).

L'intégration de l'enjeu et des objectifs : « Je suis sensibilisé sur l'enjeu d'amélioration de la qualité de l'eau et je me mobilise sur les objectifs. »

À cette étape, l'important est de partager l'enjeu et les objectifs ; les différents groupes sociaux doivent s'écouter et débattre. *Certains agriculteurs peuvent être moteurs et mobiliser les autres sur cet enjeu.*

Avant d'accepter l'observation de ses propres pratiques comme potentiellement néfastes sur la qualité de l'eau, il faut être d'accord sur l'enjeu. L'eau est-elle vraiment polluée ? La réalisation du diagnostic initial est donc particulièrement incontournable, mais le plus important est le partage de ce diagnostic. C'est lors de réunions-débats ou de diagnostics participatifs que les acteurs locaux peuvent s'approprier la situation de leur territoire. Les formations « rivières » font partie de ces actions qui permettent un partage (une vingtaine de formations ont eu lieu entre 1996 et 2000). Elles font intervenir tous les usagers de l'eau et permettent d'établir le rôle de chacun dans les pollutions. Elles permettent également l'échange entre tous les acteurs locaux.

Des réunions sur la présentation des résultats de la qualité de l'eau aux membres des comités professionnels agricoles et aux groupes des prescripteurs font aussi partie intégrante du partage de l'enjeu par l'ensemble des acteurs. Une trentaine de réunions/débats multi-acteurs ont également eu lieu sur le programme BEP 2.

La diffusion des bulletins agricoles (en moyenne, 5 parutions spécifiques par bassin versant et par an distribuées aux 16 000 agriculteurs des bassins versants BEP) et des bulletins des porteurs de projet permet de maintenir un lien entre tous les acteurs et de les informer de la vie du bassin versant.

Conclusion

L'évolution du comportement passe par différents niveaux de prise de conscience :

o	Ce n'est pas moi qui pollue.	*information*
o	Des activités comme la mienne polluent sur tel et tel point, même si elle n'est pas la seule. Mais ce n'est pas moi… les autres peut être.	*sensibilisation*
o	Moi aussi je pollue, je me demande comment.	*auto-diagnostic*
o	Je pollue à travers telle et telle activité.	*bilan du diagnostic*
o	Les solutions chez moi sont…	*projet*
o	Je change mes pratiques.	*engagement*

Depuis 1996, des actions de démonstration de matériels, des campagnes d'analyses de déjections et de mesures de reliquats, des visites techniques dans les stations expérimentales et des plates-formes d'essais ont permis d'expliquer, de mesurer et de prouver l'impact des activités agricoles sur l'eau.

La figure 19 illustre cette problématique avec l'exemple des captages de Rennes, auprès de 58 agriculteurs.

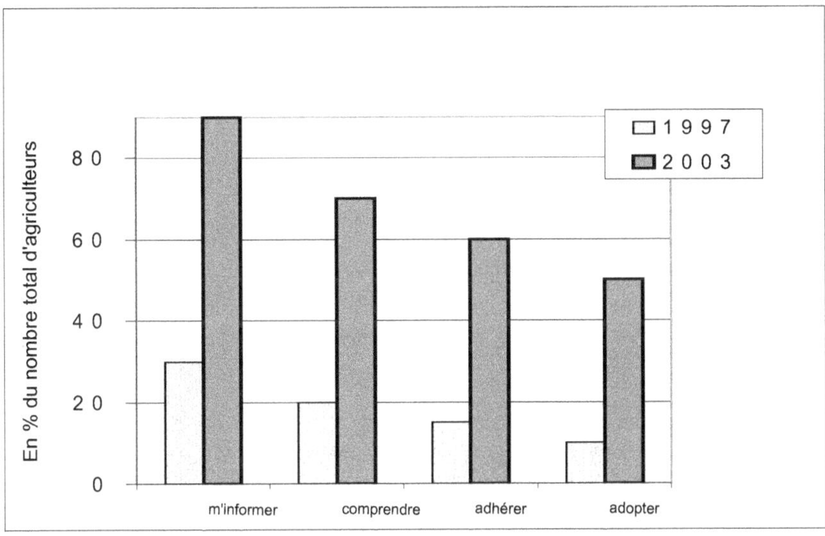

Figure 19. Évolution des comportements vis-à-vis de l'évolution des pratiques agricole (*source* : chambre d'agriculture d'Ille-et-Vilaine).

L'évolution des pratiques de l'ensemble des citoyens ne peut se résumer à celle d'une liste d'indicateurs d'évolution de pratiques. Nous commençons à connaître les techniques et les méthodes les plus adaptées à la protection de la ressource en eau (il nous reste cependant à hiérarchiser les techniques prioritaires, et à les adapter davantage aux situations locales). Mais il faut en permanence faire évoluer la méthode pour que l'ensemble de la population s'approprie les techniques, les enjeux et les objectifs. L'évolution des pratiques ne se décrète pas, il faut d'abord obtenir l'accord sur les objectifs et trouver l'argument environnemental, économique ou de gain de temps. La mise en place des actions doit donc tenir compte de ces étapes.

C'est grâce à l'ensemble des actions de mobilisation et de sensibilisation que l'évolution des pratiques a pu avoir lieu sur les bassins versants BEP ; même s'il reste difficile d'évaluer ce qui relève de l'évolution de la réglementation, de l'évolution de la politique agricole commune, des pressions de l'opinion publique ou des médias...

Conclusion générale

L'évolution des pratiques agricoles est sur la bonne voie en Bretagne et dans d'autres régions françaises. Si tous les acteurs n'ont pas encore franchi toutes les étapes, leur mise en mouvement est lancée et la vitesse de croisière est atteinte en ce qui concerne la réalisation des actions. Ce constat d'évolution, mesuré notamment en agriculture grâce à un certain nombre d'indicateurs de pratiques, doit être complété au moyen d'autres indicateurs liés à d'autres actions, comme l'aménagement de l'espace ; et par la prise de conscience de l'enjeu, la compréhension du problème par les autres acteurs. Les sciences humaines doivent nous y aider.

On peut faire ressortir de ces expériences deux clés de réussite :
- la variété d'approches des actions proposées visant à mobiliser et à accompagner les changements de pratiques. Chaque bassin versant étant unique, le panel des dispositifs, des méthodes et des techniques sera à adapter localement ;
- l'élaboration des programmes d'actions, et donc des indicateurs de suivis, en concertation avec tous les acteurs du territoire (agriculteurs, élus, associations, consommateurs et citoyens) en laissant une large part à l'appropriation par ces mêmes acteurs.

Pour une meilleure compréhension de l'impact des évolutions de pratiques, une approche plus globale de l'exploitation est nécessaire (voir article de Chambaut *et al.* en deuxième partie). La communication sur ces résultats doit être massive et adaptée à chaque public ciblé.

D'autres questions restent à discuter, concernant par exemple la pertinence d'agir seulement à l'échelle du bassin versant ou du sous bassin versant.

Des travaux peuvent être également entrepris pour établir le lien entre les évolutions des pratiques et les résultats sur la qualité de l'eau : c'est l'intérêt de la modélisation. En effet, le « chaînon manquant » de nos résultats semble être ce lien. La question que l'on se pose sur les bassins versants reste à l'ordre du jour : avec toutes ces bonnes pratiques, comme la limitation du gaspillage, quelles seront les quantités d'azote ou de produits phytosanitaires, qu'on ne retrouvera plus dans les cours d'eau ?

Les indicateurs biologiques : des outils désormais incontournables pour estimer la qualité des rivières en zone rurale

D. OMBREDANE, T. CAQUET, J. HAURY.

Contexte

Agriculture et milieux aquatiques

L'impact des activités agricoles sur les milieux aquatiques constitue une des préoccupations majeures pour les gestionnaires de l'environnement dans la plupart des pays. Actuellement, l'impact des pratiques agricoles sur les milieux aquatiques est essentiellement vu sous l'angle de la dégradation de la qualité des eaux, plus particulièrement par rapport aux normes actuelles concernant l'eau potable, les regards se focalisant sur les teneurs en nitrate et en pesticides. L'autre aspect qui retient l'attention des gestionnaires concerne les conséquences des modifications quantitatives et/ou qualitatives du régime hydrologique : altération des chemins de l'eau à l'échelle du paysage, utilisation des ressources en eau pour l'irrigation, drainage/assèchement de zones humides...(Gburek et Folmar, 1999 ; Brinson et Malvarez, 2002 ; Katerji *et al.*, 2002).

Cependant, d'autres impacts sur les écosystèmes aquatiques ont clairement été associés à l'agriculture :

- pollution diffuse (sans source clairement identifiée) ou ponctuelle (liée à des rejets directs) par des éléments traces métalliques (cuivre, zinc...), des médicaments (antibiotiques à usages vétérinaires par exemple), des bactéries fécales... (Johnson *et al.*, 1997 ; Hunter *et al.*, 2000) ;

- apports de particules de sol en provenance des zones cultivées et/ou découlant de l'érosion des berges, qui provoquent une augmentation de la concentration de matières en suspension dans l'eau et des modifications qualitatives et quantitatives au niveau des sédiments (Wood et Armitage, 1997 ; Henley *et al.*, 2000) ;

- modifications des zones d'interface entre terres émergées et cours d'eau (berges, végétation des rives) (Smith, 1989 ; Bunn *et al.*, 1999).

Les agriculteurs exercent également des actions positives sur les cours d'eau; ainsi, leurs différentes pratiques d'entretien permettent de limiter l'embroussaillement du lit et des berges.

La caractérisation des impacts environnementaux de l'agriculture et leur gestion impliquent de ne pas se limiter à la phase liquide, l'eau n'étant que l'un des compartiments des écosystèmes aquatiques. Dans le cas des rivières par exemple, le milieu peut être décrit non seulement au travers des caractéristiques de l'eau, mais aussi de celles du substrat du lit et des berges. Les différentes combinaisons des diverses composantes géomorphologiques et physico-chimiques permettent alors de définir des habitats aquatiques.

Depuis les années 1990, la préservation et la reconquête des milieux aquatiques (en tant qu'habitats) sont des notions considérées comme aussi importantes que la qualité des eaux. Ceci explique les erreurs commises en matière d'entretien et d'aménagement des cours d'eau (curages, rectifications...), qui ont gravement compromis leur valeur biologique (Wasson *et al.*, 1995 ; Nilsson et Berggren, 2000). Il convient donc de se préoccuper également des conséquences écologiques des activités agricoles sur les cours d'eau qui se manifestent à différentes échelles d'organisation biologique et selon différents patrons spatiaux et temporels (Harding *et al.*, 1999 ; Naiman et Turner, 2000 ; Buck *et al.*, 2004), le fonctionnement biologique d'une rivière pouvant également avoir des répercussions sur la qualité des eaux, notamment en ce qui concerne le niveau d'oxygénation et les teneurs en éléments nutritifs (Bachmann et Usseglio-Polatera, 1999 ; Kaenel *et al.*, 2000 ; Fauvet *et al.*, 2001 ; Wigand *et al.*, 2001).

Depuis quelques années, un intérêt particulier est apporté à l'étude de la fonctionnalité des cours d'eau, qu'il s'agisse de comprendre les déterminants de cette fonctionnalité ou d'évaluer les impacts des activités humaines sur les « services » que peuvent apporter les écosystèmes (Baron *et al.*, 2002). Toutefois, si certaines relations de causalité pression-impact ont clairement été mises en évidence, d'autres phénomènes sont beaucoup plus subtils ou difficiles à interpréter (Braden et Uchtmann, 1985).

L'évaluation de la qualité des cours d'eau en France : le point de vue légal

La première prise en compte significative des préoccupations environnementales dans la législation française, relative à la gestion de l'eau, date du 16 décembre 1964 avec la promulgation de la première loi sur l'eau (loi n° 64-1245). Cette loi avait pour objet « *la lutte contre la pollution des eaux et leur régénération, dans le but de satisfaire ou de concilier les exigences : de l'alimentation en eau potable des populations et de la santé publique; de l'agriculture, de l'industrie, des transports et de toutes autres activités humaines d'intérêt général, de la vie biologique du milieu récepteur et spécialement de la faune piscicole, ainsi que des loisirs, des sports nautiques et de la protection des sites.* »

La loi sur l'eau du 3 janvier 1992 (loi n° 92-3) a franchi une étape supplémentaire dans la prise en compte des milieux aquatiques. Son article premier affirmait en effet que « *l'eau fait partie du patrimoine commun de la nation. Sa protection, sa mise en valeur et le développement de la ressource utilisable, dans le respect des équilibres naturels, est d'intérêt général.* » Elle définit également dans son article 2 la notion de « gestion équilibrée » de la ressource en eau. « *Cette gestion équilibrée vise à assurer : la préservation des écosystèmes aquatiques, des sites et des zones humides...* » Autrement dit, les principes de gestion de l'eau définis par la loi de 1992 consistaient à affirmer que la préservation des milieux aquatiques est un préalable nécessaire à la satisfaction des usages.

Les agences de l'eau (1999) ont ainsi développé un système d'évaluation de sa qualité (SEQ) reposant sur trois volets :
- la physico-chimie de l'eau (SEQ-Eau) ;
- le milieu physique (SEQ-Physique) pour en apprécier le degré d'artificialisation ;
- les éléments biologiques (SEQ-Bio), anticipant la démarche européenne.

Au niveau européen, la directive cadre sur l'eau (DCE) du 23 octobre 2000 fixe explicitement un objectif de « bon état écologique » des différents milieux aquatiques de la Communauté européenne, à atteindre à l'horizon 2015. La directive précise dans son article 2 diverses définitions.
- l'état écologique est « *l'expression de la qualité de la structure et du fonctionnement des écosystèmes aquatiques associés aux eaux de surface.* » ;
- le bon état écologique est « *l'état d'une masse d'eau de surface classée conformément à l'annexe V, c'est-à-dire atteint par une masse d'eau présentant un écart léger par rapport aux conditions de référence sur les paramètres biologiques.* »

Pour les rivières, les éléments de qualité retenus pour la classification de l'état écologique (annexe V de la DCE) sont :
- des paramètres biologiques : composition et abondance de la flore aquatique, composition et abondance de la faune benthique, composition, abondance et structure d'âge de l'ichtyofaune ;
- des paramètres hydromorphologiques soutenant les paramètres biologiques ;
- des paramètres chimiques et physico-chimiques pour soutenir les paramètres biologiques.

Cette directive met au premier plan les paramètres biologiques pour définir la qualité des milieux aquatiques. Mais il subsiste encore de nombreuses interrogations concernant les métriques à utiliser une fois les groupes d'organismes indiqués. Nombreuses sont en effet celles qui sont déjà utilisées dans les différents États membres, et leur intercalibration s'avère nécessaire. Plusieurs projets de recherche européens y contribuent (par exemple AQEM pour les invertébrés benthiques, désormais relayés par le programme STAR qui prend également en compte les diatomées et très partiellement les macrophytes, FAME pour les poissons…), mais aucune décision définitive n'a encore été prise à ce niveau.

La DCE est désormais traduite en droit français (loi du 21 avril 2004), ce qui conduira à une réforme de la politique de l'eau et impliquera une gestion plus intégrée du bassin versant pour limiter les phénomènes d'érosion des sols et des berges qui sont les principaux fournisseurs du stock de matières particulaires en suspension dans l'eau (Gilvear et Bravard, 1993). En dehors de leur impact direct, ces particules, en sédimentant, colmatent les substrats grossiers des cours d'eau, induisant ainsi de nombreux impacts en cascade sur la faune et la flore (Wood et Armitage, 1997 ; Henley *et al.*, 2000 ; Suttle *et al.*, 2004). La DCE amènera également à élaborer des diagnostics de l'état écologique des rivières fondés sur les éléments biologiques.

Afin d'évaluer les impacts des perturbations anthropiques, dont celles qui sont liées aux pratiques agricoles, sur la qualité des milieux aquatiques, il est nécessaire de disposer d'indicateurs pertinents. Ces derniers doivent aussi permettre de suivre l'évolution de cette qualité en réponse aux modifications structurelles et fonctionnelles de l'agriculture à l'échelle des territoires. Ces indicateurs sont le plus souvent des indicateurs d'état dont la pertinence doit être vérifiée selon différents référentiels : scientifique bien entendu, mais aussi (si possible) du point de vue des gestionnaires et de la société dans son ensemble.

Les méthodes biologiques d'évaluation de la qualité de l'eau des cours d'eau, les outils disponibles

Les méthodes qui permettent l'évaluation de la qualité des milieux aquatiques sont schématiquement réparties en trois catégories distinctes : les méthodes d'analyse physico-chimique de l'eau, celles de diagnostic du milieu physique et les méthodes biologiques.

La mise en œuvre de l'*approche physico-chimique* constitue la démarche la plus ancienne et la plus utilisée pour apprécier la qualité des eaux ; il s'agit de comparer les valeurs obtenues avec des valeurs seuils ou des valeurs de référence. Des méthodes permettant l'analyse de nombreux constituants naturels majeurs et mineurs (pesticides, médicaments, détergents...) dans diverses matrices environnementales (eau, parfois sédiments, plus rarement organismes) sont disponibles et souvent même normalisées. Des valeurs de référence pour tous les paramètres peuvent être définies et modifiées plus ou moins fréquemment, en fonction notamment de l'amélioration des méthodes d'analyse et de l'accroissement des connaissances en ce qui concerne les effets biologiques des substances concernées (agences de l'eau, 1999).

Toutefois, cette approche physico-chimique de l'évaluation de la qualité des eaux présente de nombreuses limites : valeur ponctuelle dans le temps et dans l'espace; limitation des contaminants détectés (Peijnenburg et Jager, 2003); limites de détection parfois supérieures aux concentrations provoquant des effets biologiques; absence d'information sur les effets toxiques liés aux conditions environnementales (Knezovich *et al.*, 1987 ; Verge *et al.*, 2001), ainsi que sur les synergies ou antagonismes entre molécule; pas d'information sur la variabilité de l'impact biologique.

Les méthodes physico-chimiques ne peuvent donc pas être utilisées pour évaluer un état de déséquilibre écologique, mais seulement pour en analyser les causes.

Les *analyses du milieu physique* permettent de déterminer les possibilités d'expression des communautés végétales (Daniel et Haury, 1996), mais aussi animales (cas des poissons : Pont *et al.*, 1995).

Il ne peut donc exister de démarche de bio-indication *in situ* qui en même temps prenne en compte l'ensemble des variables physiques de l'habitat et les flux chimiques de nutriments ou de polluants, dont une partie est stockée, voire métabolisée, dans les compartiments biologiques ou dans les sédiments.

Les *approches biologiques* visent quant à elles à apprécier les effets d'une perturbation d'origine humaine, telle que l'introduction d'un polluant dans un écosystème aquatique ou une modification du milieu physique. Ces effets peuvent se produire à différents niveaux d'organisation biologique, depuis celui des individus et des populations jusqu'à celui de l'écosystème dans son ensemble, en passant par les assemblages d'espèces et les communautés (Caquet et Lagadic, 1998 ; Haury *et al.*, 2001). Des paramètres biologiques peuvent être mesurés à ces différents niveaux et constituer autant de signaux indiquant qu'une perturbation a eu lieu (fig. 1).

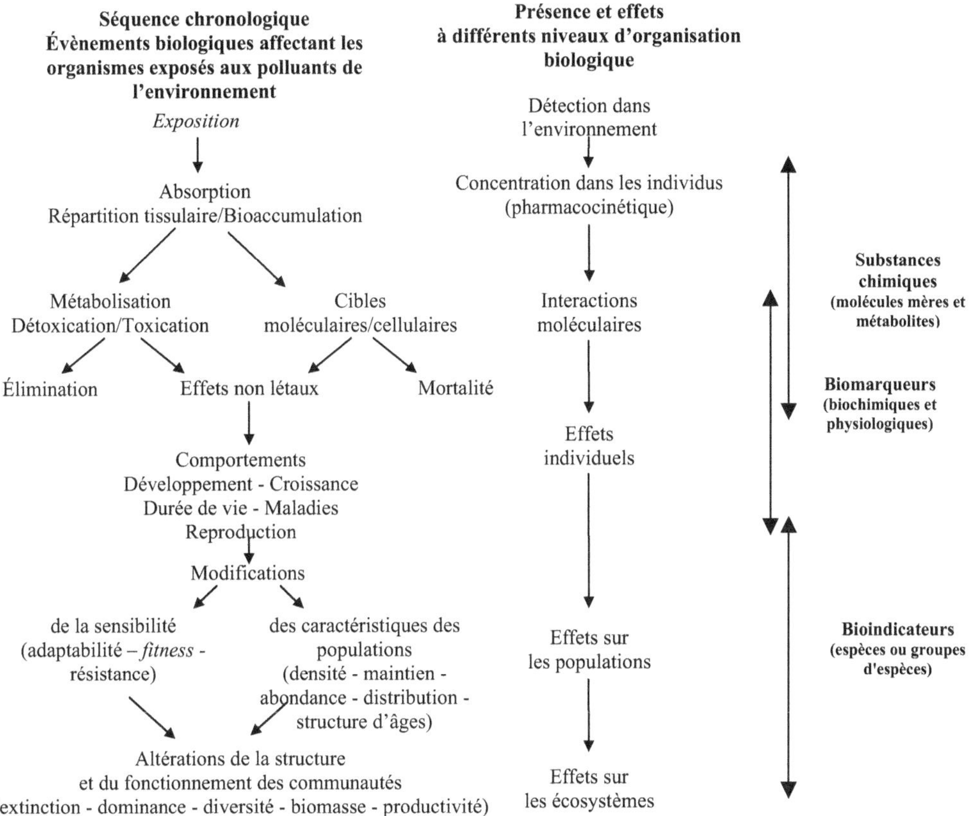

Figure 1. Chronologie théorique des effets induits par l'introduction d'un polluant dans le milieu naturel (d'après Caquet et Lagadic, 1998).
Certains micropolluants peuvent être absorbés. Ils se répartissent alors au sein des tissus où ils interagissent avec diverses molécules biologiques. Les interactions moléculaires se traduisent par une (ou des) variation(s) de paramètres biochimiques, lesquels peuvent alors être utilisés comme biomarqueurs de l'exposition de l'organisme aux toxiques. Certains changements biochimiques peuvent avoir des effets physiologiques sur les individus. Lorsqu'un grand nombre d'individus est affecté, les effets des toxiques sont décelables au sein des populations dont les performances écologiques (taux de croissance, expansion, efficacité d'utilisation des ressources, adaptabilité...) peuvent être perturbées. À terme, les déséquilibres causés par la disparition, ou au contraire par l'expansion excessive de quelques populations (bioindicateurs), peuvent se répercuter sur l'ensemble des communautés, modifiant ainsi le fonctionnement de l'écosystème dans son ensemble.

Dans le cadre de l'évaluation de la qualité des milieux naturels, deux stratégies biologiques complémentaires sont utilisées (Amiard *et al.*, 1998) : la mesure de biomarqueurs et la recherche de bioindicateurs, qu'ils soient taxonomiques (indices biocénotiques) ou fonctionnels.

Les mesures de biomarqueurs

Les mesures de *biomarqueurs* correspondent à des changements observables et/ou mesurables au niveau moléculaire, biochimique, cellulaire, physiologique ou comportemental, qui révèlent l'exposition présente ou passée d'un individu à au moins une substance chimique à caractère polluant (Lagadic *et al.*, 1997a). Il convient de signaler ici que certains auteurs (Blandin, 1986) ont utilisé le terme de « bioindicateur » pour désigner des descripteurs de type biomarqueur, mais cette utilisation prête à confusion (Amiard *et al.*, 1998). Pour que les mesures d'un biomarqueur puissent être utilisées dans l'évaluation de la qualité des milieux naturels, et permettent ainsi d'identifier la cause chimique des anomalies observées, il est important d'examiner la force de l'association entre contaminant et réponse du biomarqueur, la constance de cette association, le caractère plausible des liens toxicologiques et biologiques impliqués, l'enchaînement temporel des phénomènes, l'existence d'un gradient de réponse en présence d'un gradient de contamination... (Adams, 2003 ; Myers *et al.*, 2003). Les méthodes de mesure de ces paramètres font parfois l'objet de protocoles normalisés (activité éthoxyrésorufine O-déséthylase-EROD par exemple), mais les biomarqueurs ne sont pas utilisés à l'heure actuelle en routine pour la surveillance de la qualité des cours d'eau, même si une abondante littérature leur est consacrée (Lagadic *et al.*, 1997b, 1998).

Les indices biocénotiques

Il s'agit ici de rechercher la présence (ou l'absence) et/ou l'abondance de certains organismes (espèces ou groupes d'espèces) afin de fournir des informations sur la qualité du milieu (Blandin, 1986 ; Hellawell, 1986 ; Haslam, 1990 ; Rosenberg et Resh, 1993 ; Chartier-Touzé *et al.*, 1997). Leur recherche est fréquemment couplée à une analyse de la structure des communautés auxquelles appartiennent ces espèces indicatrices. Dans la plupart des cas, les perturbations de la qualité de l'environnement s'accompagnent d'une modification du nombre et de la nature des taxons (espèces, genres ou familles). Ceci est dû à la disparition ou à la raréfaction des taxons les plus sensibles à la perturbation considérée (taxons polluo-sensibles) et à l'apparition ou à la multiplication des taxons les plus tolérants (taxons polluo-tolérants ou polluo-résistants).

Les résultats les plus fréquemment observés sont une réduction de la biodiversité des communautés (évaluée par exemple par des indices de richesse ou de diversité taxonomique) ou/et une modification de l'abondance relative des taxons (déterminée par la mesure d'indices de dominance ou d'équitabilité, par l'étude des distributions des abondances, par la comparaison des distributions des abondances et des biomasses avec celles observées dans des stations de références,etc.).

Dans certains cas, la comparaison des communautés échantillonnées dans des situations de référence (milieux non perturbés) et dans des situations perturbées a permis de mettre au point des indices biocénotiques de qualité des milieux aquatiques dont la mise en œuvre et l'interprétation obéissent parfois à des protocoles standardisés, voire normalisés. Un important travail de normalisation d'indices biologiques pour estimer la qualité des eaux a été réalisé en France depuis le début des années 1990. C'est ainsi que plusieurs indices sont utilisés à l'heure actuelle en France.

L'indice biologique global normalisé IBGN (norme T90-350 de 1992, révisée en 2004 ; AFNOR[1], 2004a). Il trouve son origine dans les indices biotiques, et il est basé sur l'analyse

---

[1] Association française de normalisation.

des communautés de macro-invertébrés benthiques en termes de biodiversité taxonomique et de présence de taxons polluo-sensibles. Cet indice, dont la note varie de 0 à 20, est surtout sensible aux variations des conditions d'oxygénation de l'eau. Il permet par exemple de détecter l'existence d'une pollution qui aurait pour conséquence une baisse de la concentration en oxygène dissous dans l'eau (apports de matières organiques fermentescibles par exemple). Il est en revanche moins performant pour la mise en évidence des pollutions chimiques toxiques, et sa réponse est parfois même positive en cas de pollution (cas des apports modérés de nutriments dans les milieux oligo-mésotrophes par exemple).

L'indice biologique macrophytique en rivière IBMR (norme T90-395 de 2003 (AFNOR 2003) et norme cadre européenne NF EN 14184, T90-356 (AFNOR, 2004c)). Il fait suite aux premières propositions du groupement d'intérêt scientifique « macrophytes des eaux continentales » (Haury *et al.*, 1996). Il repose sur l'analyse de la communauté des végétaux aquatiques de grande taille, depuis les colonies de cyanobactéries et les algues macrophytes jusqu'aux plantes à fleurs, auxquels on adjoint les colonies bien visibles d'organismes hétérotrophes (*Sphaerotilus sp.* et *Leptomitus sp.*). Trois indices partiels sont attribués à chaque espèce contributive : une cote spécifique (CSi) allant de 0 (très forte pollution organique, hypertrophie) à 20 (milieu très oligotrophe), un coefficient d'amplitude écologique (Ei) (1 pour les espèces peu indicatrices, 3 pour les espèces très indicatrices, avec une faible gamme de variation pour la trophie de l'eau), et un coefficient de recouvrement (Ki variant de 1 à 5) estimé lors du relevé. L'indice correspond au rapport des sommes de deux produits : IBMR = $\sum$(CSi * Ki * Ei) / $\sum$ (Ei * Ki). Il a été testé sur le territoire national et des grilles de qualité ont été proposées. Son caractère opérationnel a été vérifié sur deux rivières à salmonidés, sur milieu acide comme en milieu calcaire (Haury *et al.*, 2004).

L'indice biologique diatomique IBD (norme T90-354 de 2000, AFNOR, 2000). Il s'intéresse aux diatomées, micro-algues caractérisées par un test siliceux. Il est basé essentiellement sur la polluo-sensibilité de 209 taxons de la communauté épilithique obtenue par grattage de galets. Les valeurs de cet indice évoluent essentiellement en fonction de la trophie des eaux (éléments nutritifs comme les nitrates et les phosphates), et plus particulièrement du phosphore qui est limitant pour la production végétale dans les eaux douces. Pour les diatomées, un autre indice, l'indice de polluo-sensibilité spécifique (IPS), fait appel à un plus grand nombre de taxons (un peu plus de 10 000), mais il n'est pas normalisé ; il s'appuie sur une méthodologie sensiblement identique à celle utilisée pour l'IBD.

L'indice poissons rivière IPR (norme T90-344 de 2004 (AFNOR, 2004b)). Il a été élaboré récemment pour les rivières françaises sur la base des travaux de Oberdorff *et al.* (2002) qui ont exploité la banque hydrobiologique et piscicole (BHP) du conseil supérieur de la pêche. C'est un indice multiparamétrique qui prend en compte l'ensemble des facteurs environnementaux responsables des variations des peuplements en conditions naturelles, et qui intègre les différents niveaux structurels de l'édifice biologique (Oberdorff *et al.*, 2001). Les métriques concernant les poissons ont trait à la biodiversité et à l'abondance relative des espèces classées selon leur tolérance à la pollution, leur régime alimentaire et leurs préférences d'habitat.

Il faut signaler aussi la normalisation récente (norme T90-390) d'un indice basé sur la communauté des oligochètes (IOBS) pour apprécier la qualité des sédiments (AFNOR, 2002).

Il est prévu au niveau national que ces différentes méthodes soient prises en compte, de façon prépondérante par rapport aux analyses physico-chimiques, dans l'application de la DCE pour caractériser le bon état écologique des masses d'eau.

Les espèces bioaccumulatrices et les espèces sentinelles

Certaines espèces présentent un intérêt particulier dans le contexte de la surveillance biologique de la qualité des milieux. Il s'agit des espèces bioaccumulatrices d'une part, des espèces sentinelles d'autre part.

Les *espèces bioaccumulatrices* sont des espèces qui présentent la capacité d'accumuler certains contaminants directement à partir de l'eau ou des sédiments (bioconcentration), ou bien à partir de leur nourriture (bioamplification). La concentration de certains polluants permet parfois une mise en évidence plus facile de leur présence dans le milieu car les niveaux de contamination des tissus vivants sont dans certains cas plus importants que ceux des matrices physiques et sont compatibles avec les seuils de détection des méthodes analytiques utilisées. Certains bryophytes aquatiques (*Fontinalis antipyretica* par exemple) constituent ainsi de bons intégrateurs des éléments traces métalliques présents dans l'eau (Bruns *et al.*, 1997).

Les *espèces sentinelles* sont susceptibles d'être utilisées comme indicateurs de la présence et de la toxicité de certains contaminants, voire de façon plus globale comme indicateurs de la santé de l'écosystème (Lower et Kendall, 1990). Ces espèces vivent dans les sites étudiés ou bien sont susceptibles d'y vivre (en prenant en compte uniquement les facteurs écologiques naturels). Selon les cas, les populations locales sont échantillonnées, ou des lots d'individus sont introduits pendant des durées déterminées (encagement). Des individus sont alors prélevés selon un plan d'échantillonnage défini et utilisés pour diverses mesures analytiques et/ou biochimiques (Rivière, 1993) et/ou démographiques (taux de survie par exemple).

Ainsi, lors de suivis des concentrations en atrazine dans les eaux, les macrophytes et les poissons, il a été montré que certains bassins étaient plus pollués, que des symptômes visibles de chlorose apparaissaient sur les faux roseaux (*Phalaris arundinacea*) en fonction de leur plus grande proximité de l'eau (Giovanni et Haury, 1995). Il est à noter que pour des concentrations identiques, dans les renoncules, aucun symptôme n'a été observé.

Les espèces sentinelles permettent de coupler les mesures de contamination à celles de l'état de santé des organismes (biomarqueurs) ce qui, associé à des études complémentaires de laboratoire, peut permettre la mise en évidence de relations de causalité entre l'exposition à certains polluants et leurs effets sur les individus, voire sur les populations. L'existence d'informations sur l'écologie et la biologie des espèces est un prérequis quasiment indispensable à l'utilisation de ces espèces sentinelles, notamment en raison de la nécessité de disposer d'informations sur les fluctuations naturelles des paramètres mesurés pour évaluer leur état de santé et leurs caractéristiques écologiques.

Le développement des applications de la chimie isotopique en écologie permet à l'heure actuelle d'envisager une autre utilisation des espèces sentinelles. Les apports azotés issus des effluents humains ou des effluents d'élevage, présentent une signature en isotopes stables de l'azote (évaluée par la mesure de la valeur de $\delta^{15}N$) différente de celle des autres sources d'azote de l'environnement (Kendall, 1998 ; Karr *et al.*, 2003). La mesure de la concentration en isotope stable de l'azote dans certaines espèces sentinelles peut de ce fait être envisagée comme un moyen de mettre en évidence l'incorporation d'azote d'origine anthropique (incluant l'azote provenant des élevages) dans les réseaux trophiques aquatiques (Steffy et Kilham, 2004).

Les mesures de paramètres fonctionnels

Aux approches basées sur l'analyse de la structure des communautés s'ajoute parfois la mesure de paramètres fonctionnels :
- production primaire ou secondaire (Buffagni et Comin, 2000 ; Haury *et al.*, 2004) ;
- cycles des éléments nutritifs (Kemp et Dodds, 2001) ;
- capacités d'autoépuration ; par des méthodes enzymatiques par exemple, il est possible de mesurer la capacité des communautés microbiennes à dégrader les matières organiques présentes dans l'eau (Eisman et Montuelle, 1999) ;
- fragmentation de la matière organique grossière ; les apports allochtones de matière organique, et notamment de litière, constituent fréquemment un élément très important dans le bilan énergétique des cours d'eau de faible ordre de drainage (Allan, 1995). La vitesse de dégradation de cette litière, sous l'action combinée des macro-invertébrés et des micro-organismes, est un bon indicateur de la fonctionnalité des cours d'eau (Gessner et Chauvet, 2002).

Ces analyses permettent d'avoir une vision plus intégrée des processus écologiques au niveau des communautés, voire de l'écosystème (indicateurs écologiques). Toutefois, leur interprétation est fréquemment difficile, en particulier pour les non spécialistes, notamment du fait de l'absence de valeurs de référence pour ces paramètres, même si des efforts en ce sens sont actuellement en cours (Gessner et Chauvet, 2002) en ce qui concerne la dégradation de la litière. À l'heure actuelle, ces descripteurs fonctionnels ne sont pas utilisés en routine pour la surveillance de la qualité des milieux aquatiques.

Exemples d'application des outils de bio-indication à l'évaluation de l'impact des pratiques agricoles dans des cours d'eau du massif armoricain

L'impact des matières particulaires par une approche multi-bioindicateurs

Un récent programme de recherches pluridisciplinaires, l'action nationale structurante INRA-CEMAGREF dénommée "AQUAE", visaient à mettre en évidence les différents processus impliqués dans la relation entre pratiques humaines et perturbations des écosystèmes aquatiques. Dans ce cadre, un projet intitulé « effets de la gestion des bassins versants sur les transferts particulaires et dissous et sur la qualité biologique des eaux de surface en zone d'élevage » a associé 9 équipes de recherche en écologie du paysage, agronomie et sciences du sol, hydrologie et écologie aquatique.

Un suivi de la physico-chimie des eaux (formes de l'azote et du phosphore et matières en suspension, essentiellement) a été réalisé sur 12 sites localisés sur des ruisseaux du bassin lémanique, et pour 2 sites sur des ruisseaux du massif armoricain (en Basse- Normandie) présentant des degrés d'anthropisation différents. Les résultats des analyses ont permis de classer les sites lémaniques selon un gradient de trophie et d'opposer les sites normands en fonction des flux et des concentrations en MES[2]. Parallèlement, ont été réalisés dans les deux régions des suivis de la structure de différentes communautés (invertébrés benthiques, diatomées épilithiques et macrophytes aquatiques) et d'un organisme sentinelle (truite au stade embryolarvaire).

Tableau 1. Réponses de bioindicateurs à des flux variables de MES sur 2 ruisseaux armoricains (département de la Manche)

	Ruisseau du Moulinet		Ruisseau des Violettes
Flux annuel spécifique de MES kg ha^{-1} an^{-1}	255		360
	INDICES BIOCÉNOTIQUES		
Macro-invertébrés benthiques			
IBGN	20	⇔	18
% EPT	33	>	29
Diatomées épilithiques			
IBD	12,4	⇔	11,9
IPS	11,4	>	7,0
Macrophytes aquatiques			
IBMR	10,6	⇔	11,1
	ORGANISME SENTINELLE : TRUITE (*Salmo trutta*)		
Survie des oeufs à l'éclosion (en %)	8,6	>	0,0

IBGN = indice biologique général normalisé ; % EPT = pourcentage d'éphéméroptères, plécoptères, trichoptères ; IBD = indice biologique diatomique ; IPS = indice de polluo-sensibilité spécifique ; IBMR = indice biologique macrophytique en rivière.

Ce projet a permis de mettre en évidence, pour sa partie armoricaine, le rôle de l'occupation des sols et de la structure du paysage des bassins versants, mais aussi des pratiques agricoles (plus particulièrement près des berges des cours d'eau) sur les flux de matières particulaires. Une différence de flux particulaires entre 2 petits bassins versants de Basse-Normandie (Lefrançois *et al.*, 2004) a été révélée par certains bioindicateurs, dont notamment la survie des jeunes stades de la truite commune (tabl. 1).

Globalement, il s'avère que les indices biocénotiques normalisés (IBGN, IBD et IBMR) ne révèlent des différences de qualité des milieux que si le contraste en matière de trophie ou de MES est suffisamment important. Sur le dispositif lémanique, le gradient d'état trophique observé pour les différents bassins est suffisamment marqué pour que l'IBD et l'IBMR y soient corrélés ; alors que sur les sites armoricains, ces 2 indices ne se sont pas montrés discriminants (tabl. 1). L'IBGN, qui réagit surtout à des variations en oxygène dissous, n'est guère pertinent dans le dispositif étudié. Plus généralement, dans les cours d'eau de faibles ordres de drainage, la géomorphologie locale et la structure de l'habitat (plus particulièrement la faible hétérogénéité naturelle en substrats) constituent des variables de forçage plus importantes que les perturbations anthropiques sur la réponse des biocénoses étudiées. La sensibilité de la réponse de ces communautés bioindicatrices peut être cependant améliorée dans les contextes étudiés en analysant plus finement la liste taxonomique : il convient pour cela de prendre en compte un plus grand nombre de taxons et de calculer l'IPS

---

[2] Matières en suspension.

pour les diatomées, sur la part relative des taxons les plus polluo-sensibles chez les invertébrés (Druart et Laval, non publié).

Dans les têtes de bassin, zones privilégiées de reproduction de la truite (*Salmo trutta*), la réponse des stades les plus sédentaires (œufs enfouis dans les graviers pendant plusieurs semaines) et les plus sensibles à la pollution a été étudiée (Chapman, 1988 ; Rubin et Glimsäter, 1996). La survie embryo-larvaire présente une bonne sensibilité tant à la trophie du milieu (Gillet, non publié) qu'aux MES. Les principaux paramètres physico-chimiques incriminés sont une diminution dans le milieu interstitiel de l'oxygène dissous, et des teneurs en N-NH$_4$ élevées. Outre un impact sur les survies, ces perturbations du milieu engendrent un retard de croissance des embryons à l'émergence (Massa, 2000). De plus, les matières particulaires diminuent la capacité de production de la rivière en nourriture pour ces jeunes truites (Wood et Armitage, 1997 ; Bolliet, Bardonnet et Vignes, non publié). Par une série de réactions en chaîne, la population de truites de tout le cours d'eau peut être perturbée (baisse en effectifs notamment).

Si la survie embryo-larvaire de la truite s'avère un bon témoin de la qualité des milieux, il est nécessaire dans la mise en œuvre de ce type d'outil d'une part de disposer d'œufs de bonne qualité, d'autre part de réaliser un grand nombre de replicats étant donné la forte variabilité des réponses intra-site.

Ce travail révèle l'utilité d'une approche multi-bioindicateurs et l'intérêt des réponses fonctionnelles des communautés et des organismes, en complément des analyses de biodiversité, pour étudier les impacts de perturbations de la qualité des eaux.

Mise en évidence de l'incorporation d'azote d'origine anthropique dans les réseaux trophiques

La mesure de l'enrichissement en isotope lourd (15N) de l'azote a déjà été utilisée en milieu naturel pour caractériser l'impact des pollutions azotées sur les écosystèmes aquatiques (Harrington *et al.*, 1998 ; Hebert et Wassenaar, 2001 ; Wayland et Hobson, 2001 ; Karr *et al.*, 2003). Dans le cadre des projets soutenus par le département Hydrobiologie et Faune Sauvage de l'INRA, une étude (*Incidence des apports azotés d'origine agricole sur les chaînes trophiques en rivière à salmonidés* ; coordinateur : J.M. Roussel) a été réalisée en 2002 sur un sous bassin versant d'un fleuve salmonicole (le Scorff, dans le Morbihan), le ruisseau de Pont-Houarn. Le bassin versant du ruisseau de Pont-Houarn est classé en ZES[3] (plus de 170 kg d'azote organique épandables par ha et par an). Les résultats du suivi physico-chimique réalisé sur le ruisseau et sur le Scorff depuis 1999 mettent clairement en évidence les apports de nitrates en provenance de l'affluent, apports qui se traduisent par une dégradation de la qualité de l'eau du Scorff en aval de la confluence des 2 cours d'eau.

---

[3] Zone d'excédent structurel.

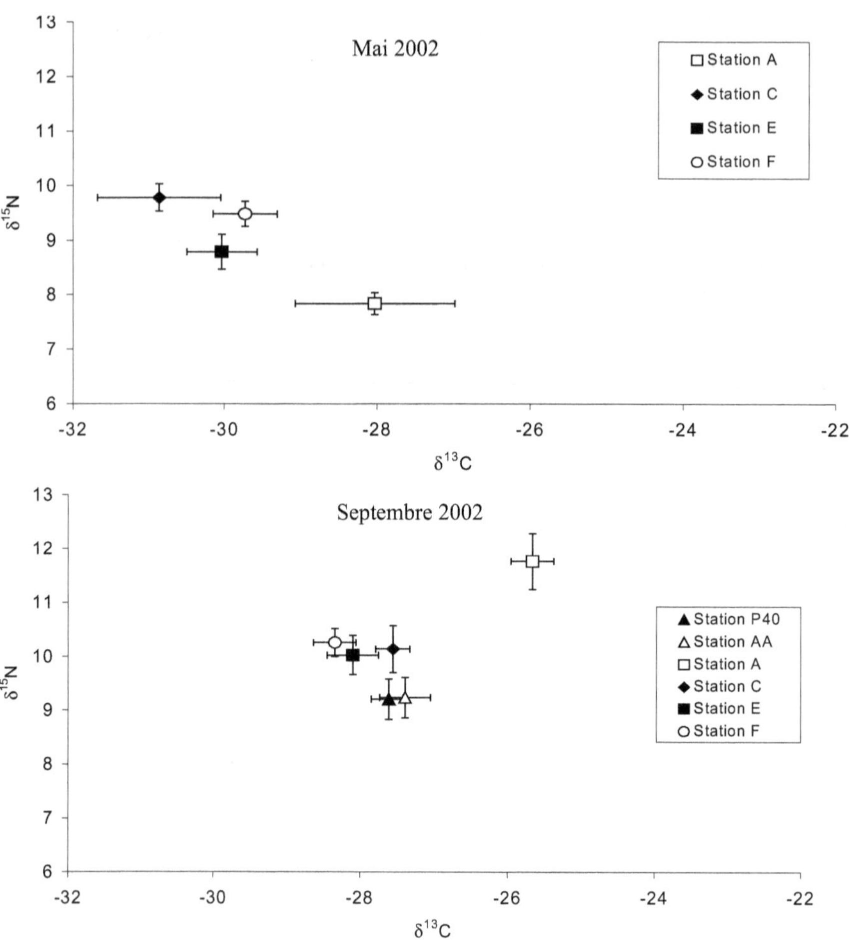

Figure 2. Valeurs moyennes (± erreur standard) de l'enrichissement en isotopes stables du carbone (δ^{13}C) et de l'azote (δ^{15}N) obtenues sur les macro-invertébrés benthiques dans les différentes stations du ruisseau de Pont-Houarn (d'amont en aval : AA, A, C) et du Scorff en amont (station E) et en aval (station F) de la confluence avec le ruisseau, en mai et septembre 2002 (P40 : station de référence située sur un ruisseau forestier).

L'étude avait pour objectif d'essayer de caractériser l'impact de ces apports sur les réseaux trophiques du ruisseau de Pont-Houarn et du Scorff, grâce notamment à l'analyse du niveau d'enrichissement en isotopes stables du carbone et de l'azote pour des organismes appartenant à différents niveaux trophiques (producteurs primaires, macro-invertébrés, poissons) et exploitant potentiellement différentes ressources alimentaires. Les résultats globaux montrent que, par comparaison avec un affluent forestier, les teneurs moyennes en isotopes stables d'azote y sont multipliées par des coefficients de l'ordre de 1,8 pour les macrophytes, de 1,3 pour les invertébrés et de 1,2 pour les poissons. Seuls les résultats obtenus pour les macro-invertébrés benthiques sont détaillés ici. Quel que soit le groupe considéré, les valeurs de δ^{15}N mesurées sur les macro-invertébrés benthiques étaient élevées, y compris pour des organismes à régime alimentaire à dominante herbivore (larves d'éphéméroptères par exemple) ; ce qui pourrait indiquer une contamination générale des réseaux trophiques des 2 cours d'eau par des apports d'azote liés aux activités agricoles. L'analyse statistique des résultats obtenus dans les différentes stations a permis de mettre en évidence un gradient d'enrichissement en isotopes stables de l'azote entre l'amont et l'aval du ruisseau de Pont-Houarn en mai et septembre 2002 (fig. 2), ce qui semble confirmer l'existence d'une incorporation d'azote issu d'épandages dans les réseaux trophiques benthiques du ruisseau.

Les données obtenues en septembre 2002 dans la station située le plus en amont du ruisseau de Pont-Houarn (station AA) ont été utilisées pour étudier la relation entre le niveau trophique théorique des différents groupes taxonomiques, déterminé grâce aux données de la littérature, et la valeur de δ^{15}N mesurée. L'ajustement d'un modèle linéaire à ces données s'est avéré significatif ($r^2 = 0,78$; $p < 0,01$). Bien que préliminaire, en raison notamment du faible nombre de données et des groupes taxonomiques différents utilisés pour son établissement, cette relation a d'ailleurs été employée pour prédire les valeurs théoriques de δ^{15}N des différents groupes présents dans les échantillons prélevés dans les autres stations en septembre 2002.

Conclusion

Avant toute chose, il est nécessaire de rappeler qu'il existe une différence très importante entre la multitude d'approches proposées dans la littérature scientifique (des centaines, voire des milliers de références) et le très faible nombre d'outils réellement mis en œuvre dans le cadre de la gestion des écosystèmes. Ceci est vrai dans le cas de la recherche de bioindicateurs, tous les groupes taxonomiques pouvant d'une manière ou d'une autre être utilisés à cette fin, comme dans celui de l'utilisation des biomarqueurs.

L'évaluation biologique de la qualité de l'eau des cours d'eau est un élément indispensable pour les gestionnaires de l'environnement, et son caractère essentiel est clairement mis en avant dans les textes réglementaires en préparation, suite à la mise en œuvre de la DCE.

Par rapport aux analyses physico-chimiques, les approches biologiques présentent de nombreux avantages :

- les organismes intègrent ce qui s'est passé pendant un laps de temps plus ou moins long (de quelques heures à plusieurs années selon le groupe taxonomique et le type de perturbation considérés) ;
- il est parfois possible de mettre en évidence des pollutions aux sources diffuses et à caractère chronique ;
- le dysfonctionnement de certaines communautés traduit non seulement des atteintes à la qualité de l'eau, mais aussi des perturbations du milieu physique au niveau local ou à une plus grande échelle spatiale.

Ces approches présentent toutefois divers inconvénients :

- la réponse des organismes n'est, en général, pas spécifique à un polluant particulier ;
- certains organismes ne sont que peu ou pas sensibles, tout du moins directement, à ce qui peut être considéré comme une pollution vis-à-vis de certains usages de l'eau pour l'homme (les nitrates par exemple) ;

- de nombreux outils de bioindication de type indice (IBGN, IBMR) ne sont pas utilisables sans adaptation méthodologique pour toute la gamme des systèmes aquatiques d'eau courante (des petits cours d'eau aux fleuves profonds) ;
- les réponses de certains indicateurs biologiques sont semble-t-il parfois biaisées, notamment du fait de la méthode adoptée pour la définition des valeurs ou des situations de référence. En particulier, la question est posée à l'heure actuelle du niveau géographique auquel doivent être déterminés les états de référence : dans certains cas, les situations de référence semblent même ne plus exister (grands cours d'eau de plaine par exemple) ;
- le temps de traitement des échantillons biologiques est généralement beaucoup plus long que celui des analyses physico-chimiques ; le délai d'attente de la réponse à une question précise posée par un gestionnaire est de ce fait parfois incompatible avec une prise de décision rapide ;
- quelle que soit la démarche retenue (biomarqueurs, bioindicateurs), l'analyse des réponses biologiques nécessite le plus souvent des appareillages sophistiqués et une main-d'œuvre qualifiée, que ce soit pour la réalisation des mesures ou pour l'interprétation des résultats. Cette contrainte, associée à l'absence d'automatisation des protocoles de mesure, explique le caractère souvent onéreux de l'approche biologique par rapport à l'approche physico-chimique ;
- l'impact du changement global sur les écosystèmes aquatiques et sur la réponse des outils biologiques d'évaluation de la qualité de ces milieux n'est absolument pas pris en compte à l'heure actuelle. Il est nécessaire de rechercher des indicateurs écologiques de ce phénomène à l'échelle planétaire ; mais aussi, dans la mesure où les espèces s'adaptent aux changements, d'essayer de dissocier l'impact du changement global de celui des perturbations locales liées aux activités anthropiques.

En tout état de cause, les outils biologiques ne doivent pas être utilisés seuls, mais en étroite association avec les démarches basées sur l'analyse physico-chimique. C'est à partir de la confrontation des deux types d'informations qu'il est envisageable de disposer des données nécessaires à l'évaluation de la qualité des milieux aquatiques, dans un but de constat mais aussi en vue d'accompagner les politiques environnementales (outils de communication et de pilotage, dans le cadre de « tableaux de bord environnementaux »). Les challenges à relever concernant le développement et l'utilisation d'indicateurs écologiques en routine peuvent être résumés ainsi (Dale et Beyerler, 2001) : les indicateurs doivent être assez simples à mesurer, sensibles aux perturbations du système et avoir une réponse prédictible aux stress (faible variabilité de réponse).

Références bibliographiques

ADAMS S.M., 2003. Establishing causality between environmental stressors and effects on aquatic ecosystems. *Hum. Ecol. Risk Assess.*, 9, 17-35.

AFNOR, 2000. *Qualité de l'eau. Détermination de l'Indice Biologique Diatomées (IBD)*. NF T90-354, juin 2000. AFNOR, Saint-Denis La Plaine, 63 p.

AFNOR, 2002. *Qualité de l'eau. Détermination de l'Indice Oligochètes de Bioindication des Sédiments (IOBS)*. NF T90-390, avril 2002. AFNOR, Saint-Denis La Plaine, 23 p.

AFNOR, 2003. *Qualité de l'eau. Détermination de l'Indice Biologique Macrophytique en Rivière (IBMR)*. NF T90-395, octobre 2003. AFNOR, Saint-Denis La Plaine, 28 p.

AFNOR., 2004a. *Qualité de l'eau. Détermination de l'Indice Biologique Global Normalisé (IBGN)*. NF T90-350, mars 2004. AFNOR, Saint-Denis La Plaine, 16 p.

AFNOR, 2004b. *Qualité de l'eau. Détermination de l'Indice Poissons Rivière (IPR).* NF T90-344, mai 2004. AFNOR, Saint-Denis La Plaine, 16 p.

AFNOR, 2004c. *Qualité de l'eau. Guide pour l'étude des macrophytes aquatiques dans les cours d'eau.* NF EN 14184, T90-356, avril 2004. AFNOR, Saint-Denis La Plaine, 16 p.

AGENCES DE L'EAU, 1999. *Système d'évaluation de la qualité de l'eau des cours d'eau.* 3 volumes. Les Études des Agences de l'Eau, 64, 59 p. + 282 p. + 23 p.

ALLAN J.D., 1995. *Stream Ecology. Structure and Function of Running Waters.* Chapman et Hall, London, 388 p.

AMIARD J.C., CAQUET T., LAGADIC L., 1998. Les biomarqueurs parmi les méthodes d'évaluation de la qualité de l'environnement. In : Lagadic L., Caquet T., Amiard J.-C. et Ramade F. (eds), *Utilisation de biomarqueurs pour la surveillance de la qualité de l'environnement.* Lavoisier Tec et Doc, Paris, 21-31.

BACHMANN V., USSEGLIO-POLATERA P., 1999. Contribution of the macrobenthic compartment to the oxygen budget of a large regulated river : the Mosel. *Hydrobiologia,* 410, 39-46.

BARON J.S., POFF N.L., ANGERMEIER P.L., DAHM C.N., GLICK P.H., HAIRSTON N.G., JACKSON R.B., JOHNSTON C.A., RICHTER B.D., STEINMAN A.D., 2002. Meeting ecological and societal needs for freshwater. *Ecol. Appl.,* 12, 1247-1260.

BLANDIN P., 1986. Bioindicateurs et diagnostic des systèmes écologiques. *Bull. Ecol.* , 17, 215-307.

BRADEN J.B., UCHTMANN D.L., 1985. Agricultural nonpoint pollution control : an assessment. *J. Soil Water Conserv.,* 40, 23-26.

BRINSON M.M., MALVAREZ A.I., 2002. Temperate freshwater wetlands : types, status, and threats. *Environ. Conserv.,* 29, 115-133.

BRUNS I., FRIESE K., MARKERT B., KRAUSS G.J., 1997. The use of *Fontinalis antipyretica* L. ex Hedw. as a bioindicator for heavy metals. 2. Heavy metals accumulation and physiological reaction of *Fontinalis antipyretica. Sci.Total Environ.,* 204, 161-176.

BUCK O., NIYOGI D.K., TOWNSEND C.R., 2004. Scale-dependence of land use effects on water quality of streams in agricultural catchments. *Environ. Pollut.,* 130, 287-299.

BUFFAGNI A., COMIN E., 2000. Secondary production of benthic communities at the habitat scale as a tool to assess ecological integrity in mountain streams. *Hydrobiologia,* 422/423, 183-195.

BUNN S.E., DAVIES P.M., MOSISCH T.D., 1999. Ecosystem measures of river health and their response to riparian and catchment degradation. *Freshwater Biol.,* 41, 333-345.

CAQUET T., LAGADIC L., 1998. Conséquences d'atteintes individuelles précoces sur la dynamique des populations et la structuration des communautés et des écosystèmes. In Lagadic L., Caquet T., Amiard J.-C. et Ramade F. (eds), *Utilisation de biomarqueurs pour la surveillance de la qualité de l'environnement.* Lavoisier Tec et Doc, Paris, 265-298.

CHAPMAN D.W., 1988. Critical review of variables used to define effects of fines in redds of large salmonids. *Transactions of the American Fisheries Society* 117, p. 1-21.

CHARTIER-TOUZE N., GALVIN Y., LEVEQUE C., SOUCHON Y. (Coord.), 1997. *État de santé des écosystèmes aquatiques. Les variables biologiques comme indicateurs.* G.I.P. Hydrosystèmes, CEMAGREF Ed., Paris : 298 p.

DALE V.H., BEYERLER S.C., 2001. Challenges in the development and use of ecological indicators. *Ecological Indicators,* 1, 3-10.

DANIEL H., HAURY J., 1996. Les macrophytes aquatiques : une métrique de l'environnement en rivière. *Cybium* 20 (3) *suppl.* : 123-136.

EISMAN F., MONTUELLE B., 1999. "Microbial methods for contaminants effects assessment in sediment". *Reviews of Environmental Contamination and Toxicology,* 159, 41-93.

FAUVET G., CLARET C., MARMONIER P., 2001. Influence of benthic and interstitial processes on nutrient changes along a regulated reach of a large river (Rhone River, France). *Hydrobiologia,* 445, 121-131.

GBUREK W.J., FOLMAR G.J., 1999. Flow and chemical contributions in an upland watershed : a baseflow survey. *J. Hydrol.,* 217, 1-18.

GESSNER M.O., CHAUVET E., 2002. A case for using litter breakdown to assess functional stream integrity. *Ecol. Appl.*, 12, 498-510.

GILVEAR D.J., BRAVARD J.P., 1993. Dynamique fluviale in Amoros C. et Petts G.E., *Hydrosystèmes fluviaux*, Masson ed. (Paris, France), Collection d'écologie, 24, 61-82.

GIOVANNI R., HAURY J., 1995. Pesticides et milieu aquatique. Colloque *Qualité des eaux et produits phytosanitaires : du diagnostic à l'action. Bilan de 5 années d'études et propositions de la CORPEP en Bretagne*. Bretagne Eau Pure. Rennes, 27 Nov. 1995, 57-70.

HARDING J.S., YOUNG R.G., HAYES J.W., SHEARER K.A., STARK J.D., 1999. Changes in agricultural intensity and river health along a river continuum. *Freshwater Biol.*, 42, 345-357.

HARRINGTON R.R., KENNEDY B.P., CHAMBERLAIN C.P., BLUM J.D., FOLT C.L., 1998. ^{15}N enrichment in agricultural catchments : field patterns and applications to tracking Atlantic salmon (*Salmo salar*). *Chem. Geol.*, 147, 281-294.

HASLAM S.M., 1990. *River Pollution : an Ecological Perspective*. Belhaven Press, London, 253 p.

HAURY J., PELTRE M.C., MULLER S., TREMOLLIERES M., BARBE J., DUTARTRE A., GUERLESQUIN M., 1996. Des indices macrophytiques pour estimer la qualité des cours d'eau français : premières propositions. *Écologie* 27 (4) : 79-90.

HAURY J., PELTRE M.C., MULLER S., THIEBAULT G., TREMOLLIERES M., DEMARS B., BARBE J., DUTARTRE M., GUERLESQUIN M., LAMBERT E., 2001. Les macrophytes aquatiques bioindicateurs des systèmes lotiques. Intérêts et li hmites des indices macrophytiques. Synthèse bibliographique des principales approches européennes pour le diagnostic biologique des cours d'eau. *Études sur l'Eau en France n°87*, Min. Ecologie et Dév. Durable : 101 p. + ann.

HAURY J., DANIEL H., ADAM B., 2004. Impacts des piscicultures sur les peuplements macrophytiques en rivières à Salmonidés. Comparaisons éco-régionales et évolutions temporelles sur la période 1981-2002. *Dossiers de l'Environnement de l'INRA 26*, 87-99.

HEBERT C.E., WASSENAAR L.I., 2001. Stable isotopes in waterflowl feathers reflect agricultural land use in western Canada. *Environ. Sci. Technol.*, 35, 3482-3487.

HELLAWELL J.M., 1986. *Biological Indicators of Freshwater Pollution and Environmental Management*. Elsevier Applied Science Publishers, London, 386 p.

HENLEY W.F., PATTERSON M.A., NEVES R.J., LEMLY A.D., 2000. Effects of sedimentation and turbidity on lotic food webs : a concise review for natural resource managers. *Rev. Fish. Sci.*, 8, 125-139.

HUNTER C., PERKINS J., TRANTER J., HARWICK P., 2000. Faecal bacteria in the waters of an upland area in Derbyshire, England. The influence of agricultural land use. *J. Environ. Qual.*, 29, 1252-1261.

JOHNSON L.B., RICHARDS C., HOST G.E., ARTHUR J.W., 1997. Landscape influences on water chemistry in Midwestern stream ecosystems. *Freshwater Biol.*, 37, 193-208.

KAENEL B.R., BUEHRER H., UEHLINGER U., 2000. Effects of aquatic plant management on stream metabolism and oxygen balance in streams. *Freshwater Biol.*, 45, 85-95.

KARR J.D., SHOWERS W.J., JENNINGS G.D., 2003. Low-level nitrate export from confined dairy farming detected in North Carolina streams using δ^{15}N. *Agr. Ecosyst. Environ.*, 95, 103-110.

KATERJI N., BRUCKLER L., DEBAEKE P., 2002. L'eau, l'agriculture et l'environnement : analyse introductive à une réflexion sur la contribution de la recherche agronomique. *Courrier de l'Environnement de l'INRA*, 46, 39-50.

KEMP M.J., DODDS W.K., 2001. Spatial and temporal patterns of nitrogen concentrations in pristine and agriculturally-influenced prairie streams. *Biogeochemistry*, 53, 125-141.

KENDALL C., 1998. Tracing nitrogen sources and cycling in catchments. In Kendall C. et McDonnell J.J. (eds), *Isotope Tracers in Catchment Hydrology*. Elsevier, Amsterdam, 519-576.

KNEZOVICH J.P., HARRISON F.L., WILHELM R.G., 1987. The bioavailability of sediment-sorbed organic chemicals : a review. *Water Air Soil Pollut.*, 32, 233-245.

LAGADIC L., CAQUET T., AMIARD J.-C., RAMADE F., 1997a. Biomarqueurs en écotoxicologie : principes et définitions. *Biomarqueurs en écotoxicologie : aspects fondamentaux*. Masson, Paris, 1-9.

LAGADIC L., CAQUET T., AMIARD J.-C., RAMADE F., 1997b. *Biomarqueurs en écotoxicologie : aspects fondamentaux*. Masson, Paris, 419 p.

LAGADIC L., CAQUET T., AMIARD J.-C., RAMADE F., 1998. *Utilisation de biomarqueurs pour la surveillance de la qualité de l'environnement*. Lavoisier Tec et Doc, Paris, 320 p.

LEFRANÇOIS J., GRIMALDI C., BIRGAND F., GASCUEL-ODOUX C., GILLIET N., 2004. *Spatial and temporal variations of suspended sediment loads in small agricultural catchments*. European Geosciences Union, Nice, 25-30 avril 2004. *(Abstract n° EGU 04-03431)*.

LOWER W.R., KENDALL R.J., 1990. Sentinel species and sentinel bioassay. In McCarthy J.F. et Shugart L.R. (eds), *Biomarkers of Environmental Contamination*. Lewis Publishers, Boca Raton, 309-331.

MASSA F., 2000. *Sédiments, physico-chimie du compartiment interstitiel et développement embryo-larvaire de la truite commune (Salmo trutta) : Étude en milieu naturel anthropisé et en conditions contrôlées*. Thèse de l'Institut National Agronomique Paris-Grignon (Paris), mention sciences de l'environnement, 199 p.

MYERS M.S., JOHNSON L.L., COLLIER T.K., 2003. Establishing the causal relationship between polycyclic aroamtic hydrocarbon (PAH) exposure and hepatic neoplasms and neoplasia-related liver lesions in English Sole (*Pleuronectes vetulus*). *Hum. Ecol. Risk Assess.*, 9, 67-94.

NAIMAN R.J., TURNER M.G., 2000. A future perspective on North America's freshwater ecosystems. *Ecol. Appl.*, 10, 958-970.

NILSSON C., BERGGREN K., 2000. Alterations of riparian ecosystems caused by river regulation. *Bioscience*, 50, 783-792.

OBERDORFF T., PONT D., HUGUENY B., BOËT P., PORCHER J.P., CHESSEL D., 2001. Adaptation à l'ensemble du réseau hydrographique national d'un indice de qualité écologique fondé sur les peuplements de poissons : résultats actuels et perspectives. In Cemagref (Ed), *État de santé des écosystèmes aquatiques : de nouveaux indicateurs biologiques*, 95-124.

OBERDORFF T., PONT D., HUGUENY B., PORCHER J.P., 2002. Development and validation of a fish-based index of assessment of 'river health' in France. *Freshwater Biology*, 47, 1720-1734.

PEIJNENBURG W.J., JAGER T., 2003. Monitoring approaches to assess bioaccessibility and bioavailability of metals : Matrix issues. *Ecotoxicol. Environ. Saf.*, 56, 63-77.

PONT D., BELLIARD T., CHANGEUX T., OBERDORFF T., OMBREDANE D., 1995. Analyse de la richesse piscicole de quatre ensembles hydrographiques français. *Bull. Fr. Pêche et Piscic.*, 337/338/339, 75-81.

RIVIERE J.-L., 1993. Les animaux sentinelles. *Courrier de l'Environnement de l'INRA*, 20, 59-67.

ROSENBERG D.M., RESH V.H., 1993. *Freshwater Biomonitoring and Benthic Macroinvertebrates*. Chapman et Hall, New York, 488 p.

RUBIN J.F., GLIMSÄTER C., 1996. Egg-to-fry survival of the sea trout in some streams of Gotland. *Journal of Fish Biology*, 48, 585-606.

SMITH C.M., 1989. Riparian pasture retirement effects on sediment, phosphorus, and nitrogen in channelised surface run-off from pasture. *N. Z J. Mar. Freshwater Res.*, 23, 139-146.

STEFFY L.Y., KILHAM S.S., 2004. Elevated $\delta^{15}N$ in stream biota in areas with septic tank systems in an urban watershed. *Ecol. Applic.*, 14, 637-641.

SUTTLE K.B., POWER M.E., LEVINE J.M., MCNEELY C., 2004. How fine sediment in riverbeds impairs growth and survival of juvenile salmonids. *Ecol. Appl.*, 14, 969-974.

VERGE C., MORENO A., BRAVO J., BERNA J.L., 2001. Influence of water hardness on the bioavailability and toxicity of linear alkylbenzene sulphonate (LAS). *Chemosphere*, 44, 1749-1757.

WASSON J.-G., MALAVOI J.-R., MARIDET L., SOUCHON Y., PAULIN L., 1995. Impacts écologiques de la chenalisation des rivières. *Coll. Études, Sér. Gestion des milieux aquatiques n°14*. Cemagref éditions – Tec Doc Cachan : 158 p.

WAYLAND M., HOBSON K.A., 2001. Stable carbon, nitrogen, and sulfur isotope ratios in riparian food webs on rivers receiving sewage and pulp-mill effluents. *Can. J. Zool.*, 79, 5-15.

WIGAND C., FINN M., FINDLAY S., FISCHER D., 2001. Submersed macrophyte effects on nutrient exchanges in riverine sediments. *Estuaries*, 24, 398-406.

WOOD P.J., ARMITAGE P.D., 1997. Biological effects of fine sediment in the lotic environment. *Environ. Manage*, 21, 203-217.

48

Mise en évidence de cycles pluriannuels relatifs aux concentrations et aux flux de nitrates dans les bassins versants de Bretagne. Conséquences pour l'interprétation de l'évolution de la qualité des eaux

PIERRE AUROUSSEAU, JULIE VINSON

Introduction

L'objectif de ce travail est d'analyser la variation inter-annuelle des concentrations et des flux de nitrate dans les rivières à l'échelle de la région Bretagne pour tenter d'en tirer un diagnostic environnemental. Réaliser un tel diagnostic concernant les nitrates en se fondant sur une norme de concentration est maintenant un mode de raisonnement bien maîtrisé. Par contre fonder le diagnostic environnemental sur un raisonnement en flux est une idée insuffisamment partagée. Pourtant dans une région maritime comme la Bretagne où les bassins versants ont leurs exutoires situés sur les côtes même de la région, les impacts environnementaux dans les masses d'eau maritimes côtières ou de transition sont directement les conséquences néfastes de flux d'éléments nutritifs et en tout premier lieu de nitrates. Ces impacts environnementaux dans les eaux côtières et de transition sont de deux types principaux : les mécanismes d'eutrophisation à macro-algues plus communément appelées « marées vertes » et les mécanismes d'eutrophisation à micro-algues (blooms de diatomées et efflorescence de dinoflagellés parfois toxiques). Ces phénomènes d'eutrophisation sont sous la dépendance de flux d'éléments nutritifs et en particulier de nitrates. Il a même été démontré que ce sont les flux de ces éléments à certaines périodes de l'année qui contrôlent ces phénomènes d'eutrophisation. Il est donc indispensable aujourd'hui quand on réalise un diagnostic environnemental concernant l'azote, de poser ce diagnostic en termes de concentration mais aussi en terme de flux.

Matériel

Le jeu de données à partir duquel ce travail a été réalisé est initialement constitué de 122 stations de suivi (sous entendu suivi des concentrations en nitrates). Ces stations de suivi sont gérées soit au niveau national comme le réseau RNB (Réseau National de Bassins), par l'Agence de l'Eau Loire-Bretagne, la DIREN de Bretagne ou des collectivités territoriales comme les conseils généraux des 4 départements bretons. Ces stations font l'objet de 1 à 32 mesures de concentration par an, et de 1 à 33 années de suivis (consécutives ou non), avec au plus des suivis qui remontent entre 11 et 14 années sans interruption. Un première famille de difficultés relatives à ces suivis concerne donc l'antériorité de ces suivis dont la longueur est très variable. Une deuxième difficulté est relative au nombre de mesures disponibles chaque année.

Dans l'optique de calculer des flux d'azote, il est aussi nécessaire de coupler une station de suivi avec une station limnimétrique (de mesure des débits). A l'origine ces différents réseaux de suivi ont été établis avec des objectifs différents : les stations limnimétriques ont été positionnées dans des objectifs de prédiction des crues et les points de suivi qualité ont été souvent positionnés en fonction des besoins d'alimentation en eau potable. Ceci explique que les concentrations et les débits ne sont pas toujours mesurés au même point. On sera alors contraint de coupler par des techniques d'extrapolation des concentrations mesurées en un point avec des débits mesurés en un autre point.

De plus, bien souvent, les stations de suivi de qualité et les stations limnimétriques sont assez éloignées des exutoires et sont donc mal adaptées à l'évaluation des flux allant à la mer.

Méthodes

La première étape du traitement que nous avons réalisé consiste à établir des critères pour pouvoir retenir une station de suivi de qualité pour des traitements ultérieurs.
Les critères que nous avons retenus sont les suivants :
- disposer au moins d'une mesure de concentration par mois ;
- avoir au maximum trois mois dans une année avec des suivis manquants (soit au minimum 9 suivis par an), si les 3 mois ne sont pas tous en hiver ;
- avoir au maximum 2 mois consécutifs sans mesure ;
- avoir au maximum 5 années présentant des suivis manquant dans la série chronologique étudiée ;
- disposer d'un minimum de 10 années de suivi utilisables.

Ces critères conduisent à rejeter 88 stations sur les 122 du jeu de données originel. Sur les 34 stations restantes, la moitié sont confondues avec une station de mesure de débit. L'autre moitié nécessitera de faire appel à des techniques d'extrapolation des débits.
Enfin, l'étude des séries de données concernant les débits nous conduit à éliminer 3 stations supplémentaires, à changer de station limnimétrique pour 2 autres stations et à raccourcir la durée d'étude pour certaines stations. In fine, il reste 31 stations sur lesquelles on peut effectuer des calculs de flux dans les conditions que nous nous sommes fixées.

L'étape suivante consiste donc à estimer les teneurs en nitrates manquantes. Une étude complémentaire présentée succintement ci-dessous a été menée pour comparer trois méthodes simples d'estimation des valeurs de concentration en NO_3^- pour les mois manquants :
- la régression linéaire sur les concentrations en nitrates entre les mois où les données sont disponibles ;
- la moyenne inter annuelle (pour calculer la teneur en nitrates d'un mois de janvier manquant, on prend la moyenne des concentrations sur tous les autres mois de janvier de la station) ;
- une relation entre débit et concentration (pour calculer la teneur en nitrates d'un mois de janvier manquant, on calcule le débit moyen de ce mois ci, et on prend la teneur en nitrates

du mois de janvier ayant la valeur de débit la plus proche, puis on calcule la concentration moyenne en NO_3^- pour ce mois qu'on prend comme valeur du mois de janvier manquant).

Cette comparaison nous a conduit à adopter la régression pour combler les données manquantes. Ceci ne s'applique bien sûr qu'au cas présenté ici où seulement quelques mois manquants sont à combler. Dans une optique de reconstitution de séries de concentration plus longues une étude plus approfondie serait nécessaire.

La troisième étape consiste à calculer pour chaque station sélectionnée les flux journaliers. Il a été choisi de faire les calculs de flux au point de suivi qualité et non au point de suivi limnigraphique. Lorsque la station de jaugeage n'est pas superposée à la station de suivi, il est donc nécessaire d'extrapoler les débits. Pour cela, il a été choisi d'extrapoler les débits au prorata du rapport $R_{Pl} = P_{PS} / P_{PL}$ (rapport des pluies efficaces cumulées entre point de suivi et point limnigraphique). Cette méthode d'extrapolation vient en substitution d'une méthode plus habituellement utilisée où les extrapolations sont réalisées au prorata de la superficie des bassins versants. Mais ces méthodes au prorata de la superficie des bassins versants présupposent que les pluies efficaces (part des précipitations qui concourent à l'alimentation des nappes et du réseau hydrographique) sont réparties de manière uniforme dans la zone d'étude. Cette hypothèse n'est pas vérifiée en Bretagne où les pluies efficaces varient de moins de 150 mm à plus de 700 mm par an. Corrélativement les modules spécifiques moyens interannuels des rivières et fleuves de Bretagne varient de moins de 4,8 à plus de 22,4 l/s/km². Une fois ces extrapolations réalisées si nécessaire, les concentrations journalières sont calculées par régression linéaire entre deux valeurs mesurées, sur la période considérée comme utilisable, c'est-à-dire avec des mesures de concentrations régulières (aux conditions énoncées plus haut) et des débits journaliers. Ensuite, pour chaque jour de cette période, les calculs suivants sont effectués (tabl. 1).

Tableau 1. Calculs effectués au point de suivi pour chaque jour de mesure

	Formule	Unité	Variable
Débit-ex	$= Débit * R_{Pl}$	*L/s*	*Débit extrapolé au point de suivi*
NO3-ex		*mg/L*	*Concentration en NO_3^- au point de suivi, extrapolée par régression linéaire entre deux points de mesures*
flux	$= Débit\text{-}ex * NO_3^-\text{-}ex$	*mg/s*	*Flux de NO_3^- - journalier*
F jour	$= Flux * 86400$	*mg/jour*	*Flux de NO_3^- journalier*
Fno3	$= F\,jour / 10^9$	*T/jour*	*Flux de NO_3^- journalier en tonnes*
F-N	$= Fno3 / (62/14)$	*T jour*	*Flux de N journalier en tonnes (62/14 = rapport des masses molaires)*
Fs jour	$= F\,jour / S_{PS}$	*mg/ha/jour*	*Flux spécifiques de NO_3^- journaliers*
Fs jour-kg	$= Fs\,jour / 10^6$	*kg/ha/jour*	*Flux spécifiques de NO_3^- journaliers*
Fs-N	$= Fs\,jour\text{-}kg / (62/14)$	*kg/ha/jour*	*Flux spécifiques de N journaliers*
Ecoulement	$= Débit\text{-}ex * 86400 / 1000$	*m³/jour*	*Ecoulement d'eau*
Débit-S	$= Débit\text{-}ex * 100 / S_{PS}$	*L/s/km²*	*Débit spécifique journalier*

La quatrième étape consiste à réaliser l'extrapolation à l'exutoire. Cette extrapolation est faite sur la base de la station la plus en aval de chaque cours d'eau, ce qui représente 21 stations. Dans ce cas, le flux d'azote à l'exutoire est extrapolé en fonction du flux à la station de suivi au prorata du rapport R_N (rapport des bilans de N entre point exutoire et point de suivi). Les bilans pris en considération dans ces calculs sont des bilans apparents de type CORPEN réalisés sur la base des données communales du RGA 1988 avec le logiciel BILRGA. Des données communales plus récentes ne sont malheureusement pas disponibles malgré le recensement agricole de 2000, pour close de secret statistique et par manque d'informations fiables et spatialisées relatives à l'utilisation des engrais minéraux. Les calculs suivants sont effectués (tabl. 2).

Tableau 2. Calculs effectués à l'exutoire pour chaque jour de mesure pour les stations les plus en aval du réseau hydrographique.

Formule	Unité	Variable
F-N exut $=$ *F-N* $*$ R_N	T/j	*Flux d'azote journalier à l'exutoire*
Fs-N exut $=$ *F-N exut* $*$ 1000 / S_E	kg/ha/j	*Flux spécifique d'azote journalier à l'exutoire*
Ecoul exut $=$ *Ecoulement* $*$ R_{P2}	m³/j	*Ecoulement d'eau à l'exutoire*
Débit-S $=$ *Ecoul exut* $*$ 10^5 / $(86400 * S_E)$	L/s/km²	*Débit spécifique à l'exutoire*
NO3 exut $=$ *F-N exut* $*$ 10^6 $*$ 62 / $($*Ecoul exut* $* 14)$	mg/L	*Concentration en NO3- à l'exutoire*

De plus les flux d'azote ont été extrapolés à l'ensemble de la Bretagne. Pour ce faire, nous avons sommé les flux (en T/an) pour chaque année sur l'ensemble des exutoires possibles. Puis, le flux breton a été obtenu en divisant ce total par le pourcentage du bilan d'azote représenté par les exutoires utilisés, selon la formule suivante :

$$F_{breton}, i = (\; F_{exutoire, i} \;) \; x \; \bullet\bullet\bullet\bullet\bullet\bullet \; \frac{N_{breton}}{N_{exutoire}}$$

Avec :

F_{breton} : flux d'azote breton

i : année étudiée

$F_{exutoire}$: flux d'azote à un des exutoires étudiés

$N_{exutoire}$: bilan d'azote à un des exutoires

N_{breton} : bilan d'azote breton (calcul sur la base des données du recensement général de l'agriculture de 1988 :100 398 tonnes)

Les flux spécifiques sont ensuite obtenus en divisant les flux par la surface de la Bretagne (2 950 000 ha). Pour mieux observer les tendances, la moyenne lissée sur 7 ans est ajoutée.

Résultats

Les flux de nitrates qui ont été calculés seront présentés à deux pas de temps : au pas de temps mensuel et au pas de temps annuel.

Les flux mensuels

Pour illustrer les résultats obtenus à pas de temps mensuel, nous choisirons l'exemple du bassin versant du Léguer (fig. 1). Les flux mensuels sont fortement dépendants des débits :

la gamme de variation des débits d'une rivière donnée est beaucoup plus étalée que la gamme de variation des concentrations. Ainsi, dans l'exemple du Léguer les débits spécifiques ont varié dans la période d'étude entre un minimum de 1,48 l/s/ km^2 (09/2003) et un maximum de 83,62 l/s/km^2 (01/1995), alors que les concentrations variaient entre un minimum de 16,9 mg/l (11/2002) et un maximum de 44,6 mg/l (07/1996). Les concentrations varient donc d'un facteur 4 quand dans le même temps les débits spécifiques varient d'un facteur de plus de 50. Les flux et les flux spécifiques apparaissent tout naturellement dépendant en première grandeur des débits et des débits spécifiques.

Si l'on observe les pics de débits et de flux au coeur de la saison humide, on distingue aisément les années présentant des phénomènes de dilution : dans ce cas, les baisses de concentrations et les augmentations de débits sont simultanées. C'est le cas des hivers 1994-1995 et 2000-2001 qui sont parmi les hivers les plus humides observés et qui sont très représentatifs des phases humides des cycles pluri-annuels que nous présenterons plus loin.

Ce type de représentation montre parfaitement plusieurs plusieurs cycles de fréquence variable et imbriqués entre eux : la variabilité mensuelle des concentrations, la variabilité intra-annuelle des débits et des flux et la variabilité inter-annuelle des mêmes débits et flux.

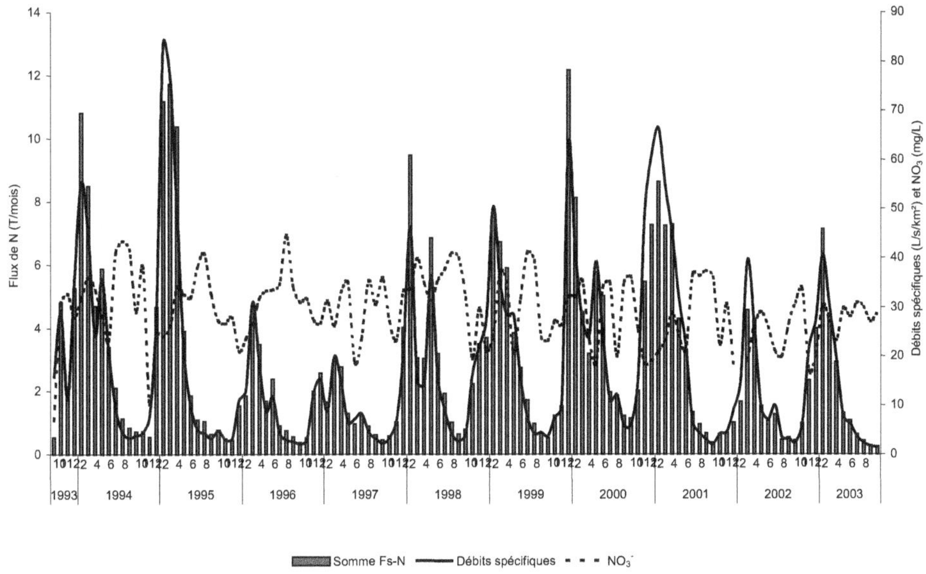

Figure 1. Concentrations moyennes mensuelles, débits spécifiques et flux spécifiques mensuels d'azote à la station 04 173 100, sur le Leguer.

Les flux annuels

Dans un deuxième temps, nous avons calculé les flux et les flux spécifiques annuels. En fait ces calculs ont été réalisés par année civile et par année hydrologique. Nous ne présenterons ici que les résultats par année hydrologique considérée dans l'ouest de la France comme allant du 1er octobre au 30 septembre.

Pour les données annuelles, nous avons adopté une représentation proche de celle utilisée précédemment dans la figure 1 en représentant simultanément la concentration moyenne annuelle (il s'agit de la moyenne arithmétique et non de la moyenne des concentrations pondérée par les débits qui est une autre notion habituellement utilisée en hydrologie ou en hydrochimie).

La figure 2 présente les résultats obtenus pour l'Aulne à la station 04 179 500 (code station RNB). On observe sur cette figure trois cycles que nous avons dénommés 1, 2 et 3. Le cycle 1 de 4 ans va de 1988/89 à 1991/92, le cycle 2 de 6 ans de 1991/92 à 1996/97 et le cycle 3 de 6 ans de 1996/97 à 2001/02.

Ces trois cycles sont retrouvés sur les 31 stations étudiées (fig. 3).

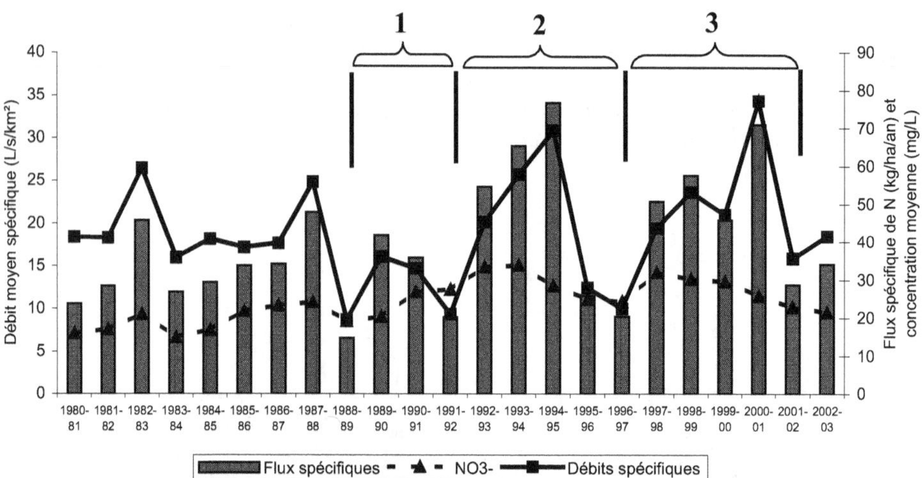

Figure 2. Flux spécifiques annuels, débits spécifiques annuels et concentration moyenne annuelle (non pondérée par les débits) par année hydrologique
à la station 04 179 500 (code RNB) sur l'Aulne.

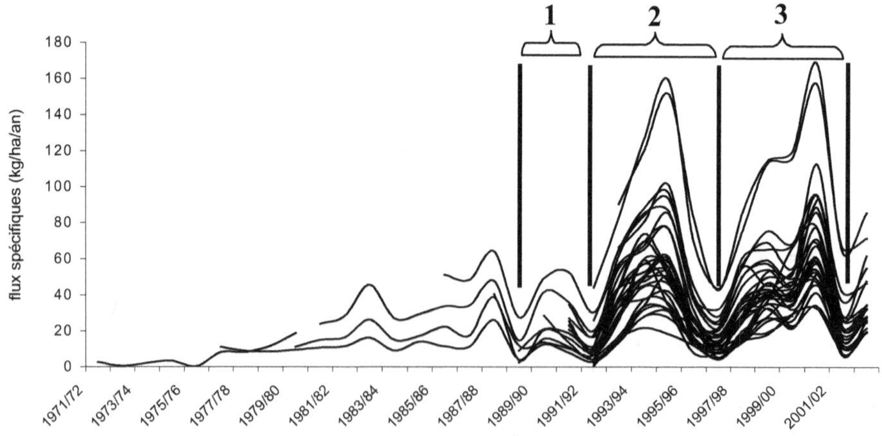

Figure 3. Flux spécifiques annuels (par année hydrologique) sur l'ensemble des 31 stations étudiées.

Sur cette figure on observe aussi que des cycles ont probablement existé antérieurement :
- un cycle de 1981-82 à 1983-84
- un cycle peu marqué de 1983-84 à 1986-87
- un cycle de 1986-87 à 1988-89.

Ces trois cycles antérieurs sont mal documentés : un très petit nombre de stations permettent de les décrire. Nous avons décidé, en conséquence, de ne pas les numéroter. On observera que certains cycles peuvent être peu ou très peu marqués. Il n'est pas impossible même que l'on puisse observer plusieurs années successives avec de faibles pluviométries et corrélativement des débits et des flux peu élevés. Des périodes de « marais » pourraient donc s'intercaler entre des cycles.

L'année hydrologique 2002-2003 semble correspondre au début d'un cycle 4. Nous disposons aujourd'hui des résultats concernant une année hydrologique supplémentaire (2003-2004) et il est encore difficile de dire si nous sommes rentrés en 2001-2002 dans un nouveau cycle peu marqué ou dans une période de marais.

L'une des questions qui se pose relativement à ces cycles concerne le facteur explicatif. L'une des hypothèses qui a été avancée est relative au North Atlantic Oscillation (NAO). Le NAO est une oscillation barométrique qui a été observée, il y a plusieurs siècles déjà et qui serait un des facteurs primordiaux du déterminisme du climat de l'Europe de l'ouest (cf. les nombreuses publications sur le NAO ces dernières années). Les travaux exploratoires visant à relier ces cycles que nous décrivons ici et le NAO ont pour l'instant été assez décevants.

Mise en évidence d'une hystérésis flux-concentration

Quoi qu'il en soit, il est aussi important d'observer que ces cycles ne concernent pas seulement les débits et les flux mais aussi les concentrations en nitrate. La figure 2 montre que chacun de ces cycles commence par une année avec des concentrations « plus faibles que la moyenne », des flux de nitrates « faibles » et des débits faibles. Suit une phase de croissance des concentrations, des flux et des débits. La croissance des concentrations est bien marquée mais brève. Ces concentrations tendent ensuite à diminuer tandis que les flux et les débits continuent à augmenter. Puis, cette phase est suivie par une phase de décroissance simultanée des flux et des débits. Le cycle s'achève sur une nouvelle année avec des concentrations « plus faibles que la moyenne », des flux de nitrates « faibles » et des débits faibles. Ces évolutions font penser à une hystérésis flux-concentration. La notion d'hystérésis ou de phénomène hystérétique est une notion bien connue de la physique, on dira simplement ici que l'hystérésis concerne des phénomènes cycliques pour lesquels la deuxième partie du cycle, qui concerne la phase de décroissance, ne se produit pas en suivant le chemin inverse de la première partie du cycle. Cette hystérésis flux-concentration que nous mettons ici en évidence a été vérifiée pour deux bassins versants au moins : le bassin de l'Aulne (fig. 4) et le bassin de l'Oust (fig. 5).

Quel peut-être le sens physique de ces phénomènes d'hystérésis ? On sait que les flux de nitrates arrivant au réseau hydrographique sont la résultante de plusieurs apports provenant de différents réservoirs ayant chacun des concentrations en nitrates différentes. On peut donc émettre l'hypothèse suivante : au cours d'une année exceptionnellement sèche et à faible hydraulicité comme l'année 1991-92 ou comme l'année 1996-97, le stock de nitrates du réservoir à dynamique rapide et à teneur élevée en nitrates se retrouve *in fine* en augmentation à la fin de l'année hydrologique. En conséquence, si une année normalement ou fortement arrosée suit une année à faible hydraulicité, on observe une contribution plus importante de ce réservoir à dynamique rapide et à teneur élevée en nitrates, ce qui se traduit par une augmentation de la concentration (pour l'Aulne, de 30% et 45% respectivement suite aux années sèches 1991-92 et 1996-97). Par contre le phénomène d'hystérésis tend à démontrer que le mécanisme observé à l'occasion d'une année exceptionnellement arrosée, n'est pas un mécanisme symétrique : les flux exceptionnels observés à l'occasion d'une telle année (comme l'année 1994-95 ou l'année 2000-2001) mettent sans doute principalement à contribution des réservoirs autres que le réservoir à dynamique rapide et à teneur élevée en nitrates. En conséquence, on n'observe l'année suivante qu'une baisse modérée des concentrations sans commune mesure avec l'exportation exceptionnelle d'azote de l'année précédente (pour l'Aulne, baisse de 17% et 12 % respectivement suite aux années exceptionnellement arrosées de 1994-95 et 2000-2001).

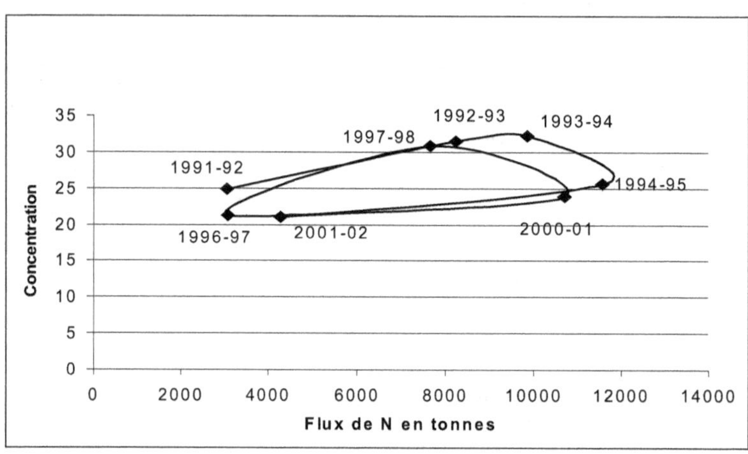

Figure 4. Hystérésis flux-concentration pour le bassin versant de l'Aulne au cours des cycles 2 et 3.

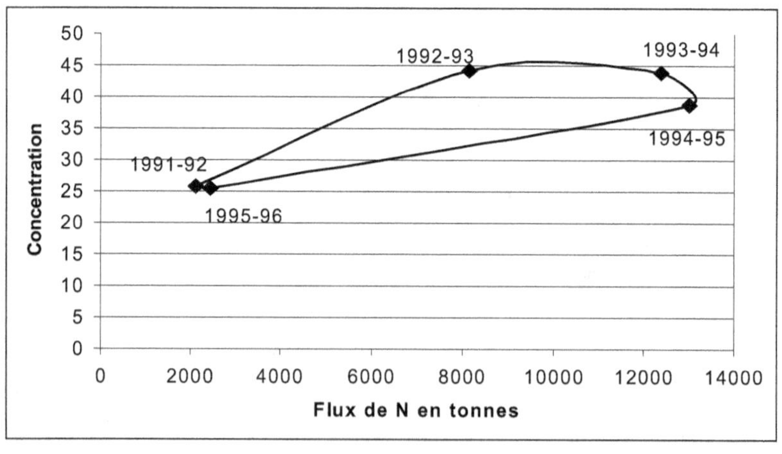

Figure 5. Hystérésis flux-concentration pour le bassin versant de l'Oust au cours du cycle 2.

Mise en évidence de tendances à long terme

Sur des échelles de temps courtes, l'aspect cyclique des flux d'azote rend difficile l'évaluation de l'évolution des flux. par contre, sur une échelle de temps plus longue, c'est-à-dire supérieure à deux cycles, il est possible d'analyser plus finement l'évolution des flux d'azote grâce à une moyenne mobile. Cette moyenne permet de lisser les variations annuelles, et aussi de mettre en évidence des tendances en grand. Nous avons choisi de faire les calculs avec une moyenne lissée sur 7 ans. En dessous de 7 ans, les cycles sont encore visibles, et au-dessus de 7 ans la courbe est de mieux en mieux lissée, mais on perd de plus en plus de points de représentation graphique. Des travaux antérieurs avaient déjà montré que des moyennes mobiles sur 7 années permettaient de mettre en évidence les tendances évolutives sur le long terme en gommant l'impact de la variabilité annuelle. La mise en évidence explicite de cycles ayant une durée de 4 à 6 ans argumente a posteriori l'efficacité de ces calculs de moyenne mobile sur 7 ans.

Quoi qu'il en soit le calcul des moyennes mobiles pour les stations disposant des séries de données les plus longues comme l'Aulne, l'Oust et la Vilaine montrent depuis le début ou le milieu des années 70, une augmentation graduelle des flux et des flux spécifiques. Les résultats globaux sont présentés dans le tableau 3.

Ces résultats de l'extrapolation à l'ensemble de la Bretagne nous permettent de confirmer et de préciser les résultats des estimations de flux spécifiques de nitrates réalisés par l'IFEN en 2002 (tabl. 4).

Tableau 3. Évolution des flux et des concentrations sur trois stations
(les calculs sont faits sur les moyennes lissées sur 7 ans des deux variables flux et concentration)

		Aulne			Oust			Vilaine	
	Année	Flux (kg/ha/an)	NO_3 (mg/L)	Année	Flux (kg/ha/an)	NO_3 (mg/L)	Année	Flux (kg/ha/an)	NO_3 (mg/L)
Début	88/84	31,7	18,7	82/83	17,6	20,2	79/80	10,6	13,8
Fin	99/00	44	26,6	98/99	33,8	35,5	96/97	20,8	28,4
Evolution	17 ans	+ 39 %	+ 42 %	17 ans	+ 92 %	+ 76 %	18 ans	+ 96 %	+ 106 %

Tableau 4. Valeur des flux spécifiques Qs en azote nitrique (en kg N- NO_3/ha/an) sur les principaux bassins versants français (moyennes sur les 10 dernières années avant 2002, *source* : IFEN, 2002, complétée par les résultats de nos calculs).

Bassins versants	Qs
Languedoc, Provence, Corse	2,3
Gironde	8,1
Loire	8,3
Rhône	9,3
Bassin de la Seine	11,6
Rhin	13,3
Normandie	17,7
Façade de mer du Nord	23,5
Bretagne Sud et autres rivières du golfe de Gascogne	13,7 à 26,7
Bretagne Nord	33
Bretagne entière, cet article	*30,7*

Extrapolation à l'ensemble de la Bretagne

Ces résultats se retrouvent en conséquence au niveau de l'agrégation à l'ensemble de l'hydro-système Bretagne. On peut présenter ces résultats soit en flux, soit en flux spécifiques (fig. 6).

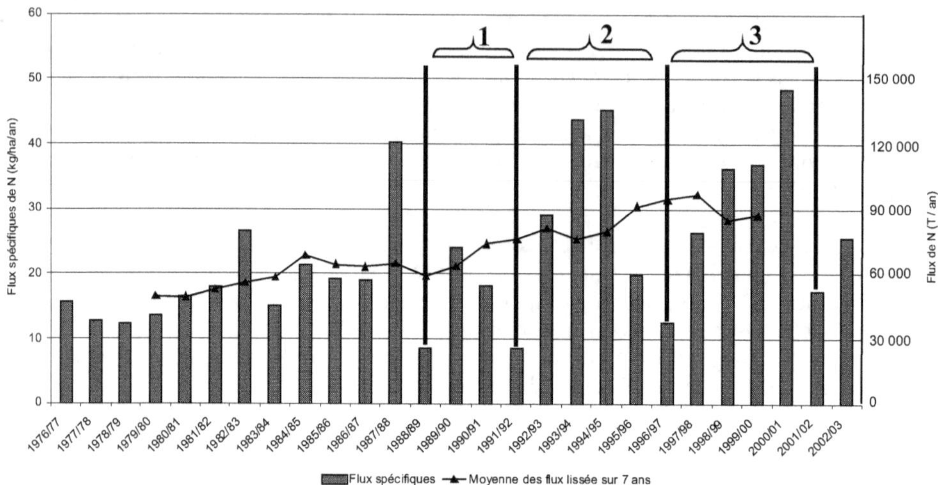

Figure 6. Flux d'azote nitrique extrapolé à l'ensemble de la Bretagne et moyenne mobile sur 7 ans de ces flux (en tonnes par an sur l'axe de gauche) et flux spécifiques (en kg/ha/an sur l'axe de droite).

Comparaison des cycles 2 et 3

La mise en évidence de ces cycles concernant aussi bien les concentrations, que les débits ou les flux pose évidemment des difficultés supplémentaires d'interprétation de l'évolution des données. Si l'on souhaite interpréter – en dehors de son contexte cyclique - la baisse des concentrations observée dans le bassin de l'Aulne depuis 1997-98 (fig. 2), on est évidemment tenté de l'interpréter comme le résultat d'une évolution favorable du diagnostic environnemental.

Mais si maintenant on souhaite interpréter cette évolution des concentrations dans le contexte de la mise en évidence des cycles la question du diagnostic environnemental se pose dans des termes tout autres :

Le cycle 3 est-il significativement différent du cycle 2 ?

Pour réaliser cette comparaison entre ces deux cycles, on s'appuiera simplement sur la comparaison des moyennes des concentrations et des flux spécifiques calculées pour chacun de ces deux cycles et pour les différentes stations étudiées. En ce qui concerne la différence des moyennes des concentrations, elle évolue selon les stations de –5 à +4 mg/L entre les deux cycles avec une moyenne de 0 mg/L. En ce qui concerne l'évolution des variations de flux spécifiques : la différence des moyennes s'échelonne de –2 (sur le Moros) à +8 kg/ha (sur l'Horn), avec une moyenne de +3 kg/ha. C'est à dire qu'en moyenne les flux spécifiques ont augmenté : 2 stations voient leur flux diminuer (sur le Moros et la Laïta), une voit son flux stagner (sur le Gouët) et 19 voient leur flux spécifique augmenter.

La phase de décroissance du cycle 3 est-elle significativement différente de la phase de décroissance du cycle 2 ?

Pour réaliser cette comparaison entre les phases de décroissance de ces deux cycles, on s'appuiera sur la comparaison des moyennes des flux spécifiques calculées pour chacun de ces deux cycles. Pour le cycle 2, la décroissance a été en moyenne de 44,7 kg/ha (entre 1994/95 et 1996/97 sur les 22 stations permettant le calcul), et pour le cycle 3, la décroissance a été de 48.8 kg/ha en moyenne (entre 2000/01 et 2001/02).

Nous concluons de ces deux comparaisons que le cycle 3 n'est pas significativement différent du cycle 2 et que de même la phase de décroissance du cycle 3 n'est pas significativement différente de celle du cycle 2. Il ne semble pas que l'on puisse dire, en conséquence, que la situation soit en amélioration de manière globale au niveau de la Bretagne. Par contre, on peut conclure à une certaine stabilisation de la situation. On serait donc sorti de la dégradation continue de la situation observée depuis le début des années 70.

Discussion

L'une des questions qui se pose est la suivante : comment expliquer que ces cycles n'aient pas été mis en évidence de manière formelle antérieurement ? Même si, en fait, certains hydrologues auraient déjà fait ces observations sans les publier. On peut invoquer plusieurs raisons : ces cycles concernent tout particulièrement les débits et les flux mais ne semblent affecter les concentrations que faiblement. En conséquence, tant que les flux d'azote n'ont pas été calculés, les cycles ont pu échapper à l'attention des hydrologues. Comme ces cycles affectent les débits et plus modérément les concentrations, ils sont particulièrement manifestes sur les flux qui sont le résultat du produit des deux. Les données sur la qualité des eaux ont été limitées en nombre jusqu'au début des années 90. Le nombre de stations de suivi qualité était en trop faible nombre pour pouvoir réaliser des calculs suffisamment représentatifs. La fréquence des suivis constituait aussi sans doute une limitation.

En mettant en évidence des cycles pluriannuels relatifs aux concentrations et aux flux de nitrates, nous avons mis simultanément en évidence un mécanisme d'hystérésis flux-concentration, ce qui nous conduit à nous interroger pour savoir d'une part si les modèles sophistiqués de transfert de nitrate dans les bassins versants dont nous disposons aujourd'hui seraient à même de simuler ces mécanismes d'hystérésis, d'autre part si la succession de plusieurs années anormalement arrosées – ce que nous avons appelé plus haut une période de « marais » - ne constitue pas une menace de dégradation rapide et forte de la qualité des eaux en nitrates.

Il ressort de cette étude que les flux sont bien évidemment très fortement influencés par la variabilité climatique qui, intervenant d'un côté sur les débits et de l'autre sur les concentrations, intervient comme une puissance de deux sur les flux. Ceci rend l'interprétation de l'évolution particulièrement délicate. L'une des solutions classiques qui a été utilisée consiste à calculer une moyenne mobile. L'expérience qui avait conduit à l'idée qu'une moyenne mobile sur 7 ans convenait pour lisser l'essentiel de la variabilité climatique trouve son explication dans la durée des cycles (apparemment de 4 à 6 ans). Certains auteurs ont préconisé de rapporter le flux annuel à l'hydraulicité de l'année (rapport entre le débit annuel et le débit moyen inter-annuel). On pourrait appeler cet indicateur le « flux pondéré ». Un autre calcul conduit au même résultat numérique : c'est le produit de la moyenne des concentrations pondérée par les débits avec le débit inter-annuel moyen. Ces deux types de calcul sont intéressants car ils produisent un flux mais moins sensible que le flux annuel à la variabilité climatique. On peut toujours, dans un deuxième temps, réaliser un calcul de moyenne mobile sur ce flux pondéré. On peut conclure de cette discussion les points forts suivants (tabl. 5).

Tableau 5. Récapitulatif des principaux paramètres.

Concentration	Modérément affectée par les cycles	
Concentration pondérée par les débits	Affectée par les cycles	
Flux pondéré (par l'hydraulicité) ou concentration pondérée par les débits multipliée par le débit inter-annuel moyen	Affecté par les cycles	Fournit une évaluation du flux moins affectée par les cycles que le flux annuel
Débit	Fortement affecté par les cycles	
Flux	Très fortement affecté par les cycles	

Conclusion

La mise en évidence de cycles pluri-annuels concernant la concentration, les débits et les flux est un élément particulièrement important pour porter un diagnostic d'évolution de la qualité des eaux en nitrates. En particulier la baisse des concentrations qui a été observée de 1997-98 à 2001-2002, ne peut être interprété comme un signe d'évolution favorable. Il est indispensable de situer des évolutions observées pendant quelques années de suite dans le contexte des cycles.

On ne pourra parler avec suffisamment de garanties scientifiques d'une amélioration de la qualité des eaux en nitrates qu'à l'observation d'une baisse simultanée des concentrations et des flux et ce pendant une durée suffisamment longue et de l'ordre de grandeur de la longueur d'un cycle.

Références bibliographiques

KRASNOSEL'SKII M.A., POKROVSKII A.V., 1989. *Systems with hysteresis*. Springer Verlag, Berlin Heidelberg., 410 p.

Pollution des rivières de Bretagne par les matières organiques. Etat des lieux, trajectoires d'évolution et causes possibles

G. Gruau, F. Birgand, E. Novince, E. Jardé , S. Le Roy, T. Panaget

Introduction

A l'échelle de la Bretagne, 64 prises d'eau sur 118 connaissaient en 2002 des dépassements du seuil réglementaire maximal autorisé de concentration en matière organique (<10 mg.L^{-1} d'oxydabilité sur eau brute). Si dans le cas des prises d'eau installées en retenue, les dépassements constatés paraissent imputables pour une grande part à l'eutrophisation des masses d'eau du fait des apports de nitrate et de phosphate en provenance des bassins versants (développement autochtone de la matière organique à partir du phytoplancton), il n'en va pas de même des pompages en rivière dits au "fil de l'eau" pour lesquels l'essentiel de la matière organique (MO) est d'origine allochtone, provenant du lessivage des sols des bassins versants (BV) par les eaux de drainage. Se pose alors la question des mécanismes impliqués dans ce lessivage. Se pose également la question des sources de MO et des évolutions temporelles. De quand date la dégradation des captages ? Est-elle récente ou ancienne ? Quelles solutions préventives et curatives apporter ? Sous l'impulsion de la direction régionale des affaires sanitaires et sociales (DRASS) Bretagne et de la Mission Bretagne Eau Pure (BEP), une étude a été réalisée en 2003 et 2004 dans le but de dresser un état des lieux aussi précis que possible de la pollution des captages "au fil de l'eau" de Bretagne par les MO et de déterminer les trajectoires d'évolution dans le temps de cette pollution. Cette étude s'est accompagnée d'une analyse statistique des concentrations en MO mesurées dans ces captages et des principales variables susceptibles d'en contrôler le niveau (topographie, teneur en MO des sols, assolement, pression d'épandage sur les BV, etc.). L'objet de cette communication est de présenter les principaux résultats obtenus dans le cadre de cette étude.

Type et origine des données

Deux sources de données ont été utilisées pour dresser le tableau de bord de la pollution des rivières bretonnes par les MO.

Les analyses issues des contrôles effectués par les DDASS sur les prises d'eau. Il s'agit systématiquement de mesures d'oxydabilité sur eau brute. La faible fréquence de mesures (15 mesures par an depuis 2002) conduit a des erreurs importantes (jusqu'à 50%) sur le calcul des valeurs moyennes (Gruau *et al.*, 2004). Par ailleurs, cette source ne permet pas de jeter un regard rétrospectif fiable antérieur à 2002. A l'inverse, elle offre l'avantage de couvrir l'ensemble de la Bretagne.

Les analyses d'autocontrôle effectuées par les exploitants des prises d'eau. Il s'agit là aussi de données d'oxydabilité sur eau brute. Cette base est moins riche que la précédente d'un point de vue spatial dans la mesure où seulement 5 séries temporelles ont pu être récoltées: Léguer (22), Min Ran (22), Yar (22), Haut-Couesnon (35) et Elorn (29). Par contre, elle offre le gros avantage de porter sur des données haute fréquence (1 échantillon tous les 1 à 3 jours). De ce fait, l'erreur sur les moyennes annuelles est faible (<10%) autorisant des comparaisons inter-annuelle au sein d'une même rivière, ou des comparaisons une année donnée entre rivières. En outre, la plus ancienne des séries débutant en 1979, cette base de données permet de jeter un regard sur l'évolution de la teneur en MO des rivières bretonnes depuis 25 ans et peut permettre d'anticiper les évolutions futures.

Etat actuel de la situation

La figure 1 présente la carte de la pollution des rivières de Bretagne par les MO telle qu'établie à partir des données DDASS. Cette carte a été construite en calculant la moyenne des concentrations en oxydabilité mesurées au droit de chacune des prises d'eau bretonnes dites "au fil de l'eau" entre janvier 2002 et décembre 2003 (30 mesures par prise d'eau). A partir de la variabilité trouvée, une grille croissante de classe de valeur a été définie, avec attribution d'une trame graphique spécifique à chaque classe de valeurs. Finalement, les BV à l'amont des prises d'eau ont été colorés à la trame de la classe d'appartenance de leur prise d'eau.

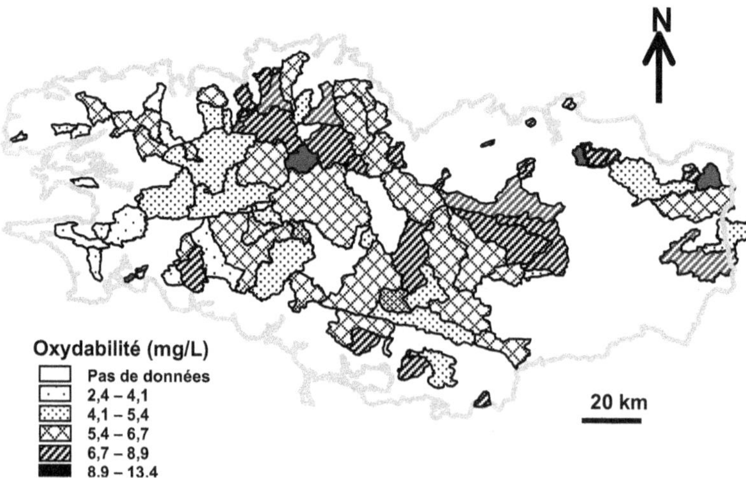

Figure 1. Carte de la pollution en MO des rivières bretonnes telle qu'établie à partir des contrôles DDASS.

Trois images ressortent de la carte produite (voir aussi Birgand *et al.*, 2004). La première est celle d'une forte variabilité spatiale des niveaux moyens de concentration entre prises d'eau: de 2,4 à 13,4 mg.L^{-1}. La deuxième est celle d'une qualité d'eau de rivière relativement dégradée au plan régional du point de vue des MO, avec plus de 30 prises d'eau frôlant ou dépassant en valeur moyenne la limite réglementaire des 10 mg.L^{-1} d'oxydabilité. Enfin, la troisième est celle d'une distribution spatiale possiblement non aléatoire de la pollution, les rivières les plus "polluées" semblant se concentrer dans la frange nord de la région. La prédominance apparente de la pollution dans la frange nord de la Bretagne est confirmée par l'analyse des données haute fréquence d'autocontrôle (tabl. 1). Ces données, qui permettent de calculer des concentrations moyennes annuelles très précises pour les prises d'eau concernées montrent en effet une concentration des fortes valeurs dans les Côtes d'Armor (Léguer, Min Ran, et Yar). La variabilité observée entre rivières est là encore forte (facteur 2,5), quoique moindre que dans le cas des données DDASS (facteur 6).

Tableau 1. Concentration moyenne arithmétique d'oxydabilité (mg/L) et écart type pour les 5 rivières disposant de suivis haute fréquence de la teneur en MO.

	Yar (22)	Min Ran (22)	Léguer (22)	Haut-Couesnon (35)	Elorn (29)
Moyenne (2001-2003)	14,0	11,2	9,67	8,66	4,86
Ecart Type	1,31	1,13	0,97	0,45	0,40

Variabilité inter-annuelle et trajectoires d'évolution dans le temps

Concernant les tendances évolutives long terme, on constate une différence de trajectoire entre les 4 rivières pour lesquelles le recul est suffisant, avec 3 montrant des concentrations moyennes en MO à la hausse sur le long terme (Yar, Léguer et Couesnon) et 1 montrant à l'inverse des concentrations moyennes en MO à la baisse (Elorn) (fig. 2). Les taux moyens d'augmentation pour les rivières présentant des concentrations à la hausse et des séries suffisamment longues pour que des taux moyens d'augmentation puissent être calculés (Yar et Léguer) sont identiques, de l'ordre de 0,2 mg.L^{-1} d'oxydabilité en plus par an. On voit ainsi qu'entre 1979 et 2003 la concentration moyenne en MO des eaux du Léguer a été multipliée par 2 en moyenne annuelle, passant de 5,0 mg. L^{-1} en 1979 à près de 10 mg. L^{-1} actuellement. Birgand *et al.* (2004), ont expliqué en détail que l'augmentation à long terme enregistrée par le Léguer (22) concerne aussi bien les pics de crue (aucun dépassement de la valeur réglementaire n'était enregistrée avant 1981, y compris lors des crues) que les périodes d'étiage (passage de 2,0 mg. L^{-1} en moyenne en 1979 à 5,0 mg. L^{-1} en moyenne, aujourd'hui). Le fait que les augmentations de concentration concernent aussi bien les périodes d'étiage que les périodes de crue va clairement dans le sens d'augmentations liées à l'apport de MO de nature essentiellement dissoute.

Concernant l'Elorn, rivière pour laquelle les concentrations diminuent dans le temps, le taux de diminution est de 0,1 mg.L^{-1} d'oxydabilité par an (fig. 2). Point intéressant: si l'on extrapole linéairement les évolutions du Leguer, du Yar et de l'Elorn, celles-ci convergent toutes vers une valeur commune d'environ 5 mg. L^{-1}, la période de convergence se situant entre 1980 et 1985. Evidemment, il n'est pas prouvé que les tendances définies par l'Elorn et le Yar entre 1980 et 1990, période pendant laquelle on ne dispose pas de mesures sur ces deux rivières, étaient linéaires et de même pente que celles observées entre 1990 et aujourd'hui. Ceci étant, l'hypothèse est clairement posée que la période 1980-1985 ait pu constituer une période charnière pour l'évolution de la teneur en MO des rivières bretonnes, correspondant au début de l'augmentation des teneurs dans celles des rivières aujourd'hui très polluées par les MO.

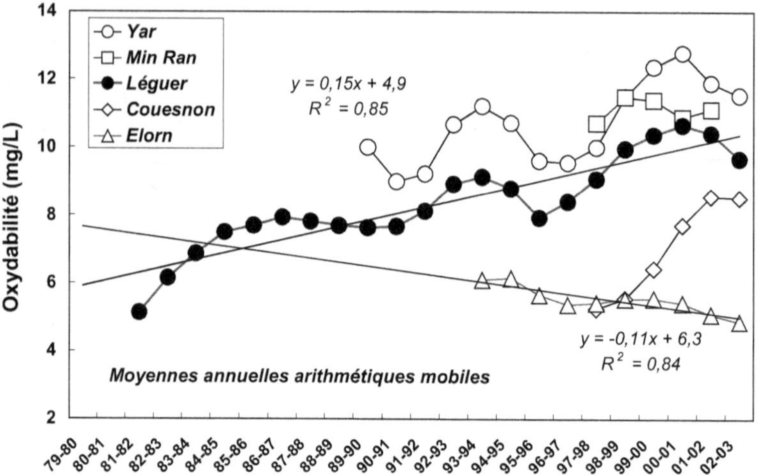

Figure 2. Evolution long terme des concentrations moyennes annuelles en oxydabilité des rivières de Bretagne disposant de suivis haute fréquence de la teneur en MO.

Enfin la figure 2 montre que les évolutions à la hausse ou à la baisse des teneurs en MO des rivières de Bretagne ne se font pas de manière continue mais sous forme de cycles. Trois cycles sont clairement visibles dans la série la plus longue du Léguer avec des maxima centrés sur les années 85-86, 93-94 et 00-01. Cette cyclicité est remarquable dans la mesure où elle se produit en phase entre les différentes rivières et ce, quelque soit la tendance long terme (à la hausse ou à la baisse) et/ou le niveau de concentration.

Discussion

Les données présentées ci-dessus posent trois groupes de questions: 1) Comment expliquer la variabilité spatiale actuelle de la pollution des rivières bretonnes par les MO? 2) Quels sont les facteurs responsables de la multiplication par deux en 25 ans de la teneur en MO de rivières comme le Léguer et le Yar, et quelles sont les sources de MO impliquées dans cette multiplication? 3) Quelle signification accorder à la variabilité pluri-annuelle des concentrations moyennes en MO des rivières de Bretagne et aux divergences d'évolution dans le temps de ces concentrations (à la hausse pour le Léguer, à la baisse pour l'Elorn)? De nombreux facteurs contrôlent les transferts de MO des sols vers les rivières et, de ce fait, la teneur en MO des rivières (Hope *et al.*, 1994; Kalbitz *et al.*, 2000; Chantigny, 2003). Ceux-ci peuvent être classés en trois catégories: des facteurs liés aux caractéristiques du milieu physique (topographie et perméabilité des sols, principalement) et au climat. Des facteurs liés à la teneur en MO des sols et à la plus ou moins grande capacité de cette MO à être solubilisée (qualité de la MO; pH et teneur en anions de la solution du sol); des facteurs anthropiques liés aux usages du sol et notamment aux pratiques agricoles (apports d'amendements organiques notamment). Ci-dessous, nous passons brièvement en revue l'état des connaissances quant aux rôles joués par ces différents facteurs dans les variations et évolutions observées au sein des rivières bretonnes.

Le rôle de la topographie et du climat

La morphologie des BV, en contrôlant la surface des zones plates de fond de vallées dans lesquelles les nappes peuvent interagir avec les horizons organiques du sol est un facteur bien connu de variabilité spatiale de la teneur en MO des rivières. Des travaux réalisés sur le BV du Léguer montrent que ce facteur a le pouvoir de faire varier la teneur en MO des rivières bretonnes d'un facteur au moins 2, toutes choses égales par ailleurs. Ce rôle de la topographie à proximité immédiate du réseau hydrographique dans l'établissement d'une partie de la variabilité spatiale actuelle constatée au niveau de la pollution des rivières de Bretagne par les MO (fig. 1) est également ressorti de l'analyse statistique en composante principale des données DDASS, la variable "topographie" étant, de loin, la variable expliquant la plus grande part (24,6%) de la variance totale générée par ces données. Le rôle du climat a également pu être en partie révélé. Ainsi, les maxima de pollution observés tous les 5-7 ans (fig. 2) sont clairement d'origine climatique, traduisant la remontée des nappes vers les horizons organiques du sol lors d'années particulièrement pluvieuses. Ce résultat a pu notamment être obtenu en comparant les rivières bretonnes à des rivières du nord de l'Angleterre dans lesquelles on observe rigoureusement la même variation cyclique des teneurs en MO (Worrall *et al.*, 2003). Le taux de variabilité – temporelle dans ce cas – engendré par la variabilité inter-annuelle du climat sur la teneur en MO des rivières bretonnes est de 1,1 à 1,25 suivant les rivières. Considérant le climat humide de la Bretagne et la morphologie relativement plate de ses BV, le contexte breton est clairement un contexte naturellement à risque fort du point de vue du transfert des MO des sols vers les rivières.

Le rôle des pratiques agricoles

Concernant l'impact des activités agricoles, l'analyse statistique des données DDASS n'a pas mis à jour de relation directe et globale entre la teneur en MO des rivières de Bretagne et des facteurs comme la pression d'épandage, l'occupation du sol ou les rotation culturales, laissant plus de 50% de la variance observée dans ces rivières inexpliquées (Birgand *et al.*, 2004). Cette absence de lien statistique entre teneur en MO des rivières bretonnes et pratiques agricoles sur les BV ne doit cependant pas conduire à la conclusion que les pratiques agricoles ne sont pas concernées par les pollutions observées pour au moins trois raisons. 1) Seules des données moyennes sur l'ensemble des BV ont pu être injectées dans l'analyse statistique. Or, on sait que seules les zones plates de fond de vallées sont contributrices à la charge en MO des rivières. En toute rigueur, il faudrait donc pouvoir restreindre l'analyse des pratiques agricoles à ces seules zones, ce qui n'a pas pu être fait dans l'étude présentée ici faute d'accès à l'information. 2) La masse de déjection animale produite par l'agriculture bretonne est considérable, estimée à 4,5 Mt par an de MO (Bailly, 1996). Or, toutes les études réalisées à ce jour montrent que l'apport de grande quantité d'effluents d'élevage au sol augmente la teneur en MO soluble du sol (Chantigny, 2003) et est donc susceptible d'augmenter la teneur en MO des rivières, notamment là ou le risque de lessivage des MO du sol est naturellement élevé (cas de la Bretagne). 3) Une étude conduite en marge de l'étude présentée a révélé un impact des épandages d'effluent d'élevage sur la MO des sols et des rivières de Bretagne (Jardé *et al.*, 2004). Une molécule caractéristique des déjections porcines (le coprostanol) a ainsi été retrouvée dans les rivières drainant les BV les plus "chargés" en élevages porcins (BV de l'Elorn). De plus, une relation systématique a été mise à jour entre la distribution des stérols et des stanols dans les eaux et les activités d'élevage sur les BV. Il s'agit là de résultats qualitatifs dénotant un changement de composition d'une partie de la MO des rivières sous l'impact des épandages. Ils ne prouvent pas que les épandages sont responsables des augmentations globales de concentration observées depuis 25 ans dans certaines rivières de Bretagne, ni des fortes concentrations observées localement dans les rivières de cette région.

Conclusion

Le traitement des analyses de MO effectuées par les DDASS et les exploitants de prises d'eau dites "au fil de l'eau" permet de dresser un état des lieux de la pollution des rivières de Bretagne par les MO. Cet état des lieux montre le caractère spatialement hétérogène et évolutif dans le temps de cette pollution. La topographie et le climat sont clairement des éléments moteurs de ces hétérogénéités et évolutions mais n'expliquent qu'une part très faible de la variance totale. Un rôle des épandages d'effluents d'élevage est révélé qualitativement mais non établi quantitativement. La signification des évolutions long terme et des trajectoires divergentes dans le temps entre rivières restent à élucider. Des études sont en cours pour tenter de répondre à ces questions.

Références bibliographiques

BAILLY M.L., 1996. *Inventaire du gisement breton de déchets organiques. ADEME- Chambre régionale d'agriculture Bretagne.* Mémoire de DAA, ENSA Rennes, 46 p.

BIRGAND F., NOVINCE F., GRUAU G., BIOTEAU T., 2004. *Facteurs expliquant la présence de matière organique dans les eaux superficielles de Bretagne: Analyse des données existantes.* DRASS de Bretagne et Région Bretagne, Rennes, 73 p.

CHANTIGNY M.H., 2003. Dissolved and water-extractable organic matter in soils: a review on the influence of land use and managment practices. *Geoderma.* 113: 357-380.

GRUAU G., BIRGAND F., JARDE E., NOVINCE E., 2004. *Pollution des Captages d'Eau Brute de Bretagne par les Matières Organiques. Rapport de Synthèse.* DRASS de Bretagne et Région Bretagne, Rennes, 100 p. (http://www.geosciences.univ-rennes1.fr/ch/gruau/MO/GEPMO.htm).

HOPE D., BILLETT M.F., CRESSER M.S., 1994. A review of the export of carbon in river water: fluxes and processes. *Environm. Pollut.* 84: 301-324.

JARDE E., GRUAU G, MANSUY-HUAULT L, FAURE P, PETITJEAN P., 2004. *Pollution des captages d'eau brute de Bretagne par les matières organiques. Evaluation du rôle des épandages d'effluents d'élevage par traçage moléculaire.* DRASS de Bretagne et Région Bretagne, 100p. (http://www.geosciences.univ-rennes1.fr/ch/gruau/MO/GEPMO.htm).

KALBITZ K., SOLINGER S., PARK J.-H., MICHALZIK B., MATZNER E., 2000. Controls on the dynamics of dissolved organic matter in soils: a review. *Soil Sci.* 165(4): 277-305.

WORRALL F., BURT T., SHEDDEN R., 2003. Long term records of riverine dissolved organic matter. *Biogeochim.* 64: 165-17.

De l'intérêt de coupler les approches *bassin versant* et *cours d'eau* dans des petits bassins versants en zone d'élevage

C. Grimaldi, J.-M. Dorioz, J. Lefrançois, J. Poulinard, F. Macary, C. Gascuel-Odoux

Introduction

Les recherches sur les déterminants de la qualité physico-chimique de l'eau des rivières sont réalisées très majoritairement au niveau de petits bassins versants. Les hydrologues privilégient ce niveau intégrant tous les processus hydrologiques et biogéochimiques qui interviennent entre la pluie et l'exutoire du bassin, influencés aussi bien par le milieu physique que par les actions anthropiques. La composition chimique à l'exutoire est expliquée essentiellement par des flux d'eau et d'éléments chimiques du versant vers le cours d'eau, privilégiant alors une dimension latérale au ruisseau. Les aménagements et les propositions de gestion qui découlent de ces recherches, pour protéger ou restaurer la qualité physico-chimique du cours d'eau, sont adaptés à cette échelle, par exemple sous forme d'actions concertées sur les pratiques agricoles dans le bassin versant. La gestion de l'eau intégrée à l'échelle du bassin versant permet de coordonner les efforts vers plus d'efficacité.

Or, dans le cours d'eau, d'autres processus physiques ou biogéochimiques peuvent à leur tour modifier la qualité physico-chimique de l'eau. Les transformations, les processus de stockage, de remise en suspension ou en solution se succèdent dans le temps, et aussi dans l'espace le long de la dimension longitudinale du cours d'eau. Les zones actives, productrices ou tampons, sont parfois très liées au fonctionnement du cours d'eau ou sont localisées dans son chenal.

L'objectif de cette présentation est de montrer, à travers 3 exemples de bassins versants en région d'élevage, et pour 3 types de substances dont l'excès affecte la qualité physico-chimique ou biologique des cours d'eau, que les zones actives comme les processus en jeu varient au cours de l'année et sont à considérer soit dans le bassin versant dans son ensemble, soit en se limitant au cours d'eau.

Localisation des zones de production et de transformation du phosphore dans le bassin versant et dans le cours d'eau au cours du cycle hydrologique

Dans le cadre de recherches destinées à identifier l'origine du phosphore dans le bassin du Léman (lac menacé par l'eutrophisation), nous nous sommes intéressés aux conditions de transfert du phosphore et à sa forme dans un bassin agricole de 300 ha sur substrat calcaire (Jordan-Meille *et al.*, 1998). Le flux annuel de phosphore à l'exutoire est modéré (0,4 à 0,8 kg P ha^{-1} an^{-1}), d'origine exclusivement diffuse.

En dehors des périodes de pluies, les teneurs en phosphore total, constitué à 90% de phosphore dissous, sont très basses, souvent inférieures à 10 µg P L^{-1}. En crue, le phosphore particulaire domine, en général à plus de 60%, mais sa biodisponibilité est variable.

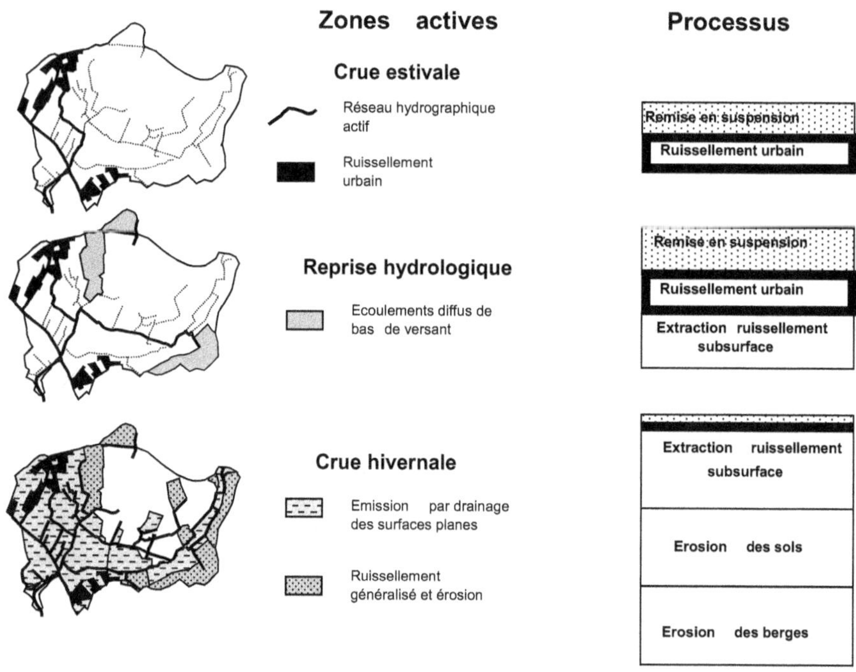

Figure 1. Evolution de la localisation des zones actives dans la production du phosphore en fonction du cycle hydrologique sur un bassin versant et dans le réseau hydrographique (région du Léman).

Les pluies d'été entraînent d'une part du ruissellement sur les zones urbaines du bassin et sur quelques parcelles fortement compactées (chantiers de récolte), d'autre part une remise en suspension du stock de phosphore particulaire, associé aux sédiments, dans le ruisseau (fig. 1). Lors de ces événements, les flux sont peu élevés mais le phosphore est très biodisponible.

A la reprise hydrologique s'ajoutent à ces deux origines (zones urbaines et remise en suspension) une « extraction » et une mise en solution de phosphore liées au ruissellement sur certaines parcelles situées en bas de versant et connectées au réseau hydrographique. Dans le ruisseau, les flux et les concentrations de phosphore dissous sont alors importants (pics à 300 μg P L^{-1}). Le phosphore particulaire transféré lors de ces crues provient surtout du réseau hydrographique (sédiments et secondairement berges) avec de probables effets de piégeage, lors du transport, d'une partie du phosphore dissous par les matières en suspension à fort pouvoir fixateur provenant des berges (Jordan-Meille et Dorioz, 2004).

Lors des pluies d'hiver, une large partie de la surface du bassin se connecte au réseau hydrographique, produisant par ruissellement une érosion massive des sols. Les berges peuvent être également érodées. Les flux de phosphore total sont maximaux (pics au-delà de 1000 μg P L^{-1}), le phosphore est surtout sous forme particulaire mais peu biodisponible. Cet afflux de matières en suspension reconstitue le stock de sédiments du réseau hydrographique.

Ainsi, au cours du cycle hydrologique non seulement l'origine, la surface d'émission, le mode de transfert et la forme (donc l'impact potentiel) du phosphore varient, mais aussi son devenir dans le cours d'eau jusqu'au lac. Les méthodes de lutte doivent donc prendre en compte cette variation saisonnière et les processus qui se déroulent au cours du transport dans le cours d'eau, et ne pas se limiter à de simples techniques anti-érosion sur les versants.

Importance de l'érosion des berges dans la production des matières en suspension en région d'élevage

Dans le cadre de recherches destinées à identifier l'origine des matières en suspension dans des petits ruisseaux et leur impact sur la qualité biologique, nous avons mesuré les flux de particules à l'exutoire de deux petits bassins versants (220 et 450ha) en Basse-Normandie. Ces deux bassins sont situés sur schiste, en région d'élevage essentiellement bovin. Ils sont comparables du point de vue du milieu physique, de la pente du cours d'eau et de l'occupation des sols (Lefrançois *et al.*, 2004).

Les flux spécifiques annuels de matières en suspension (MES) en 2002-2003 aux exutoires (515 et 325 kg ha^{-1} an^{-1}) sont relativement importants malgré une densité de haies non négligeable, des pentes modérées et la présence quasi systématique de prairies en bordure des ruisseaux. Sur les deux bassins, des cartes de risque ont été établies à partir de critères de pente, d'occupation du sol, de présence ou absence d'un talus, de connexion par le réseau de chemins et routes, de l'état des berges (Paulais, 2003). Ce dernier critère apparaît ici comme un déterminant majeur de l'excès de MES mesuré sur l'un des ruisseaux, le ruisseau des Violettes (fig. 2). Celui-ci a subi récemment, sur quelques tronçons, une opération de recalibrage ; il présente plusieurs points où les bovins s'abreuvent directement dans le cours d'eau. Sur ce ruisseau, le niveau du flux annuel est environ 60% plus élevé que sur l'autre ruisseau.

Les concentrations en MES sont minimales au cours de l'étiage estival (fig. 2). Elles augmentent fortement à l'automne, à la reprise des pluies, alors que le débit augmente très peu. Elles diminuent en hiver. Au printemps, quand la décrue générale se poursuit, les concentrations augmentent à nouveau sur le ruisseau des Violettes à cause de l'accès du bétail au cours d'eau, qui dégrade les berges. La forte charge en particules à l'automne s'explique par une remise en suspension des sédiments. Elle est beaucoup plus importante sur le ruisseau des Violettes, où un stock de sédiments se constitue au printemps et en été.

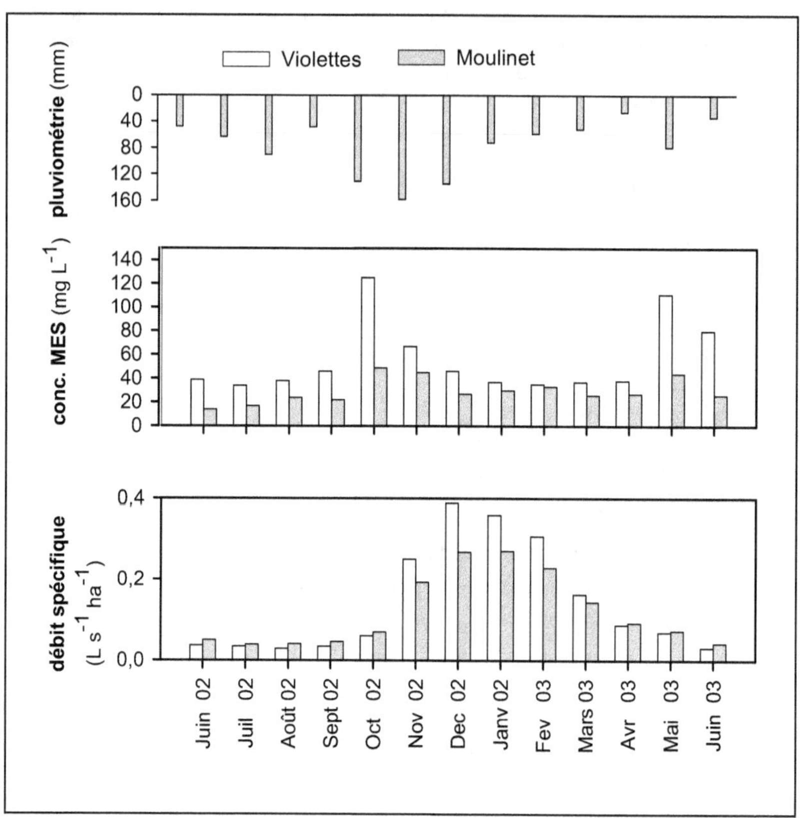

Figure 2. Pluviométrie, concentrations en MES et débits spécifiques mensuels (moyennes) dans deux petits ruisseaux de Basse-Normandie. L'excès de MES du printemps à l'automne sur les Violettes est lié à l'érosion des berges dû à l'accès des bovins au cours d'eau.

Dans cet exemple, l'érosion des sols des bassins versants est relativement faible et limitée à quelques pluies d'orage ou à des périodes durablement pluvieuses en hiver. L'érosion des berges est en revanche un déterminant important de la charge en MES dans les cours d'eau, liée ou non aux plus forts débits, selon qu'elle est associée au recalibrage ou à la présence du bétail. Comme dans le cas du phosphore, les zones actives varient au cours de l'année et les maxima de production ou de transport peuvent être fortement décalés dans le temps en fonction des processus de stockage et de remise en suspension des sédiments dans le ruisseau.

Localisation des zones tampons vis-à-vis du nitrate dans le bassin versant et dans le cours d'eau en fonction du cycle hydrologique

De nombreuses recherches ont été menées à l'échelle du bassin versant sur le rôle épurateur des zones humides de fond de vallée vis-à-vis du nitrate. Leur rôle épurateur est déterminé par leur capacité dénitrifiante, fonction des conditions biogéochimiques et hydrologiques locales dans les zones humides ; mais aussi par la proportion des écoulements dans le bassin versant qui transitent par ces zones humides (nappe de subsurface) avant de rejoindre le réseau hydrographique. Le fonctionnement hydrologique de l'ensemble du bassin versant doit être pris en compte pour évaluer l'effet potentiel des zones humides ripariennes.

En été, ce schéma n'est plus pertinent dès lors que la nappe de subsurface n'alimente plus le ruisseau. La nappe profonde assure alors généralement l'écoulement de base dans le ruisseau. Mais les processus biogéochimiques qui se déroulent dans le cours d'eau et dans la zone hyporhéique peuvent devenir essentiels pour assurer l'épuration en nitrate : dénitrification, absorption racinaire par la ripisylve ou la végétation aquatique. La composition chimique de l'eau à l'aval du bassin est alors fonction des processus qui se déroulent le long ou dans le cours d'eau. Interviennent alors des conditions hydrologiques comme le temps de transfert amont/aval et l'intensité des échanges hydriques entre le ruisseau et les compartiments actifs.

Deux cas extrêmes ont été observés dans le massif armoricain (Grimaldi et Chaplot, 2000) : pour un ruisseau sur granite, nous avons mesuré une diminution de la teneur en nitrate de 45 mg L^{-1} à l'amont à 25 mg L^{-1}, un km en aval, liée à une forte perméabilité des berges très riches en matière organique ; pour des ruisseaux s'écoulant sur une altérite de schiste imperméable, aucune évolution longitudinale significative n'a été mesurée en été, car le chenal est hydrologiquement déconnecté du domaine riparien (Grimaldi *et al.*, 2004).

Discussion

Les exemples précédents montrent que la localisation des zones actives, sources ou tampons vis-à-vis de la qualité chimique des ruisseaux, évolue dans l'espace (bassin versant, corridor fluvial, cours d'eau) en fonction du cycle hydrologique. Ceci est lié en partie à l'évolution, au cours de ce cycle, du système de transfert hydrique qui assure la connectivité entre les zones actives et le ruisseau. Pendant la majeure partie de l'année, la qualité physico-chimique de l'eau de rivière est fortement déterminée par des processus hydrologiques à l'échelle du bassin versant. C'est aussi à cette échelle que se mettent en place les excédents agricoles qui seront à terme exportés vers la rivière. Mais en période d'étiage, les échanges de la rivière avec son environnement jouent un rôle essentiel que ne prennent pas en compte les modèles hydrologiques à l'échelle du bassin versant. De tels modèles doivent être complétés par des modèles d'évolution longitudinale de l'amont vers l'aval du cours d'eau, où celui-ci est considéré non seulement comme un réceptacle des flux du bassin versant, mais aussi comme un compartiment actif à part entière.

Par ailleurs, la demande sociale, relayée par la nouvelle directive cadre européenne sur l'eau, revendique une protection ou une restauration de la qualité globale, physico-chimique et biologique, des écosystèmes aquatiques. Il convient donc d'accorder les échelles spatiales des hydrologues, des hydrochimistes et des écologistes aquatiques pour viser simultanément ces deux objectifs de qualité, et pour relier les caractéristiques physico-chimiques aux impacts biologiques.

Les recherches sur la qualité biologique des rivières privilégient classiquement l'habitat, ou le cours d'eau comme une succession d'habitats. Historiquement (Zalewski et Robarts, 2003), les écologistes aquatiques ont d'abord découpé la rivière en secteurs définis par des conditions écologiques particulières, avant de considérer la rivière d'amont en aval comme un continuum, puis de prendre en compte le domaine qui s'étend latéralement autour du cours d'eau, proche (ripisylve, zone hyporhéique) ou élargi (corridor fluvial, vallée). L'influence du bassin versant tout entier n'est invoquée que depuis une quinzaine d'années (Ward, 1989 ; Zalewski et Robarts, 2003). L'importance des conditions liées aux habitats en écologie aquatique justifie le fait que les aménagements visant la qualité biologique des rivières se sont plutôt focalisés sur le chenal, les berges ou plus rarement le corridor fluvial.

Une meilleure prise en compte du fonctionnement du cours d'eau au sein du bassin versant devrait permettre une plus grande coordination des recherches menées par les hydrologues et les écologistes aquatiques, et la mise en place d'actions plus intégrées.

Références bibliographiques

GRIMALDI C., CHAPLOT V., 2000. Nitrate depletion during within-stream transport : effects of exchange processes between streamwater, the hyporheic and riparian zones. *Water Air Soil Pollut*, 124 (1-2), 95-112.

GRIMALDI C., VIAUD V., MASSA F., CARTEAUX L., DEROSCH S., REGEARD A., FAUVEL Y., GILLIET N., ROUAULT F., 2004. Seasonal and storm event variations in stream water chemistry explained by fluctuations in near-stream groundwater head. *J. Environ. Qual.* 33, 994-1001.

JORDAN-MEILLE L., DORIOZ J.M., WANG D., 1998. Analysis of the export of diffuse phosphorus from a small rural watershed. *Agronomie*, 18 (1), 5-26.

JORDAN-MEILLE L., DORIOZ J.M., 2004. Soluble phosphorus dynamic in an agricultural watershed. *Agronomie*, 24 (5), 237-248.

LEFRANÇOIS J., GRIMALDI C., GASCUEL C., BIRGAND F., GILLIET N., 2004. Rôle du corridor fluvial sur la charge en MES des petits cours d'eau. *Actes du colloque BV futur, Vannes*.

PAULAIS J., 2003. *Identification des parcelles sensibles aux transferts de particules érodées grâce à l'analyse multicritère en zone d'élevage intensif dans le bocage Sud Manche.* DESS Espace et milieux, Paris 7, 125 p.

PRIOR H., JOHNES P. J., 2002. Regulation of surface water quality in a Cretaceous Chalk catchment, UK : an assessment of the relative importance of instream and wetland processes. *Sci. Tot. Env.*, 282/283 : 159-174.

WARD J.V., 1989. The four-dimensional nature of lotic ecosystems. *J. N. Am. Benth. Soc.*, 8 (1), 2-8.

ZALEWSKI M., ROBARTS R., 2003. *Ecohydrology, a new paradigm for integrated resources management.* Sil News, 40, www.limnology.org.

Partie 2

**Outils et techniques innovants :
utilisation et efficacité à l'échelle des bassins
versants pour la fertilisation, la protection
des cultures et l'aménagement**

Maîtrise de la pollution phytosanitaire à l'échelle de la parcelle et du bassin versant : outils en place, références acquises et perspectives

D. HEDDADJ, S. MERLE, O. MICHEL

Contexte

En Bretagne, 80 % de l'alimentation en eau potable proviennent des eaux superficielles par pompage direct dans les cours d'eau, ce qui en fait une ressource très exposée aux pollutions. Les alertes précoces sur le niveau de contamination de l'eau, notamment par les nitrates, ont fait de la reconquête de sa qualité un sujet de préoccupation majeur dans la région, accompagné d'une implication importante de la société civile.

Dès 1990, le Préfet de la région Bretagne a mis en place une cellule technique interdisciplinaire de concertation et de coordination sur les questions phytosanitaires, pilotée par la DRAF[1] : la CORPEP[2] finance des études sur la contamination de l'eau et les mécanismes de transfert vers l'eau ; elle préconise également des actions préventives.

En 1995, un programme régional de reconquête de la qualité de l'eau a été mis en place, avec des actions spécifiques de bassin versant : Bretagne Eau Pure 2 (BEP 2). Le financement, qui concerne l'État, l'Agence de l'Eau, le Conseil Régional et les Conseils Généraux, a permis le diagnostic des bassins versants prioritaires ; puis l'engagement rapide, sur les 19 bassins versants retenus, d'actions spécifiques dans les domaines agricole et non agricole. Cette structure établie pour les bassins versants a rendu possible la mise en œuvre des actions préconisées par la CORPEP. Dans le cadre du programme BEP 2000-2006, 45 bassins versants ont été identifiés comme prioritaires du point de vue de la sauvegarde de la ressource. Sur chacun d'eux, des actions basées sur le volontariat sont engagées dans le cadre de Bretagne Eau Pure pour réduire les pollutions des eaux par les nitrates et les produits phytosanitaires. Concernant les pesticides, l'objectif visé par le programme est le maintien des concentrations dans les eaux brutes en deçà des normes de potabilité des eaux destinées à la

---

[1] Direction régionale de l'agriculture et des forêts.
[2] Cellule d'orientation régionale pour la protection des eaux contre les pesticides.

consommation humaine[3]. Dans ce but, différentes démarches ont été mises en place auprès des acteurs à l'origine de ces pollutions (Ferron, 2001).

Cette communication établit dans un premier temps le diagnostic de la situation actuelle et les méthodes de maîtrise des pollutions mises en œuvre dans les domaines agricole et non agricole. Un bilan global des actions engagées et des références acquises est ensuite présenté.

Diagnostic de la situation et mécanismes de contamination

En Bretagne, comme dans les autres régions, l'application du décret du 3 janvier 1989 relatif à la surveillance des résidus de pesticides dans les eaux s'est heurtée à l'époque à une méconnaissance de la contamination des rivières bretonnes par ces produits. Au cours de l'année 1990, les résultats acquis sur un réseau de surveillance spécifiquement mis en place dans le cadre du comité technique de l'eau révélèrent une situation préoccupante, notamment vis-à-vis de l'atrazine (Gillet, 1996, 1997). Par la suite, le réseau régional de surveillance a été confié à la CORPEP.

Diagnostic de la contamination des eaux superficielles

En Bretagne, le suivi de la contamination des eaux superficielles a concerné, jusqu'en 2001, un réseau de 7 rivières, élargi à 8 rivières depuis 2002. Les prélèvements ciblent les substances inscrites sur la liste régionale des molécules soumises à une surveillance ; cette liste est établie à partir du classement SIRIS des molécules, sur la base des quantités appliquées et de leurs propriétés (mobilité et persistance dans les sols).

A partir de ce classement SIRIS et des dates d'application, un calendrier de surveillance définit la liste des molécules à analyser chaque mois. Afin de limiter le biais lié aux conditions climatiques, les prélèvements sont effectués en condition de transfert des pesticides. Dans ce but, une pluviométrie cumulée de 10 mm sur 24 heures est retenue comme seuil de déclenchement de l'échantillonnage. Sur environ 125 molécules recherchées annuellement, une quarantaine sont détectées.

Les fréquences de dépassement et l'importance des concentrations atteintes ont amené la Préfecture de Région à prendre, dès 1998, des arrêtés limitant les usages respectifs de l'atrazine et du diuron.

Etude des mécanismes de transfert

Les expérimentations, puis les résultats du suivi, ont permis de mettre en avant l'origine principale de la contamination diffuse des eaux superficielles : les pratiques de désherbage agricole et non agricole. Les pollutions diffuses d'origine agricole sont majoritairement dues aux transferts de surface (ruissellement de surface, sub-surface et drainage) (Gascuel-Odoux et al., 1999; Gascuel-Odoux et Molénat, 2000; Heddadj et Gascuel-Odoux, 2001).

---

[3] Pour les pesticides, les concentrations limites fixées pour les eaux potables distribuées sont de 0,1 µg/l par substance individualisée, et de 0,5 µg/l pour le total des substances décelées (décret du 20 décembre 2001).

Pour ce qui est des pollutions d'origine non agricole, les études menées, notamment à Pacé et à Vezin-le-Coquet (Angoujard et Le Godec, 2000, 2001; Angoujard et al., 2001, Pepin et al., 2003) ont montré qu'une surface imperméable désherbée chimiquement peut entraîner des flux vers l'eau 30 à 40 fois supérieurs à ceux générés par une parcelle agricole (Angoujard et al., 2001).

Pour lutter contre ce type de contamination plusieurs outils techniques spécifiques à la Bretagne ont été mis en place: le diagnostic des parcelles à risque dans le domaine agricole, et le plan de désherbage communal dans le domaine non agricole.

Mise au point de méthodes

Un outil de lutte contre les pollutions diffuses d'origine agricole : le diagnostic des parcelles à risque

Le contexte

Dès 1997, les acquis de la CORPEP ont permis d'envisager la mise au point d'une méthode de diagnostic parcellaire du risque de transfert des produits phytosanitaires. Cette méthode, finalisée en 1998, fut alors mise en œuvre dans les bassins versants du programme Bretagne Eau Pure ; puis reprise dans le cadre de dispositifs contractuels tels que les contrats territoriaux d'exploitation (CTE). Elle devait en effet répondre à certaines exigences :

- être adaptée au contexte breton ; elle privilégie donc les mécanismes de transferts rapides (ruissellement, écoulements par les drains ou les nappes superficielles) ;

- être applicable à grande échelle sans perdre rigueur et précision lors de son application par de nombreux opérateurs ;

- être compréhensible par les exploitants agricoles, pour les amener à modifier leurs pratiques.

Le diagnostic est indépendant de la conduite agronomique, contrairement à la démarche de diagnostic parcellaire développée par le CORPEN[4], et aujourd'hui préconisée au niveau national. En dépit des différences entre les deux approches, les comparaisons réalisées montrent une bonne convergence dans les résultats.

Présentation de la méthode

Le diagnostic porte sur un risque potentiel de transfert des pesticides renseigné de manière privilégiée par des variables topographiques, hydrographiques et paysagères (Gascuel-Odoux *et al*, 1998). Cinq facteurs ont été retenus et hiérarchisés. Le tableau 1 les présente de façon synthétique par ordre d'importance. La hiérarchie retient en premier lieu les facteurs intervenant dans l'écoulement de surface (distance et pente) puis de sub-surface (drainage). Les 2 autres facteurs (longueur de la pente et protection aval) sont ensuite pris en compte et viennent moduler les premiers. Pour chaque facteur sont précisés les critères à considérer sur le terrain et leur classe d'appartenance.

---

[4] CORPEN : comité d'orientation pour des pratiques agricoles respectueuses de l'environnement (niveau national).

Tableau 1. Facteurs, critères et classes pris en compte dans l'indicateur.

FACTEUR	CRITÈRE	CLASSES
Distance	La distance au cours d'eau est celle qui, sur le chemin de l'eau, sépare le point le plus en aval de la parcelle du réseau hydrographique circulant. Réseau hydrographique : rivières et cours d'eau à écoulement permanent ou intermittent, ainsi que le réseau de fossés. Un fossé est dit circulant s'il coule au moins trois mois dans l'année.	trois classes : < 20m de 20 à 200m > 200m
Pente	La valeur à retenir est la pente existant entre les points haut et bas de la parcelle, dans le sens des écoulements.	trois classes : < 3 % de 3 à 5 % > 5 %
Drainage	Drainage agricole souterrain de la parcelle.	deux classes : présence absence
Longueur	La longueur de la pente est la distance séparant le point haut du point bas de la parcelle, dans le sens des écoulements de l'eau.	trois classes : < 50m de 50 à 150m > 150m
Protection aval	Présence d'une protection continue et durable à l'aval de la parcelle, empêchant tout transfert direct : bandes boisées ou enherbées destinées à rester en place plus de 5 ans, d'une largeur supérieure à 20 m, talus avec ou sans haie.	deux classes : présence absence

Tableau 2. Tables de détermination du rang SIRIS.

Parcelle drainée		Distance (m)								
		> 200			De 20 à 200			< 20		
Protection aval	Longueur Pente	Pente (%)			Pente (%)			Pente (%)		
		< 3	3 à 5	> 5	< 3	3 à 5	> 5	< 3	3 à 5	> 5
présence	< 50m	6	13	20	22	31	41	38	50	63
	50 à 150m	9	17	24	27	37	48	46	59	72
	> 150m	11	20	29	32	43	55	54	68	82
absence	< 50m	9	17	26	30	41	52	51	65	79
	50 à 150m	12	22	31	36	48	60	60	75	90
	> 150m	16	26	37	42	55	68	69	84	100

Parcelle non drainée		Distance (m)								
		> 200			De 20 à 200			< 20		
Protection aval	Longueur Pente	Pente (%)			Pente (%)			Pente (%)		
		< 3	3 à 5	> 5	< 3	3 à 5	> 5	< 3	3 à 5	> 5
présence	< 50m	0	5	10	10	18	26	22	32	43
	50 à 150m	2	8	14	15	23	32	29	40	51
	> 150m	4	11	18	20	30	39	37	49	61
absence	< 50m	2	9	16	17	27	37	34	46	58
	50 à 150m	4	12	20	23	33	43	42	55	68
	> 150m	8	17	25	29	40	51	50	64	78

Risque faible	Risque moyen	Risque fort

La méthode SIRIS[5] (Vaillant *et al*, 1995) permet de hiérarchiser ces 5 facteurs par ordre de risque, puis de choisir des classes également rangées par ordre d'importance. Les combinaisons de ces facteurs et des classes identifiées aboutissent à des notes de risque allant de 0 à 100. Plus le rang est élevé, plus le risque de transfert est important (tabl. 2).

Sur le terrain, il faut rechercher le(s) chemin(s) de l'eau à l'intérieur de la parcelle et renseigner, pour chacun d'eux, les 5 paramètres. Quand une parcelle comporte plusieurs de ces chemins, on retient celui d'entre eux qui a la note SIRIS la plus pénalisante.

Mise en œuvre de la méthode

Une formation qualifiante à la méthode a été mise en place dès 1998. La participation à l'une des sessions de formation est une condition indispensable à la réalisation de diagnostics sur le terrain. Ces derniers sont effectués par plusieurs prestataires : techniciens de coopératives, de chambres d'agriculture, de bureaux d'études.

La présence des agriculteurs lors du diagnostic est indispensable : elle leur permet de comprendre le classement réalisé sur leur exploitation. De plus, cette étape est nécessaire pour envisager des changements de pratiques agricoles (choix des matières actives, doses, recours au désherbage mixte) et la mise en place d'aménagements volontaires et durables (talus, bandes enherbées, limitation de la taille des parcelles).

Dans le domaine non agricole : le plan de désherbage communal

Les utilisateurs de produits phytosanitaires dans le domaine non agricole sont essentiellement les collectivités, les services publics (SNCF, DDE) et les particuliers. Près de 90 % du tonnage total des molécules phytosanitaires employées en espaces verts sont des herbicides (données UPJ[6], 2001).

Même si les quantités de produits phytosanitaires appliquées sont moindres que dans le domaine agricole, les conditions d'application rendent les risques de transfert vers les eaux superficielles importants : en zone urbaine, les sols sont généralement inertes, imperméables, et de plus dépourvus de matière organique et de micro-organismes, qui ont un rôle important dans la fixation et la dégradation des molécules.

Le besoin d'un outil à destination des communes s'est fait ressentir dans les bassins versants. Suite aux études réalisées sur le transfert des molécules en milieu urbain et aux expérimentations de techniques alternatives, un outil pour l'élaboration d'un plan de désherbage communal, initié sur les bassins versants, a été validé par la CORPEP en 2002. A la manière du diagnostic parcellaire du risque de transfert des pesticides dans l'eau, le plan de désherbage vise, dans les communes, à classer les surfaces à désherber en fonction du risque de transfert. Un arbre de décision très simple permet de déterminer le niveau de risque des zones à désherber (fig. 1).

Le plan de désherbage est complété par une étape de sensibilisation visant d'une part à faire le point sur les pratiques de désherbage de la commune (mettre en évidence des zones où le désherbage n'est pas nécessaire...), d'autre part à choisir des méthodes d'entretien adaptées au risque de transfert (choix des molécules, étude de faisabilité pour utiliser des techniques alternatives).

---

[5] Système d'intégration des risques par interaction des scores ; méthode combinatoire de facteurs utilisée au niveau national pour le classement des molécules.

[6] Union des entreprises pour la protection des jardins et des espaces verts.

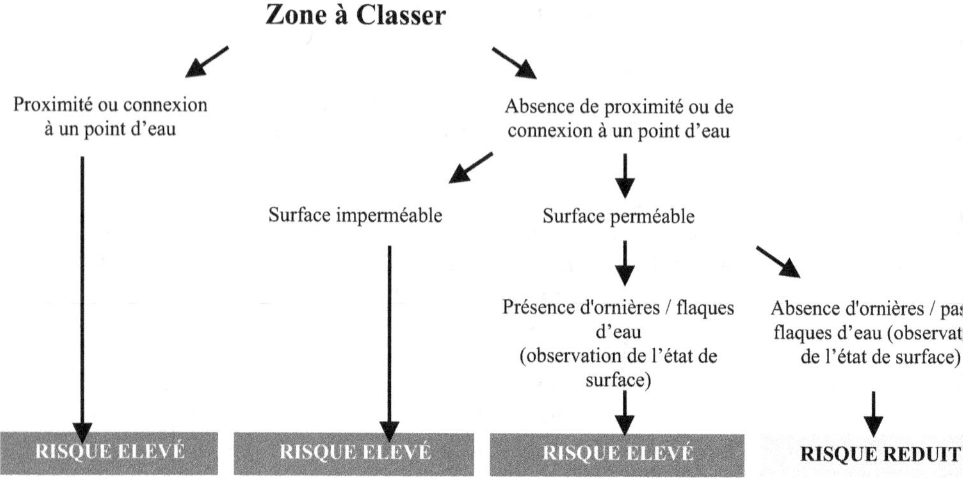

Figure 1. Arbre de décision pour déterminer le niveau de risque.

Actions engagées

Dans le domaine agricole

Présentation de la démarche

La démarche agricole est basée sur la maîtrise du risque de transfert des produits phytosanitaires vers les eaux superficielles. Elle se déroule en 4 étapes.

Le repérage des sous bassins versants à risque ou prioritaires

Il repose sur la réalisation de campagnes d'analyses des triazines[7] et de l'isoproturon (par méthode immuno-enzymatique ELISA) sur un réseau de points de suivi répartis sur l'ensemble du bassin versant ; ce qui permet un découpage du réseau hydrographique, pour pouvoir ensuite mieux localiser la (ou les) source(s) de pollutions majeures.

L'atrazine et l'isoproturon[8] sont utilisés comme indicateurs de pollution car ils constituent les deux matières actives les plus utilisées sur les deux principales productions, le maïs et les céréales. Les prélèvements sont réalisés une fois par mois en période de crue, soit dans les 24 heures suivant une pluie de 10 à 15 mm cumulés. Sont retenus comme

---

[7] Une évolution du protocole est prévue pour prendre en compte l'interdiction d'usage de l'atrazine (septembre 2003).

[8] En Bretagne, 75 % des parcelles en maïs reçoivent de l'atrazine. L'isoproturon est appliqué sur 88 % des parcelles en blé (Service Régional de Protection des Végétaux, 2001).

« prioritaires » les sous bassins dont le pourcentage d'analyses dépassant 0,1µg/l est le plus élevé.

Par la suite, ce suivi sera maintenu afin d'évaluer l'impact des actions mises en place sur la qualité des eaux du bassin versant.

Le diagnostic des parcelles à risque

Il est réalisé en priorité dans les exploitations situées sur des sous bassins prioritaires, selon la méthodologie validée par la CORPEP. L'objectif de ce travail est de classer chaque parcelle en fonction du risque de transfert des produits phytosanitaires vers les eaux superficielles (Aurousseau *et al.*, 1998; Laubier, 2001). A l'issue du classement de l'exploitation, une carte est remise à l'agriculteur. Ce document lui servira par la suite de référence pour gérer un désherbage adapté au risque de chaque parcelle. De plus, des propositions d'aménagement lui sont faites pour diminuer le niveau de risque de certaines parcelles (talus, bandes enherbées…).

La charte phytosanitaire agricole

Sur les bassins versants, des préconisations spécifiques sont consignées dans des chartes phytosanitaires élaborées en concertation avec l'ensemble des prescripteurs présents sur les sous bassins prioritaires. Ces préconisations sont résumées ci-après.

Préconisations générales

> Lutte contre les pollutions diffuses : assolement, travail du sol/semis, couverture hivernale des sols, conditions d'application des produits phytosanitaires, techniques alternatives ;

> Lutte contre les pollutions ponctuelles : diagnostic du pulvérisateur, gestion des fonds de cuve ;

> Autres préconisations : entretien des bords de champs et des abords de ferme.

Préconisations spécifiques adaptées au risque des parcelles (après diagnostic)

> Réduction du niveau de risque des parcelles par la mise en place d'une protection aval (bande enherbée boisée ou talus ou haie sur talus) d'une part ; par la partition de la parcelle initiale en plusieurs parcelles culturales d'autre part, de façon à agir sur la longueur de la pente et sur la distance au réseau hydrographique ;

> Choix de produits en fonction du risque de transfert de la parcelle (tabl. 2).

Ces préconisations sont définies en croisant les niveaux de risque parcellaire et le classement des molécules et des produits commerciaux en 3 groupes. Ce dernier classement prend en compte 3 critères propres à chaque molécule : la mobilité (Koc), la persistance (DT 50) et la dose apportée à l'ha.

Le groupe 1 comprend les molécules ayant un risque de transfert faible. A contrario, le groupe 3 correspond aux molécules à risque élevé de transfert. Ces classements concernent les herbicides du maïs et des céréales et font l'objet d'une actualisation chaque année par la CORPEP.

Tableau 3. Croisement classement parcellaire/classement matières actives.

Niveau de risque des parcelles

		Faible	Moyen	Elevé
Groupes des matières actives	**1**	oui	oui	oui
	2	oui	oui	non
	3	oui	non	non

Les indicateurs de suivi

2 types d'indicateurs sont utilisés pour évaluer l'impact des actions menées dans le domaine agricole.

Les *indicateurs d'évolution des pratiques,* recueillis par enquête auprès des exploitants agricoles et par le suivi du conseil réalisé auprès des agriculteurs ayant signé un engagement de progrès agronomique (EPA) ;

Les *indicateurs d'impact sur la qualité de l'eau.* Un suivi de la qualité de l'eau, mis en place à l'exutoire des bassins versants, s'appuie sur un calendrier de surveillance réactualisé annuellement. Il utilise des méthodes d'analyses chromatographiques et se trouve complété par un suivi intra bassin versant effectué selon des méthodes immuno-enzymatiques. Les prélèvements sont réalisés lors de crues suivant un protocole régional.

État d'avancement des actions agricoles

Diagnostic des parcelles à risque

En 2004, plus de 500 personnes ont déjà suivi la formation qualifiante à la méthode de diagnostic des parcelles à risque ; il s'ensuit un développement rapide de la phase de classement sur le terrain. Les prestataires et les agriculteurs manifestent donc un réel intérêt pour cet outil qui permet de gérer le désherbage en fonction du risque de transfert des produits phytosanitaires. Plus de 90 000 ha ont été classés selon la méthode de diagnostic de parcelles à risque (Michel, 2003). La figure 2 présente l'évolution des surfaces classées sur l'ensemble des bassins versants BEP depuis 2001.

Le classement s'est particulièrement bien développé sur les bassins versants BEP 2 dits de démonstration. En effet, 97 % des exploitations disposent d'un classement de leurs parcelles[9].

---

[9] Source « bassins versants de démonstrations BEP : état des pratiques en 2001, synthèse des résultats ».

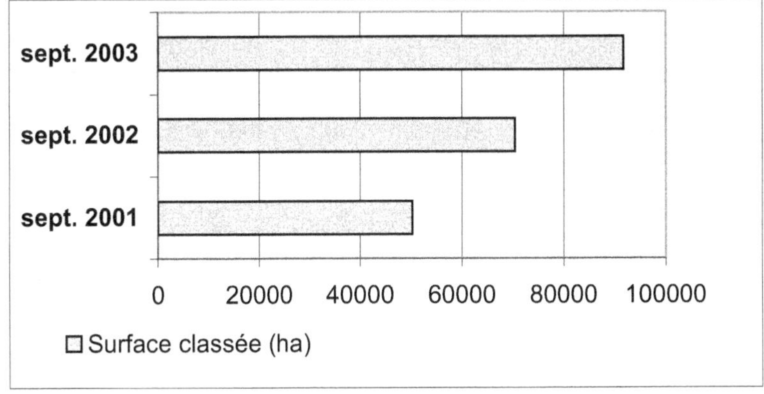

Figure 2 : Évolution des surfaces classées entre 2001 et 2003 (Source : BEP).

Mise en place et respect des chartes phytosanitaires agricoles

L'objectif des chartes est de fédérer tous les acteurs autour d'une règle du jeu définie en commun. En 2003, 31 bassins versants sur 44 avaient signé une charte phytosanitaire agricole. L'objectif est de tous les impliquer en 2004.

Les préconisations de la charte phytosanitaire agricole pour le désherbage du maïs sont appliquées par la majorité des exploitants agricoles concernés. Une enquête sur l'évolution des pratiques, réalisée en 2001 sur le bassin versant du Léguer, a par exemple montré que 98 % des surfaces implantées en maïs étaient désherbées selon les préconisations de la charte ; et que 73 % des surfaces à risque fort ne recevaient pas d'atrazine (molécule du groupe 3).

La part des exploitants agricoles respectant les préconisations pour le désherbage des céréales est quant à elle généralement plus faible. Des progrès restent donc à faire dans ce domaine. Cependant, les résultats d'enquêtes menées sur certains bassins versants sont encourageants.

- sur le bassin versant du Léguer, 60 % des agriculteurs enquêtés ont respecté les préconisations concernant l'usage de l'isoproturon sur les parcelles à risque fort[10] ;

- sur le bassin versant du Scorff, la part des surfaces traitées avec de l'isoproturon est passée de 81 à 59 % entre 1998 et 2003 (données enquêtes de l'observatoire des pratiques agricoles).

Autres actions

• Les techniques alternatives

En dépit des nombreuses démonstrations organisées sur les bassins versants, les espoirs mis dans ces techniques pour contribuer, à côté des autres outils disponibles, à la réduction de l'utilisation des pesticides ne sont pas encore au rendez-vous ; mais il faut probablement persévérer. En effet, la part des surfaces désherbées en utilisant des techniques alternatives (désherbage mixte ou mécanique) reste faible. Les explications en sont multiples :

---

[10] Dose maximale 500 g/ha, enquête auprès de 40 exploitations sur le sous bassin du Min-Ran.

- l'efficacité et l'utilisation des techniques alternatives dépendent des conditions climatiques ;

- le désherbage mixte nécessite une réelle prise en main de l'outil ; il demande une bonne maîtrise technique des réglages et des conditions de désherbage. Néanmoins, les agriculteurs ayant franchi cette phase sont convaincus par cette technique ;

- le désherbage mécanique est perçu par les exploitants agricoles comme un « retour en arrière » d'un point de vue technique.

L'interdiction de l'atrazine laisse néanmoins présager une évolution possible des pratiques de désherbage du maïs qui irait dans le sens d'un regain d'intérêt pour ce type de techniques.

Les aménagements

Leur objectif est de ralentir les eaux de ruissellement et/ou de favoriser leur infiltration, pour limiter les transferts de produits phytosanitaires vers les eaux superficielles. Une enquête régionale, réalisée en 2002 sur 37 exploitations, a montré que 42 % des exploitations avaient réalisé au moins un aménagement[11] après le classement de leurs parcelles selon le niveau de risque.

Ainsi, sur le bassin versant de l'Oust amont, 16 kilomètres de bocage ont été plantés depuis 2002. La mise en place de ces aménagements a permis de réduire la part des surfaces en risque fort de 40 à 23 %.

Le diagnostic des pulvérisateurs

La démarche de diagnostic des pulvérisateurs agricoles a été mise en place en Bretagne en 1998. Elle vise à vérifier le bon état de fonctionnement du pulvérisateur pour pouvoir appliquer les produits phytosanitaires dans les meilleures conditions possibles. Le diagnostic des pulvérisateurs agricoles, coordonné au niveau régional par le CRODIP,[12] s'appuie sur un réseau de 69 structures agréées pour les réaliser. Une fois le diagnostic réalisé, un bilan est remis à l'agriculteur. Une pastille verte attestant du bon état de fonctionnement est apposée, le cas échéant, sur le matériel de pulvérisation.

Les économies directement perceptibles grâce à cette démarche expliquent vraisemblablement la forte adhésion à ces services. En effet, plus de 8000 pulvérisateurs ont été diagnostiqués depuis 1998 en Bretagne, soit environ un tiers du parc estimé (données CRODIP, fin 2003) ; et au moins 70 % de ces pulvérisateurs sont en bon état de fonctionnement.

L'adhésion des exploitants à cette démarche est particulièrement importante sur les bassins versants BEP : on compte en moyenne 1,6 fois plus de diagnostics établis sur les bassins BEP que sur le reste du territoire.

Les collectes des emballages vides et des produits non utilisés

Les collectes sont organisées par le comité de pilotage du programme régional de gestion des déchets exogènes agricoles (PRGDEA) qui fédère l'ensemble de la profession

---

[11] Evaluation de l'application de la méthode de diagnostic des parcelles à risques, Bretagne Eau Pure, 2002.

[12] Comité régional d'organisation de diagnostics de matériels de protection des cultures.

agricole et tous les acteurs de la filière phytosanitaire. Au sein de ce programme, 2 actions sont prises en charge : la collecte des emballages vides de produits phytosanitaires (EVPP) dont le porteur de projet est la chambre régionale d'agriculture, et celle des produits phytosanitaires non utilisés (PPNU) dont le porteur de projet est la FEREDEC[13].

Les bassins versants BEP participent à cette démarche en tant que relais locaux d'information et de promotion de ces opérations.

En 2002 et 2003, près de 120 t de bidons phytosanitaires vidés et rincés ont été apportés par des agriculteurs sur les points de vente des distributeurs en Bretagne. La quantité collectée a augmenté de moitié entre 2002 et 2003.

Pour les PPNU, la première collecte régionale a été réalisée en janvier 2004. Les objectifs assignés à cette collecte ont été dépassés : plus de 200 t ont été collectées auprès de 3700 agriculteurs déposants.

Les fermes pilotes phytosanitaires et les diagnostics d'exploitations

Dans le cadre de la charte des prescripteurs de Bretagne[14], une action pilote a été mise en œuvre dans le cadre de la lutte contre les pollutions ponctuelles au siège de l'exploitation. Pour cela, 7 fermes ont été aménagées en sites de démonstration et de formation des techniciens et des agriculteurs dans ce domaine. Ce dispositif pourra ensuite être valorisé par les différentes structures intéressées (coopératives, négoces, chambres d'agriculture, bassins versants...).

Parallèlement, un dispositif régional de diagnostic phytosanitaire des sièges d'exploitation est en cours de réflexion. Cette démarche, pilotée par le CRODIP, vise à proposer aux exploitants agricoles un diagnostic de leurs pratiques depuis l'achat du produit phytosanitaire jusqu'à la gestion des déchets (stockage, remplissage du pulvérisateur...), ainsi qu'un plan d'amélioration adapté. Ce nouvel outil pourra être intégré et valorisé sur les bassins versants BEP dès qu'il sera opérationnel.

Impact des actions agricoles sur la qualité de l'eau : le cas du désherbage du maïs

Sur les bassins versants BEP, la tendance est à la diminution de la présence de l'atrazine[15] dans les eaux brutes.

La fréquence de dépassement du seuil de 0,1 µg/l est en effet passée de 68,3 à 22,5 % entre 1996 et 2002 (données bassins versants BEP). Cette sensible réduction est due à :
- l'évolution des pratiques de désherbage liée à la mise en place des chartes phytosanitaires agricoles ;
- l'évolution de la réglementation concernant l'utilisation de l'atrazine (arrêtés préfectoraux sur les 4 départements bretons en 1998). On observe d'ailleurs une diminution de la présence et des concentrations en atrazine sur l'ensemble de la Bretagne.

---

[13] Les Côtes-d'Armor et le Finistère ont mis en place des opérations de collecte des PPNU depuis 1999 pour pallier l'absence de système régional pérenne de récupération de ces produits. Elles ont été créées à l'initiative des différents acteurs de terrain, dont les bassins versants BEP.

[14] Mise en place dans le cadre du plan d'action pour une agriculture pérenne en Bretagne.

[15] Molécule herbicide maïs la plus problématique vis-à-vis de la contamination des eaux au début du programme BEP 2.

Parallèlement, la plupart des molécules utilisées dans les programmes sans atrazine ont été suivies dans l'eau. Parmi elles, le nicosulfuron, la sulcotrione, la mésotrione, le bromoxynil, le dimethenamid, le métosulam et le flufénacet. Excepté le bromoxynil, qui est en classement intermédiaire[16], l'ensemble de ces molécules est classé en groupe 1 (faible risque de transfert).

A l'exception du dimethenamid (7 % de dépassement du seuil de 0,1 µg/l entre 1999 et 2002), les molécules présentées ci-dessus ne sont pratiquement pas retrouvées dans les eaux brutes superficielles à des valeurs supérieures à 0,1 µg/l. Fait notable : la sulcotrione, molécule fortement utilisée pour le désherbage du maïs, n'a jamais dépassé le seuil réglementaire, aussi bien lors des suivis BEP que pour ceux réalisés par la CORPEP. Enfin, le nicosulfuron n'a dépassé qu'une seule fois la valeur de 0,1 µg/l lors des 116 recherches réalisées entre 1999 et 2002.

La substitution, un des outils de lutte contre la pollution des eaux par les produits phytosanitaires, donne des résultats positifs. Il convient cependant de rester vigilant en continuant le suivi de ces molécules, car l'arrêt de l'utilisation de l'atrazine (septembre 2003) augmente le recours aux programmes dits de substitution. Cette vigilance doit assurer les bonnes conditions d'emploi de ces nouvelles molécules et la conformité des résultats par rapport aux attentes. Elle doit également porter sur des aspects nouveaux comme les effets liés au transfert par voie atmosphérique ou les effets sur les organismes aquatiques.

Actions menées dans le domaine non agricole

Différentes actions ont été mises en place auprès des acteurs non agricoles, et plus particulièrement des communes, pour les amener à modifier leurs pratiques d'entretien des espaces publics.

Les actions engagées auprès des communes

Présentation de la démarche

L'engagement des communes dans des modifications de pratiques se concrétise par la signature d'une *charte de désherbage*. Celle-ci propose un engagement progressif basé sur 3 niveaux d'intégration, allant du respect des préconisations du plan de désherbage communal jusqu'à la non utilisation de produits phytosanitaires sur l'ensemble des surfaces classées à risque fort de transfert.

---

[16] Si la dose homologuée de bromoxynil dans la spécialité commerciale est supérieure à 500 g/ha, il est classé en groupe 2. Dans le cas contraire, il est classé en groupe 1.

État d'avancement des actions sur les bassins versants Bretagne Eau Pure

La charte de désherbage des espaces communaux est en plein développement sur les bassins versants BEP, ce qui dénote la volonté des communes de faire évoluer leurs pratiques d'entretien des espaces publics. 46 % des communes[17] se sont actuellement engagés dans cette charte. L'objectif affiché est de parvenir à 100 % d'engagement. En 2003, le plan de désherbage communal était mis en place dans près de 300 communes, soit plus de 60 % du total[18]. Il est appelé à se développer sur l'ensemble de la Bretagne puisqu'il a été repris dans d'autres démarches de bassin versant, tel le SAGE[19] Vilaine. Le plan de désherbage communal initié sur les bassins versants BEP constitue donc un outil pertinent de lutte contre les pollutions des eaux superficielles par les produits phytosanitaires.

En complément, des actions de formation et d'information des agents communaux sont menées en partenariat avec le CNFPT[20] depuis 1997 ; plus de 2300 agents ont été formés au bon usage des produits phytosanitaires en Bretagne, et près de 115 ont suivi la formation « Établir et utiliser un plan de désherbage communal » (données CNFPT, septembre 2003). Sur les bassins versants BEP, environ 65 % des communes ont au moins un agent formé. Les communes manifestent donc une réelle volonté de professionnaliser leurs agents techniques pour ce qui est de leurs pratiques d'entretien des espaces publics.

Exemples d'évolution des pratiques

La mise en place des plans et des chartes de désherbage communal vise une meilleure maîtrise du désherbage chimique et un recours croissant aux techniques alternatives.

Le suivi des pratiques communales montre que les techniques alternatives les plus utilisées sont le désherbage mécanique (balayage), le désherbage manuel (binage ou balayage manuel) et, dans une moindre mesure, le désherbage thermique à gaz. L'utilisation des techniques alternatives de désherbage pose néanmoins le problème récurrent des coûts de mise en œuvre et/ou d'achat. Aussi le recours aux matériels de désherbage alternatif est-il souvent accompagné d'une diminution des objectifs d'entretien pour les communes engagées dans ces modifications de pratiques : meilleure acceptation des herbes, accompagnée d'une gestion plus extensive de certaines zones communales.

Quelques exemples d'évolutions de pratiques :
- sur le bassin versant du Léguer (22), en 1998, la totalité des surfaces communales était entretenue chimiquement ; en 2002, 42 % des surfaces étaient désherbés de manière alternative ;
- sur le bassin versant de l'Ic et du Leff (22), la commune d'Etables-sur-Mer n'a utilisé aucun produit phytosanitaire en 2003 ; elle a eu recours aux techniques alternatives en laissant se développer l'enherbement des abords de voiries pour limiter les contraintes d'entretien ;

---

[17] Calculé à partir du nombre de communes ayant leur centre bourg sur un bassin versant BEP.

[18] Calculé à partir du nombre de communes ayant leur centre bourg sur un bassin versant BEP.

[19] Schéma d'aménagement et de gestion des eaux.

[20] Centre national de la fonction publique territoriale.

- sur le bassin versant de l'Elorn (29), les actions menées ont permis de réduire de plus de moitié la quantité d'herbicides utilisée en 3 ans. Actuellement, près de 80 % des communes utilisent des techniques alternatives.

Autres actions menées dans le domaine non agricole

Modification des pratiques de désherbage des voies ferrées

Depuis 1997, la SNCF s'est engagée à réduire les quantités de matières actives appliquées. Elle a également orienté le choix des matières actives utilisées en fonction des contraintes environnementales. A plusieurs reprises, des bassins versants BEP ont servi de zone d'expérimentation pour des essais d'efficacité de nouvelles molécules (diflufenicanil, flazasulfuron…).

La Bretagne est la seule région dans laquelle la SNCF a remplacé le diuron par le flazasulfuron[21]. Cette molécule est appliquée à une faible dose (50 g/ha), ce qui permet de limiter les risques de transfert vers les eaux superficielles. Le surcoût de cette substitution est estimé à environ 148 000 €/an. D'autre part, des sessions de formation sont régulièrement organisées auprès des agents techniques manipulateurs de produits phytosanitaires.

En complément, un suivi de la qualité de l'eau a été mis en place en 2002 et 2003 sur les bassins versants traversés par une voie SNCF. Les résultats obtenus ne montrent pas de pollution significative des cours d'eau suite au passage du train désherbeur. Le suivi sera reconduit en 2004 pour confirmer ces premiers résultats.

Modification des pratiques de désherbage des dépendances routières

Tout comme les communes, les routes constituent des zones à risque élevé de transfert. Les pratiques de désherbage des voiries ont fortement évolué ces dernières années. Les applications d'herbicides sont majoritairement réalisées par des prestataires de services agréés et spécialisés dans ce domaine. De plus, les quantités de molécules herbicides appliquées à l'ha ont fortement diminué du fait de l'emploi de matières actives à faible dosage et d'une diminution globale du recours au désherbage chimique. A titre d'exemple, les quantités de matières actives utilisées par la direction départementale de l'équipement du Finistère ont été pratiquement divisées par 3 entre 1993 et 2001.

On constate enfin une évolution globale dans les types de matières actives employées : augmentation de la part des matières actives à action foliaire et des substance actives ayant un classement toxicologique plus favorable.

Actions auprès des particuliers

Différentes actions de sensibilisation et d'information ayant trait au désherbage sont organisées sur les bassins versants BEP auprès des particuliers : participation à des manifestations grand public, communications *via* la presse et les bulletins municipaux. Ces opérations de communication ont été complétées par l'édition de différents documents de formation et d'information, dont le guide pratique du désherbage spécifique aux jardiniers amateurs. On peut cependant difficilement évaluer l'impact de ce type d'action auprès d'un public aussi large.

---

[21] Le programme de désherbage est complété par l'utilisation d'un produit composé d'aminotriazole et de thiocyanate d'ammonium.

Conclusions et perspectives

Cette présentation montre combien la démarche d'acquisition de références par la CORPEP, et leur traduction en actions concrètes dans le cadre du programme BEP, est novatrice. La démarche engagée au niveau des bassins versants est de plus fédératrice car l'ensemble des acteurs (agricoles et non agricoles) impliqués dans la pollution des eaux par les produits phytosanitaires se sont engagés dans ce programme. Des *résultats positifs concernant l'évolution des pratiques* sont d'ores et déjà observés dans les domaine agricole et non agricole. De même, des résultats encourageants sont mesurés au travers du suivi des produits phytosanitaires dans les eaux superficielles. On observe cependant depuis 1998 une nette progression des fréquences de dépassement de la concentration de glyphosate (seuil fixé à 0,1 µg/l) et de son produit de dégradation (AMPA) : respectivement 37 et 51 % en 2002 ; une approche spécifique dans tous les secteurs d'emploi concernés (agricoles et non agricoles) doit donc être envisagée pour proposer des actions afin d'endiguer cette progression. Il convient également d'aborder le cas de surfaces spécifiques, telles les bords de champ et de cours d'eau, les fossés et les surfaces imperméables, qui semblent encore largement influer sur la contamination des eaux.

Pour une reconquête durable de la qualité de l'eau, les efforts de sensibilisation, d'information et de formation déjà engagés méritent donc d'être poursuivis et amplifiés, de façon à valoriser les expériences acquises au profit du plus grand nombre d'acteurs possible.

Références bibliographiques

ANGOUJARD G., LE GODEC N., 2000 et 2001. *Étude de transfert du glyphosate, de l'aminotriazole et du flazasulfuron en milieu urbain, sur le site expérimental de Pacé (35).* Etudes CORPEP 00/11 et 01/13.

ANGOUJARD G., LE GODEC N., BLANCHET P., LEFEVRE L., 2001. Techniques alternatives au désherbage chimique en zones urbaines. *XVIIIème Conférence COLUMA, Journées internationales sur la lutte contre les mauvaises herbes, annales AFPP,* tome 2, p. 987-994.

ANGOUJARD G., LE GODEC N., BLANCHET P., LEFEVRE L., 2001. Transfert de glyphosate et diuron en milieu urbain. 18ème conférence du COLUMA. *Journées internationales sur la lutte contre les mauvaises herbes. Tome III.*

AUROUSSEAU P., GASCUEL-ODOUX C., SQUIVIDANT, 1998. Éléments pour une méthode d'évaluation d'un risque parcellaire de contamination des eaux superficielles par les pesticides. Application au cas de la contamination par les herbicides utilisés sur culture de maïs sur des bassins versants armoricains. *Etude et Gestion des sols,* 5, 143 – 156.

CORPEP, 2001. *Bilan des travaux.* Rapport, 16 p et annexes.

DIREN BRETAGNE, 2001. *Suivi de base de la qualité des eaux superficielles sur les bassins versants Bretagne Eau Pure.* Service de l'eau et des milieux aquatiques, DIREN Bretagne, mai 2001, 18 p.

FERRON O., 2001. *Maîtrise du risque de transfert des produits phytosanitaires dans les eaux superficielles : la démarche phytosanitaire adoptée par Bretagne Eau Pure.* XXXIème congrès du Groupe Français des Pesticides.

GASCUEL-ODOUX C., AUROUSSEAU P., 1998. *Un indicateur de risque parcellaire de contamination des eaux superficielles par les produits phytosanitaires.* Contrat Bretagne Eau Pure - Etude CORPEP 98/3, 40p.

GASCUEL-ODOUX C., HEDDADJ D., 1999. *Maîtrise du ruissellement en contexte armoricain.* Rapport Bretagne Eau Pure, 99 p., INRA-CRAB, Rennes

GASCUEL-ODOUX C., MOLENAT J., 2000. Étude de la dynamique hydrochimique des nappes superficielles en vue de déterminer les temps de réponses des hydrosystèmes à des mesures agri-environnementales : cas des nitrates et des pesticides. *Water in Celtic world : managing Resources for the 21ˢᵗ Century, 2ⁿᵈ Inter-Celtic Colloquium, University of wales aberustwiyth, 3-7 July 2000 : BHS Occasionnal Paper*, 11, 311-318.

GILLET H., 1996. Essai d'évaluation, à l'échelle d'une région, des risques de contamination des eaux superficielles par les produits phytosanitaires : exemple de la Bretagne. In : *CORPEN, Qualité des eaux et produits phytosanitaires. Propositions pour une démarche de diagnostic*, 57-79.

GILLET H., 1997. Fondement et concrétisation des actions de reconquête de la qualité des eaux sur les bassins versants du Programme Bretagne Eau Pure. *Rapport d'étape n° 1, volet 2, Expérimentations et recherches appliquées*, p 1-20.

HEDDADJ D., GASCUEL-ODOUX C., 2001. Impact d'itinéraires culturaux du maïs sur les transferts d'herbicides par ruissellement. *Ingénieries* N° spécial, Phytosanitaires.

LAUBIER F., 2001. La méthode de diagnostic parcellaire du risque de contamination des eaux superficielles par les produits phytosanitaires en Bretagne : fondements et mise en œuvre. *XXXIᵉᵐᵉ congrès du groupe français des pesticides*.

MICHEL O., 2003. Actions mises en œuvre pour lutter contre les pollutions par les pesticides : retour d'expérience du programme Bretagne Eau Pure. Séminaire de Fontainebleau – Actions préventives sur les eaux souterraines : bilan et perspectives.

PEPIN D., GICQUEL R., DUCHANGE S., HATEY L., 2003. *Suivi du transfert des molécules dans un bassin versant urbain – Expérimentation de Vezin-le-Coquet*. Étude réalisée dans le cadre d'un partenariat RENNES METROPOLE, AUDIAR et FEREDEC Bretagne.

VAILLANT M. *et al*, 1995. A multicriteria estimation of the environnemental risk of chemicals with the SIRIS method. *Toxicology modeling*, 1 (1), p 57-72.

Maîtrise des flux d'azote et de phosphore à l'échelle de l'exploitation et incidence sur la qualité de l'eau à l'échelle du bassin versant dans les régions d'élevage intensif de l'Ouest de la France

H. Chambaut , A. Bras , F. Laurent, O. Quentric, F. Vertès, A. Le Gall.

Introduction

La reconquête de la qualité de l'eau à l'exutoire du bassin versant mobilise de nombreux acteurs et nécessite la mise en œuvre de différents moyens d'action. Elle passe notamment par la gestion du territoire agricole, voire non agricole, par les agriculteurs eux-mêmes. Elle exige la modification des pratiques agricoles afin de réduire les flux et les pertes d'azote, de phosphore et de produits phytosanitaires à l'échelle de l'exploitation, avec des conséquences espérées sur la qualité de l'eau à l'exutoire du bassin versant. Après avoir situé les différentes échelles d'approche, cette synthèse dresse un état des lieux des excédents d'azote et de phosphore dans les exploitations agricoles de l'Ouest de la France ; puis évoque les différents leviers d'action qu'il est possible de mettre en œuvre au niveau de l'exploitation. Elle fait ensuite le point sur les résultats obtenus après optimisation de la gestion de l'azote. Enfin, cette synthèse tente de cerner l'impact de la maîtrise des flux d'azote, négociés au niveau de l'exploitation, sur la qualité de l'eau à l'exutoire du bassin versant.

Les différents niveaux d'approche de l'exploitation agricole intégrée à un territoire

Dans les milieux où l'activité agricole prédomine, toute recherche de maintien ou de reconquête de la qualité de l'eau va devoir accorder à cette activité un rôle prépondérant. Ainsi, c'est l'agriculteur qui agit sur son exploitation à travers plusieurs dimensions. Il gère ainsi celle-ci dans sa globalité, mettant en œuvre des pratiques sur des troupeaux et des parcelles organisées sur un territoire, qui peut être un bassin versant. Pour modifier les pratiques agricoles, l'agriculteur peut intervenir à trois niveaux.

- *À l'échelle du système de production*, fixé notamment par les productions qu'il doit assurer pour en tirer un revenu. Selon les situations, l'agriculteur combine une ou plusieurs productions, à un moment ou à un autre de sa carrière, en fonction de la demande du marché, du coût des intrants et des aptitudes du milieu à telle ou telle production. Ce niveau conditionne les volumes de production et d'intrants, mais aussi les excédents d'azote et de phosphore au niveau de l'exploitation. Selon les productions et les époques, l'agriculteur dispose de plus ou moins de degrés de liberté pour gérer son exploitation sur le plan environnemental.

- *À l'échelle des parcelles*, car c'est bien à ce niveau que les pratiques agricoles sont décisives (choix des cultures, utilisation d'intrants, gestion des effluents d'élevage, présence des animaux au pâturage). À ce niveau, on peut faire une distinction qualitative entre d'une part la gestion d'intrants visant une situation d'équilibre par rapport aux besoins des sols et des productions, et d'autre part les apports excessifs en certains éléments (naturels ou de synthèse).

- *À l'échelle des espaces interstitiels* qui bordent les parcelles (talus, haies, bosquets, bandes enherbées, espaces divers non cultivés, zones humides…). L'agriculteur est de fait le gestionnaire de cet espace, parfois accompagné d'acteurs non agricoles. Cet entretien vise plusieurs objectifs : clôturer un espace pâturé, éviter le salissement par des mauvaises herbes, faciliter le passage des engins, produire du bois, favoriser le développement du gibier, procurer un abri pour les troupeaux, créer un brise-vent favorable aux récoltes et aux troupeaux… Miéville-Ott (2002) a analysé la variabilité de perception par les agriculteurs du Jura des frontières de leurs exploitations, et ses conséquences sur la gestion des espaces interstitiels. L'entretien de cet espace interstitiel n'est pas directement lié à l'acte de production, mais fait partie du métier de l'agriculteur et contribue également au patrimoine foncier d'une région.

À partir d'un système de production donné, l'agriculteur intervient au niveau d'un jeu de parcelles agricoles : il se trouve partie prenante d'une dynamique qui fédère l'ensemble des parcelles cultivées et des espaces interstitiels, au sein d'une entité plus large qu'est le territoire. Un bassin versant est considéré comme une « unité opérationnelle » du territoire pour tout objectif lié à la qualité des eaux superficielles ; c'est un puzzle d'exploitations agricoles matérialisées *in fine* par les parcelles et par les espaces non cultivés entretenus. Lorsque l'on souhaite agir sur l'élément constitutif qu'est la parcelle, puisque c'est à ce niveau que les pratiques ont un réel impact, c'est en fait à l'agriculteur et à ses conseillers que l'on s'adresse. Ses possibilités d'optimisation des pratiques sont cadrées par le système d'exploitation qu'il a mis en place et dans lequel il a des possibilités d'évolution.

Bilans de l'azote et du phosphore dans les exploitations

Les bilans apparents au niveau de l'exploitation permettent d'évaluer les principaux flux ainsi que les excédents d'azote et de phosphore (Simon *et al.*, 1995). Les entrées correspondent aux engrais minéraux, aux effluents importés, concentrés, aux animaux importés et à la fixation symbiotique des légumineuses. Les sorties suivantes sont soustraites : produits animaux (lait, œufs, viande…), animaux exportés, produits végétaux (cultures de vente), effluents exportés. Les dépôts d'azote atmosphérique ne sont pas pris en compte dans les résultats qui suivent (moins de 15 kg/ha dans l'Ouest de la France). L'ensemble des données provient des comptes d'exploitation, à l'exception de la fixation symbiotique estimée à la parcelle. Le solde du bilan est exprimé par ha de surface agricole utile (SAU).

Bilans de l'azote des élevages bovins

De nombreuses études ont évalué les bilans d'azote des exploitations laitières (Simon *et al.*, 1994 ; Simon *et al.*, 2000 ; Le Gall, 2000 ; Farruggia, 2002 ; Vertès *et al.*, 2002 ; Le Gall *et al.*, 2004). Le tableau 1 récapitule les principales données pour les différents systèmes bovins. Les premières études menées à la fin des années 1980 portaient sur les exploitations intensives de Bretagne spécialisées en lait ; elles montraient alors des surplus de 200 à 220 kg N/ha de SAU. Dans les exploitations mixtes, avec des ateliers de porcs ou de volailles, les excédents de bilans étaient alors supérieurs à 300 kg.

Tableau 1. Caractéristiques des fermes bovines étudiées et composantes des bilans d'azote à l'exploitation.

	France	Bretagne/ Pays Loire	Bretagne	Bretagne	Bretagne	Bretagne	Bretagne
Type de système	Lait	Lait	Lait	Lait + porcs	Lait herbagers	Vaches allait. + cultures	Vaches allait. + porcs/volailles
Source	Le Gall, 2003	Simon *et al.*, 2000	Le Gall, 2000		Vertès *et al.*, 2002	Réseaux d'élevage viande, 2003	
Années d'observations	2000	1989-1994	1995-1996		1998	2001	2001
Nombre de fermes	316	48	128	11	9	16	15
Culture (en % de la SAU)	36	12	19	15	19	32	32
Maïs (en % de la SFP)	20	46	33	28	14	38	24
Chargement (UGB.ha^{-1} SFP)	1,5	1,8	1,8	1,8	1,4	1,99	1,.85
Production (l/VL)	6 600	6 900	6 600	5 800	6 000	-	-
Concentrés (kg/VL)	1 240	1 300	1 080	1 070	860	-	-
Lait.ha^{-1} de SAU	3 300	6 400	5 650	5 800	4 200		
Viande kg.ha^{-1} de SAU						583	5 708
Entrées (kg N.ha^{-1} de SAU)	**143**	**276**	**196**	**471**	**156**	**166**	**398**
Engrais minéraux	85	200	100	101	30	92	59
Concentrés	38	72	49	327	23	35	311
Fixation	15	0	27	29	91	19	12
Effluents animaux	1	0	14	6	12	13	0
Autres[a]	4	4	6	8	0	7	16
Sorties (kg N.ha^{-1} de SAU)	**59**	**59**	**54**	**180**	**37**	**51**	**197**
Lait	17	44	30	32	23	9	0
Viande	7	8	9	83	5	14	137
Cultures	35	7	14	10	9	28	18
Déjections	0	0	0	55	0	0	42
Autres	0	0	1	0	0	0	0
Excédent bilan (kg N.ha^{-1} SAU)	**84**	**217**	**142**	**291**	**119**	**115**	**201**
Pression organique (kg N.ha^{-1} SPE)	101	166	152	362	95		
Taux efficacité en % (N sorti/N entré)	40	28	30	32	24	32	34

[a] comprenant animaux, paille, fourrage…

Au cours de la décennie suivante, l'évolution des pratiques de fertilisation, le remplacement de graminées pures très fertilisées par des associations ray-grass/trèfle blanc, ainsi que la réduction de la complémentation en concentrés, ont entraîné une réduction très importante des bilans. Le Gall (2003) a ainsi estimé, sur la base des données du recensement agricole 2000 (RGA 2000) et des fermes des réseaux d'élevage, que l'excédent d'azote moyen des fermes laitières françaises est de 85 kg N.ha[-1] (60 kg.ha[-1] sans compter la fixation symbiotique). Les fermes laitières des Réseaux d'Élevage en Bretagne, plus intensives que la moyenne française (1.8 UGB.ha[-1] de SFP[1], 5650 litres lait.ha[-1] de SAU), ont un excédent de bilan azoté proche de 140 kg.ha[-1] de SAU, supérieur à cette moyenne française, mais sensiblement inférieur à celui des fermes laitières conventionnelles de la région, où le surplus d'azote est encore compris entre 150 et 250 kg N.ha[-1]. Les élevages de bovins à viande ou à viande + lait ont des niveaux d'excédents légèrement inférieurs à ceux des laitiers spécialisés (pour des chargements élevés voisins de 1.85 UGB.ha[-1] de SFP). Dans des exploitations, les entrées d'azote par la fertilisation (engrais, effluents importés, fixation) représentent de 70 à 90 % des entrées, tandis que la part des concentrés varie entre 10 et 30 % des entrées.

Les fermes mixtes bovins + porcs ou volailles présentent en général des excédents d'azote importants, supérieurs à ceux observés dans les exploitations bovines 290 contre 140 kg par ha pour les laitiers, 200 contre 120 kg par ha pour les bovins viande. Paradoxalement, le poste "fertilisation minérale" diminue peu ou pas pour les élevages mixtes, ce qui pose la question de l'utilisation des effluents (type, disponibilité, valorisation). Une certaine marge de progrès peut être envisagée pour ce type d'exploitations, dont la charge organique est généralement proche (ou supérieure) au seuil de la directive Nitrates fixée à 170 kg d'azote organique par hectare de SPE[2].

Dans les fermes laitières pilotes, une grande variabilité est observée, avec un solde excédentaire de 30 à 150 kg d'azote par ha, en relation avec le niveau de production laitière et la part des cultures de vente dans la SAU. Une part de la variabilité observée est liée aux conditions de milieu plus ou moins favorables (sur lesquelles l'éleveur a peu de maîtrise). En revanche, l'optimisation de la gestion de l'azote permet de réduire les chiffres d'environ 40 %. Les excédents d'azote du meilleur tiers des exploitations sont voisins de 80 kg.ha[-1] de SAU, alors que la moyenne du moins bon tiers reste proche de 220 kg N.ha[-1] de SAU. Les systèmes herbagers à faibles intrants (Vertès *et al.*, 2002) ont des bilans situés autour de 100-120 kg/ha, l'entrée principale étant alors la fixation symbiotique du trèfle blanc. Pour les élevages bovins viande, les écarts entre exploitations sont également conséquents (de 80 à 190 kg N/ha de SAU), ce qui laisse présager des marges de progrès.

Les sorties moyennes d'azote par système de production représentent de 25 à 40 % des entrées (tabl.1). La variabilité s'explique surtout par la part des cultures exportées, puis par les bons ajustements de la fertilisation et de la complémentation animale. La connaissance de cet indice est utile pour hiérarchiser, au sein d'un système donné, les voies d'amélioration en comparaison avec des valeurs de référence optimisées.

Bilans de l'azote des élevages de granivores

En 1988, l'INRA de Quimper a réalisé les premiers bilans apparents d'azote en production porcine intensive (en Bretagne). Les résultats, les plus élevés de tous les systèmes d'élevage enquêtés, avec une moyenne de 540 kg d'azote excédentaire par ha, s'expliquent essentiellement par des entrées d'azote liées à l'alimentation très importantes et par l'absence

---

[1] Surface fourragère potentielle.
[2] Surface potentiellement épandable.

de lien au sol pour une partie de la production réalisée. Ces résultats sont comparés dans le tableau 2 avec les 40 bilans réalisés en 2001 et 2002 dans des exploitations porcines des départements du Finistère et des Côtes-d'Armor par les EDE/chambres d'agriculture de Bretagne, dans le cadre du programme concerté "Porcherie Verte".

Tableau 2. Caractéristiques des fermes porcines et avicoles étudiées en Bretagne, et composantes des bilans de l'azote à l'exploitation.

pe de système	Porcs	Porcs + lait	Porcs + divers	Porcs	Porcs + lait	Porcs + divers	Volailles	Volailles + divers
rce	Simon *et al.,* 2000			EDE, CAB*			Simon *et al.,* 2000 + EDE, CAB*	
nées d'observations	1988-1993			2001				
mbre de fermes	22	27	30	23	11	6	5	29
U (en ha)	42	40	34	-	-	-	35	50
ture (en % de la SAU)	96	30	54	-	-	-	-	40
ïs ensilage (en % SFP)	-	41	35	-	-	-	-	57
argement UGB/ha SAU	0	1,47	0,8	-	-	-	-	-
porcs vendus /ha SAU	13 300	3 500	4 600	11 996	3 420	5 742	-	-
volailles vendus/ha/an	-	-	-	-	-	-	16 240	5 500
trées (kg N/ha SAU)	**1144**	**479**	**512**	**966**	**395**	**448**	**1193**	**492**
grais minéraux	78	122	94	65	81	53	41	88
ncentrés	1060	334	381	885	296	370	1104	383
ation	2	4	10	3	10	12	33	10
luents animaux	0	11	12	7	1	0	0	1
tres	4	9	15	6	7	15	16	10
rties (kg N/ha SAU)	**602**	**163**	**199**	**587**	**194**	**213**	**798**	**235**
t	0	36	11	0	25	0	0	17
nde	303	97	118	295	88	149	548	146
fs	0	0	0	0	0	0	0	17
ltures	8	4	31	56	25	19	97	28
jections exportées	292	26	40	236	55	45	153	27
cédent bilan : moyenne kg N/ha SAU) (*écart* *e*)	**542** *(et=373)*	**316** *(et=141)*	**313** *(et=181)*	380	201	236	395	**255** *(et=131)*
ssion d'azote organique kg N/ha de SAU) vant exportation	-		-	407	188	280	310	212
près exportation	-		-	171	133	235	157	188
ux efficacité (N sorti /N ré) (en %)	45	33	34					43

CAB = chambres d'agriculture de Bretagne

L'analyse des résultats, réalisée dans le cadre de cette étude, montre que la pression d'azote organique avant exportation, critère qui traduit la dimension de l'élevage relativement à la surface en propre de l'exploitation, constitue le principal facteur explicatif du niveau des bilans en production porcine, et plus généralement en production hors-sol (coefficient de corrélation de 0,8). Le bilan apparent est beaucoup mieux corrélé à la pression organique avant exportation qu'à la pression après exportation (coefficient de corrélation de 0,5). Contrairement à ce que l'on pouvait espérer, l'exportation de déjections, qui permet par ailleurs aux élevages de se mettre en conformité avec la norme directive Nitrates (170 kg N/ha), ne suffit pas à faire baisser dans les mêmes proportions le solde du bilan apparent, alors que de plus grandes surfaces en propre permettent de le réduire, comme le montrent les exploitations mixtes porcs et bovins. La principale raison des excédents élevés dans les élevages de porcs et de volailles, y compris lorsque les plans d'épandages sont corrects, est liée au fait que seul l'azote présent dans le lisier exporté est déduit du bilan, alors que l'azote perdu par volatilisation (en bâtiment et lors du stockage avant exportation) est affecté en totalité à l'exploitation productrice des animaux, et réparti uniquement sur sa surface en propre. Dans ce type d'exploitation le bilan apparent de l'azote traduit donc un risque global élevé mais ne permet pas à lui seul d'évaluer la part des fuites d'azote dans l'eau et celle des pertes gazeuses polluant l'air. Des travaux en cours dans le cadre du programme « Porcherie Verte » (Robin *et al.*, 2004) vont permettre de mieux quantifier ces pertes en fonction des conditions d'élevage (types de bâtiment) et de favoriser les pertes non polluantes (dénitrification complète). En définitive, en fonction de l'importance relative de la surface cultivée en propre et des exportations d'azote sous forme de déjections permettant de respecter la norme directive Nitrates, la proportion d'azote volatilisé dans l'excédent total peut fortement varier d'une exploitation à l'autre.

Il faut noter aussi que les entrées d'azote par la fertilisation minérale restent importantes et laissent espérer de sérieuses marges de progrès.

Les bilans en production avicole sont proches de ceux observés en production porcine. Ils varient de 110 kg N/ha de SAU, pour une exploitation mixte lait + poulets labels, à près de 1000 kg N/ha de SAU pour une exploitation de volailles spécialisée sur une surface moyenne (35 ha). Comme pour les bilans porcs, la corrélation est très forte entre le bilan apparent et la pression organique avant exportation (0,9), contre seulement 0,4 pour la pression après exportation.

Les excédents d'azote restent donc importants pour ces productions ; mais le respect du plafond d'azote organique, l'alimentation biphase, la pleine valorisation des déjections produites sur les cultures, ainsi que le traitement du lisier, doivent permettre d'atteindre des excédents d'azote plus modérés.

Discussion sur les bilans de l'azote

Les excédents d'azote observés sont donc de l'ordre de 100 à 150 kg par ha pour les systèmes bovins de l'ouest de la France, liés au sol, de 200 à 300 kg par hectare pour les systèmes mixtes "bovins et granivores", et de 350 à 400 kg par ha pour les systèmes granivores. À titre de comparaison, les systèmes de grandes cultures présentent des excédents compris entre 20 et 50 kg par ha. Le faible taux de conversion de l'azote absorbé en production animale (lait, viande ou œufs), contrairement à ce qui se passe pour les végétaux, explique ces résultats : les taux d'efficacité de l'azote varient entre 22 et 45 %, contre plus de

70 % pour les exploitations de grandes cultures (Simon *et al.*, 2000). Les élevages herbivores se distinguent des élevages granivores : les bilans de minéraux sont moins élevés (meilleure liaison de la production au sol), et la part des intrants liée au sol est plus importante (engrais, fixation symbiotique). Pour les élevages granivores, 80 à 90 % des intrants concernent les aliments.

Pour tous les élevages, l'excédent d'azote apparaît bien lié au niveau d'intensification (fig. 1a, 1b), exprimée par la production animale à l'ha (en kg de lait ou de viande).

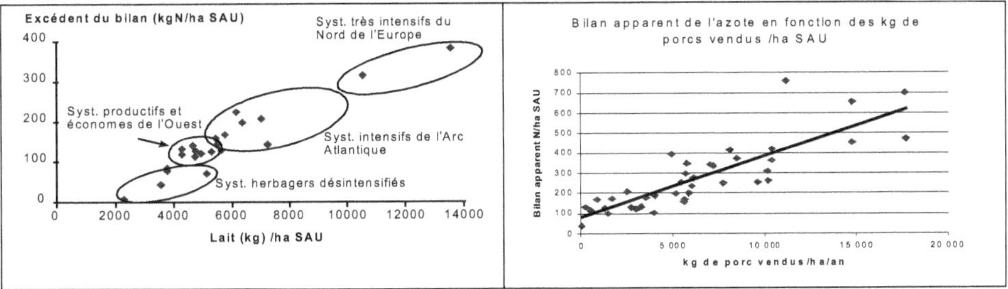

Figure 1. Relation entre l'excédent de bilan azoté et les niveaux de production (par ha de SAU) ;
      à gauche : en production laitière (Le Gall, 2000)
      à droite : en production porcine (EDE et chambres d'agriculture de Bretagne).

On observe cependant une grande variabilité des soldes du bilan (pour un même niveau d'intensification), liée à 3 facteurs principaux : la dispersion des pratiques, la part des cultures exportées dans la SAU et les différences de potentiels agronomiques (la fertilité intrinsèque des sols modifie par exemple les apports d'engrais pour un même objectif de production). Ainsi, dans l'étude menée sur les systèmes laitiers en Bretagne (Chambaut et Le Gall, 1998), l'excédent de bilan varie du simple au double pour un niveau d'intensification donné. Cette variabilité confirme ainsi qu'il existe des marges de manœuvre pour améliorer chaque type de système, ainsi que le détaille la partie suivante. On peut noter que la recherche sur l'amélioration de la durabilité des systèmes bovins explore majoritairement les solutions liées au sol (choix des systèmes fourragers, modes de fertilisation…), tandis que l'équivalent pour les systèmes porcins explore d'abord l'alimentation et la génétique.

Le bilan apparent de l'azote exprime un risque global de pollution, qu'il est indispensable de compléter par d'autres indicateurs, comme la pression d'azote organique par ha épandable (limitée à 170 kg par la directive Nitrates), la balance globale azotée utilisée dans les diagnostics à l'exploitation (DEXEL), qui calcule le solde du bilan sur l'ensemble des sols des parcelles, et des indicateurs de pratiques (la quantité d'azote minéral par ha pour chaque type de culture, la surface recevant des effluents organiques -SAMO- exprimée en pourcentage de la SAU, ainsi que la proportion de sols nus). D'autre part, des méthodes multicritères d'évaluation de la durabilité des systèmes agricoles se développent de plus en plus (Basset et Van der Werf, 2004) en associant ces indicateurs à d'autres établis pour d'autres risques environnementaux. Il faut noter que, comme le solde du bilan, les résultats peuvent être rapportés à la t de lait (ou de porc) produit ou à l'ha de SAU, voire à d'autres unités, ce qui peut donner des hiérarchies différentes.

Enfin, il n'existe pas encore de modèle opérationnel permettant de compartimenter les excédents de bilans apparents en différentes catégories de pertes : une partie du solde est perdue sous forme gazeuse (émissions d'ammoniac à l'étable, au stockage et à l'épandage des engrais de ferme, dénitrification avec production d'azote gazeux et d'oxydes d'azote). Une seconde partie est organisée dans le pool d'azote humique en fonction de la dynamique du carbone et de l'azote dans le sol. Enfin, la dernière partie est soumise au lessivage et au ruissellement ; elle risque donc de se retrouver à l'exutoire du bassin versant, selon des mécanismes nombreux et complexes. Il est néanmoins établi que les risques augmentent avec les niveaux d'excédents et qu'il est pertinent d'utiliser le bilan global de l'azote comme clé d'entrée pour évaluer les effets des différents leviers d'action mis en œuvre pour les réduire. Les limites de cette démarche seront discutées dans les parties suivantes.

Bilans du phosphore des exploitations d'élevage

Phosphore et azote sont 2 éléments majeurs très liés, intervenant en synergie avec l'azote dans l'alimentation des plantes ; le rôle du phosphore dans l'eutrophisation des eaux douces est avéré (Barroin, 2003). Des bilans analogues à ceux de l'azote ont été effectués dans des élevages intensifs. Comme pour l'azote, les produits animaux exportent relativement peu d'acide phosphorique : 21 kg de P_2O_5 pour 10 000 l de lait, 16 kg de P_2O_5 pour 1000 kg de viande vive). Les données disponibles étant beaucoup moins nombreuses, la présente synthèse donne des ordres de grandeur des flux de phosphore mis en jeu dans les différents systèmes.

Dans les systèmes bovins, les entrées de phosphore par les concentrés et les condiments minéraux couvrent quasiment les sorties par le lait et la viande. La restitution aux surfaces fourragères de l'exploitation du phosphore rejeté par les animaux doit couvrir les besoins des plantes et permettre à l'exploitation d'être autonome. Dans ces conditions, les excédents de phosphore dans les exploitations bovines intensives sont compris entre 15 et 20 kg par ha de SAU (Le Gall *et al.*, 2003) et correspondent principalement aux achats d'engrais.
Dans les systèmes porcins et avicoles, les excédents sont souvent plus importants compte tenu de l'importance des entrées de phosphore par les aliments du bétail et du moindre lien au sol, comparativement aux systèmes bovins. Le rapport P_2O_5/N des déjections porcines s'établit à 0,6-0,65 contre 0,4-0,5 pour les déjections bovines. Coppenet (1974) avait calculé dans les années 1970 des excédents pour les fermes porcines variant entre 25 et 85 kg P/ha pour des productions équivalentes respectivement liées au sol (35 PCP[3]/ha/an) et hors-sol. Des bilans effectués récemment (Rapion et Bordenave, CEMAGREF Rennes, Unité GERE, CPER 2000-2006) indiquent des excédents de l'ordre de 45 kg/ha (entre 30 et 70) dans des fermes spécialisées. L'adoption de l'alimentation biphase a permis une réduction d'environ 15 % des quantités de phosphore dans les rejets porcins (Giovanni, 2002).

Le phosphore restitué au sol via les épandages de déjections est peu mobile et s'accumule en surface. Les apports répétés de phosphore contribuent donc à augmenter le stock au niveau de l'horizon cultivé du sol, comme le vérifient les travaux menés par l'INRA et la chambre d'agriculture du Finistère (Coppenet *et al.*, 1993 ; Vertès, 1995) : la teneur moyenne des sols soumis à des épandages répétés de lisier, et suivis depuis 30 ans, sont passés de 450 à 920 mg de P_2O_5 Dyer suite à des épandages annuels d'acide phosphorique de 200 à 250 kg/ha/an. Le phosphore ainsi accumulé risque alors d'être entraîné par ruissellement vers les cours d'eau comme le montrent plusieurs auteurs (Haygarth *et al.*, 1995 ; CORPEN, 1998 ; Cann *et al.*, 1999 ; Morton *et al.*, 2003), notamment dans les sols à couverture limoneuse et peu ou pas couverts (sols nus après la récolte du maïs). Les quantités de phosphore total entraînées par ruissellement sont généralement plus faibles sur prairies

---

[3] Porc Charcutier Produit

(comprises entre 0,2 et 2 kilogrammes par hectare d'après la revue bibliographique de Raison, 2004), du fait du faible potentiel de ruissellement. Les pertes de phosphore sont plus importantes sur cultures, notamment sur celles qui confèrent un faible couvert végétal aux périodes où le risque de ruissellement et d'érosion est important (blé et maïs). Globalement, une faible part du phosphore est transférée vers le réseau hydrographique (0,1 à 0,2 % du stock de phosphore dans le sol), mais ces quantités peuvent suffire à favoriser les phénomènes d'eutrophisation, notamment dans les eaux stagnantes où à débit lent (cas des estuaires). Des travaux sont actuellement conduits par l'INRA, les instituts techniques et les chambres d'agriculture, dans les conditions de l'ouest de la France, afin de préciser les transferts de phosphore par ruissellement sur prairies et cultures. Il s'agit également de mieux cerner les risques pour la qualité de l'eau, en interaction avec les nitrates.

Les leviers d'actions en exploitation

L'approche globale du système de production de l'exploitation et des contraintes de milieu permet d'élaborer des propositions d'évolution environnementale, cohérentes avec les objectifs de production, le fonctionnement actuel (ou possible) de l'exploitation et les motivations de l'éleveur. Le diagnostic environnemental peut donc débuter par le calcul du bilan des minéraux, afin de situer l'exploitation par rapport à des références régionales et de mettre ainsi en évidence des gains possibles sur les plans environnemental et économique. Cette accroche pédagogique, destinée à faire évoluer les pratiques, nécessite d'identifier précisément les progrès possibles sur chacun des postes du bilan et les moyens d'y parvenir.

L'amélioration de la gestion de l'azote au sein de l'exploitation agricole s'articule autour de 4 pôles : l'alimentation, l'aménagement des bâtiments et le stockage des engrais de ferme, la fertilisation et le système de cultures. Globalement, l'optimisation environnementale de l'exploitation agricole passe par l'amélioration de la gestion de l'azote au sein de ces 4 pôles, mais les priorités peuvent être différentes selon les productions. La cohérence entre les bâtiments et la gestion des engrais de ferme est fondamentale en systèmes bovins, alors que la priorité en production porcine porte davantage sur la maîtrise de l'alimentation, la réduction des rejets azotés et la construction d'ouvrages de stockage adaptés aux périodes de prélèvement des couverts.

Bien que les leviers d'action soient essentiellement abordés pour le volet azote, ces mêmes axes de travail permettent d'agir sur l'optimisation de la gestion du phosphore : diminution des intrants utilisés dans le système (alimentation, fertilisation, gestion des engrais de ferme sur les exploitations) et mise en place de mesures réduisant les risques de transfert par le ruissellement et l'érosion. Ainsi, les couverts végétaux mis en avant pour leur rôle sur le piégeage de l'azote permettent de limiter considérablement les pertes de phosphore en réduisant les risques de ruissellement et d'érosion sur la parcelle. La mise en place de bandes enherbées le long des cours d'eau permet d'intercepter les eaux de ruissellement avant qu'elles atteignent le réseau hydrographique, le phosphore et les sédiments sont alors retenus sur le dispositif enherbé.

Gestion de l'alimentation

Les coefficients d'utilisation réelle de l'azote par les animaux sont relativement faibles : de 20 à 30 % pour les bovins (Peyraud *et al.*, 1995), de 30 à 40 % pour les cochons (Dourmad *et al.*, 1995). Les entrées d'azote par les concentrés représentent 20 à 25 % des entrées d'azote dans les systèmes bovins, mais 85 à 90 % des entrées dans les systèmes granivores. Pour ces derniers, l'enjeu sera donc d'ajuster les importations d'azote aux besoins des animaux, qui évoluent rapidement dans le temps. Pour les bovins, c'est au niveau de la ration de base (choix et fertilisation des cultures fourragères, modalités de pâturage) que les ajustements les plus efficaces seront effectués.

Dans les systèmes bovins, éviter les sécurités inutiles avec les régimes hivernaux ainsi qu'au pâturage

Dans les systèmes bovins, la réduction des entrées d'azote par les concentrés passe par la maîtrise des quantités d'une part, de la teneur en azote des concentrés d'autre part. *Avec les régimes hivernaux en production laitière ou les régimes de finition des jeunes bovins*, basés sur les fourrages stockés, il s'agit de se caler au plus près des recommandations zootechniques, en évitant notamment les excès d'azote dégradable. Ainsi, un excès d'azote dégradable (PDIN[4] > PDIE[5]) de 200 g/j (soit environ 10 % des besoins) n'entraîne pas de supplément de production laitière mais une augmentation du rejet azoté de 18 kg/vache/an (Peyraud *et al.*, 1995). Pour les jeunes bovins, il est recommandé de ne pas dépasser le seuil de 90 g PDI/UFV[6] (Haurez *et al.,* 1995). De façon concrète, ces résultats incitent à supprimer les sécurités inutiles souvent prises en début de lactation et à préférer la pratique de la ration semi complète accompagnée d'une individualisation de la distribution du concentré azoté à la ration complète. *Au pâturage,* il est difficile de contrôler les excès d'azote dégradable avec de l'herbe exploitée jeune, sauf à réduire le niveau de fertilisation azotée, ce qui demande de diminuer la pression de pâturage car la quantité d'herbe produite est moindre. Dans les systèmes de pâturage intensifs, il est possible de limiter la teneur en protéines du concentré et d'utiliser uniquement un concentré énergétique au lieu d'un concentré dosant de 16 à 20 %de matière azotée totale.

Les rejets azotés dépendent non seulement de la quantité et de la nature des concentrés utilisés, mais surtout de la composition du régime et de l'équilibre entre le maïs ensilage et l'herbe pâturée ou stockée. Ainsi, les références publiées par le CORPEN[7] (1999) montrent que les rejets azotés des animaux baissent avec l'accroissement de la part de maïs dans le système d'alimentation. Ce fait ne doit pas faire illusion car le flux d'azote au niveau de l'animal n'est qu'un maillon du cycle de l'azote au niveau de l'exploitation, où interviennent bien d'autres processus (capacités d'absorption des prairies et de fixation d'azote dans la matière organique du sol, phases de sols nus ou peu couverts dans les successions culturales maïs/blé). Aussi, il est réducteur de limiter l'optimisation environnementale des systèmes bovins aux seuls rejets des bovins, alors que ce point revêt une importance capitale dans les systèmes granivores.

---

[4] Protéines digestibles dans l'intestin qui dépendent de l'azote.
[5] Protéines digestibles dans l'intestin qui dépendent de l'énergie.
[6] Unités fourragères viande.
[7] Comité d'orientation pour la réduction de la pollution des eaux par les nitrates, les phosphates et les produits phytosanitaires provenant des activités agricoles.

Dans les systèmes porcins, systématiser l'alimentation biphase et maîtriser les indices de consommation

Dans les systèmes porcins, dans les conditions habituelles d'alimentation, le porc à l'engrais excrète environ 60 à 70 % de la quantité d'azote ingérée, soit en moyenne l'équivalent de 45 à 50 % de l'azote ingéré par voie urinaire, et 15 à 20 % par voie fécale (Dourmad et Henry, 1995). Lorsque les fèces et les urines se trouvent mélangées, l'urée se dégrade rapidement en ammoniac qui peut alors se volatiliser (Guingand, 1996 ; Aarnink *et al.*, 1997). Dans le cas du phosphore, l'excrétion est également voisine de 70 % de l'ingéré, pour 3/4 sous forme fécale et pour 1/4 sous forme urinaire, soit l'inverse de ce qui est observé pour l'azote (Poulsen *et al.*, 1999). La première amélioration consiste à assurer une meilleure adéquation entre les apports et les besoins selon le stade physiologique (Latimier *et al.*, 1993 ; Dourmad et Henry, 1995). Pour l'azote, on peut également réduire l'excès de protéines en améliorant l'équilibre en acides aminés du régime. Pour le phosphore, l'utilisation de phytases permet de rendre disponible le phosphore phytique du régime, et ainsi de réduire fortement la supplémentation sous forme minérale (Latimier *et al.*, 1994).

La conduite alimentaire biphase combine ces 2 approches en augmentant le nombre de régimes utilisés sur l'élevage (2 par catégorie animale) et en fixant des teneurs maximales des aliments en matière azotée totale (MAT) et en phosphore (P). L'adoption de cette technique pour l'ensemble des animaux permet de réduire le rejet d'azote de 14 % et celui de phosphore de 21 % par rapport à l'utilisation d'un aliment unique (fig. 2). Enfin, l'amélioration de l'efficacité alimentaire s'accompagne d'une réduction des rejets d'environ 7,3 % pour 0,15 point d'indice de consommation. Ceci passe par une meilleure adaptation des apports alimentaires aux croissances permises par les facteurs environnementaux (bâtiment, sanitaire, ambiance, chargement des bâtiments etc.).

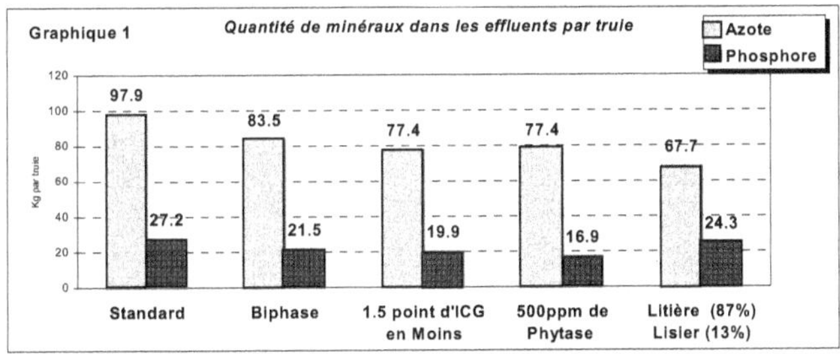

Figure 2. Quantités d'azote et de phosphore (kg par truie) présente avec 20 porcs produits par truie et par an.

Aménagement des bâtiments et stockage des engrais de ferme

Aménager les bâtiments pour limiter les émissions d'ammoniac

Les pertes gazeuses d'azote par volatilisation sur le segment bâtiment/stockage peuvent être importantes. En production porcine, le CORPEN (2003) les évalue à 28,7 % (25 % en bâtiment et 5 % lors du stockage) de l'azote excrété par les porcs pour les déjections liquides. Pour les litières, la volatilisation représente 5 à 70 % de l'azote excrété par l'animal, en fonction du type de litière (paille ou sciure) et de la mise en place ou non d'un compostage à la sortie des bâtiments. En production bovine, elles sont comprises entre 25 et 30 % de l'azote rejeté par les animaux. La réduction des pertes d'ammoniac en bâtiment passe par une limitation des temps d'échange entre l'azote uréique et l'air, c'est-à-dire par un aménagement réfléchi des bâtiments : respect des normes sur les aires de vie et par conséquent sur les surfaces souillées, couverture des fosses à lisier. Le paillage suffisant des logettes et des litières accumulées contribue aussi à cet objectif. La réduction de la volatilisation en bâtiment permet de limiter les impacts sur l'environnement, d'améliorer les conditions de travail et le bien-être animal et d'accroître l'efficacité de l'azote au sein de l'exploitation, si l'on valorise correctement ce supplément d'azote par les plantes.

Aménager les bâtiments pour produire des engrais de ferme correctement valorisables par les cultures

Dans les systèmes porcins, où le lisier est le principal effluent produit, son épandage en hiver et au printemps avec un matériel approprié (pour respecter les doses et dates d'apport sur culture) permet de réaliser des économies d'engrais minéraux tout en obtenant des rendements équivalents, comme a pu le montrer le suivi de 44 parcelles de blé en Bretagne (chambres d'agriculture Bretagne, 1995, Forum Agro). Les conversions envisagées de système lisier vers des modes de logement sur litières doivent se faire en cohérence avec les possibilités d'apport sur les cultures.

Dans les systèmes bovins, les modes de logement et de gestion des effluents sont beaucoup plus diversifiés et conduisent à une grande variabilité de produits (fumiers compacts ou mous, lisiers plus ou moins dilués), qu'il est parfois difficile de valoriser sur les différents couverts végétaux des exploitations, en particulier sur les prairies. Dans le cadre des mises en conformité des bâtiments bovins, il est nécessaire d'éviter la production de fumiers mous, difficilement épandables. D'autre part, le traitement des effluents peu chargés (eaux blanches, vertes de salles de traite et brunes d'aires d'exercice) avec les différents dispositifs désormais agréés (Coillard *et al.*, 2003 ; Ménard *et al.*, 2003 ; Jenton, 2000), permet de limiter la dilution du lisier. La réflexion sur les aménagements de bâtiments doit ainsi se faire en cohérence avec les possibilités d'épandage et les contraintes de travail (Hacala, 1999 et 2000). Elle permet d'espérer globalement une meilleure valorisation des engrais de ferme avec des valeurs fertilisantes plus stables, des périodes d'épandage plus ouvertes, des doses d'épandage plus faibles, un épandage possible sur des parcelles plus éloignées.

Accroître les capacités de stockage afin d'épandre les engrais de ferme aux périodes recommandées

L'augmentation des capacités de stockage, l'un des piliers du programme de maîtrise des pollutions d'origine agricole (PMPOA), a pour objectif de permettre d'apporter les engrais de ferme aux périodes recommandées, ce qui assure une meilleure valorisation, et d'éviter les épandages en automne/hiver, ce qui réduit les risques de lessivage. Dans ces conditions, le dimensionnement des ouvrages de stockage doit être en cohérence avec les possibilités d'épandage permises par le système de production.

Gestion de la fertilisation et des engrais de ferme

La fertilisation des cultures est raisonnée à l'aide des outils proposés/validés par le COMIFER[8] (par exemple journée azote du COMIFER, Paris, 2004), le CORPEN et les instituts techniques (Farruggia *et al.*, 1999). L'azote minéral est la variable d'ajustement,

---

[8] Comité français d'étude et de développement de la fertilisation raisonnée.

calculée selon la méthode du bilan (second programme d'action directive Nitrates). Cette partie discute des acquis (et des lacunes) permettant d'optimiser la fertilisation.

Ajuster le complément de fertilisation minérale

La mise en œuvre de la fertilisation azotée raisonnée, c'est-à-dire l'équilibre entre les besoins des plantes et les disponibilités totales d'azote, est incontournable car c'est sur ce poste que les marges de progrès sont les plus importantes pour l'azote. Une meilleure gestion de la première source de fertilisants en ferme d'élevage que sont les engrais de ferme est la clé de voûte de l'optimisation environnementale ; elle passe par les différents points qui suivent. Ceci est particulièrement vrai dans les systèmes granivores, où la totalité des déjections sont captées en bâtiments, alors que dans les systèmes bovins la part des déjections stockées est très variable puisqu'elle dépend du temps de pâturage des animaux dans l'année et donc des systèmes fourragers.

Les chambres d'agriculture et les instituts techniques proposent différents outils, basés sur les méthodes du bilan afin d'ajuster au mieux la fertilisation azotée. Les difficultés majeures sont l'évaluation :
- de la fourniture d'azote par le sol, eu égard à la variabilité des modes de conduite (apports plus ou moins répétés d'engrais de ferme parfois différents, effets des retournements de prairies…) ;
- de la valeur fertilisante réelle des engrais de ferme ;
- des rendements attendus des cultures fourragères.

Dans les systèmes bovins, la cohérence entre le chargement animal observé et les productions attendues de maïs doit permettre de fixer des objectifs de production réalistes. Dans bien des situations, la fertilisation azotée complémentaire assurée par l'engrais minéral doit être sérieusement restreinte.

Évaluer la valeur fertilisante des engrais de ferme

L'utilisation des références sur les quantités d'azote et de phosphore épandables (CORPEN, 1999 et 2003), sur les volumes d'engrais de ferme produits (Dollé *et al.*, 2001), sur leur composition (Bodet *et al.*, 2001) et la réalisation conjointe d'analyses sur les déjections produites dans les différents ouvrages de stockage de chaque exploitation permettent de faire le point sur les quantités d'éléments minéraux disponibles pour la fertilisation, ainsi que sur leur disponibilité dans le temps. La recherche doit apporter des références complémentaires sur les effets cumulatifs de la fraction organique des apports (jusqu'à 90 % de l'azote total) en terme de cinétique de minéralisation. En particulier, Morvan *et al.* (2003) proposent une nouvelle typologie des effluents basée sur leur caractère dégradable, ce qui permettra d'améliorer la prise en compte de leur valeur fertilisante à court et moyen termes.

Apporter les engrais de ferme aux périodes recommandées

Les épandages d'engrais de ferme aux périodes recommandées permettent d'augmenter la disponibilité de l'azote épandu pour la nutrition des plantes et de réduire les risques de pertes d'azote par lessivage. La figure 3 illustre l'effet de la date d'apport de lisier de porc sur prairie pâturée dans un essai conduit sur la station de Kerlavic (Finistère). 3 périodes d'épandage du lisier ont été comparées pendant 5 années successives. L'azote épandu hors période recommandée correspond à 30 % du total de l'azote apporté annuellement sur prairie sous forme organique, soit environ 60 kg N total/ha. Comparativement au traitement témoin minéral, seul l'épandage d'automne génère une augmentation de la lixiviation du nitrate (+ 10 kg N/ha/an). Cette pratique est donc à éviter, même si son impact est à relativiser par rapport aux pertes pluriannuelles du système. Cet essai montre qu'en climat océanique doux, où la croissance de l'herbe est continue, des apports limités de lisier sur prairies fin décembre n'augmentent pas les pertes d'azote par lessivage.

Mieux valoriser les engrais de ferme sur l'exploitation

L'amélioration des pratiques agronomiques passe par une meilleure répartition des déjections, aujourd'hui essentiellement apportées sur maïs, sur l'ensemble de la surface (cultures et prairies). De nouvelles techniques d'épandage ont été testées au cours de ces dernières années afin d'atteindre cet objectif. Le compostage du fumier entraîne un processus d'humification et une transformation de l'azote minéral en azote organique, *via* une fermentation aérobie. Le produit obtenu est sain et plus friable que du fumier, il est ainsi plus apte à une délocalisation sur prairies (Hacala, 1998). L'injection de lisier permet de limiter les pertes d'azote par voie ammoniacale, et donc de maintenir la teneur en azote du lisier à un niveau important. Une étude menée en Bretagne a montré que l'injection de lisier permet un supplément de rendement comparativement à un épandage en plein, mais l'écart est moins important (plus 3 %) que dans d'autres essais menés en Europe. Dans les conditions françaises, le meilleur compromis entre la réduction des pertes d'azote ammoniacal, l'efficacité de l'azote, le besoin en traction, le coût et la souplesse d'utilisation sur d'autres cultures, semble être obtenu par les matériels de dépôt de surface (pendillards ou sabots).

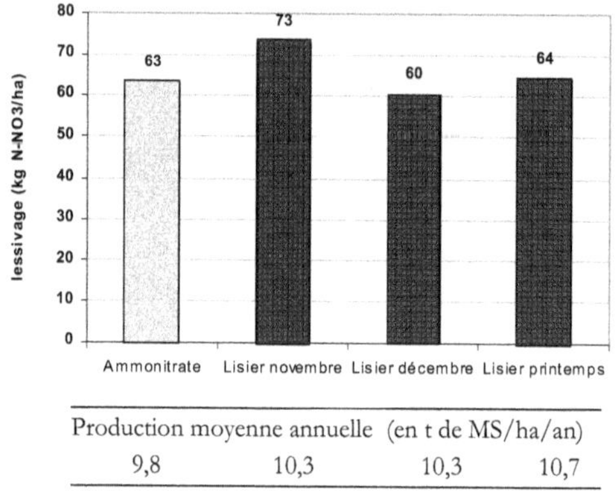

Production moyenne annuelle (en t de MS/ha/an)			
9,8	10,3	10,3	10,7

Figure 3. Effet cumulatif des dates d'apports de lisier de porc sur le lessivage moyen annuel d'azote sous prairie pâturée (Kerlavic MP3 ; moyennes 1996-2001 ; sources : EDE, chambres d'agriculture Bretagne, Arvalis). *Le témoin "ammonitrate" correspond à une fertilisation minérale de 250 kg N/ha/an. Les traitements "lisiers" reçoivent en moyenne 210 kg N total/ha/an sous forme de trois apports de lisier (140 kg N-NH$_4$/ha/an) et un complément de 95 kg N/ha/an sous forme ammonitrate.*

Gestion du système de cultures

Limiter les successions culturales laissant les sols nus pendant l'hiver

En cas de sol nu, l'azote minéral excédentaire et l'azote minéralisé durant l'automne et l'hiver sont alors lessivables, le lessivage étant fonction de la lame drainante. Les principales façons d'assurer une couverture continue des sols sont :
- les cultures dérobées ou implantées sous couvert lorsqu'une récolte trop tardive de la culture ne permet pas l'implantation correcte d'une dérobée ; elles sont désignées sous le nom générique de CIPAN (cultures intermédiaires pièges à nitrate) ;

- le choix des rotations : remplacement de la monoculture de maïs par les rotations maïs/blé ou maïs/prairie. Le blé prélevant peu d'azote durant l'automne, il faut limiter au maximum les reliquats récolte du maïs. Le remplacement du maïs par la betterave fourragère est également un choix intéressant lorsque beaucoup d'azote est disponible dans le sol (retournements de prairies, épandages massifs) ;
- le remplacement de blé par le colza, qui se développe plus rapidement et prélève plus d'azote.

L'ensemble de ces choix s'intègre dans une réflexion générale au sein de l'exploitation, les diverses cultures possibles n'ayant pas forcément la même place dans les systèmes de production. Dans les exploitations porcines, les successions maïs/blé sont très fréquentes et entraînent des périodes d'intercultures où les sols sont nus pendant l'hiver. Au-delà du recours aux cultures intermédiaires, l'introduction de colza peut limiter ces périodes de sols nus à condition que cette culture ait sa place dans le système d'exploitation. Dans les exploitations bovines, le principal problème a longtemps été l'importance des sols nus, observée pour les successions maïs/maïs. L'agrandissement des exploitations et l'importance croissante des céréales rétablissent progressivement des successions maïs/blé, maïs/blé/ prairies…

Systématiser l'implantation de cultures intermédiaires

Les cultures intermédiaires implantées sous couvert de maïs dans une succession maïs/maïs, ou entre une céréale et un maïs, permettent de piéger l'azote relictuel à la récolte puis minéralisé en automne et en hiver. Les pertes d'azote par lessivage peuvent être réduites de moitié dans le cas d'une succession maïs/maïs, et de 60 à 90 % dans le cadre d'une succession blé/maïs (Simon et Le Corre, 1988). L'essai conduit depuis 8 ans sur la station de Kerlavic (29) confirme que l'introduction d'un ray-grass d'Italie dérobé après récolte du blé dans une rotation blé/maïs réduit le lessivage de nitrate par lessivage de 90 % (7 kg N-NO_3/ha/an en moyenne, contre 85 kg N-NO_3/ha/an sans introduction de la culture intermédiaire) (fig. 4). L'examen des cinétiques de lixiviation montre que le couvert a un effet dès le début du drainage : à la mi-octobre, avec une production de 2-3 t MS[9]/ha, la quantité d'azote absorbé (40 kg N/ha) représente les deux tiers de la valeur mesurée à la destruction en février. Ainsi, au moment où débute le drainage, le couvert a absorbé l'essentiel de l'azote minéral présent dans le sol. Par ailleurs, l'enfouissement du ray-grass d'Italie avant maïs ne modifie pas significativement le lessivage mesuré les années suivantes dans les intercultures maïs/blé (70 kg N-NO_3/ha/an avec culture intermédiaire, contre 63 kg N-NO_3/ha/an sans culture intermédiaire). Une légère augmentation de rendement du maïs à partir de la troisième année avec culture intermédiaire (+ 0,6 à + 2,0 t MS/ha, non significatif) renforce l'intérêt des pratiques de couvertures hivernales du sol. Dans l'état actuel des références dont on dispose, les CIPAN apportent en effet direct (précédent culturel) 30 kg d'azote, tandis que le reliquat, mesuré lors de sa destruction précoce, est en général inférieur à 5 kg/ha. En cas de destruction plus tardive, fréquente pour des ray-grass d'Italie dérobés en élevage bovin, la fertilisation du maïs est plus difficile à raisonner et de nouvelles références sont discutées (Le Paysan Breton, mars 2004).

L'implantation fréquente de couverts végétaux va s'accompagner sur le long terme d'une augmentation de la quantité d'azote organique du sol, sans doute plus importante sur la fraction "active" de ce compartiment. Il faut donc s'attendre à une augmentation progressive de la vitesse de minéralisation du pool humique du sol, sans pour autant craindre un effet

---

[9] Matière sèche.

"bombe à retardement" (des essais de moyenne durée datés d'une douzaine d'années confirment l'amplitude modeste de cet effet cumulatif). D'autre part, la destruction de ces couverts assez précoces (dès janvier ou février) évite qu'ils interfèrent sur la réserve d'eau disponible pour les cultures suivantes, comme cela peut se rencontrer dans des conditions pédoclimatiques plus sèches (sud ouest). Enfin, ces couverts végétaux permettent aussi de prévenir l'érosion et de limiter le ruissellement du phosphore.

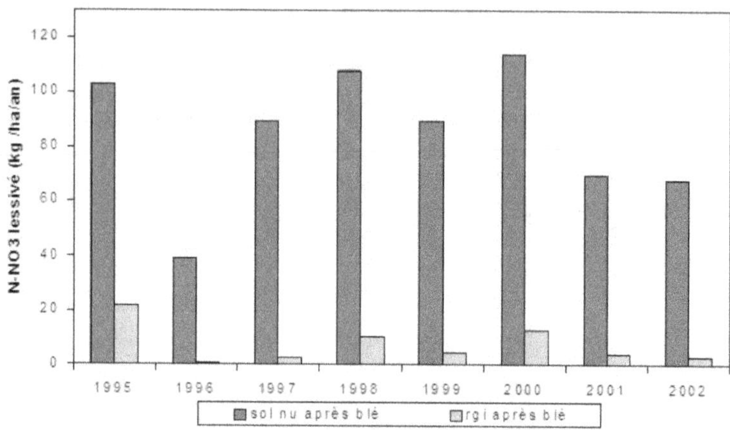

Figure 4. Pertes d'azote par lessivage dans l'interculture blé/maïs (essai Kerlavic MP2 ; sources : EDE, chambres d'agriculture Bretagne, Arvalis). Deux traitements sont comparés : sol nu ou ray-grass d'Italie semé après blé (2 soles permettent de disposer des deux espèces tous les ans).

Gérer les retournements de prairies

La quantité d'azote minéralisée après retournement de prairie est très importante (Decau *et al.*, 1993), et liée à la décomposition de pools organiques accumulés dans le sol pendant la période d'exploitation du couvert. Des travaux récents (Morvan *et al.*, 2002 ; Vertes *et al.*, 2002 ; Laurent *et al.*, 2003) ont permis d'établir la cinétique du processus : rapide dans l'année qui suit la destruction, elle est vite amortie ensuite. Ces travaux ont permis de quantifier la minéralisation d'azote et les pertes d'azote par lessivage en fonction des dates de destruction et de la présence ou non d'un couvert. Compte tenu des quantités mises en jeu, variant entre 200 et 500 kg (effet du retournement + minéralisation basale du sol), il est nécessaire d'assurer la synchronisation de la minéralisation avec le rythme d'absorption de l'azote par les cultures suivantes pour éviter des pertes par lessivage importantes. Il faut en particulier privilégier certaines cultures à fortes capacités d'absorption après destruction de prairies : betteraves fourragères par exemple (Morvan *et al.*, 2002), maïs et CIPAN semées sous couvert de maïs pour les destructions de fin d'hiver (80 % des cas). Les destructions de fin d'été entraînent des risques importants de pertes d'azote lorsque la lame drainante est élevée.

Le choix de la durée de vie des prairies est également un élément de contrôle à intégrer. Des travaux en cours fourniront des éléments d'aide à la décision pour optimiser les rotations fourragères. Enfin, il convient de relativiser l'importance des retournements de prairies en fonction de la place qu'ils occupent dans l'assolement : en général, ces parcelles représentent de 5 à 10 % de la SAU dans les systèmes bovins.

Une gestion des surfaces de l'exploitation à moduler en regard de leur rôle dans le bassin versant

Dans les zones où un objectif de qualité d'eau est recherché assez rapidement, une réflexion sur les priorités d'actions à entreprendre dans l'exploitation, sur certaines surfaces du bassin, est utile. En effet, Beaujouan *et al.* (2001) ont modélisé l'impact de la répartition spatiale des parcelles excédentaires et déficitaires en azote au sein d'un bassin (différentes morphologies) sur les concentrations à l'exutoire, et montré des variations des concentrations de 10 à 30 % selon la forme du bassin dans les situations simulées. Des préconisations spécifiques pourraient être formulées sur les parcelles sensibles au regard du fonctionnement du bassin, c'est-à-dire de la dynamique des écoulements dans le bassin (temps de transfert) et du rôle épurateur des surfaces.

Les parcelles à transfert rapide vers l'exutoire, et dont les sols sont particulièrement sensibles au lessivage, devraient faire l'objet d'un suivi particulier en termes de type de fertilisants, de fractionnement des doses, d'objectif de production, voire de modification du type de couvert principal implanté. Les espaces agricoles ayant un rôle épurateur dans le bassin sont à préserver autant que possible, et leur maintien (restauration, transformation) devrait être réfléchi en fonction de la dynamique du bassin. Il s'agit notamment des parcelles humides aux capacités dénitrifiantes, mais également des surfaces non directement productives comme les jachères, les haies, les bois, les friches, les étangs, qui prélèvent de l'azote ou diluent les concentrations. La quantité d'azote dénitrifiée par ces surfaces est fonction de nombreux facteurs : la durée d'engorgement des sols, l'approvisionnement en nitrate des zones humides pendant cette période (donc leur position et leur dimension par rapport aux flux de nitrate en amont), la circulation de l'eau dans la zone (pas de chemin préférentiel à écoulement rapide) et les conditions favorables à la vie des microorganismes dénitrifiants (température, anoxie, matière organique des sols...).

Une réflexion impliquant l'agriculteur doit permettre de cibler les actions à entreprendre prioritairement sur les surfaces qu'il gère, en accord avec ses contraintes productives. L'avancée de la recherche sur les modèles développés à l'échelle du bassin versant devrait permettre à terme d'accompagner ce conseil.

Optimisation de systèmes bovins et résultats sur la qualité de l'eau

Optimisation du bilan de l'azote en exploitations bovines par simulation

Après avoir décrit les différents leviers d'action à mettre en œuvre au niveau d'une exploitation sur la gestion des minéraux, il paraît opportun d'évaluer l'intégration de l'ensemble de ces bonnes pratiques à l'échelle du système, sur le plan environnemental. Le tableau 3 récapitule, au dire d'experts, l'efficacité relative de la mise en œuvre des principaux leviers d'action pour les exploitations d'élevage fréquemment rencontrées à l'ouest. Cette approche synthétique est à discuter en fonction de l'état initial des lieux et des problèmes rencontrés dans une situation donnée. Des approches plus quantitatives sont développées sur le volet azote *via* la mise en œuvre des bonnes pratiques dans des fermes pilotes, en expérimentation contrôlée (stations) ou par simulation, de façon à préciser les niveaux d'excédents d'azote minimaux envisageables pour différents systèmes laitiers.

Des travaux de simulation ont été menés en Bretagne, par les équipes des réseaux d'élevage, pour des systèmes laitiers (Chambaut *et al.*, 2000) et des systèmes "bovins viande" (réseaux d'élevage, 2004) représentatifs de la région. En production laitière, les simulations ont permis de tester différents systèmes fourragers (de 0 à 50 % de maïs dans la SFP) et plusieurs niveaux de productivité animale (de 6000 à 9000 kg/vache), dans des conditions pédoclimatiques contrastées. En production de viande bovine, les travaux de simulation ont comparé différents systèmes fourragers (de 0 à 30 % de maïs dans la SFP) et de conduites animales pour une exploitation de 56 vaches sur 80 ha de SAU (système naisseur/engraisseur). L'optimisation des systèmes intègre l'ensemble des pratiques décrites précédemment autour de l'utilisation des concentrés, de la gestion des engrais de ferme et du raisonnement de la fertilisation. Les résultats montrent que :

Tableau 3. Efficacité de l'impact des changements de pratiques en élevage sur la réduction des différents risques de pollution agricole vers l'eau.

Localisation	Pratiques	Lessivage Nitrates	Ruissellement, Érosion		
			Phosphore	Phytos	Germ*
Animal	- Rejet par animal : quantités et teneurs en protéines des concentrés, biphase en production porcine, maîtrise des indices de consommation	++ +/-	++ +/-		
	- Productivité animale : moins d'animaux (y compris le renouvellement) pour réaliser la même production	+++	+++		+
	- Réduction des excédents structurels (traitement de N et P, exportation, réduction de cheptel…)				
Bâtiment	- Collecte intégrale des déjections	++	++		++
	- Ouvrages de stockage dimensionnés pour respecter les périodes d'épandage optimales / besoins des couverts récepteurs (plan d'épandage externes)	++ ++	++ ++		+
	- Types d'effluents adaptés aux possibilités d'épandage sur les couverts (pas de fumiers mous)	+	+		
	- Systèmes de traitement des effluents dilués évitant le surcroît de travail sur les épandages				
Gestion des épandages	- Adapter le type d'engrais de ferme produit aux couverts récepteurs, les répartir sur toute la surface épandable et respecter des plans d'épandage, optimiser leur utilisation (date, doses respectées, matériel d'épandage adapté, enfouisseurs…)	+++	+++		+
Fertilisation	- Ajuster l'apport de fertilisant minéral, viser un objectif de production moyen, tenir compte des fournitures par le sol et de la valeur fertilisante des engrais de ferme	++	++		+
(Azote, Phosphore)	- Dates d'apport selon période de prélèvement par les couverts	+	+		+
Système de culture	- Rotations minimisant les périodes de sols nus	++	+++	+	+
	- Gestion des retournements de prairie	+++	+		+
	- Adaptation du chargement au pâturage à la croissance de l'herbe et au type de sol	++	++		
	- Implantation de cultures intermédiaires (CIPAN)	+++	+++	+	+
	- Mise en place de bandes enherbées ou de prairies le long des cours d'eau	+	+++	+++	++
Gestion du territoire	- Maintien, entretien, restauration des talus, haies, fossés	+	+++	+++	++
	- Maintien ou restauration de zones humides selon leur position dans le bassin	+++ ++	+ ++		
	- Gestion des parcelles selon leur rôle dans le bassin versant				
Pratiques phytosanitaires	- Respect des conditions d'utilisation (doses, conditions météos, distance vis-à-vis des cours d'eau)			++	
	- Réglage du matériel			++	
	- Réduction des doses et du nombre de traitements / attaques (observation)			+++	

+ efficacité moyenne   ++ bonne efficacité   +++ efficacité très forte   * *Germes pathogènes d'origine fécale*

L'optimisation de la gestion de l'azote permet de réduire de l'ordre de la moitié l'excédent d'azote par rapport à ceux qu'on observe en moyenne dans les fermes commerciales. Les excédents d'azote observés sont ainsi inférieurs à 100 kg/ha pour des systèmes laitiers dont le chargement est compris entre 1,6 et 1,8 UGB/ha de SFP, et dont la part de cultures est comprise entre 20 et 30 %. En production de viande bovine, l'excédent calculé est également inférieur à 100 kg d'azote par ha pour des systèmes plutôt intensifs (1,4 à 2,2 UGB/ha de SFP, mais 1,2 UGB/ha de SAU).

Tableau 4. Excédents d'azote observés dans différents systèmes laitiers en Bretagne.

	Observé* ou simulé	% cultures dans la SAU	% de maïs dans la SFP	UGB/ hectare de SPF	Lait (en litres/ha de SAU)	Excédent d'azote (en kg/ha)
Voie Maïs	Moyenne	17	45	1,93	6 900	156
	Meilleurs	13	29	1,82	5 800	85
	Simulation	30	43	1,66	5 800	74
Voie Fourrage	Moyenne	15	28	1,72	5 800	147
	Meilleurs	14	17	1,64	5 747	68
	Simulation	20	19	1,55	6 200	64
Voie Herbe	Moyenne	13	13	1,30	4 300	92
	Meilleurs	15	15	1,4	4 750	59
	Simulation	12	0	1,26	4 400	52

* Observé par enquête dans les réseaux d'élevage laitier en Bretagne : moyenne et tiers meilleurs des bilans classés par type de système fourrage (une dizaine d'élevages par classe).

- Les excédents d'azote calculés par simulation sont proches de ceux observés dans les exploitations des réseaux d'élevage les plus efficientes sur le plan de la gestion de l'azote. Cette confrontation renforce la validité des excédents d'azote qu'il est possible d'atteindre en exploitations bovines. Ces résultats sont également cohérents avec ceux obtenus sur des exploitations laitières intensives aux Pays-Bas (Bos *et al.*, 2004), où l'excédent d'azote observé dans certaines fermes pilotes est de 150 kg/ha pour une production laitière de 15 000 l/ha !

- Les excédents d'azote obtenus par simulation sont également liés au niveau d'intensification du système (lait par ha de SAU), tout comme à la part de cultures de vente dans le système.

- Le système fourrager semble avoir relativement peu d'influence sur le niveau optimal d'excédent d'azote qu'il est possible d'envisager. En effet, à niveau de chargement comparable, les excédents d'azote apparaissent peu différents d'un système à l'autre. La quantité d'azote stockée et maîtrisée est plus importante dans les systèmes basés sur le maïs ensilage, ce qui permet d'optimiser le recyclage de l'azote et de réduire ainsi les entrées d'azote par la fertilisation. Néanmoins, les observations en ferme contredisent ces résultats car l'écart entre résultats observés et calculés est plus important pour les systèmes basés sur le maïs que pour les systèmes herbagers. Enfin, à niveau d'excédent comparable, un système plus herbager avec un chargement moindre présente moins de risque de pertes vers l'eau, comme le montrent les travaux réalisés sur la Fontaine du Theil.

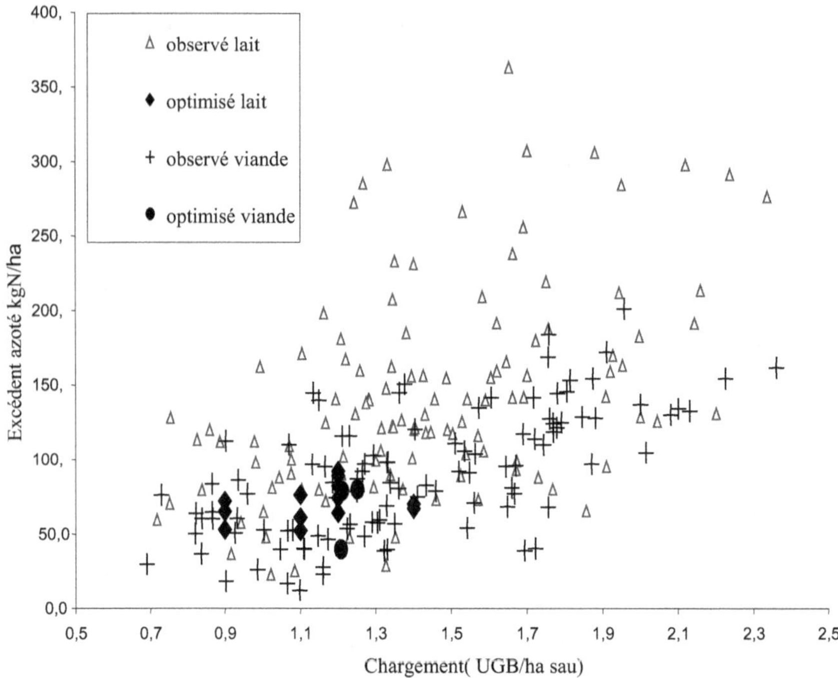

Figure 5. Excédents d'azote observés et simulés pour les systèmes laitiers (Chambaut *et al.*, 2000) et les systèmes de viande bovine (réseaux d'élevage, 2004) en Bretagne, en relation avec le niveau d'intensification.

Test sur des systèmes laitiers en fermes expérimentales et résultats sur la qualité de l'eau

La mise en œuvre des bonnes pratiques en station expérimentale permet de mesurer les risques de lessivage d'azote dans l'eau drainant sous les parcelles de l'exploitation. Des évaluations à l'échelle du système de production ont été ainsi menées par l'institut de l'élevage en partenariat avec les chambres d'agriculture dans 4 fermes expérimentales (Ognoas (40), Legarto et Le Gall, 1999 ; Crécom (22), Le Gall et Cabaret, 2002 ; Trévarez (29) ; Derval (44)). Des travaux similaires ont été conduits en Europe (Pays-Bas, Aarts *et al.*, 2003 ; Angleterre, Peel *et al.*, 1997 ; Irlande, Humphreys *et al.*, 2002) ainsi qu'en Nouvelle-Zélande (Ledgard et *al.*,1999). Ces différentes études ont permis d'intégrer une certaine variabilité pédoclimatique, avec notamment des conditions de drainage contrastées. Dans ces dispositifs, les systèmes étudiés étaient plutôt intensifs (chargement compris entre 1,5 et 2 UGB par ha de SFP), avec une part de maïs fourrage dans la SFP comprise entre 20 et 100 % La sole en cultures était comprise entre 10 et 50 % de la SAU dans les dispositifs français, mais elle était quasiment nulle dans les dispositifs étrangers. Les flux de minéraux circulant dans l'exploitation ont été mesurés (pesées et analyse des engrais de ferme, ainsi que des productions animales et végétales). Les pertes d'azote nitrique ont été estimées à partir de l'évolution des reliquats mesurés au cours de la période de drainage (Crécom, Trévarez,), de dispositifs de drainage (Ognoas) ou de bougies poreuses (Angleterre, Nouvelle-Zélande).

Tableau 5. Résultats expérimentaux obtenus en France sur des systèmes laitiers (Legarto, 1999 ; Le Gall et Cabaret, 2001 ; Le Gall et Le Meur, non publié).

Stations	Ognoas		Crécom[a]		Trévarez
	Tout maïs	Maïs et pâture	40 % maïs	80 % herbe	
Années d'étude	1995 à 1997		1996 à 1998		1999 à 2001
% SFP/SAU	50	66	76	78	88
% maïs ensilage/SFP	100	35	38	18	30
Chargement (UGB.ha^{-1} de SFP)	2	1,85	1,75	1,78	1,66
Production (kg/VL)	8 480	7 690	7 800	7 340	6 420
Lait (en l.ha^{-1} de SAU)	8 430	8 540	7 030	6 910	6 000
Bilan apparent (en kg.ha^{-1}.an^{-1}) :					
Entrées	238	202	140	159	183
Sorties	103	87	55	53	56
Excédent	135	115	85	106	127
Taux de conversion (en %)	43	43	39	33	30
Drainage (en mm.an^{-1})	450	445	400	388	531
Méthode d'estimation du lessivage	Dispositif de drainage		Reliquats azotés + Lixim		
Lessivage d'azote (en kg N.ha^{-1}an^{-1})	55	32	40 (13 %)[b]	43 (12 %)	42 (20 %)
Concentration en nitrate (mg.l^{-1})	53	32	44 (31 %)	49 (33 %)	35 (13 %)
% excédent d'azote lessivé	39	27	35	32	33

a: Résultats complétés par modélisation pour les surfaces consacrées aux génisses et aux céréales.
b : Coefficients de variation pour le lessivage de l'azote et la concentration en nitrate.

Les résultats observés montrent que les excédents d'azote constatés pour ces systèmes laitiers optimisés ont été réduits de l'ordre de la moitié par rapport à ceux observés dans les fermes commerciales : ils se rapprochent des travaux de simulation précédemment décrits. Ils restent cependant liés à l'intensification laitière par ha de SAU. Le taux de conversion, qui mesure l'efficacité de l'azote au sein du système, est compris entre 35 et 40 %(contre 20 à 25 % actuellement dans les fermes commerciales).

Les pertes d'azote nitrique par lessivage dépendent du type de milieu (sol et pluviosité hivernale). Lorsque la lame drainante annuelle est importante (entre 400 et 600 mm d'eau), les pertes d'azote nitrique sont comprises entre 40 et 55 kg/ha (davantage dans le système « tout maïs » d'Ognoas), et représentent de 30 à 40 % de l'excédent d'azote. Compte tenu du fort volume d'eau drainant, la teneur moyenne en nitrate de l'eau est proche de 50 mg/l, seuil de potabilité défini par l'Union européenne. Lorsque la lame drainante est plus faible (inférieure à 200 mm, ADAS Bridgets au Royaume-Uni, Withers *et al* 2003), le lessivage d'azote est également réduit et représente moins de 10 % de l'excédent d'azote. Toutefois, la concentration en nitrate de l'eau est également proche de 50 mg/l, eu égard au faible niveau de la lame drainante.

La compilation des différents résultats obtenus dans ces dispositifs français et étrangers montre que la concentration en nitrate de l'eau mesurée au niveau de l'exploitation, sur un pas de temps allant de 3 à 10 ans, est plutôt bien reliée à l'excédent d'azote observé sur le même pas de temps. Les fortes concentrations sont observées pour des soldes d'azote importants, alors que les plus faibles concentrations sont mesurées pour des excédents réduits. Néanmoins, pour des excédents d'azote de même niveau, on observe des différences non négligeables, ce qui montre l'importance d'autres facteurs comme le type de sol, le type de couvert et les modes de gestion des engrais de ferme ou des successions culturales. Pour des systèmes laitiers basés sur des prairies et du maïs, il semble qu'au-delà de 150 kg d'azote d'excédent, on dépasse le seuil de 50 mg/l au niveau de l'exploitation. Cette analyse fait actuellement l'objet d'investigations plus poussées dans le cadre d'un programme européen ("Green Dairy" 2003 - 2006).

Ces différents travaux, conduits sur des systèmes bovins intensifs basés sur des cultures fourragères en rotation avec des céréales, montrent que l'optimisation des flux d'azote permet d'atteindre une teneur en nitrate moyenne de l'eau proche de 50 mg/l. Ces résultats, à la fois encourageants et limites au regard de la valeur guide de 25 mg/l, méritent être discutés plus largement à l'échelle du bassin versant, à l'exutoire duquel est attendu le résultat de qualité d'eau.

Tentative d'intégration à l'échelle du bassin versant : exemple d'approche par modélisation du bassin de La Fontaine du Theil (35)

L'évaluation de l'impact des pratiques agricoles sur les transferts de nitrate ne prend son sens qu'à une double échelle, celle du bassin versant d'une part, de la pluriannualité d'autre part. Pour ce faire, les études classiques à la parcelle (expérimentation contrôlée) doivent être complétées par des approches par simulation ou par des suivis des flux de pollution à l'exutoire de bassins versants instrumentés. De nombreux travaux ont été menés récemment dans l'ouest. Parmi les plus récents, nous rapportons ici quelques éléments illustratifs de ces approches conduites sur le bassin versant de la Fontaine du Theil situé en Ille-et-Vilaine (35). Ce bassin présente l'intérêt d'être de petite taille (28 ha), d'être essentiellement agricole, d'impliquer un faible nombre d'agriculteurs et de permettre des simulations à différentes échelles (parcelle, exploitation, territoire). 4 outils de simulation des flux d'azote ont été mis en œuvre dans le cadre d'un projet associant l'ACTA, Arvalis-Institut du végétal, l'institut de l'élevage, le CEMAGREF et l'INRA (rapport ACTA, 2004).

Présentation du bassin

Ce projet a été conduit dans un bassin versant de 128 ha où l'élevage laitier est dominant. La SAU représente 91 % du bassin et se compose principalement de maïs (37 %), de prairies (30 %) et de blé (30 %). Les systèmes sont plutôt intensifs (1,7 UGB/ha de SFP, 38 % de maïs/SFP), mais quasiment jamais associés à un élevage de granivores. Ils sont représentatifs des systèmes laitiers pratiqués dans l'ouest de la France. Dans ces conditions, les pressions en azote minéral et organique total sont de 212 kg/ha de SAU, et la concentration moyenne en nitrate à l'exutoire du bassin fluctue entre 44 et 60 mg/l selon les années hydrologiques. Cela représente un flux d'azote nitrique à l'exutoire de 35 à 78 kg N/an/ha pour l'ensemble du bassin. Le bassin se situe sur un socle de schistes briovériens profond d'une dizaine de mètres, imperméable et peu fissuré. L'infiltration de l'eau est lente et le ruissellement de surface plus important dans les sols battants. La pluviométrie annuelle observée est le principal facteur de variation climatique interannuelle (de 600 à 1100 mm de pluie annuelle sur une période de 8 ans).

Description des trois scénarios de modification de pratiques et de systèmes

Des propositions approfondies d'amélioration des pratiques ont été formulées pour 5 exploitations, occupant 58 % de la SAU du bassin. 3 niveaux d'optimisation cohérents avec le fonctionnement des exploitations enquêtées ont été proposés :

une simple réduction des gaspillages d'intrants (engrais minéraux ajustés aux objectifs de production de l'éleveur sans modification de la gestion des épandages organiques pratiqués, achats d'aliments ne dépassant pas le niveau moyen régional) dans le scénario S1 ;

une gestion très économe du système actuel dans le scénario S2 (collecte et stockage intégral des effluents, respect strict des plans de fumure avec révision des objectifs de rendements vers des valeurs moyenne et réallocation des engrais de ferme, implantation de couverts intermédiaires, distribution très économe d'aliments concentrés) ;

la simulation S3 envisage quant à elle l'augmentation des surfaces de prairies, tout en conservant des cultures intermédiaires pièges à nitrates dans les intercultures longues. Dans ce troisième niveau, l'évolution du système de production vers davantage de pâturage et une plus grande autonomie alimentaire est raisonnée selon le fonctionnement actuel de l'exploitation. Ce dernier niveau s'est souvent traduit par une réduction des ateliers culture de vente et/ou engraissement de bovins viande complémentaires.

Les évolutions sont adaptées aux situations individuelles : projets et besoins de l'éleveur, contraintes techniques sur l'exploitation. Par exemple, l'extension du pâturage est effectuée de façon progressive et au maximum à hauteur des contraintes structurelles des exploitations (ares accessibles par vache). Elle peut entraîner une réduction de la productivité par animal, l'effectif d'animaux est alors accru pour maintenir la production laitière initiale de l'exploitation. Ces modifications de troupeau sont limitées par les places disponibles en bâtiment, de façon à maîtriser les investissements liés à la construction des ouvrages de collecte et de stockage des effluents.

Tableau 6. Évolution des pratiques, des systèmes, des indicateurs environnementaux et estimation des pertes par lessivage sous les parcelles (moyenne des exploitations).

	Scénarios			
	S0 : Actuel	S1 : "optimisation fertilisation minérale"	S2 : "optimisation poussée"	S3 : "système plus herbager"
Systèmes d'exploitation :				
kg lait/VL	7 000	7 040	7 040	6 800
UGB/SFP	1.8	1.7	1.6	1.4
% maïs/SFP	39	40	35	15
% cultures de vente/SAU	29	29	25	12
jours de présence au pâturage/ha de prairie	419	419	387	323
Couverture des sols :				
% cultures intermédiaires/cultures	9	9	51	32
% prairies/SAU	44	44	50	75
Indicateurs de gestion de l'azote (en kg N/ha) :				
azote organique et minéral	224	180	144	148
azote minéral	122	82	46	49
bilan apparent azote	129	83	49	59

Les caractéristiques des systèmes étudiés et les indicateurs de gestion de l'azote sont récapitulés dans le tableau 6. Le premier niveau d'optimisation permet de réduire l'utilisation d'azote minéral de 120 à 82 kg/ha de SAU et le bilan apparent de l'azote de 129 à 83 kg/ha. L'optimisation plus poussée permet de réduire de plus de la moitié l'excédent d'azote par rapport à la situation initiale. Ces scénarios, discutés au niveau des exploitations agricoles, ont été ensuite transposés à l'ensemble du bassin versant. Il a alors été possible de simuler leur impact sur la qualité de l'eau à l'exutoire du bassin versant à l'aide des modèles proposés par différentes équipes : DEAC (Arvalis-ITB-Cetiom), Flux azote (institut de l'élevage), BMP1 (CEMAGREF), TNT2 (INRA).

Description des outils de simulation

Le modèle Flux azote, développé par l'institut de l'élevage (Le Gall et Cabaret, 2002), calcule les fuites d'azote sous prairies sur la base de modèles empiriques calibrés à partir des mesures disponibles sur des sites de l'ouest de la France (Crécom, Kerlavic, Trévarez, La Jaillère). Les variables d'entrée sont constituées par les pratiques de fertilisation (engrais minéral, azote symbiotique fixé et effet direct des épandages d'engrais de ferme) et par les journées de présence au pâturage. L'estimation du lessivage sous les cultures annuelles se fait à partir d'un bilan de masse intégrant les différents flux d'azote sur la culture (fertilisation organique et minérale, minéralisation de l'humus basal, arrières effets des engrais de ferme, effet des retournements de prairie, exportations par la culture). Le solde de ce bilan (calibré empiriquement à partir des observations disponibles sur des situations expérimentales) se cumule aux estimations de la minéralisation hivernale d'azote. Les sorties correspondent à l'absorption d'azote par une éventuelle culture intermédiaire. Le lessivage est estimé à partir du solde de ce bilan multiplié par un coefficient d'entraînement du nitrate basé sur le modèle de Burns, à l'échelle de l'année.

DEAC (diagnostic environnemental de l'azote sous cultures, conçu par Arvalis-Cetiom-ITB), calcule la quantité d'azote lixiviée au-delà de la profondeur d'enracinement des cultures. Il fonctionne à l'échelle de la parcelle agricole puis par simple agrégation des parcelles, et permet de calculer les pertes à l'échelle de l'exploitation ou du bassin versant. Des sous-modèles permettent l'estimation des principaux postes d'azote minéral du sol ou des flux : la minéralisation des matières organiques s'appuie sur les formalismes proposés par l'INRA (lois d'action température et humidité…), la quantité d'azote minéral présente dans le sol à la récolte est estimée à partir du solde du bilan absorption-azote disponible, l'absorption par les couverts végétaux est pilotée par la croissance, elle-même fonction des sommes de température, le transfert du nitrate en profondeur est calculé selon l'algorithme de Burns. Ces modèles de calcul sont couplés à des bases de données climatiques qui permettent des analyses fréquentielles des variables de sortie, donc de qualifier le niveau de risque selon leur variabilité interannuelle. Aucune information sur l'hydrologie de ce milieu n'est prise en charge par le modèle, ce qui interdit toute évaluation du temps de réponse du milieu aux modifications de pratiques.

Les modèles BMP1 (BMP1global et BMP1top) ont été développés par le CEMAGREF de Rennes pour étudier les relations entre les utilisations agricoles de l'espace et les flux et concentrations d'azote dans l'eau à l'échelle du bassin versant (Bordenave, cet ouvrage). Conçus pour travailler avec des bases de données spatialisées, ils sont exploitables à différentes échelles (parcelle, exploitation, bassin versant) selon les données disponibles et les objectifs poursuivis. Les modèles BMP1 comportent un module agronomique qui calcule les flux journaliers d'eau et d'azote dans le sol à l'échelle de l'unité de surface retenue. Le module hydrologique de BMP1global n'est pas spatialisé, contrairement à celui de BMP1top.

Le modèle TNT2 (INRA) est distribué et maillé (20 m sur 20 m), il résulte du couplage d'un modèle de culture STICS avec un modèle hydrologique (Durand, cet ouvrage), constitué d'un modèle à réservoir qui permet de simuler les variations interannuelles et saisonnières des concentrations en nitrate à l'exutoire de petits bassins versants agricoles. Les entrées du modèle sont la recharge journalière de la nappe et sa concentration en nitrate. L'originalité de ce modèle tient à ce que le lessivât ne rejoint pas une, mais 2 nappes, dont les constantes d'écoulement sont différentes : l'une est dite rapide, l'autre lente.

Simulation de l'impact des modifications de pratiques sur les flux d'azote et la concentration en nitrate

Les calculs ont été effectués sur des pas de temps variables, compris entre 6 et 21 ans, par reproduction de la série climatique 1996-2001. Cette série couvre une large variabilité climatique puisque les drainages annuels sous parcelles sont compris entre 150 et 700 mm (la moyenne interannuelle se situe entre 245 et 383 mm selon les modèles). Le tableau 7 présente l'effet des évolutions de pratiques sur les flux d'azote calculés sous les parcelles agricoles et sur les concentrations de flux calculées à l'exutoire du bassin versant (à l'exception de BMP1, ces deux variables de sortie ne sont pas accessibles pour l'ensemble des modèles).

Au terme d'un délai de 6 ans, la réduction de la fertilisation azotée minérale de 122 kg N/ha/an pour la situation initiale à 82 kg N/ha/an pour le scénario S1 (optimisation de la fertilisation minérale) permet une diminution de 26 à 33 % du flux de lixiviation sous racines. Cette réduction concerne 72 % des surfaces, essentiellement en maïs et prairies. La rationalisation de la gestion des effluents d'élevage, associée à la couverture systématique du sol des intercultures blé/maïs (soit 28 % de la surface du bassin versant), permet un gain supplémentaire, variable selon les modèles (abattement du flux de lessivage de 39 à 54 % par rapport à la situation initiale S0). Enfin, le changement de système d'exploitation par augmentation de la surface en prairie permet encore de diminuer l'impact environnemental, de façon néanmoins variable selon le mode de calcul (plus sensiblement pour DEAC que pour BMP1 et Flux azote).

La réduction de la concentration à l'exutoire calculée par BMP1 et TNT2, au terme de 6 ou 21 ans de modifications de pratiques, est moindre que les effets notés sur les flux d'azote sous parcelles. Après une vingtaine d'années, le scénario S3 permet d'abattre d'environ 30 % la concentration moyenne de flux, ce qui correspond à une valeur de 33 à 42 mg de NO_3 par litre selon les modèles. Sans modification du système d'exploitation, le scénario S2 permettrait d'atteindre une concentration moyenne de 40 à 45 mg de NO_3/l, donc satisfaisante au regard des objectifs moyens de qualité de l'eau vis-à-vis de la production d'eau potable. Par ailleurs, ces 2 modèles permettent de démontrer que, compte tenu du caractère relativement peu excédentaire de ce bassin, le scénario S2 satisfait l'objectif d'une moyenne annuelle de 50 mg de NO_3 par litre dès la première année pour BMP1, alors qu'il faut 9 ans pour l'atteindre avec le modèle TNT2. Ces évolutions sont conditionnées à la mise en œuvre simultanée des différentes améliorations sur l'intégralité de la surface cultivée.

La mise en pratique des différents scénarios se traduirait par une augmentation de l'excédent brut d'exploitation de 7 % pour l'optimisation du système, et de 2 à 3 % pour la mise en place de systèmes plus herbagers, en supposant que les aides soient découplées et que les prix des produits restent inchangés. Dans le système d'aide actuel, le système herbager perd un peu de revenu malgré de fortes réductions des charges. Ceci peut expliquer l'acceptabilité des scénarios auprès des agriculteurs. Les optimisations proposées au niveau 1 reçoivent un bon accueil, mais des réticences apparaissent dès le second niveau d'optimisation (délocalisation d'engrais de ferme, réduction même légère de la place du maïs dans les surfaces fourragères, cultures intermédiaires). Le classement du bassin en zone d'action complémentaire au titre de la directive Nitrates rend désormais obligatoires des mesures situées entre les niveaux de contraintes 1 et 2, comme les couverts végétaux intermédiaires, le respect de plafonds organiques et minéraux et des calendriers d'épandage, des plans de fumure…

Tableau 7. Flux et concentration de flux simulés par les différents modèles. Les scénarios sont mis en œuvre sur la période 1996-2001 (réponse à plus de 6 ans) ou 1996-2008 (réponse à plus de 14 ans). (*Source* : ACTA, 2004).

* départ d'azote sous les parcelles agricoles et les espaces interstitiels du bassin versant (haies, routes…)

	S0	S1 "optimisation fertilisation minérale"	S2 "optimisation poussée"	S3 "système plus herbager"
Flux d'azote sous parcelles * (en kg/ha) (moyenne 1996-2001)		*Variation par rapport à S0 (en %)*		
Flux azote	60	-27	-39	-51
DEAC	35	-26	-54	-63
BMP1	59	-33	-39	-55
Concentration à l'exutoire (en mg NO_3/l) (moyenne 1998-2001)				
BMP1	51	-9	-14	-17
TNT2	57	-8	-11	-14
(moyenne 2012-2015)				
BMP1	52	-20	-23	-36
TNT2	57	-15	-21	-27

Le temps de réponse sur la concentration en nitrate de l'eau à l'exutoire du bassin versant est un élément important dans l'évaluation de l'efficacité des modifications de pratiques agricoles. Les résultats obtenus à partir du modèle de l'INRA TNT2 (Durand, cet ouvrage) montrent qu'il faut attendre entre 10 et 20 ans pour observer une évolution significative de la concentration en nitrate à l'exutoire, et que le temps de mise à l'équilibre du système est particulièrement long. Ces évolutions obtenues par modélisation dans le contexte d'un bassin versant donné peuvent certainement varier selon le type de fonctionnement hydrologique. D'autre part, la variabilité interannuelle du climat peut induire des variations de concentrations supérieures à celles induites par les changements de pratiques, comme le suggèrent Aurousseau *et al.*, (cet ouvrage).

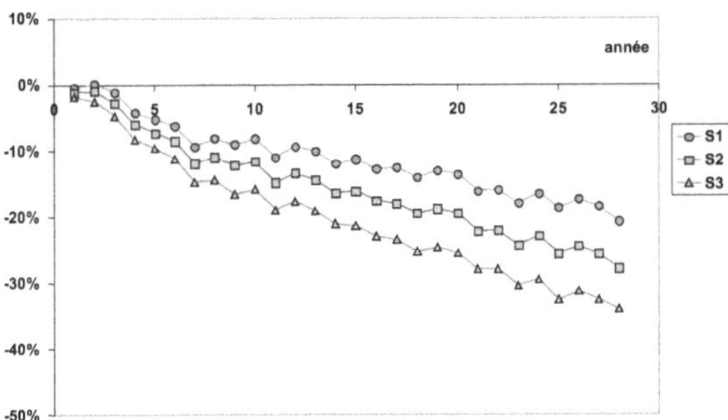

Figure 7. Variation relative de la concentration en nitrate à l'exutoire du bassin versant, simulée par TNT2. L'ordonnée nulle correspond à la référence S0.(ACTA, 2004).

Rajoutons qu'aucun des scénarios testés ne permettrait d'observer, après vingt ans de changement de système de production, une concentration moyenne annuelle inférieure ou égale à 25 mg de NO_3 par litre. Néanmoins, la modification des itinéraires techniques sans modification des systèmes de production (scénario S2) permet déjà une nette diminution de la concentration moyenne, sans doute voisine de 40 mg de NO_3 par litre, valeur compatible avec un objectif de production d'eau potable. Pour aller au-delà, une remise en cause des systèmes s'impose (scénario S3), sans pour autant permettre une réduction drastique de la concentration moyenne annuelle à l'exutoire.

L'effet supplémentaire lié à un aménagement spécifique du territoire pour favoriser les phénomènes de dénitrification rencontrés dans les zones humides n'a pas été traité dans le cadre de ce projet et renvoie aux travaux conduits par Durand *et al.*(cet ouvrage) (fig. 7).

Des résultats plutôt encourageants pour la qualité de l'eau

Globalement, sur ce bassin versant laitier intensif où la concentration en nitrate à l'exutoire dépasse 50 mg/l, l'optimisation des systèmes de production actuels permet de réduire la fertilisation minérale par 2 et d'atteindre un excédent d'azote à l'échelle de l'exploitation inférieur à 80 kg N/ha de SAU (soit 2 fois moins que l'excédent observé dans les fermes conventionnelles de la région). Dans ces conditions, les pertes d'azote par lessivage sous les racines des parcelles agricoles sont réduites de façon importante (moins 40 à moins 50 % selon les modèles). L'effet sur la concentration en nitrate à l'exutoire est réel, mais il faut attendre une dizaine d'années pour observer une réduction sensible de cette concentration. Ces résultats, obtenus par simulation, sur un bassin versant plutôt représentatif de l'ouest de la France, sont conformes à ceux obtenus par Bordenave (cet ouvrage), également par simulations sur des bassins versants avec des productions animales intensives de Bretagne (Naizin dans le Morbihan et Ploudiry dans le Finistère). Les réductions de concentration moyenne et le nombre d'années pour atteindre moins de 50 mg/l sont du même ordre. D'autre part, les séquences de concentrations en nitrate observées à l'exutoire du bassin versant, suite aux modifications de pratiques agricoles dans le cadre de Bretagne Eau Pure , manquent de recul pour conclure définitivement, mais les premières tendances obtenues paraissent plutôt conformes aux résultats des simulations, même s'il faut rester très prudent par rapport à ces résultats (Aurousseau *et al.*, cet ouvrage). Cet ensemble de résultats laisse présager des solutions encourageantes sur la qualité de l'eau à l'exutoire du bassin versant suite aux modifications de pratiques agricoles, mais à échéance de 10 ou 15 ans.

Conclusion

Quand on fait le point sur la restauration de la qualité de l'eau en territoire agricole, on constate des acquis importants, des marges de progrès mais aussi les limites de plus en plus perceptibles des actions mises en œuvre.

Les systèmes d'élevage intensifs de l'ouest de la France présentent des excédents d'azote et de phosphore importants, en rapport avec le niveau d'intensification et le lien de la production au sol. La résorption des excédents structurels d'azote, la mise en œuvre des moyens d'action au niveau de l'exploitation et de l'animal au champ (optimisation de l'alimentation, bonne gestion des engrais de ferme, suppression de la surfertilisation minérale, gestion des rotations) permettent de réduire de façon importante ces excédents de minéraux et les risques pour la qualité de l'eau. De même, les travaux récents sur les émissions d'ammoniac et d'oxydes d'azote doivent déboucher sur des outils d'aide à la décision, en partie basés sur les modèles fournis par la recherche. Il est important de noter que les risques de transferts de pollutions (sol, air, eau) sont de mieux en mieux pris en compte dans la conception à la fois des programmes de recherche et des programmes d'action, ce qui est indispensable pour ne pas aboutir à court terme à des impasses coûteuses.

Des manques subsistent, en particulier sur la gestion de la matière organique en général et sur ses effets à moyen et long termes sur la qualité des sols et des eaux. Concernant les autres intrants polluants, peu abordés dans cette synthèse, les problèmes de qualité de l'eau liés aux apports de phosphore, de produits phytosanitaires et de matières organiques arrivant dans les rivières par entraînement particulaire (ruissellement et érosion) font l'objet d'un intérêt accru (appels d'offre actuels du ministère de l'écologie…).

Les acquis récents en matière de temps de réponse, variables selon les contextes géomorphologiques des bassins versants, confirment que la reconquête de la qualité de l'eau est une œuvre de longue haleine : les travaux de modélisation montrent qu'il faut attendre entre 10 et 15 ans après la mise en œuvre des bonnes pratiques pour observer une amélioration sensible. À l'heure où des milliers d'éleveurs s'engagent dans les programmes de maîtrise des pollutions, il faut donc garder de la constance dans les messages et ne pas céder au découragement car les résultats, rapidement perceptibles au niveau de l'exploitation *via* l'évolution des bilans et des pratiques, ne seront pas visibles du jour au lendemain à l'exutoire du bassin versant. C'est la raison pour laquelle il est indispensable de persévérer sur les bassins versants pilotes, afin de suivre, d'analyser et de mieux comprendre les évolutions.

Cette synthèse soulève également des questions concernant la gestion des intrants au niveau de l'exploitation et du bassin versant. Elle peut ainsi interroger sur les niveaux d'intensification, la gestion des rotations, la place des prairies et des différentes cultures, la gestion des engrais de ferme en interaction avec la matière organique des sols. Il est donc important de disposer d'outils d'évaluation environnementale plus larges, déclinés autant que possible en outils d'aide à la décision, intégrant les principales composantes de la durabilité des systèmes de productions agricoles : production et sécurité alimentaire, préservation de l'environnement et viabilité économique. Rappelons que l'optimisation environnementale de l'exploitation se traduit par des gains sur les charges en engrais et en concentrés, mais par des surcoûts provoqués par la mise en conformité des bâtiments, dans un contexte où la conditionnalité environnementale devient un point très important dans la construction du revenu.

Tous les partenaires sociaux sont appelés à s'entendre sur un contexte général de production agricole (quoi et à quel prix ?) et de préservation des ressources communes (eau, air, sol, biodiversités animale et végétale), au sein duquel les agriculteurs vont pouvoir (ou non) faire évoluer les systèmes de production. La réelle implication de tous les partenaires concernés autour de la mise en œuvre des programmes d'actions permettra la reconquête de la qualité de l'eau et le développement d'une agriculture durable.

Remerciements

Cette synthèse est issue d'un groupe de travail qui comprenait en plus des auteurs : Delaby L. et Dourmad J.Y., Inra Saint-Gilles, Bordenave P. CEMAGREF Rennes, Blondel R. Chambre Régionale d'Agriculture de Bretagne, Thierry J. Arvalis-Institut du Végétal, Fourrier L. Acta, Sarzeaud P. Institut de l'Elevage Le Rheu, et Carré JY, Chambre d'agriculture Finistère.

Références bibliographiques

AARNINK A.J.A., 1997. *Ammonia emission from houses for growing pigs as affected by pen design, indoor climate, and behaviour.* PhD Thesis, Agricultural University Wageningen, The Netherlands, 175 pp.

AARTS F., 2003. Strategies to meet requirements of the EU-Nitrate directive of intensive dairy farms. Proceedings 518, *International Fertiliser Society.*

ACTA, 2004. *Systèmes d'élevage intensifs, pollution diffuse par les nitrates et le phosphore de l'eau d'un bassin versant : apport d'outils d'analyse et de simulation dans le choix des modes de gestion des effluents et des systèmes et itinéraires techniques de cultures.* Rapport final d'une action concertée entre l'ACTA, ARVALIS-Institut du Végétal, l'Institut de l'Élevage, l'INRA, le CEMAGREF, dans le cadre de l'Enveloppe Recherche de l'ACTA, 35 p.

ADELE, 1997. Institut de l'Élevage, Technipel, Paris.

BARROIN G., 2003. Phosphore, azote et prolifération des végétaux aquatiques. *Courrier de l'Env.* INRA, 48, 13-26.

BASSET-MENS C., VAN DER WERF H., 2004. *Évaluation environnementale des systèmes de production de porcs contrastés.* In 36ème journées de la Recherche Porcine, 3-5 février 2004, 47-52.

BEAUJOUAN V., DURAND P., RUIZ L., 2001. Modelling the effect of the spatial distribution of agricultural practices on nitrogen fluxes in rural catchments. *Ecol. Model.* : 137 (1), 93-105.

BODET J.M., HACALA S. *et al.*, 2001. *Fertiliser avec les engrais de ferme.* Ed. Institut de l'Élevage, ITAVI, ITCF, ITP. 105 p.

BOS J., AARTS F., BIEWINGA E., SCHILS R., SCHRÖDER J., VELTHOF G., WILLEMS J., 2004. Nutrient management on farm scale : attaining policy objectives in regions with intensive dairy farming. The dutch case. *International. Workshop*, Quimper 23-25 juin 2003, PRI report n°, sous presse.

CANN C., BORDENAVE P., SAINT-CAST P., BENOIST J.C., 1999. Transfert des flux de nutriments. Importance des transports de surface et de faible profondeur. In *Pollutions diffuses : du bassin versant au littoral.* Actes du colloque, 24. Éditions IFREMER, 125-140.

CHAMBAUT H., LE GALL A., 1998. Bilan des minéraux dans les exploitations bovines : niveaux d'excédents par système de production et utilisation dans une démarche de conseil en environnement aux agriculteurs. *Rencontres Recherches Ruminants*, 1998, 5. 241-248.

CHAMBAUT H., CABARET M.M., LE LAN B., BRAS A., GRASSET M., GUIONIE C., 2000. *Optimisation du bilan des minéraux des exploitations laitières. Méthode de simulation des flux N-P-K paramétrée pour la région Bretagne.* CR Institut de l'Élevage, EDE.

COILLARD J., MÉNARD J.L., HOUDOY D., GUEYDON C., DEBROSSE F., GAUTIER M., EOUZAN P., FRANCOISE Y., 2003. *Conception et performances d'une filière en trois étapes incluant le lagunage pour le traitement des effluents peu chargés issus des élevages de bovins,* 3R 2003, 4 p.

CORPEN, 1998. *Programme d'action pour la maîtrise des rejets de phosphore provenant des activités agricoles.* 85 p.

CORPEN, 1999. *Estimation des flux d'azote, de phosphore et de potassium associés aux vaches laitières et à leur système fourrager.* 18 p.

CORPEN, 2003. *Estimation des rejets d'azote - phosphore - potassium - cuivre et zinc des porcs. Influence de la conduite alimentaire et du mode de logement des animaux sur la nature et la gestion des déjections produites.* 44 p.

COPPENET M., GOLVEN J., SIMON J.C., LE CORRE L., LE ROY M., 1993. Évolution chimique des sols en exploitation d'élevage intensif : exemple du Finistère. *Asgronomie.* 13, 77-83

DECAU M.L., SALETTE J., 1993. Retournements de prairies et évolution consécutive de l'azote minéral du sol. In *Matière organique et agriculture*, Colloque Gemas-Comifer, Blois, 16-18 novembre 1993, 71-81.

DOLLÉ J.B., 2001. *Tableaux de calcul des capacités de stockage des effluents d'élevage bovin, porcin et avicole.* CR Institut de l'Élevage n° 2003324.

DOURMAD, HENRY, 1995. Influence de l'alimentation et des performances sur les rejets azotés des porcs. INRA, *Prod. Anim.* 7, 263-274.

FARRUGGIA A., CASTILLON P., LE GALL A., CABARET M.M., 1999. Le raisonnement de la fertilisation azotée des prairies. In *fertilisation azotée des prairies dans l'ouest.* 206, 133- 158.

FARRUGGIA A., 2000. *L'eau et les herbivores, les chemins de la qualité.* Institut de l'Élevage. 170 p.

FARRUGGIA A., 2002. *Bilan environnemental dans les exploitations laitières.* CR final, IE Éditions, 156 p.

GIOVANNI R., 2002. Évaluation des potentiels d'azote et de phosphore d'origine animale de la région Bretagne pour les années 1998-2001. *Fourrages*, 170, 123-140.

GUICHARD L., LIMAUX F., REAU R., 2004. *Incidence des systèmes de culture et perspectives d'amélioration de la gestion de l'azote.* Colloque Comifer, CORPEN, Académie d'Agriculture de France, 5 février 2004. À paraître.

GUINGAND N., 1996. *L'ammoniac en porcherie.* Institut Technique du Porc (Éditions), Paris, 35 pages.

HACALA S., 1998. Le compostage du fumier en exploitations d'élevage. In Actes du Colloque du 15 décembre Paris 1998, *Le compostage à la ferme des effluents d'élevage.* Éditions Acta ADEME.

HACALA S., DOLLÉ J.B., 1999. Lisier ou Fumier, quelle chaîne choisir de l'étable au champ ? In *Éleveur de bovins acteurs de la qualité de l'eau.* Institut de l'élevage octobre 1999.

HACALA S., 2000. *Influence d'une gestion individuelle ou collective des engrais de ferme sur l'organisation, les coûts, l'emploi, la qualité et l'efficacité des chantiers.* Rapport final. 35 pages.

HAUREZ P., CADOT M., JABET S., MOURRIER C., 1995. *Production de génisses et de jeunes vaches de boucheries.* Institut de l'Élevage, Technipel, Paris

HUMPHREYS J., LAWLESS A., O'CONNELL K., CASEY I.A., 2002. *Reducing nitrogen inputs to grassland based dairy production.* In BGS winter meeting 2002.

JENTON S., LIÉNARD A., HOUDOY D., BOLÉVY.L., COILLARD J., 2000. *Évaluation de filières de traitement des effluents issus d'installations de traite en exploitations bovines.* Rapport final Institut de l'Élevage, CEMAGREF, CA, MAP, MATE, 103 p.

JOURNET M., 2003. Des systèmes herbagers économes : une alternative aux systèmes intensifs bretons. *Fourrages*, 173, 63-88.

LATIMIER P., POINTILLARD A., CORLOUËR A., LACROIX C., 1994. Influence de l'incorporation de phytase microbienne dans les aliments sur les performances, la résistance osseuse et les rejets phosphorés chez le porc charcutier. *Journées Recherche Porcine en France*, 26, 107-116.

LATIMIER P., DOURMAD J.Y., CORLOUËR A., 1993. Incidence, sur les performances et les rejets azotés du porc charcutier, de trois conduites alimentaires différenciées par l'apport de protéines. *Journées Recherche Porcine en France*, 25, 295-300.

LAURENT F., KERVEILLANT P., BESNARD A., VERTÈS F., MARY B., RECOUS S., 2003. *Effet de la destruction de prairies pâturées sur la minéralisation de l'azote : approche au champ et propositions de quantification. Synthèse de sept dispositifs expérimentaux.* Document Arvalis, 80 pages.

LEDGARD S.F., PENNOJ W., SPROSEN M.S., 1999. Nitrogen imputs and losses from clover/grass pastures grazed by dairy cows, as affected by nitrogen fertilizer application. *Journal of Agriculture Science*, Cambridge, 132, 215-225.

LE GALL A., 2000. *Bilans des minéraux dans les exploitations laitières bretonnes.* Compte rendu EDE-CA de Bretagne - Institut de l'Élevage.

LE GALL A., CABARET M.M., 2002. *Mise au point de systèmes laitiers productifs et respectueux de l'environnement.* Compte rendu de l'expérimentation conduite à Crécom. CR n°2023301.

LE GALL A., 2003. *Impact des réglementations environnementales sur les systèmes laitiers*. CR Institut de l'Élevage.

LEGARTO J., LE GALL A., 1999. Les incidences de la part de maïs et de la prairie sur la qualité en nitrate de l'eau. Étude de deux systèmes de production laitière au domaine d'Ognoas. Recueil des communications de la journée technique *"Systèmes laitiers productifs et qualité de l'eau"*. 17-31.

MENARD J.L., 2003. *Filière de lagunage associant un traitement primaire en amont et un traitement tertiaire.* Note Institut de l'Élevage, Chambres d'Agriculture, CEMAGREF.

MIÉVILLE-OTT V., 2002. Multifunctionality and farmers identity. In « *Multifunction grasslands* », 19ᵉ colloque EGF, Lusignan, 27-30 mai 2002.

MORVAN T., ALARD V., RUIZ L., 2002. Les risques de pollution azotée en rotations herbagères. In : *À la recherche d'une agriculture durable : étude de systèmes herbagers économes en Bretagne*. INRA éditions. 163-176.

MORVAN T., PÉAN L., ROBIN P., 2004. *Évaluation de l'intérêt du fractionnement de la matière organique d'effluents porcins pour en caractériser la biodégradation et la valeur fertilisante azotée.* In 36ème journées de la Recherche Porcine, 3-5 fév 2004, 91-96.

MORTON J.D., MAC DOWELL R.W., MONAGHAN R.M., ROBERTS A.H., 2003. Balancing phosphorus requirements for milk production and water quality. *Proc. the New Zealand Grassland Ass.* 65, 111-115.

POULSEN H.D., JONGBLOED A.W., LATIMIER P., FERNÁNDEZ J.A., 1999. Phosphorus consumption, utilisation and losses in pig production in France, The Netherlands and Denmark. *Livest. Prod. Sci.*, 58, 251-259.

PEEL S., LANE S. J., WHITERS P.J.A., CHALMERS A.G., CHAMBERS B.J., MANSBRIDGE R.J., METCALF J.A., JARVIS S.C., HARRISON R., ELLIS S., MOORE N., 1997. Profitable but sustainable dairy systems. In BGS winter meeting, 1997 : *Grass is greener ?* British grassland society, reading.

PEYRAUD J.L., VÉRITÉ R., DELABY L., 1995. Rejets azotés chez la vache laitière : effets du type d'alimentation et du niveau de production des animaux. *Fourrages*, 142, 131-144.

RAISON C., 2004. *Revue bibliographique sur les transferts de phosphore par ruissellement et drainage sur prairies et cultures*. Institut de l'élevage, Le Rheu.

RÉSEAUX D'ÉLEVAGE VIANDE BOVINE BRETAGNE, 2004. *Le bilan des minéraux en élevage allaitant*. Document interne Institut de l'Élevage, Chambres d'Agriculture, 10 p.

WITHERS P.J.A., LANE S.J, BOWLES E., CHALMERS A.G., ALLISON R., BLAKE J., WILLIAMS.J, JARVIS S.C. (2003). Development of profitable and robust dairy systems with an acceptable level of emissions. *Final report to DEFRA., Environmental Agency, Bristol.*

Aménagement du paysage et pratiques agricoles : quelles combinaisons dans la gestion des bassins versants ?

J. Baudry, C. Dupont, C. Thenail, V. Viaud.

Introduction

Les recherches en hydrogéochimie ont depuis longtemps abordé le problème de la pollution des eaux superficielles, lacs et cours d'eau, en prenant en compte les apports globaux des bassins versants. Cette approche est développée depuis plusieurs années pour lutter contre la pollution des bassins versants agricoles. Cependant, ces bassins versants sont souvent considérés comme une somme de parcelles qu'il s'agit de gérer de façon quasi-indépendante en termes d'usage et d'itinéraires techniques (fertilisation, stratégie de désherbage). Récemment, les notions de zone tampon et de parcelle à risque ont introduit l'idée que l'aménagement du paysage, considéré comme un ensemble, est une voie à développer. Cette démarche conduit à renforcer les analyses de la dimension spatiale des relations entre le bassin versant et le cours d'eau ; par conséquent, une analyse spatiale des divers composants de la géologie aux activités agricoles doit être conduite.

Notre contribution est une synthèse des travaux pouvant déboucher sur des dispositifs d'actions au niveau territorial, dans le contexte du massif armoricain et de ses caractéristiques hydrogéologiques. Dans cette démarche, la prise en compte de la dimension spatiale des phénomènes (flux, allocations d'usages) est essentielle pour comprendre les interactions bassin versant/cours d'eau. Les sources de pollution dont nous traitons ici sont diffuses. Elles n'ont ni point de départ ni cheminement bien identifiés, elles concernent un nombre élevé d'utilisateurs des terres, pour des usages agricoles et non agricoles. Ceci renvoie donc à un traitement collectif des problèmes.

Il convient de noter d'une part que les connaissances sur le fonctionnement des paysages et des bassins versants ont amené de nouvelles dynamiques sociales de gestion de l'eau, qui sont aussi sources de questionnement sur les bassins versants ; et d'autre part que la résolution des problèmes d'environnement nécessite un questionnement propre aux chercheurs, avec pour objectif la compréhension de nouveaux mécanismes. Celle-ci ne se fait pas nécessairement, dans un premier temps, aux échelles d'actions, par exemple à celle de la parcelle. Les nouvelles connaissances peuvent modifier les échelles d'actions (cas de l'aménagement des bassins versants) : elles progressent alors grâce aux interactions entre les nouvelles connaissances mises en œuvre et les dynamiques sociales qu'elles suscitent, comme les actions collectives.

Dans un premier temps, nous nous interrogeons sur la relation entre "territoires agricoles" et "bassins versants", et sur sa hiérarchisation. Nous déterminons ainsi, parmi les différents éléments composant un bassin versant, ceux sur lesquels l'homme peut agir. Un bref rappel sur les flux dans les paysages introduit la vision fonctionnelle de différents éléments du paysage que l'on peut combiner en vue d'une gestion optimale : jouer sur l'utilisation des sols, utiliser les zones humides, prendre en compte le bocage en considération de la géométrie du bassin, enfin replacer le réseau bocager dans le raisonnement de l'exploitation et de l'utilisation des parcelles. Ceci nous permet *in fine* de construire un diagnostic et un plan d'action.

Territoires agricoles et bassins versants

Les agriculteurs utilisent et gèrent un territoire composé d'exploitations, elles-mêmes constituées de parcelles. Ils ne considèrent pas les bassins versants comme des entités de gestion. Habituellement, une exploitation comporte des parcelles situées sur plusieurs bassins versants ; et un bassin versant est utilisé par plusieurs exploitations et par des activités non agricoles : ce problème est essentiel pour les petits bassins versants, d'ordre 1 à 3. À l'opposé, de nombreuses exploitations sont entièrement incluses dans les grands bassins versants. Il est donc essentiel de définir à quel niveau de bassin versant se pose le problème, et à quel niveau il doit être traité.

Le rapport spatial entre exploitations agricoles et bassins versants conduit à poser la question de l'espace d'aménagement : bassin versant ou ensemble de territoires d'exploitations ? Remarquons ici que beaucoup de travaux portant sur les relations entre utilisation des terres et pollution des cours d'eau concernent de grands bassins versants, d'ordre élevé ; et que les résultats montrent que c'est essentiellement le type d'occupation (urbain, agricole, forestier) qui détermine les flux de nitrate et de phosphore : ceux-ci sont d'autant plus élevés que la forêt est peu présente et l'urbanisation importante, l'agriculture jouant un rôle intermédiaire. Cet état de fait présente cependant peu d'intérêt en termes d'aménagements ; en effet, ces derniers sont élaborés à occupation du sol à peu près constante, il n'est pas question de boisements massifs.

La démarche d'aménagement porte sur la localisation des usages et des types d'éléments du paysage occupant une faible superficie (éléments tampons).

Le temps et l'espace

Parmi les éléments qui composent un bassin versant, certains peuvent être considérés comme « pérennes », d'autres comme « éphémères », avec tous les intermédiaires. Le gradient du pérenne vers l'éphémère hiérarchise de la façon suivante : la nature et l'histoire géologiques, le relief, la nature des sols, le réseau hydrographique, le réseau bocager (là commence l'intervention de l'homme sur son milieu), l'urbanisation, l'occupation du sol avec la mosaïque parcellaire (système de cultures), les pratiques culturales annuelles (itinéraires techniques).

L'aménageur ou l'usager du milieu (dont l'agriculteur) intervient sur des éléments se situant à différentes échelles de temps. Certaines pratiques culturales ont des conséquences très ponctuelles dans le temps : des tassements superficiels entraînent par exemple un ruissellement de molécules de produits phytosanitaires, alors qu'un travail du sol en conditions très humides (ou un labour trop profond) aura des conséquences sur le sol pendant une décennie.

Les bassins versants présentent une grande diversité au niveau de leur sensibilité environnementale, liée à la diversité des éléments qui les composent. La nature géologique, avec la géomorphologie qui en dérive, en est la première cause ; viennent ensuite le climat, la nature des sols, l'activité biologique, le réseau hydrographique (qui dépend beaucoup de la nature du sous-sol), l'histoire socio-économique locale, la localisation des usages.

Les mêmes causes, dans des contextes différents, ne produiront pas les mêmes effets. L'aménageur (par exemple l'agriculteur) devra adapter son intervention sur le milieu en fonction de risques environnementaux plus ou moins grands, du fait de cette sensibilité variable. L'action locale, parcellaire, doit être menée en prenant en compte les fonctionnements hydrogéochimiques et agronomiques globaux du bassin versant.

Les actions d'aménagement et de développement visant la protection et la reconquête de la qualité des ressources naturelles au sens large doivent considérer des phénomènes et des actions sur des échelles importantes de temps et d'espace, dans le choix de leurs priorités et de leur durée, dans leurs méthodes d'évaluation (fig. 1). Or les politiques publiques, décidées sur des espaces très larges (régulation des marchés, directives environnementales), apparaissent souvent comme très fluctuantes et déterminées sur des pas de temps courts, ce qui rend difficiles leur mise en œuvre et leur évaluation. La durée des programmes d'actions environnementaux doit être en cohérence avec les objectifs environnementaux et de protection des ressources naturelles.

Les flux dans le paysage

Une synthèse de la circulation de l'eau dans les paysages bocagers a été réalisée par P. Mérot (2003). Nous ne donnons ici que les principaux éléments utiles à la compréhension des flux polluants.

Quand une pluie de faible intensité tombe, elle s'infiltre tant que le sol n'est pas saturé, puis elle ruisselle. *En ruisselant*, l'eau entraîne des éléments solubles, mais aussi des particules de terre : c'est le phénomène d'érosion. Le phosphore et les pesticides sont attachés aux particules de sol et constituent autant de polluants. Ainsi, l'érosion dépendra essentiellement de l'état de surface (rugosité, orientation des motifs agricoles), de la géométrie du bassin et de l'agencement des parcelles, dont dépend la puissance érosive de l'eau ruisselant. Les sols battants et les grandes parcelles sont plus sensibles à l'érosion. Deux types d'éléments font obstacle au ruissellement : les haies, talus et fossés d'une part, les couverts végétaux des parcelles d'autre part. Sur un versant, la juxtaposition de parcelles de cultures de printemps appartenant à plusieurs agriculteurs augmente les risques d'érosion. Ceux-ci peuvent cependant être réduits *via* l'alternance sur le versant de cultures de printemps et de cultures d'hiver, ce qui peut nécessiter des concertations entre agriculteurs.

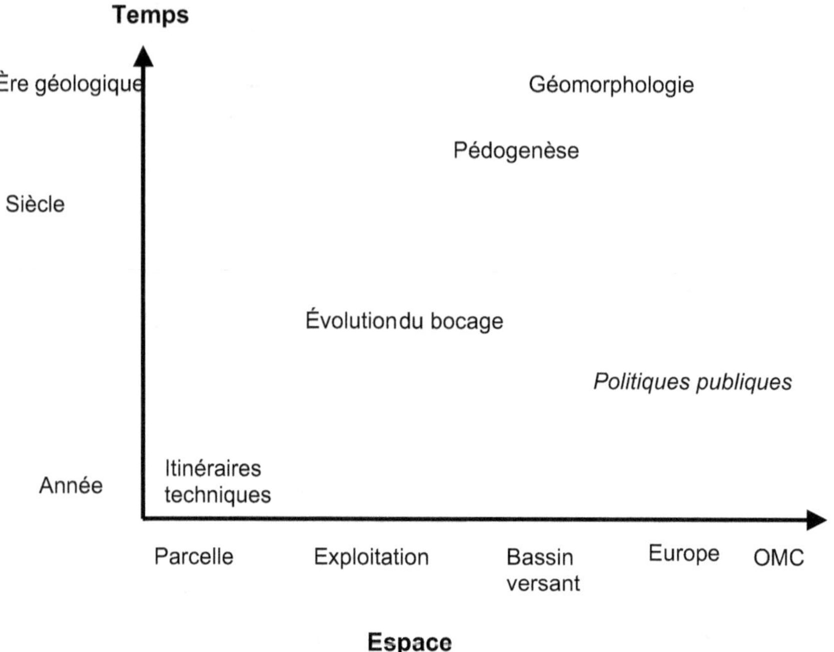

Figure 1. Processus dans les paysages à diverses échelles de temps et d'espace.

L'eau qui s'infiltre gagne les nappes ou circule en suivant les horizons de sol imperméables. Elle entraîne des éléments solubles comme les nitrates. Les barrières à ces flux potentiellement polluants sont des zones d'absorption par les plantes (arbres des haies, cultures aval) tant que cette eau circule au niveau des racines, ainsi que les zones dénitrifiantes ou zones tampons que sont les zones humides de bas fond.

Les talus de ceinture de bas fond jouent également un rôle important : en délimitant la zone inondable du versant, ils limitent la remontée des nappes de bas-fond. Ils interviennent aussi comme des interfaces au sein desquelles les processus de dénitrification sont actifs.

Ces flux sont donc régis par les deux types d'éléments structuraux des bassins versants : le milieu physique (substrat géologique, sol, topographie) et l'occupation du sol. La géométrie du bassin versant doit également être prise en compte : dans les bassins allongés, les parcelles sont en moyenne plus proches du cours d'eau que dans un bassin aux formes plus compactes.

Les flux sont régulés par l'ensemble des éléments intervenant dans les caractéristiques du bassin versant (fig. 2, fig. 3).

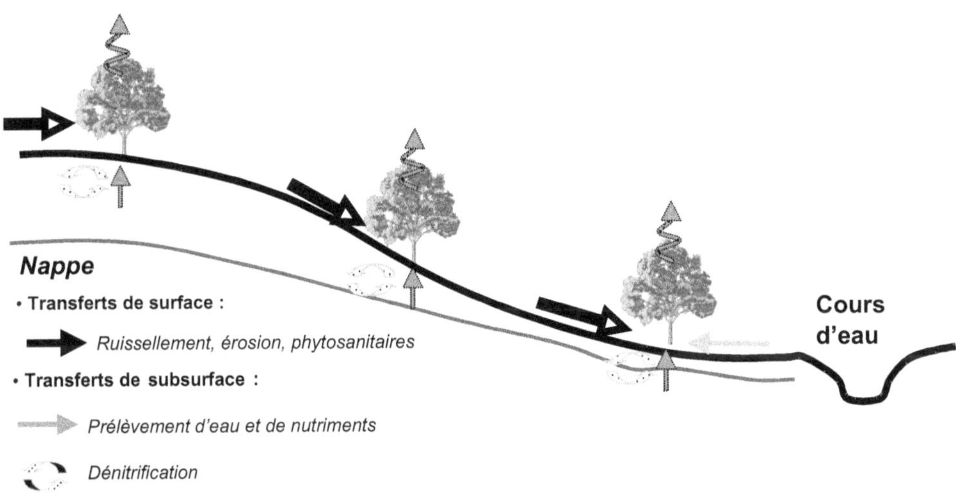

Figure 2. Flux d'eau et de nitrate le long d'un versant.

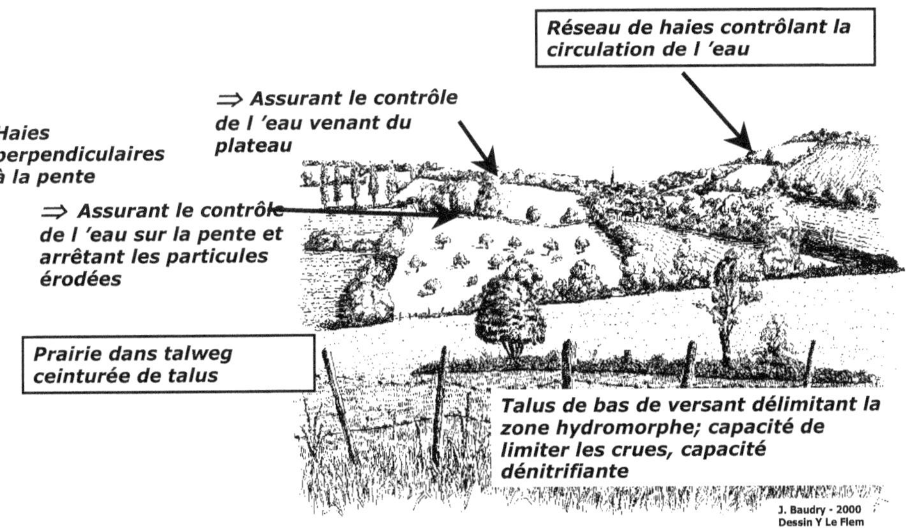

Figure 3. Lecture de la circulation de l'eau dans un paysage (Baudry et Jouin, 2003).

L'influence de la nature des sols

Les sols sont des lieux de stockage et de transfert d'éléments présents dans l'eau. De par leurs natures diverses, ils présentent des comportements différents les uns des autres vis-à-vis de la qualité de l'eau. La cartographie des sols d'une entité hydrologique tel qu'un bassin versant est donc nécessaire pour choisir des priorités d'aménagement.

Dans le massif armoricain, la cartographie à l'échelle 1/25000 montre bien la variabilité des sols ; elle permet d'identifier les structures majeures du paysage rattachées à la nature des sols et au relief, les deux étant liés (fig. 4). Les limites des unités majeures définies sont des emplacements privilégiés de conservation, de restauration ou de création d'éléments bocagers existants. En cas de restructuration parcellaire, il est souhaitable de positionner les limites parcellaires, voire de propriété, sur ces limites majeures. En d'autres termes, il est préférable sur les plans de la conservation des sols et de la qualité de l'eau d'éviter de regrouper dans la même parcelle des natures de sol très différentes.

Si les limites des principales unités de sol sont importantes à considérer, il en va de même de la nature des sols. Selon l'expérience de pédologues, les sols du massif armoricain peuvent être répartis de la façon suivante au regard de leur influence vis-à-vis des transferts d'éléments contenus dans l'eau du sol vers les cours d'eau (fig. 4) :
- zones tampons de bas-fonds à potentialités dénitrifiantes ; ce sont aussi des zones de concentration de ruissellement occupées par des sols d'apports colluviaux-alluviaux très hydromorphes ;
- zones très sensibles à l'infiltration rapide vers les nappes profondes et les cours d'eau, correspondant à des sols de faible profondeur et de faible réserve en eau ;
- zones de plateaux et versants sensibles au ruissellement hivernal ; elles occupent souvent les têtes de talweg ou sont situées en amont des bas-fonds. Les sols sont souvent profonds et hydromorphes, ils présentent des phénomènes de transferts d'eau en surface dès leur saturation en eau en début d'hiver ;
- zones peu sensibles au ruissellement hivernal ou à l'infiltration rapide ; les sols sont sains et profonds mais toutefois, comme les sols précédents, très sensibles à la battance et aux phénomènes de compactage car dans le massif armoricain ils sont tous à tendance très limoneuse.

Les différentes sensibilités que présente le milieu naturel de façon « pérenne » doivent guider les choix d'aménagement de façon à tenter de réduire la fragilité du milieu au regard de l'occupation du sol et de pratiques d'usage du milieu plus « éphémères » car fonction de l'économie, qui dépend elle-même de l'usage. Nous en présentons ci-dessous quelques exemples.

- Les zones à potentialités dénitrifiantes doivent, pour dénitrifier, recevoir les eaux de l'amont. En effet, si les eaux contournent ces zones par un jeu de fossés ou de drains conduisant les eaux qui proviendraient des terres à infiltration rapide directement au cours d'eau, alors la zone tampon dénitrifiante ne peut plus réduire les risques de transfert de nitrate dans l'eau.
- La couverture hivernale des sols est à privilégier sur les sols à risque de ruissellement hivernal, et ce d'autant plus que ces sols sont souvent à dominante granulométrique limoneuse.
- Les zones sensibles au ruissellement hivernal jouxtant très souvent les zones de bas-fond, ainsi que les dômes de sols peu profonds (dans certains milieux géologiques), on comprend

l'intérêt de la mise en place d'un élément bocager de ceinture de ces bas-fonds pour créer un obstacle au ruissellement hivernal et de fin de printemps.

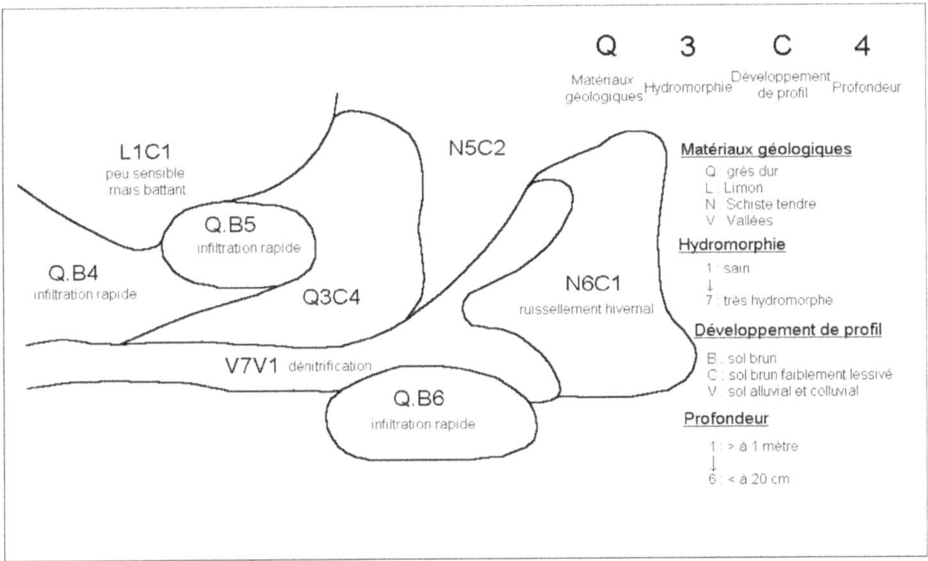

Figure 4. Carte des sols : les unités sont définies par le matériau géologique (Q), l'hydromorphie (1 à 7), le type de profil (B, C, V) et la profondeur (1 à 6). Il est possible de qualifier chaque unité selon les capacités d'infiltration, de risque de ruissellement, de potentiel de dénitrification ou de risque de battance.

Les influences du relief et du bocage

Une section donnée de cours d'eau est alimentée par une zone amont (bassin versant souvent de rang 1) de superficie variable en fonction de la géomorphologie du milieu. Les éléments bocagers de cette zone (haies et talus) limitent plus ou moins les risques de transfert d'éléments vers le cours d'eau.

Les risques de détérioration de la qualité d'un tronçon de cours d'eau sont d'autant plus importants que la surface ruisselante alimentant directement le cours d'eau est grande et présente peu d'obstacles au ruissellement. La morphologie des pentes (intensité et forme, concavité ou convexité) a également des conséquences.

Pour visualiser sur carte (fig. 5) les secteurs les plus à risques d'un territoire donné, au regard des superficies situées en amont de chaque tronçon de cours d'eau et du réseau de haies et de talus boisés existant, un outil très simple a été mis au point[1]. Il est utilisé dans les opérations d'aménagement foncier en Ille-et-Vilaine. La méthode est la suivante :

- dessin sur carte topographique des sous bassins versants de rang 1 ;

---

[1] Carte de vulnérabilité des cours d'eau, conception par P. Merot (INRA) et la chambre d'agriculture d'Ille-et-Vilaine.

- calcul automatique des surfaces de chaque sous bassin versant ;
- repérage (effectué sur le terrain au cours de l'état des lieux demandé lors de l'étude d'impact) des éléments du bocage ayant un rôle anti-érosif ; identification des zones situées en aval des éléments anti-érosifs et restant en contact direct avec le cours d'eau ;
- calcul d'un indice dit «de vulnérabilité du cours d'eau», rapport entre la superficie non protégée et la longueur du tronçon de cours d'eau ;
- affectation d'une couleur à la zone en fonction de l'indice.

Cette carte réalisée avant aménagement est un outil pédagogique de concertation locale et de choix de priorités. En cours d'aménagement, la méthode peut être utilisée pour tester des hypothèses alternatives de restructuration parcellaire. Au moment de l'évaluation environnementale du projet, il est possible de comparer avec l'état initial.

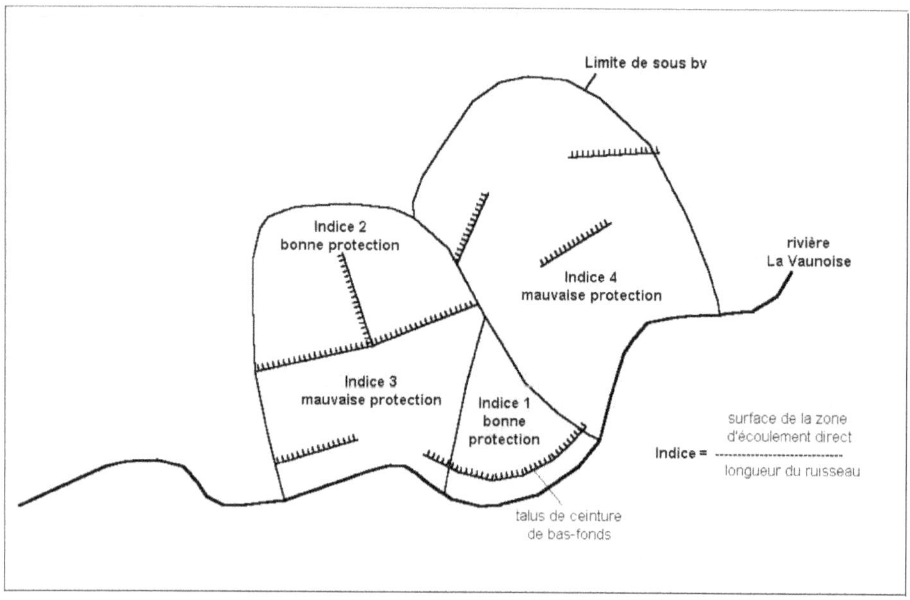

Figure 5. Sous bassin versant et vulnérabilité des cours d'eau.

L'aménagement du bassin ne joue que pour une faible part dans le contrôle des flux, donc des pollutions, même si cette part est essentielle dans l'obtention d'une meilleure qualité de l'eau. Les utilisations des terres (agricoles et non agricoles), qui constituent la source potentielle de pollution, doivent être l'objet d'une attention particulière.

L'organisation de l'utilisation des terres et les relations entre sources de pollution diffuse et cours d'eau

L'utilisation des différentes parcelles agricoles et non agricoles ne se fait pas au hasard, elle dépend de l'histoire (localisation des villages, des routes, des exploitations), du milieu physique et du type d'agriculture. Chaque bassin versant va avoir un patron spatial d'usage particulier qui influence les risques de pollution, en fonction par exemple de la présence de parcelles à risque ou de la présence/ absence de zones tampons. Il est donc utile d'analyser le raisonnement de l'utilisation des parcelles, et de voir si la présence de haies leur est liée.

Les agriculteurs raisonnent l'utilisation de leurs parcelles au sein du territoire que constitue leur exploitation. Cette évidence doit nous conduire à comprendre les règles qu'ils utilisent pour prendre leurs décisions.

Dans les exploitations d'élevage laitier, très importantes du massif armoricain, différents facteurs interviennent : la nécessité d'avoir une certaine production de fourrage, le type de sol, la taille des parcelles ou l'organisation du travail (appel à l'entreprise, CUMA[2]). La distance au siège d'exploitation est également une variable essentielle car les vaches laitières ne peuvent se déplacer que de façon limitée. Le pâturage des vaches laitières se déroule autour des bâtiments d'exploitation. L'ensilage (d'herbe ou de maïs) nécessite de nombreux déplacements entre le siège d'exploitation et les parcelles : il sera donc effectué aussi près que possible, au-delà du pâturage. Ce schéma général est illustré par les résultats d'une enquête menée sur la commune de Tremblay, en Ille-et-Vilaine : les figures 6 et 7 illustrent les effets de la distance sur la répartition des cultures et le mode d'usage des prairies. La nécessité agronomique de faire se succéder les cultures introduit par ailleurs une contrainte supplémentaire : l'accès aux parcelles, les successions culturales sont aussi des facteurs clés dans la répartition des épandages de fumiers et de lisiers. On comprend alors que l'existence de plus ou moins grandes marges de manœuvre au sein des exploitations constitue un facteur essentiel dans l'adoption de pratiques diminuant les risques de pollution. Un parcellaire d'exploitation groupé permet ainsi de varier l'utilisation des terres plus facilement qu'un parcellaire dispersé (cf. : Thenail *et al*, 2004).

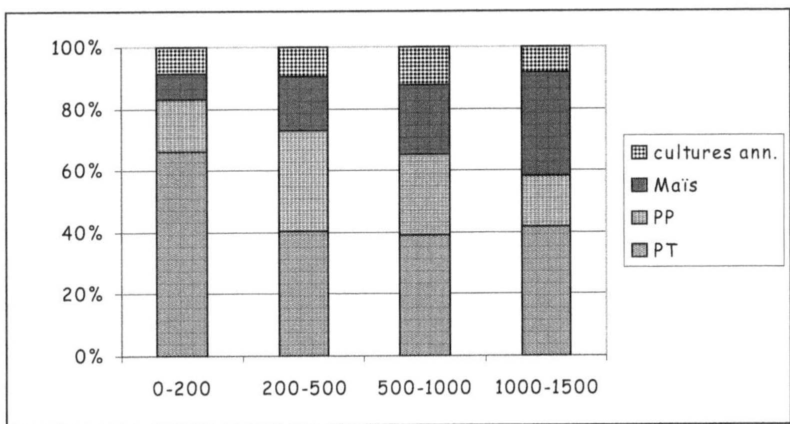

Figure 6. Relation entre la distance des parcelles au siège d'exploitation et le type de culture (commune de Tremblay, Ille-et-Vilaine), d'après Lucas, 2001.

La présence et le mode d'entretien des haies, des talus et des fossés sont liés à l'utilisation des parcelles (Baudry et Jouin, 2003 ; Thenail *et al*, 2004). Les haies denses sont plus fréquentes le long des parcelles pâturées ; dans ce cas, les talus sont entretenus par le

---

[2] Coopératives d'utilisation de matériel agricole.

pâturage. Le long des parcelles fréquemment en maïs les bordures sont peu arborées et souvent entretenues avec des herbicides. Même si ce résumé schématique doit être nuancé, il est souvent observable sur le terrain.

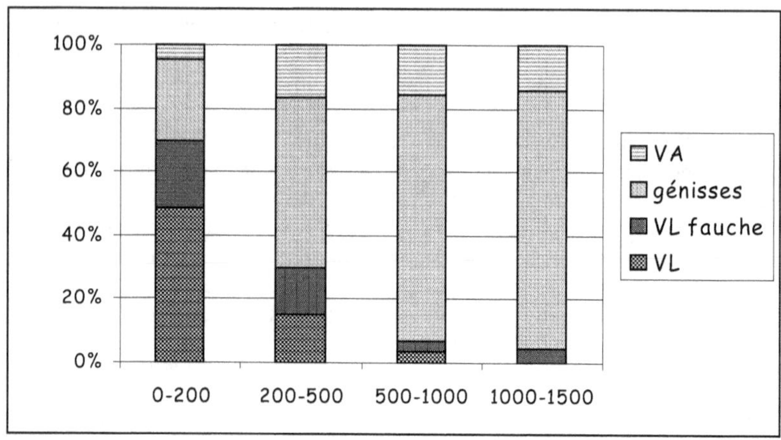

Figure 7. Relation entre la distance des prairies au siège d'exploitation et leur usage (commune de Tremblay, Ille-et-Vilaine), d'après Lucas, 2001.

On constate donc que la position des sièges d'exploitation par rapport aux cours d'eau, et le territoire de ces exploitations, vont fortement structurer la relation entre bassin versant et cours d'eau. Dans l'espace agricole, les relations entre les sources de polluants, les zones tampons et les cours d'eau doivent être pensées à la fois au niveau du bassin versant et des exploitations.

Dans l'espace non agricole, l'utilisation d'herbicides pour entretenir les bordures est encore fréquente et présente des risques importants du fait de la proximité entre sources de pollution et eau qui circule, puisque ce sont souvent les fossés qui sont traités (Angoujard *et al.*, 2004).

Diagnostics et champs d'action

Un diagnostic de bassin versant destiné à comprendre les causes d'une pollution chronique de cours d'eau doit partir des fonctionnements naturels et de leurs relations avec les modes d'utilisation des terres et les structures « fixes » d'occupation du sol constituant potentiellement des zones tampons (haies, talus, zones humides). Cette connaissance permet d'évaluer les possibilités de changement lors des concertations entre acteurs, et d'envisager divers scénarios dont la faisabilité doit être testée au regard des systèmes d'utilisation des terres (fig. 8).

Le diagnostic

Il doit partir des éléments non modifiables (géomorphologie, sols, géométrie du bassin versant) pour aller vers ce qui peut être modifié collectivement (réseau bocager, réaménagement parcellaire) ou individuellement (types de cultures, itinéraires techniques).

Les éléments non modifiables constituent le cadre fonctionnel à l'intérieur duquel les aménagements et les modes de gestion des risques de pollution peuvent être conçus (Viaud *et al*, 2005).

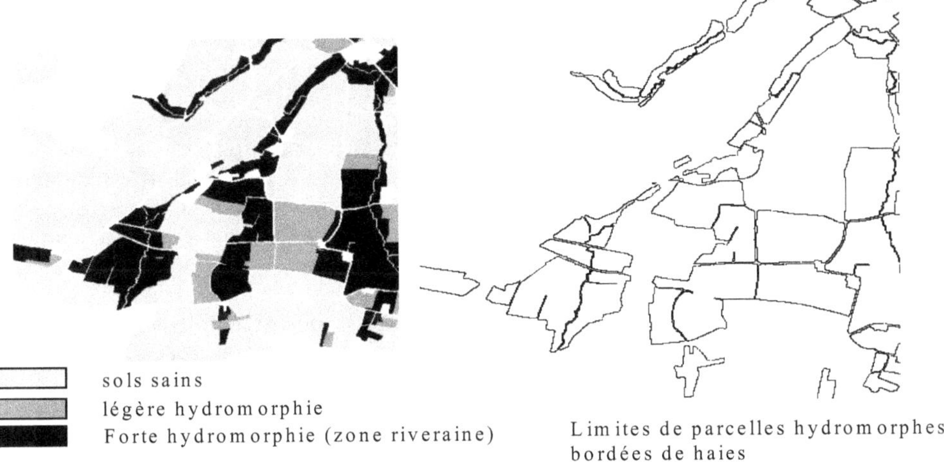

Figure 8. La cartographie pour le diagnostic, niveau d'hydromorphie des parcelles et présence de haies autour des parcelles.

Le diagnostic ne peut être arrêté aux limites d'un bassin versant ; il doit prendre en compte l'ensemble des territoires de chaque utilisateur (agricole et non agricole) car c'est sur ces territoires que certaines modifications (succession des cultures, itinéraires techniques) doivent être conçues. Réciproquement, il faut prendre en compte les répercussions des modifications intervenant sur un bassin sur les bassins voisins : ainsi par exemple, quand il a été décidé de supprimer la culture de maïs sur le bassin d'alimentation de la source Vittel, cette suppression concernait l'ensemble du territoire des exploitations ayant des parcelles sur ce bassin, pour éviter des transferts de pollution.

La cartographie est un outil de représentation de plus en plus utilisé. Il permet de représenter, en fonction de la question traitée, les caractéristiques des sols (fig. 4, sols et transferts) et les relations entre les sols et un type d'élément d'occupation du sol. Le développement des systèmes d'information géographique (SIG) permet également des analyses spatiales, des modélisations (cf. : Durand *et al*, en 2e partie) et la représentation de scénarios d'utilisation des terres.

Les actions

Actions collectives et actions individuelles étant complémentaires, elles doivent être étroitement articulées. Du point de vue de la qualité de l'eau, l'ensemble du bassin versant doit être pris en compte ; et du point de vue des acteurs, tous leurs territoires sont concernés. L'appréhension de la qualité de l'eau dans sa dimension spatiale conduit à prendre en considération une grande diversité d'acteurs, personnes physiques et collectivités, et d'associations.

La liste des actions développées ci-dessous va des plus collectives aux plus individuelles.

- Aménagement foncier, regroupement parcellaire : il s'agit d'augmenter la flexibilité et la diversité d'usage des parcelles (collectif) ; cette flexibilité permet d'une part d'éviter les cultures à risques près des cours d'eau, d'autre part une meilleure gestion agronomique des sols et des déjections animales.

- Plantation (création, restauration) de haies et de talus pour consolider et augmenter les « barrières » et les zones tampons (individuel, collectif) ; à ce niveau, il est essentiel d'assurer la continuité des effets barrière, surtout pour les ruissellements de surface : ces barrières (fossés, talus) doivent être raccordées à des fossés évacuateurs, ceci vaut pour les parcelles comme pour les routes.

- Gestion du bocage (individuel), des fossés et bords de routes (collectivités locales) : la suppression des applications répétées et étendues de phytocides est une nécessité.

- Création ou conservation des zones enherbées en bas de pente : ces éléments permettent de diminuer le caractère « à risque » d'une parcelle vis-à-vis des risques de transfert de surface (diagnostics de parcelles à risque de transfert des produits phytosanitaires).

- Modification des assolements (individuel, collectif) : les cultures peuvent également jouer un rôle tampon vis-à-vis des flux sur le versant. Les zones humides de bas-fond doivent rester, ou être restaurées, avec des couverts végétaux permanents.

- Modification des itinéraires techniques (individuels) : les rotations culturales, le travail du sol (son sens par rapport à la pente, le travail d'un sol ressuyé, l'obtention d'une rugosité de surface), la fertilisation, les stratégies de désherbage et les intercultures sont des points clés pour lutter contre les pollutions.

Chaque action vise donc des objectifs particuliers visant à :

- réduire les pertes de fertilisants à la parcelle ;
- faire obstacle à la circulation de ces pertes vers le cours d'eau.

La gestion d'un territoire en général, d'un bassin versant en particulier, requiert une combinaison de ces différents types d'action. Les «bonnes pratiques» ne s'arrêtent pas à la parcelle ; et la mise en place de zones tampons n'est pas suffisante, il faut à la fois réduire les pertes au niveau des parcelles, des routes, et constituer des barrières aux flux résiduels. Il est également nécessaire de prendre en compte la multiplicité des fonctions et des ressources du territoire.

Remerciements

Les recherches de l'INRA de Rennes sur la gestion des paysages bénéficient d'un soutien financier dans le cadre du contrat de plan État/ Région. La Région Bretagne a co-financé la bourse de thèse de Valérie Viaud.

Les travaux réalisés par la Chambre d'Agriculture d'Ille-et-Vilaine sont réalisés pour la plupart, dans le cadre de politiques conduites et soutenues financièrement par le Conseil Général d'Ille-et-Vilaine.

Références bibliographiques

Angoujard, G., S. Duchange, L. Hatey, R. Gicquel & D. Pépin (2004. Impacts des désherbages chimiques urbains sur la qualité de l'eau. . *Actes du colloque : Savoir et savoir-faire dans les bassins versants, CRA Bretagne, Rennes, 143-144.*.

Baudry, J. & A. Jouin Eds., 2003. *De la haie aux bocages : organisation, fonctionnement et gestion.* Paris, INRA Éditions, Ministère de l'Ecologie et du Développement Durable.

Dupont C., Rivière J.M., Tico S., 1992. *Méthode tarière, Massif Armoricain, Caractérisation des sols.* INRA, chambres d'agriculture de Bretagne.

Lucas, C. 2001 Des pratiques agricoles à l'aménagement du territoire rural : Application à une évaluation agri-environnementale à un remembrement ENITAB Bordeaux SAD Armorique Rennes 60 p. + annexes

Mérot , P., 2003. Le rôle du bocage sur le cycle de l'eau en climat tempéré. in : J. Baudry et A. Jouin, *De la haie aux bocages : organisation, fonctionnement et gestion.* Paris, INRA Éditions, Ministère de l'Écologie et du Développement Durable, 255-274

Papy, F., 2001. Interdépendance des systèmes de culture dans l'exploitation agricole. *Modélisation des agro-écosystèmes et aide à la décision.* E. Malézieux, G. Trébuil and M. Jaeger. Montpellier, Editions CIRAD-INRA, collection Repères, 51-74.

Papy, F., A. Torre, 2002. Quelles organisations territoriales pour concilier production agricole et gestion des ressources naturelles ? *Études et Recherches sur les Systèmes Agraires et le Développement,* 33.

Thenail, C., Baudry J., Le Cœur D., 2004. La gestion technique du territoire par les exploitations agricoles : évaluer la diversité des contraintes et des modes d'organisation. *Actes du colloque : Savoir et savoir-faire dans les bassins versants, CRA Bretagne, Rennes, 249-250.*

Thenail, C., Codet C., Le Coeur D., Baudry J., 2004. La gestion technique des bordures de champ dans les exploitations agricoles. *Actes du colloque : Savoir et savoir-faire dans les bassins versants, CRA Bretagne, Rennes, 141-142.*

Toullec C.2000. *Étude pédologique de Moussé-Drouges dans le cadre de l'aménagement foncier. Analyse de la sensibilité hydrologique.* Chambre d'agriculture d'Ille-et-Vilaine, DDAF, conseil général d'Ille-et-Vilaine.

Viaud, V., P. Merot & J. Baudry 2005. Hydrochemical buffer assessment in agricultural landscapes : from local to catchment scale. *Environ. Manage..* 34, 4, 559-573

Caractérisation physique et biologique d'un réseau de parcelles en labour et non labour

D. HEDDADJ, V. HALLAIRE, D. CLUZEAU.

Introduction

Les techniques sans labour (TSL) se sont développées de manière importante dans le monde ces quarante dernières années. Elles représentent environ la moitié de la surface cultivée aux États-Unis. En Europe, ces techniques se sont développées ces dernières décennies. La France compte deux millions et demie d'hectares cultivés en non labour, mais cette surface croît de manière importante. Plus couramment utilisées dans les régions céréalières, ces pratiques restent marginales en zones de polyculture élevage. La Bretagne en est un parfait exemple : ces techniques ne représentent que 2% des surfaces de maïs et de blé semées, mais elles y suscitent un intérêt croissant car les agriculteurs y associent généralement gain de temps et réduction des charges de mécanisation . De plus, certaines raisons agronomiques et environnementales sont mises en avant suite à cette évolution des pratiques culturales : valorisation des engrais de ferme, amélioration de l'implantation et du rendement des cultures, conservation des qualités physiques et biologiques des sols, maîtrise de l'érosion hydrique.

Dans ce sens, la Bretagne constitue une région test, elle qui connaît des difficultés environnementales mais qui a aussi la volonté de les résoudre. Plus que jamais, l'agriculture bretonne doit faire face à différents enjeux tels que la qualité de l'eau ou l'érosion : les TSL pourraient constituer une voie de progrès. Toutefois, peu de références existent sur l'impact du non labour en zones de polyculture élevage, qui tiennent compte des prairies dans la rotation et de l'épandage des effluents d'élevage, dans un contexte pédoclimatique bien particulier, favorable à l'érosion hydrique. C'est pourquoi, après la mise en place d'essais expérimentaux à la station de Kerguéhennec (qui ont permis de produire des références depuis 2000), cette démarche a été élargie à un réseau d'observations en milieu agricole, constitué de onze couples de parcelles recouvrant diverses situations (milieux physiques, systèmes d'exploitation) pour comparer les parcelles conduites en « simplification » depuis plus de cinq ans à des parcelles voisines menées en labour. La prise en compte des deux référentiels (expérimental à Kerguéhennec, et réseau de parcelles) devrait permettre d'évaluer l'impact des TSL sur les états physiques et biologiques des sols. L'objectif global du réseau de parcelles en TSL est donc d'apporter des éléments de réponse aux agriculteurs bretons sur l'intérêt ou non de la suppression du labour. A cet objectif s'ajoute la volonté de fournir des références adaptées aux différents contextes pédoclimatiques.

Matériels et méthodes

Le réseau de parcelles

Le réseau est composé de onze couples de parcelles répartis dans les quatre départements bretons (fig. 1), de façon à couvrir aussi bien la diversité pédologique (limon du bassin de Rennes, sols sur schiste du centre Bretagne, sols sur arène granitique de l'ouest de la Bretagne) que technique (large gamme de matériel en non labour : outils d'exploitation, rotatifs, semis direct). Les parcelles qui composent chaque couple se situent à proximité l'une de l'autre ; elles se trouvent ainsi dans le même contexte pédoclimatique, elles correspondent à un même système d'exploitation et de type d'élevage, elles suivent les mêmes rotations. Les parcelles retenues sont conduites en TSL depuis au moins cinq ans. Un questionnaire a permis de connaître l'historique des parcelles du réseau et de prendre en compte l'exploitation dans sa globalité (surface agricole utile (SAU), types d'exploitation et de matériels). La culture mise en place sur ces vingt deux parcelles est le blé d'hiver.

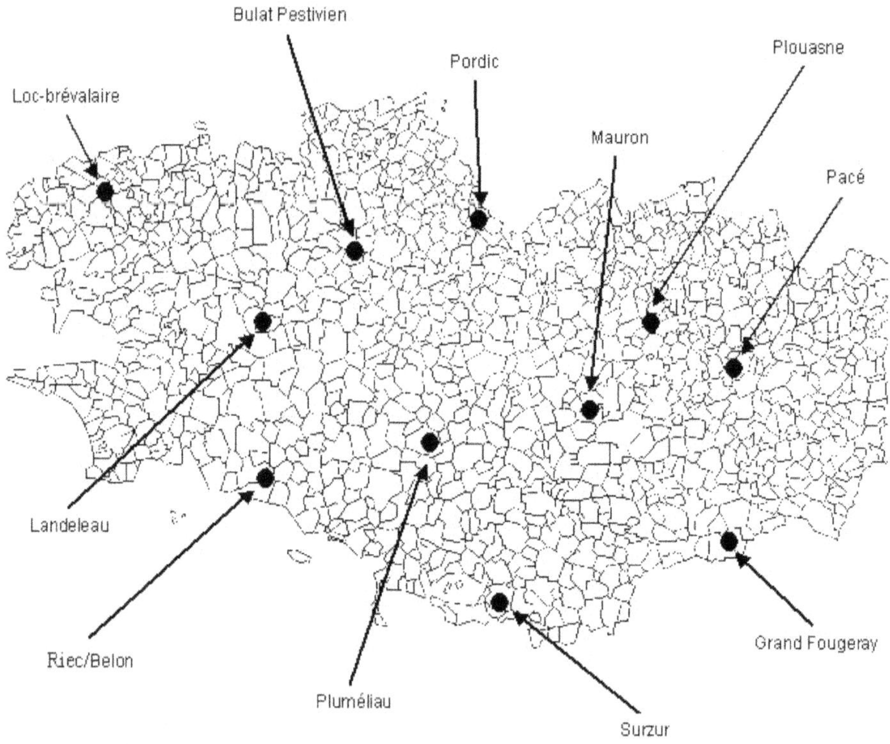

Figure 1. Répartition des onze couples de parcelles du réseau.

Caractérisation des parcelles

Sur les vingt deux parcelles, des observations en fin d'hiver ont permis de décrire les états de surface (faciès, rugosité, fissures, turricules), les profils culturaux (mottes ou zones tassées, semelle de labour), le développement racinaire et l'abondance des vers de terre. Les caractéristiques analytiques suivantes ont été mesurées sur un horizon de 0 à 30 cm : granulométrie, taux de matière organique, rapport C/N, pH. La caractérisation physique a pris en compte la densité apparente, la morphologie de la porosité par analyse d'image, la stabilité structurale et la conductivité hydraulique aux faibles potentiels (-0,05 ; -0,2 et -0,6 kPa). Les communautés lombriciennes, prélevées selon la méthode au formol (Cluzeau *et al.*, 1999), ont été caractérisées à partir de variables globales (abondance, biomasse), mais aussi par leur « structure écologique fonctionnelle » (Pérès, 2003), intégrant la catégorie écologique et le stade de développement du ver.

Les résultats

Etats de surface et profils culturaux

En TSL, les profils culturaux sont plus compacts, mais cette structure massive ne semble généralement pas pénalisante pour l'enracinement de la culture. Cet état structural est bien souvent compensé par une activité biologique importante. La présence de galeries de vers de terre permet aux racines de prospecter les horizons plus compacts. De plus, du fait de la présence notamment de résidus végétaux en surface, les TSL permettent de limiter l'évapotranspiration de l'eau et de conserver un état plus humide au cours de la saison de végétation.

Les états de surface évoluent de façon très différente. Sous semis direct, les résidus de culture forment un mulch très épais de surface très dense ; le travail superficiel laisse également des résidus en surface, mais ceux-ci sont partiellement incorporés et répartis de façon plus homogène sur la surface, créant une importante rugosité de surface, variable selon l'outil et le précédent cultural. Les agrégats sont moins dégradés en TSL du fait de la présence de ces résidus qui assurent une protection du sol vis-à-vis de l'impact des gouttes de pluie (risque de ruissellement plus élevé en labour du fait d'une dégradation plus avancée des états de surface). Pour ces raisons, les croûtes sédimentaires F2 couvrent six fois plus de surface en labour qu'en non labour (fig. 2).

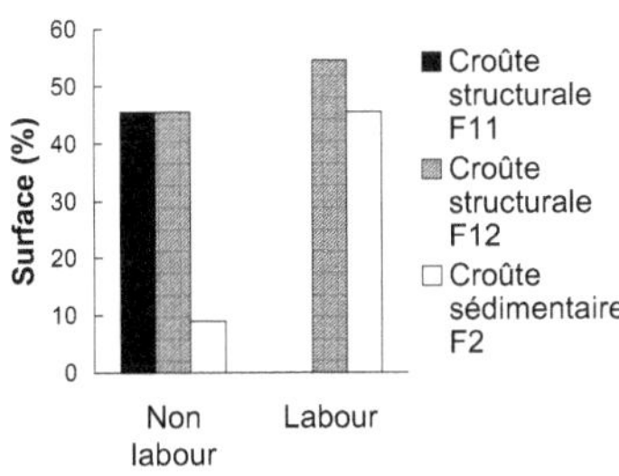

Figure 2. Taux de recouvrement par les différents états de surface en labour et non labour.

Stabilité structurale et concentration en matière organique

Les tests de stabilité structurale font ressortir une meilleure stabilité des agrégats en surface du sol des parcelles en TSL, soumis à une humectation lente simulant une pluie hivernale (tabl. 1). Ceci peut s'expliquer par une concentration de matière organique en surface plus élevée. En revanche, globalement, quelle que soit la technique de travail du sol adoptée, la structure résiste mal à une humectation brutale du type « orage », ce qui montre bien l'importance du mulch (particulièrement en situation printanière). On observe par ailleurs une stratification de la matière organique, avec un enrichissement entre 0 et 10 cm (fig. 3).

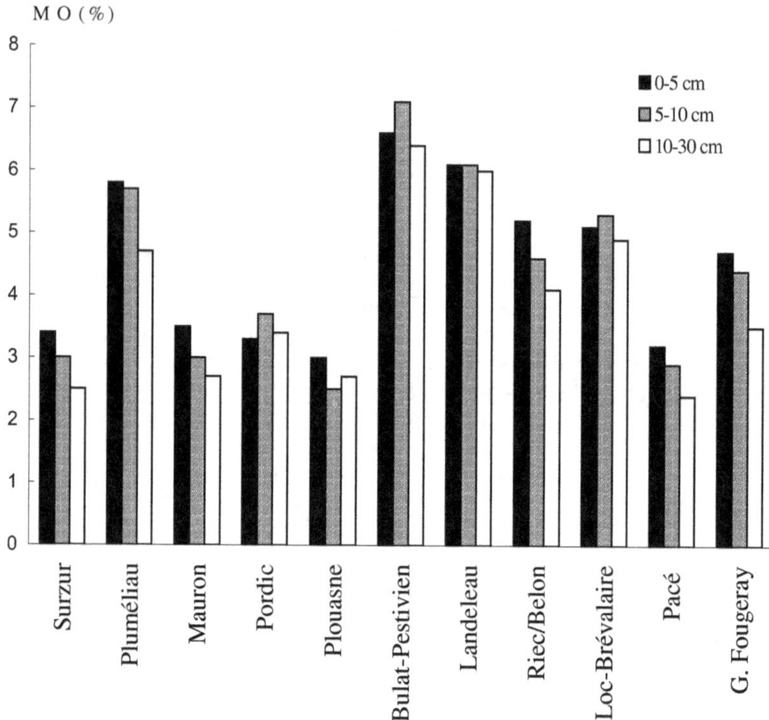

Figure 3. Répartition de la matière organique selon la profondeur en non labour.

Porosité et infiltrométrie

Contrairement aux résultats avancés dans d'autres études (Stengel, 1986 ; Rasmussen, 1999), la porosité totale du sol n'est pas significativement différente entre labour et non labour. En revanche, l'analyse morphologique des pores montre qu'une fraction de la porosité, la porosité d'assemblage, est discriminante, alors que les pores tubulaires et fissuraux varient peu selon les situations. Favorisée par une fragmentation à la fois mécanique et biologique, la porosité d'assemblage est généralement plus développée sous TSL que sous labour. La conductivité hydraulique montre une forte variabilité (tabl. 1) ; bien que ses valeurs soit plus souvent supérieures en TSL qu'en labour, il est cependant difficile d'en tirer une règle générale, les différences entre les sites étant plus importantes que celles qui existent entre les parcelles d'un même site. Mais ce paramètre fonctionnel paraît lié à l'abondance de la porosité d'assemblage (fig. 4) : ces résultats confirment l'importance de ces pores, très interconnectés, sur les transferts hydriques (Kribaa *et al.*, 2001).

Tableau 1. Stabilité structurale et conductivité hydraulique des couples de parcelles.

	Stabilité structurale				Conductivité hydraulique (mm/h)		
	Eau	Réhumectation	Ethanol	MWD	K(0,5)	K(2)	K(6)
NON LABOUR							
Surzur	0,68	0,93	1,44	1,01	46,82	3,19	0,77
Pluméliau	0,59	1,07	1,56	1,07	46,40	5,88	1,59
Mauron	0,50	0,98	1,77	1,08	30,94	9,94	2,65
Pordic	0,92	2,02	2,37	1,77	113,30	10,97	1,57
Plouasne	0,43	0,70	0,77	0,63	36,87	8,39	3,27
Bulat-Pestivien	1,29	1,95	1,92	1,72	187,01	10,46	2,63
Landeleau	2,58	3,34	3,09	3,00	25,04	3,67	1,33
Riec/Belon	0,49	1,17	1,46	1,04	141,35	9,48	3,39
Loc-Brévalaire	0,76	1,57	1,70	1,34	30,12	4,06	0,78
Pacé	0,47	0,79	0,95	0,74	15,96	7,53	3,78
Grand-Fougeray	0,72	1,05	1,02	0,93	96,02	12,28	3,69
LABOUR							
Surzur	0,88	0,66	1,66	1,07	63,71	3,29	0,77
Pluméliau	0,39	0,65	1,61	0,88	9,83	2,64	1,52
Mauron	0,51	0,64	1,98	1,05	13,76	5,06	1,72
Pordic	0,61	1,60	1,50	1,24	44,37	10,38	3,45
Plouasne	0,34	0,42	0,81	0,52	5,67	3,06	1,31
Bulat-Pestivien	1,34	2,71	2,65	2,24	132,22	13,04	4,45
Landeleau	0,99	2,68	2,86	2,18	137,34	25,69	6,10
Riec/Belon	0,48	0,97	2,02	1,16	97,71	6,39	0,85
Loc-Brévalaire	0,84	1,92	2,01	1,59	14,26	3,81	1,38
Pacé	0,37	0,76	1,13	0,75	42,23	5,20	1,68
Grand-Fougeray	0,95	1,77	1,95	1,55	79,90	6,44	1,77

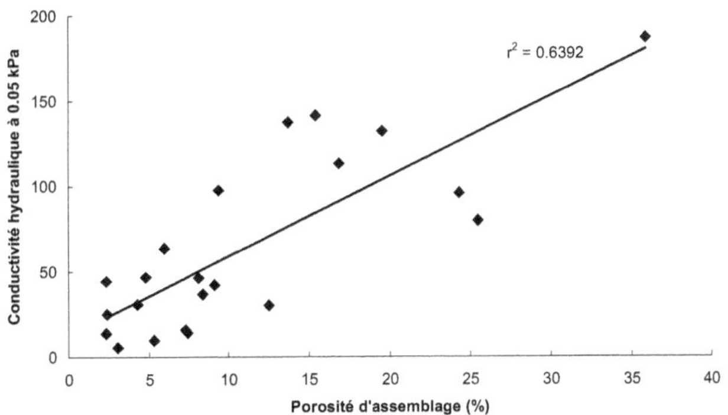

Figure 4. Relations entre conductivité hydraulique et porosité d'assemblage.

Activité biologique

L'abondance et la biomasse lombricienne sont globalement plus importantes en TSL qu'en labour (fig. 5). La structure du peuplement n'est cependant pas modifiée : on assiste au développement des populations existantes et à l'augmentation du poids moyen des vers, mais pas à l'émergence de nouvelles espèces. L'influence de l'activité biologique sur les propriétés structurales et hydriques, mentionnée précédemment, est ici confirmée (Hallaire *et al.*, 2004).

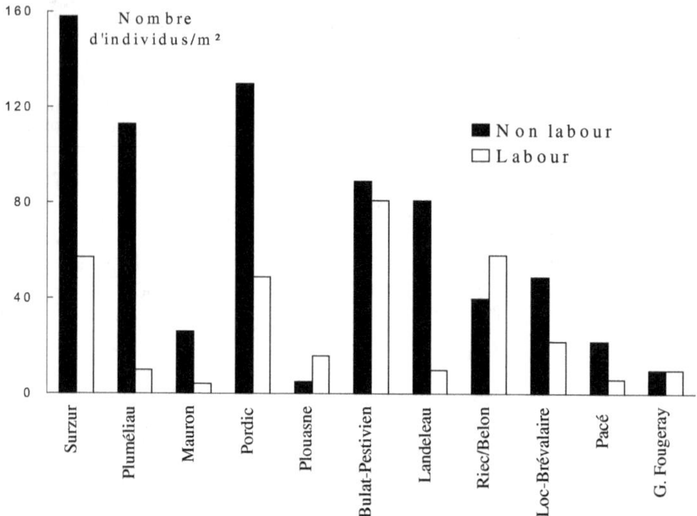

Figure 5. Abondance des communautés lombriciennes.

Conclusion et perspectives

L'analyse d'un réseau de couples de parcelles en labour et non labour a permis de fournir de nombreuses références sur l'incidence des techniques sans labour dans différents contextes, et de mettre en évidence l'impact positif du non labour sur l'évolution de la matière organique dans le profil et sur l'activité lombricienne. On montre que la structure du sol et les transferts hydriques sont liés à ces évolutions.

Cette analyse a aussi montré la nécessité de mieux prendre en compte la diversité des techniques de simplification du travail du sol, celles-ci n'ayant pas la même incidence selon la culture (espèces, cycle cultural intervenant à une période différente). L'évolution interannuelle des paramètres physiques et biologiques permettra ainsi d'évaluer l'effet du non labour sous maïs, qui est avec le blé la principale culture en Bretagne.

Références bibliographiques

CLUZEAU D., CANNAVACCIULO M., PERES G., 1999. Indicateurs macrobiologiques des sols : les lombriciens – Méthode d'échantillonnage dans les agrosystèmes en zone tempérée. In : *12ème Colloque Viticole et Œnologique* Ed. ITV Paris, p 25-35.

HALLAIRE V., LAMANDE M., HEDDADJ D., 2004. Impact des pratiques culturales et de l'activité biologique sur la structure des sols et leurs propriétés de transfert. Analyse de différents systèmes de culture en Massif armoricain. *Etude et Gestion des Sols*, 11, 47-51.

KRIBAA M., HALLAIRE V., CURMI P., LAHMAR R., 2001. Effects of various cultivation methods on the structure and hydraulic properties of a soil in a semi-arid climate. *Soil Tillage Research* 60, 45-53.

PERES G., 2003. *Identification et quantification in situ des interactions entre la biodiversité lombricienne et la macro-bioporosité dans le contexte polyculture. Influence sur le fonctionnement hydrique des sols.* Thèse de doctorat, Université Rennes 1, 235 p.

RASMUSSEN K.J., 1999. Impact of ploughless soil tillage on yield and soil quality : A Scandinavian review. *Soil Tillage Research* 53, 3-14.

STENGEL P., 1986. Simplification du travail du sol en rotation céréalière : conséquences physiques. In : « *Les rotations céréalières intensives – Dix années d'études concertées* INRA, ONIC, ITCF 1973-1983 ». INRA Paris, 15-44.

Effet et devenir de l'azote d'un couvert végétal enfoui dans une succession blé - maïs

A. Besnard, P. Kerveillant

Introduction

L'effet de la gestion de l'interculture sur le lessivage de l'azote au cours de l'hiver est bien connu (X, 1995 ; Dorsainville, 2002). En revanche, peu de travaux ont été réalisés pour connaître l'effet à long terme d'un enfouissement régulier de cultures intermédiaires pièges à nitrates (CIPAN).

Objectif et questions posées

L'étude a pour objectif d'étudier, dans le cadre d'un système d'exploitation polyculture - bovin élevage, l'effet et le devenir de l'azote d'un couvert végétal (ray-grass d'Italie) enfoui dans une succession blé - maïs fourrage. Elle permet de répondre à trois questions :
- quel est l'effet du couvert végétal implanté après blé sur les quantités d'azote lessivées au cours de l'hiver ?
- quel est l'effet de l'enfouissement du couvert sur la culture de maïs fourrage suivante (rendement en matière sèche (MS), teneur en azote des plantes, lessivage d'azote après récolte du maïs) ?
- que devient l'azote du couvert enfoui, sachant que le maïs reçoit la même fertilisation azotée qu'il soit précédé ou non d'une culture intermédiaire ?

Matériels et méthode

L'essai a été mis en place à la station expérimentale de Kerlavic (29) en 1995 sur une parcelle homogène. Le sol de texture limono-sableuse, riche en matière organique, à capacité de rétention en eau moyenne et à drainage vertical dominant est moyennement profond et repose sur une arène granitique apparaissant entre 60 et 95 cm de profondeur. Le climat océanique (pluviométrie moyenne annuelle d'environ 1100 mm) génère un drainage hivernal de 500 mm en moyenne (de 271 à 1003 mm), dont plus de 80 % entre mi-septembre et fin février.

Le dispositif expérimental est constitué de 12 parcelles de 20 m sur 13, (4 traitements x 3 répétitions) équipées chacune de 10 bougies poreuses (DST 2000, diamètre 31 mm, longueur 78 cm). Elles sont réparties tous les 3 m en quinconce sur 2 lignes parallèles et installées entre 70 et 80 cm de profondeur (soit à la profondeur moyenne d'apparition du substrat), selon un angle de 45° avec la verticale. Chaque bougie fait l'objet d'une mesure élémentaire de la teneur en nitrate, pour chaque date de prélèvement déclenché, à partir des mesures de lame drainante sous 4 cases lysimétriques.

Afin de répondre aux questions posées, 4 traitements cultures sont conduits chaque année selon 2 successions :
- blé - maïs, soit avec un sol nu en hiver entre blé et maïs (T1 : BM), soit avec introduction d'une culture intercalaire de ray-grass d'Italie entre le blé et le maïs (T2 : BrgiM) ;
- maïs - blé, soit suivi d'un sol nu (T3 : MB), soit suivi d'une culture intercalaire de ray-grass d'Italie (T3 : MBrgi) (tabl. 1). Le ray-grass d'Italie est détruit chimiquement au mois de février.

Tableau 1. Succession des cultures par traitement.

Année	1995	1996	1997	1998	1999	2000	2001	2002
T1	Maïs	Blé	Maïs	Blé	Maïs	Blé	Maïs	Blé
T2	Maïs	Blé-Rgi[1]	Maïs	Blé - Rgi	Maïs	Blé - Rgi	Maïs	Blé - Rgi
T3	Blé	Maïs	Blé	Maïs	Blé	Maïs	Blé	Maïs
T4	BRgi	Maïs	Blé - Rgi	Maïs	Blé - Rgi	Maïs	Blé - Rgi	Maïs

[1] Rgi : ray-grass d'Italie.

Les productions du blé (grain et paille), du maïs fourrage (biomasse MS, rapport épis sur plante entière) et du ray-grass d'Italie (biomasse au moment de la destruction) sont mesurées chaque année. A partir de l'automne 2001, le ray-grass d'Italie fait l'objet d'un suivi de la production de biomasse aérienne et des racines au cours de l'hiver : une première mesure environ 2 mois après la levée, puis une mesure tous les mois jusqu'à sa destruction.

A chaque mesure de production, la teneur en azote est déterminée sur un échantillon moyen par traitement, par parcelle élémentaire pour chaque composante de rendement des cultures (grain et paille pour le blé ; tiges - feuilles - spathes et épis pour le maïs ; biomasse aérienne et biomasse racinaire pour le ray-grass d'Italie).

Résultats et discussion

Les résultats présentés ci-dessous sont la synthèse des 8 premières années d'expérimentation (de 1995 à 2002).

Effet du couvert végétal implanté après blé

L'implantation d'un couvert végétal après blé permet de réduire les pertes de nitrate par lessivage 8 années sur 8, soit en moyenne 91 % (7 kg N-NO$_3$.ha^{-1}.an^{-1} en moyenne, contre 85 kg N-NO$_3$.ha^{-1}.an^{-1} sans introduction de la culture intermédiaire) (fig. 1).

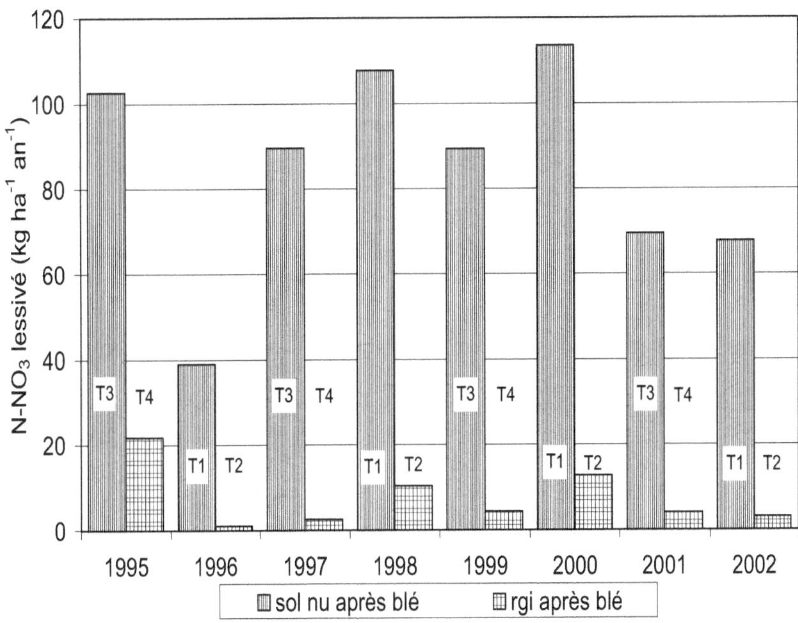

Figure 1. Quantité de nitrate lixivié dans l'interculture blé - maïs selon le type de conduite : sol nu (B - M) ou avec culture intermédiaire (Brgi - M).

L'examen des cinétiques de lixiviation (fig. 2) montre que le couvert a un effet dès le début du drainage : à la mi-octobre, la biomasse aérienne atteint environ 2 t MS. ha^{-1} et la quantité d'azote absorbé (40 kg N. ha^{-1}) représente les 2/3 de la valeur mesurée à la destruction en février. Ainsi, au moment où débute le drainage, le couvert a absorbé l'essentiel de l'azote minéral présent dans le sol.

On peut noter que le drainage sous le ray-grass d'Italie démarre un peu plus tard et qu'il est légèrement plus faible que sous sol nu.

Depuis le début de l'étude, on n'a pas observé de différences de rendement du blé entre les 2 successions.

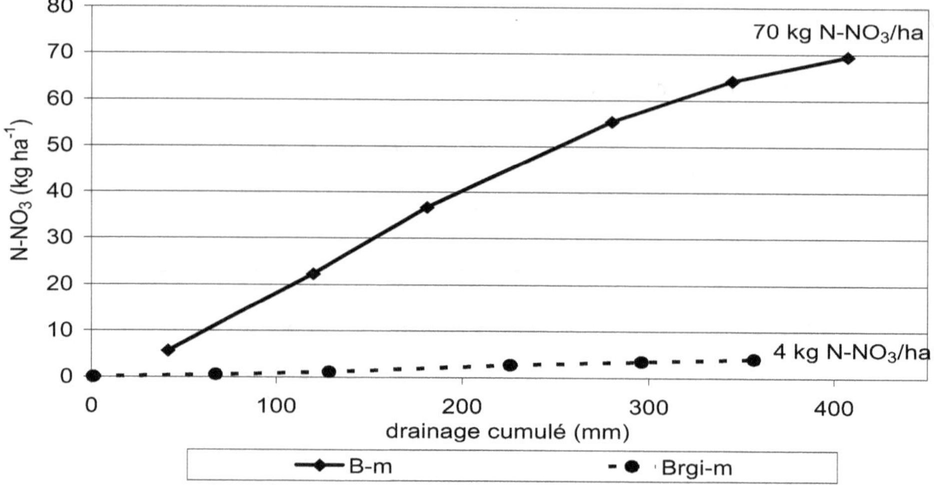

Figure 2. Cinétique de lixiviation dans l'interculture blé - maïs selon le type de conduite : sol nu (B - M) ou culture intermédiaire (Brgi - M), en fonction du drainage (exemple de l'hiver 2001-2002).

Effet de l'enfouissement du couvert sur la culture de maïs fourrage

En moyenne, sur les 8 années de suivi, la culture et l'enfouissement du ray-grass d'Italie avant maïs (qui reçoit la même fertilisation azotée qu'il y ait eu ou pas enfouissement du couvert végétal) n'ont pas d'effets significatifs sur les pertes de nitrate par lessivage mesurées après la récolte du maïs (70 kg N-NO$_3$ ha^{-1} an^{-1} en moyenne dans la succession avec culture intermédiaire contre 63 kg N-NO$_3$ ha^{-1} an^{-1} en moyenne dans la succession sans culture intermédiaire) (fig. 3).

Le rendement du maïs semé après enfouissement de la culture intermédiaire est légèrement supérieur à partir du 3e, et surtout du 4e enfouissement, à celui du maïs semé sur sol nu : + 0,6 t MS. ha^{-1} en 1999 (troisième enfouissement) et + 1,4 t MS. ha^{-1} en 2001 (4e enfouissement) en faveur du T2 par rapport au T1 ; + 0,9 t MS. ha^{-1} en 2000 (3e enfouissement) et + 2 t M.S. ha^{-1} en 2002 (4e enfouissement) en faveur du T4 par rapport au T3 (soit en moyenne 1,7 t M.S. ha^{-1}) (fig. 4). Toutefois, ces différences de rendement ne sont pas significatives au seuil de 5 %.

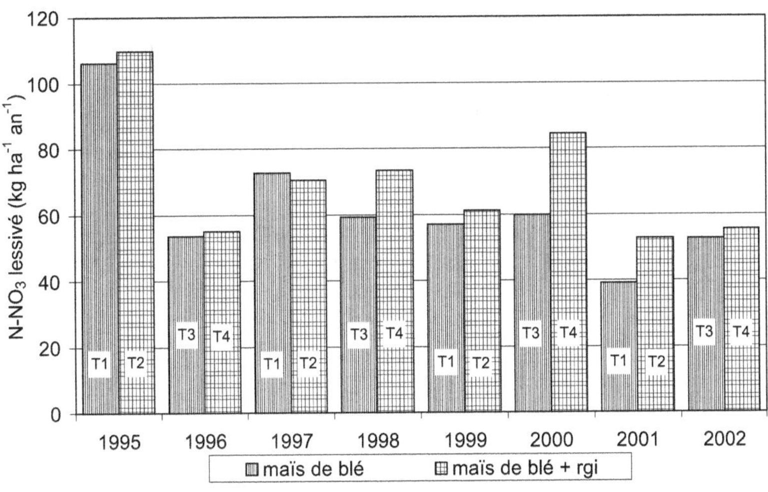

Figure 3. Lessivage du nitrate dans l'interculture maïs - blé selon le type de conduite : sol nu (M - B) ou culture intermédiaire (M - Brgi).

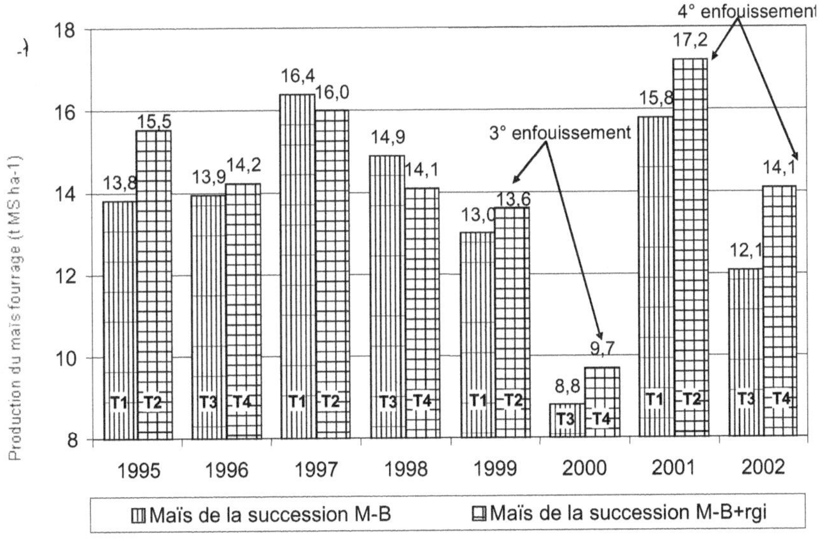

Figure 4. Rendement du maïs dans les différentes successions.

L'effet de la gestion de l'interculture sur le lessivage hivernal de l'azote n'est pas nouveau. Mais cette étude permet :
- de quantifier les pertes de nitrate après une culture de maïs fourrage ou de blé, conduite selon les principes de la fertilisation azotée raisonnée ;
- de mesurer l'effet d'un couvert végétal implanté après la récolte du blé : celui-ci «piège» la presque totalité de l'azote minéral présent dans le sol après céréales ;
- de mettre en évidence le devenir de l'azote piégé par le couvert. 4 enfouissements successifs de ray-grass d'Italie ne génèrent pas une augmentation de la quantité d'azote lixivié, bien au contraire. L'établissement des bilans complets de l'azote dans le système sol - plante (travail en cours) montre que la pratique de la culture intermédiaire favorise les flux d'organisation de l'azote, et qu'il convient donc d'apprécier les effets à long terme de cette augmentation probable du pool organique labile du sol. Par ailleurs, on observe une amélioration du rendement du maïs dans la succession avec couvert végétal enfoui. Cet effet reste cependant à confirmer.

Cependant, plusieurs questions restent posées :
- pourquoi la culture intermédiaire augmente-t-elle le rendement du maïs, et pas celui du blé ? D'autres dispositifs de même nature et de longue durée montrent toutefois que cet effet n'est pas systématique (Alexandre, 2002; Mary et al., 2002);
- quels sont les mécanismes en jeu dans cette augmentation de rendement (modification des conditions de milieu : activité biologique du sol...) ?

Conclusion

L'essai mis en place depuis 8 ans à la station de Kerlavic montre l'efficacité d'un couvert de ray-grass d'Italie semé après blé sur la lixiviation du nitrate au cours de l'hiver : celui-ci permet de réduire systématiquement les pertes de nitrate (91 % en moyenne par rapport à la quantité perdue sous sol nu).

L'enfouissement de ce couvert en février (un an sur deux), avant implantation du maïs, ne semble pas jusqu'à maintenant avoir eu d'effet négatif sur les quantités de nitrate lixivié au cours de l'hiver qui suit la récolte du maïs. On observe une légère augmentation des rendements du maïs à partir du 3ᵉ enfouissement. Cet effet reste cependant à confirmer.

Références bibliographiques

ALEXANDRE M., 2002. *Evaluation par simulation avec le modèle STICS des effets environnementaux et agronomiques des cultures intermédiaires pièges à nitrate.* Mémoire de fin d'étude ENSAT, INRA. Toulouse, ITCF, 69 p. et annexes.

DORSAINVILLE F., 2002. *Evaluation, par modélisation, de l'impact environnemental des modes de conduite des cultures intermédiaires sur les bilans d'eau et d'azote dans les systèmes de cultures.* Thèse doc. INA Paris - Grignon, INRA Reims, 123 p. et annexes.

MARY B., LAURENT F., BAUDOUIN N., 2002. La gestion durable de la fertilisation azotée. *Proceedings of the 65ᵗʰ IIRB Congress.* 13 - 14 february 2002, Brussells.

X, 1995. *Azote et interculture.* Dossier Perspectives Agricoles n°206, 64 p.

Lutte contre l'érosion des terres : l'expérience de la Haute-Normandie en matière d'aménagements d'hydraulique rapprochée à la parcelle sur une exploitation

J.F. OUVRY, M. LHERITEAU

Le contexte régional

En pays de Caux, les ruissellements sur les terres agricoles se produisent essentiellement en automne/hiver presque tous les ans, voire plusieurs fois par an (Boiffin *et al.*, 1988 ; Helloco *et al.*, 2003). Ils ont trois conséquences majeures : érosion des sols, coulées de boues et turbidité de la ressource en eau avec les pollutions associées en micro-organismes et produits phytosanitaires (Papy *et al.,* 1991 ; AESN, 2004).

Les lames ruisselées mesurées vont de 0,1 à 8 mm par ha cultivé avec des charges solides de 0,1 à 2 g/l (exceptionnellement 100 g/l) (Martin, 1997 ; Le Bissonnais *et al.,* 1998 ; Lecomte, 1999). À l'échelle d'un petit bassin versant (moins d'un km^2), l'érosion déplace en moyenne 7 à 10 t.ha^{-1}.an^{-1} avec une amplitude de 0,1 à 70 t.ha^{-1} (Ludwig, 1992 ; Le Bissonnais *et al.,* 1998) (planche couleur1, fig. 1). Le processus érosif dominant est celui de l'érosion par ruissellement concentré (Boiffin *et al.,* 1988) (planche couleur1, photo 1). Ce processus représente les deux tiers de la quantité des particules arrachées. La localisation des figures d'érosion linéaire dépend des limites agraires (formes du parcellaire, bouts de champs, haies...) et de la topographie (Auzet *et al*, 1990, 1993 ; Ludwig, 1992). Le tiers de l'érosion restante est diffuse. La sédimentation des particules commence très rapidement. Le taux de dépôt est en moyenne supérieur à 70 % au sein même des petits bassins versants de moins de 2 km^2 (Le Bissonnais *et al.,* 1998), mais il reste dépendant des conditions hydrologiques (débit et vitesse) ainsi que de la nature de l'occupation du sol dans les talwegs (herbe ou labour).

Le territoire est caractérisé par un plateau entaillé par des vallées sèches. Sur ce plateau, les pentes sont omniprésentes avec une amplitude de 2 à 5 %, et la polyculture y est très développée (Ouvry, 1989). Dans les secteurs où l'érosion est fréquente et significative, les systèmes de culture ont une faible proportion de prairies (moins de 25 %) et des parcelles d'exploitation entre 10 et 20 ha. Les cultures sont le blé et l'orge d'hiver, la betterave, le colza, les pois, le lin, la pomme de terre, le maïs ensilage et les légumes. Les cultures de printemps représentent 45 à 70 % des emblavements. Les sols sont constitués de limon battant avec une très faible stabilité structurale :

teneurs en limon de 65 à 70 %, moins de 15 % en argile, moins d'1,5 % en matière organique (MO) (Boiffin *et al.*, 1988). La stabilité structurale de ces sols, analysée par la méthode du MWD, est considérée comme très instable (FOX *et al.*, 1998).

La démarche d'action en pays de Caux

L'échelle de réflexion et de travail mise en œuvre est celle du bassin versant. Compte tenu des processus, des types de sols et des systèmes de culture, la formation de croûte de battance ne peut pas encore être systématiquement évitée. Il en résulte que la stratégie pour limiter l'ensemble des désordres repose sur trois types d'actions complémentaires et indissociables. Deux d'entre elles sont du ressort du monde agricole, et la troisième relève de l'action des collectivités :

- Les solutions agronomiques pour réduire à la source le ruissellement (non présentées ici).

- Les solutions de gestion des écoulements inévitables pour lutter contre le développement de l'érosion linéaire. Elles concernent l'exploitation agricole et le bassin versant. Ces petits aménagements ont quatre fonctions essentielles :
    - supprimer l'érosion linéaire par ruissellement concentré ;
    - favoriser la sédimentation ;
    - favoriser l'infiltration ;
    - augmenter les temps de transfert.

- La réalisation d'ouvrages de laminage de crue pour lutter contre les inondations ou l'engouffrement des eaux dans les avens. Cela relève des compétences des syndicats de bassins versants.

Exemples d'aménagements mis en place sur une exploitation agricole du pays de Caux en complément de l'amélioration des pratiques culturales

L'exploitation présentée ici couvre 90 ha. Les sols de limon battant sont profonds, avec 11 % d'argile et 1 % de MO. La totalité de la production est de type cultures de printemps : betterave, pois, pommes de terre, carottes, lin. Un blé est cultivé tous les 6 ans. Les parcelles de l'exploitation sont situées sur 2 petits bassins versants (planche couleur1, fig. 2). Sur le bassin versant situé au nord, les parcelles, d'une longueur de 300 m environ, sont cultivées dans le sens de la pente. On y a régulièrement observé des phénomènes d'érosion diffuse avec des dépôts importants en bout de parcelle et sur le chemin d'exploitation riverain (planche couleur1, photo 2). Des phénomènes d'érosion par ruissellement concentré sur les axes de talweg et sur les bouts de champs se produisent également couramment. Sur le bassin versant situé au sud, les parcelles sont cultivées perpendiculairement au sens de la pente. Une ravine se forme tous les ans dans un petit fond de vallon ainsi que sur le bout de champ (planche couleur1, photo 3). Des coulées de boues ont lieu dans le lotissement situé en aval et vers le cours d'eau.

Entre 1996 et 2003, outre l'amélioration de ses pratiques culturales, l'exploitant a mis en place plusieurs petits aménagements hydrauliques et paysagers. Ces actions ont été menées dans différents cadres : plan de développement durable pour la réflexion (PDD), fonds de gestion de l'espace rural (FGER) pour les premiers travaux, contrat territorial d'exploitation

(CTE) pour les travaux suivants, et utilisation de la jachère permise par la politique agricole commune (PAC) (planche couleur 2, figure 3).

L'enherbement de tous les bouts de champs en aval des parcelles en culture sur le bassin versant nord (planche couleur 2, figure 3 et photo 4)

Il s'agit d'une jachère avec localisation pertinente réalisée dans le cadre du CTE.

• *Ses objectifs*

L'enherbement évite la formation de toute rigole d'érosion linéaire liée à la concentration du ruissellement sur les bouts de champs. Le fait que cette surface soit non ameublie (compactée) réduit l'incision (Govers *et al.,* 1987 ; Poesen *et al.*, 1990). La « force tractrice limite d'incision » est multipliée par 3 (Rauws *et al.*, 1988). En outre, par sa densité de végétation, l'enherbement ralentit l'écoulement d'un facteur supérieur à 10 (coefficient dit de retardance aux Etats-Unis), notamment par accroissement du coefficient de rugosité de Manning (Gril *et al.*, 1991). Tant que la vitesse moyenne d'écoulement reste inférieure à 1,5 m/s, il n'y a pas d'érosion sur ces sols hypersensibles.

La vitesse du flux diminuant, la sédimentation des particules est favorisée, d'autant plus que la lame d'eau reste inférieure à 6 cm : rôle de peigne (Gril *et al.*, 1991). A titre indicatif, selon la méthode d'estimation de Barfield (Duvoux, 1990), pour une parcelle de 500 m de long sur une pente de 3 %, un bout de champ enherbé sur 20 m de largeur peut piéger plus de la moitié des particules argileuses, plus de 97 % des limons et la totalité des sables pour un débit d'écoulement de 3 l par s et par m de large (cette valeur correspond à la valeur maximale mesurée sur le terrain ; thèse de V. Lecomte, 1999). Ceci est aussi en accord avec les taux d'abattement mesurés dans les travaux de l'ITCF[1] en 1998.

Ces 2 dernières études ont aussi démontré les effets de telles surfaces enherbées sur la réinfiltration et le piégeage des molécules de produits phytosanitaires. Le taux de réinfiltration est compris entre 56 et 100 %. Pour l'isoproturon et le diflufénicanil, le taux de réduction de pertes dépasse 95 %. Ces réductions de pertes varient selon les évènements pluvieux.

• *Les règles de conception*

Sur cette exploitation, le semis est à base de ray-grass anglais en mélange avec du trèfle. Le mélange d'espèces semées est adapté au climat et aux tassements : il faut obtenir une forte densité et la possibilité d'une bonne repousse après des conditions difficiles (récolte de la parcelle amont, nombreux ruissellements occasionnant un recouvrement important de l'herbe suite à la sédimentation). Les espèces gazonnantes et traçantes sont privilégiées pour leur faible développement en hauteur de façon à limiter l'entretien : en pays de Caux, ray-grass anglais, fétuque rouge demi-traçante et pâturin (CORPEN, 1997). La largeur idéale est de 20 m de large pour une parcelle de 500 m de long.

Les dates d'implantation sont les mêmes que pour l'enherbement des axes de talweg (voir paragraphe suivant). Dans le cas d'un bout de champ enherbé occasionnellement pour une culture, l'implantation doit avoir lieu au moins 3 mois avant le semis de la parcelle, afin

---

[1] : Institut technique des céréales et des fourrages.

que les graminées soient assez développées pour jouer leurs rôles dès les premiers ruissellements.

• *Les résultats*

Il n'y a plus de figure d'érosion linéaire de bout de champ. Un dépôt sédimentaire de plusieurs cm se développe chaque année en amont et sur la bande enherbée. Le ray- grass anglais sert de piège aux particules arrachées par érosion diffuse sur toute la longueur des parcelles. On constate également un moindre ruissellement qui sort des parcelles ; le chemin d'exploitation est ainsi redevenu carrossable. De plus, l'enherbement assure une très bonne portance au bout de champ. Ce type de solution est extrêmement efficace.

• *Les limites*

Cette technique n'est efficace que si les écoulements restent diffus. Si cette bande enherbée est déjà recouverte de sédiments, son efficacité peut être réduite. Cependant, dans notre région, le climat est tel que le ray-grass anglais redémarre après 2 mois au printemps, malgré les dépôts : la bande enherbée retrouve alors tout son intérêt. Des passages en mauvaises conditions peuvent entraîner des tassements sur la bande enherbée.

• *L'entretien*

Les plantes adventices sont détruites une seule fois à la levée. Le mode d'entretien de l'herbe dépend du régime appliqué à la bande enherbée (jachère PAC, CTE…). Selon les exploitations, l'herbe est enrubannée, broyée (attention aux dates), parfois pâturée, ou fauchée pour faire du foin ou de l'ensilage (CORPEN, 1997). Aucune fertilisation n'y est pratiquée pour limiter l'entretien. L'enherbement résiste aux petites doses d'herbicides de pré, ou post-émergence, appliquées sur les différentes cultures situées à l'amont.

L'enherbement des axes de talweg sur dix à vingt mètres de large sur le bassin versant nord (planche couleur 2, fig. 3 et photo 5)

Dans le cas de cette exploitation, il s'agit d'une jachère avec localisation pertinente dans le cadre du CTE en amont du chemin, d'une jachère PAC en aval.

• *Ses objectifs*

En premier lieu, il s'agit de supprimer l'érosion de fond de vallon (Baade *et al.*, 1993). L'herbe provoque aussi la sédimentation d'une partie des matières en suspension véhiculées par l'eau. Une part du ruissellement peut s'infiltrer en cas de débits faibles (consulter le passage sur les bouts de champs enherbés).

• *Les règles de conception*

Tout repose sur la largeur de l'enherbement qui doit tenir compte d'écoulements exceptionnels (période de retour de 30 à 100 ans) et de l'ensablement irrémédiable au fil des ans. Une bande enherbée non terrassée doit mesurer entre 10 et 20 m de large pour permettre aux écoulements de divaguer en fonction des zones de dépôt (CORPEN, 1997). Les espèces préconisées sont les mêmes que pour le cas du bout de champ enherbé.

La date d'implantation est primordiale. Deux conditions doivent être réunies : agir lors d'une saison où la végétation pousse vite et à une période où les risques de ruissellement sont minimes. Dans notre région, la période fin août/début septembre est judicieuse car elle présente des températures favorables au développement de l'herbe et un faible risque de ruissellement (très peu d'orages), l'essentiel des parcelles étant couvert par la végétation. Quand les cultures des parcelles situées à l'amont de la bande enherbée couvrent le sol, le mois de mai peut également convenir ; les températures permettent alors une croissance rapide des graminées (CORPEN, 1997).

Pour ce dispositif enherbé, comme pour le précédent, il est préférable que le sillon de travail du sol atteigne la bande enherbée. L'exploitant doit faire son demi-tour sur l'herbe pour éviter la constitution d'une fourrière de bout de champ. De cette façon, le ruissellement est conduit jusqu'à la bande enherbée.

● Les résultats

Cette solution a supprimé sur l'exploitation tout ravinement de fond de vallon, quel que soit le débit.

● L'entretien

Il s'agit du même entretien que dans le cas du bout de champ enherbé. L'herbe doit être coupée au moins 2 fois par an. Une végétation trop haute ralentit fortement le ruissellement ; elle peut provoquer le débordement de la bande enherbée et la formation de rigoles d'érosion sur le côté.

La création d'un fossé à redents et d'un talus de ceinturage d'une parcelle de versant sur le bassin versant sud (planche couleur 2, fig. 3 et photos 6 et 7)

Cet aménagement a été réalisé dans le cadre du FGER.

● Ses objectifs

En premier lieu, il s'agit d'éviter la formation d'une ravine dans la partie aval de la parcelle. Le principe consiste à déconnecter le ruissellement produit sur le plateau de l'axe du talweg situé au cœur de la parcelle de versant. Les écoulements de ce petit bassin versant traversent un lotissement : Les objectifs de l'agriculteur sont de supprimer la ravine intraparcellaire et de faire en sorte que l'eau de ruissellement soit moins chargée en terre pour limiter les désagréments de ses voisins. Le fossé discontinu assure à la fois la collecte des eaux et une partie de leur réinfiltration sur ces sols profonds. En cas de comblement du fossé, le talus implanté en légère oblique par rapport à la pente impose à l'écoulement un sens précis. C'est indispensable dans le cas présent, où il y a un secteur sensible en aval, le lotissement.

● Les règles de conception

Le fossé mesure 3 m de large. Pour assurer une bonne stabilité, la pente des versants ne doit pas excéder 2/1 voire 3/1 en cas d'arrivée d'eau latérale. Une bande enherbée de 3 m peut être implantée le long du fossé en amont pour limiter son envasement en cas d'arrivée d'eau latérale.

Le talus a également une largeur de 3 m. La terre végétale doit être décapée sous le talus pour bien l'ancrer dans le sol. Talus et fossés doivent être engazonnés le plus rapidement possible pour les stabiliser.

Une bande de roulement de 3 m entre le fossé et le talus permettrait un entretien mécanique. L'emprise totale d'un tel aménagement excède 10 m de large (fiches techniques « aménagements », 1997-1999).

Enfin, l'eau collectée par le fossé-talus doit être conduite sur une zone protégée de l'érosion. Dans le cas présent, un chemin d'eau enherbé a été créé à l'extrémité du fossé à redents pour supprimer le ravinement préexistant. Ce chenal enherbé joue aussi le rôle de peigne, l'eau continue de s'y épurer.

● *Les résultats*

Malgré les orages et les fortes pluies hivernales de ces dernières années, les figures d'érosion par ruissellement concentré ont disparu. Ainsi, même si des ruissellements traversent parfois le lotissement, l'eau est moins chargée en particules, il y a donc moins de dépôts de terre dans la rue. Par ailleurs, avec son talus planté, ce petit aménagement devient un atout paysager et faunistique du secteur.

● *L'entretien*

Un fossé doit être, comme une bande enherbée, fauché 2 fois par an. Un curage des parties envasées peut également s'avérer nécessaire. Pour le talus, un fauchage annuel des côtés est conseillé durant les premières années.

Il est certain que la hauteur et l'intensité de la pluie, ainsi que l'état de la surface du sol, conditionnent le degré d'efficacité de tous ces aménagements.

Ailleurs, sur d'autres exploitations, des techniques différentes sont également développées en fonction des problèmes à résoudre : talus ou fossé simple, haie, fascine, mare tampon, système de gabions, piège à limons, boisement d'infiltration... (fiches techniques « aménagements », 1997-1999).

Conclusion

Ces aménagements antiérosifs (encore appelés localement d'hydraulique rapprochée ou douce) sont mis en place par des exploitants agricoles, sur leurs parcelles, avec l'aide technique des animateurs agricoles de bassin versant. En théorie, ils paraissent aisés à mettre en oeuvre, mais il convient de bien connaître leurs conditions d'utilisation, leurs limites, le terrain (levé topographique), les possibilités de conjugaison entre eux, ainsi que l'organisation spatiale globale ; de plus, ils impliquent souvent une phase de dimensionnement.

Aujourd'hui, on constate que l'érosion recule dans les premiers secteurs touchés entre 1985 et 1990. C'est le résultat d'une phase importante de concertation, d'élaboration d'une méthode de travail et d'analyse adaptée au monde agricole.

En terme de perspectives, la maîtrise complète de l'érosion dans la région demandera encore plusieurs années. A moyen terme (5 à 10 ans), l'objectif fixé avec le monde agricole est double :

- Compte tenu de la préoccupante problématique du ruissellement et de l'érosion d'hiver, il s'agit de poursuivre le développement de tous les moyens agronomiques permettant d'augmenter l'infiltrabilité des sols de 3 à 6 mm par heure pour réduire significativement les phénomènes de ruissellement, et donc toutes les conséquences en aval (fiches techniques « pratiques culturales », 1997-1999).

- Poursuivre la mise en place de tous les petits aménagements à caractère hydraulique et paysager, c'est-à-dire aménager le territoire en intégrant la gestion des eaux superficielles.

Références bibliographiques

AGENCE DE L'EAU SEINE NORMANDIE, 2004. Comité de bassin Seine-Normandie. *Consultation sur les enjeux de la gestion de l'eau à l'horizon 2015*. 65 p. + fiches thématiques et fiches par secteurs.

AUZET V., BOIFFIN J., PAPY F., LUDWIG B., MAUCORPS J., OUVRY J.F., 1990. An approach to the assessment of Erosion Forms and Erosion Risk on Agricultural Land in the Northern Paris Basin, France. In : J. BOARDMAN, D.L. FOSTER and J.A. DEARING (Editors), *Soil Erosion on Agricultural Land. Wiley,* Chichester, 383-400.

AUZET V., BOIFFIN J., PAPY F., LUDWIG B., MAUCORPS J., 1993. Rill erosion as related to the characteristics of cultivated catchments in the North of France, *Catena* , 20, 41-62.

BAADE J., BARSCH D., MAUSBACHER R., SCHUKRAFT G., 1993. Field experiments on the reduction of sediment field from arable land to receiving watercourses (N-Kraichgau, SW-Germany). *In : S. WICHEREK (Editor), Farm Land Erosion : in Temperate Plains Environment and Hills*. Elsevier Science Publishers B.V., 471-480.

BOIFFIN J., PAPY F., EIMBERCK M., 1988. Influence des systèmes de culture sur les risques d'érosion par ruissellement concentré. Analyse des conditions du déclenchement de l'érosion. *Agronomie* 8 (8) 1, 11

CHAMBRES D'AGRICULTURE DE SEINE MARITIME, DE L'EURE ET AREAS, 1997-1999. *Fiches techniques « Aménagements » et « Pratiques culturales »* (onze fiches) (consultables sur le site Internet de la chambre d'agriculture de l'Eure : http://www.eure.chambagri.fr).

C.O.R.P.E.N., 1997. *Produits phytosanitaires et dispositifs enherbés. Etat des connaissances et propositions de mise en œuvre*. Ministère de l'Agriculture et de la Pêche – Ministère de l'Aménagement du Territoire et de l'Environnement, 88 p.

DUVOUX B., 1990. *Protection rapprochée des cours d'eau contre les effets de l'érosion des terres agricoles*. Cemagref, 86 p.

FOX D.M., LE BISSONNAIS Y., 1998. Process-Based Analysis of Aggregate Stability Effects on Sealing, Infiltration, and Interrill Erosion. *Soil Sci. Soc. Am. J.*, Volume 62, 3, 717-724.

GOVERS G., EVERAERT W., POESEN J., RAUWS G., DE PLOEY J., 1987. Susceptibilité d'un sol limoneux à l'érosion par rigoles : essais dans le grand canal de Caen. *Bulletin du Centre de Géomorphologie de Caen.* CNRS n° 33, 85 -105.

GRIL J.J., DUVOUX B., 1991. *Maîtrise du ruissellement et de l'érosion. Conditions d'adaptation des méthodes américaines*. CEMAGREF, 157 p.

HELLOCO F., OUVRY J.F., RICHET J.B., 2003. *Système d'anticipation des épisodes pluvieux hivernaux générateurs de désordres hydrologiques. Etude de faisabilité*. Rapport AREAS et François Helloco consultant, 100 p. + annexes.

IFEN, INRA, 1998. Cartographie de l'aléa « érosion des sols » en France. *Etudes et Travaux* n°18.

I.T.C.F. – L'Agence de l'eau, 1998. *Etude de l'efficacité de dispositifs enherbés, campagnes 1993-1994, 1994-1995, 1995-1996*. Les études de l'agence de l'eau (étude n° 63), agence de l'eau Loire-Bretagne, 29 p.

LE BISSONNAIS Y., BENKHADRA H., CHAPLOT V., FOX D., KING D., DAROUSSIN J., 1998. Crusting, runoff and sheet erosion on silty loamy soils at various scales and upscaling from m² to small catchments. *Soil and Tillage Research*, 46, 69-80.

LECOMTE V., 1999. *Transfert de produits phytosanitaires par le ruissellement et l'érosion de la parcelle au bassin versant*. Thèse, 235 p.

LUDWIG B., 1992. *L'érosion par ruissellement concentré des terres cultivées du nord du bassin parisien : analyse de la variabilité des symptômes d'érosion à l'échelle du bassin versant élémentaire*. Thèse de doctorat, université Louis Pasteur – Strasbourg, 155 p.

MARTIN P., 1997. *Pratiques culturales, ruissellement et érosion diffuse sur les plateaux limoneux du nord ouest de l'Europe – Application aux intercultures du pays de Caux*. Thèse, INA-PG, 184 p.

OUVRY J.F., 1989-1990. Effet des techniques culturales sur la susceptibilité des terrains à l'érosion par ruissellement concentré – Expérience du Pays de Caux. *Cah. ORSTOM, sér. Pédol.*, vol. XXV, n° 1-2, 157-169.

PAPY F., DOUYER C., 1991. Influence des états de surface du territoire agricole sur le déclenchement des inondations catastrophiques. *Agronomie*, 11,. 201-215.

POESEN J., GOVERS G., 1990. Gully Erosion in the Loam Belt of Belgium : Typology and Control Measures. In : J. BOARDMAN, I.D.L. FOSTER and J.A. DEARING (Ed.), *Soil Erosion on Agricultural Land*. John Wiley & Sons Ltd., 34, 512-530.

RAUWS G., GOVERS G., 1988. Hydraulic and mechanical aspects of rill generation on agricultural soils. *J. Soil Sci.*, 39, 111-124.

Site internet : http://erosion.orleans.inra.fr/rapport2002/

Méthode cartographique d'évaluation du risque de pollution agricole par ruissellement des eaux superficielles : application à la Basse-Normandie

P. Le Gouée

Introduction

L'utilisation intensive des surfaces agricoles contribue à perturber l'équilibre fragile des ressources environnementales en milieu rural. Cela se traduit, notamment depuis quelques décennies, par une altération de la qualité des eaux continentales et littorales induite par les pollutions diffuses d'origine agricole. Comme d'autres régions françaises, la Basse-Normandie témoigne de concentrations anormalement élevées en éléments issus de la fertilisation et des traitements phytosanitaires. Un diagnostic des eaux de surface montre que 60% des cours d'eau attestent d'une perte de fonctionnalité biologique en raison de la présence régulière et importante des intrants (Forray et Lorfeuvre, 2002).

La lutte contre les pollutions d'origine agricole passe par la mise en place de programmes d'actions tournés vers une gestion mieux raisonnée de l'espace agricole et des ressources naturelles (Sebillotte, 1999). Ces programmes s'appuient sur des outils d'analyse, de concertation et d'intervention dans le cadre d'une approche moins curative que préventive. La logique de prévention fait appel à l'utilisation de méthodes de diagnostic et d'évaluation du risque de pollution de l'eau lié aux pratiques agricoles et aux spécificités du milieu naturel. Plus encore, il s'agit de disposer de modèles centrés sur la prédiction de la production et du transfert des polluants d'origine agricole à l'échelle du bassin versant.

Si le diagnostic des risques nécessite de prendre en considération les dimensions spatiale et temporelle des facteurs de production et de transfert des polluants, celles-ci sont en réalité rarement abordées de manière concomitante. Cela s'explique par la complexité des phénomènes engagés et par le déficit de connaissances sur le plan de l'expérimentation de terrain. L'identification des secteurs à risque repose alors soit sur des modèles temporels qui s'affranchissent de la structuration et des dynamiques de l'espace, soit sur des modèles spatiaux qui s'apparentent à une expertise qualitative d'un territoire, excluant ainsi toute intention de bilan chiffré de la pollution. Dans le prolongement des travaux du CORPEN[1] (1996), d'Aurousseau *et al* (1998) et de Colin (2000), nous avons opté pour une approche spatiale du diagnostic de risque de production et de transfert des polluants d'origine agricole en reprenant et en adaptant le principe de la schématisation (Bolo et Brachet, 2001).

Le principe de la schématisation

La schématisation s'apparente à une évaluation qualitative des risques, facilement reproductible et généralisable *via* l'intégration de composantes impliquées dans la dynamique de pollution agricole de l'eau. Il s'agit d'une démarche empirique qui vise à identifier l'importance et la nature du risque afin de proposer des mesures correctives et conservatoires.

La mobilisation et le transport des polluants agricoles dépendent étroitement des eaux de ruissellement et d'infiltration. Notre étude ne porte que sur les formes de pollution prises en charge par les écoulements de surface. Ces formes correspondent à la pollution par les produits phytosanitaires et les matières fertilisantes utilisés pour l'entretien des cultures, et par les particules solides issues de l'érosion hydrique des terres agricoles. Les composantes du risque de pollution ont donc été choisies en fonction d'un mode de contamination par ruissellement.

Choix et nature des données

L'application de la schématisation consiste à sélectionner des composantes qui définissent le contexte naturel et agraire d'un espace et qui interviennent étroitement dans la pollution agricole des eaux par transfert de surface. Ces composantes relèvent d'un choix arbitraire qui intègre des dires d'expert, accorde une place essentielle au facteur édaphique et porte sur une liste élargie de variables d'origine naturelle ou agraire. Les composantes retenues sont au nombre de 12 et ont été réparties en 2 groupes de 6.

Le premier groupe rassemble les composantes liées à la topographie, aux sols et au climat. Ces composantes sont associées à la notion de potentiel de production de la pollution d'origine agricole, qui renvoie à la propension d'un sol à favoriser la mobilisation des polluants. La topographie est caractérisée par la prise en compte de la déclivité et des expressions morphologiques du relief. Les couvertures pédologiques sont identifiées sur le plan de la perméabilité, de la sensibilité au tassement et de la stabilité structurale des horizons de surface. L'approche croisée des données édaphiques et du contexte climatique général, à partir de la méthode du bilan hydrique, permet d'évaluer les surplus hydrologiques des sols. L'intégration des données climatiques permet de traduire le potentiel de production de la pollution en aléa qui témoigne de la nature aléatoire du phénomène de contamination des eaux de surface.

Le second groupe réunit les composantes associées aux pratiques agricoles et à la structure de l'espace agraire qui influent sur le potentiel de transfert des polluants. Le transfert traduit le cheminement hydraulique de l'eau entre la zone de production et la ressource en eau. Le potentiel de transfert implique de s'intéresser aux composantes qui participent à

---

[1] Comité d'orientation pour des pratiques agricoles respectueuses de l'environnement.

l'affirmation ou à l'inhibition des flux ruisselants convergeant vers le réseau hydrographique. Ces composantes portent sur l'acquisition de connaissances relatives aux rotations culturales, à la nature des connexions inter-parcellaires, à l'orientation de la longueur des parcelles par rapport à la plus forte pente, à la surface des parcelles, à la distance des parcelles au cours d'eau le plus proche et au rôle hydrologique des haies. La spatialisation du potentiel de transfert est donc une démarche d'identification des espaces favorisant la connexion hydraulique avec les eaux de rivière qui peut s'apparenter à un diagnostic du zonage de la vulnérabilité. Cette considération permet d'évoquer la notion de vulnérabilité des territoires au travers de la notion de transfert de polluants. Ainsi, le rapprochement final des 2 groupes de composantes permettra de poser un diagnostic du risque de pollution agricole par ruissellement des eaux superficielles.

Production et structuration des données territoriales d'échelle fine

L'acquisition des informations territoriales d'échelle fine relevant des composantes de la production et du transfert de la pollution constitue un préalable indispensable à l'opérationnalité de la schématisation sur le plan local.

Les pentes et les expressions morphologiques sont obtenues par krigeage des données altimétriques issues du SCAN 25. Les propriétés physiques et hydriques des sols relèvent d'un double travail d'identification *in situ* des couvertures pédologiques et d'analyses de routine menées en laboratoire. La détermination en laboratoire de la granulométrie des différents types de sol permet de définir la sensibilité au tassement et la stabilité structurale des horizons de surface par la règle de pédo-transfert (Baize, 2000). Les surplus hydrologiques sont estimés en croisant les réserves utiles des sols estimées par la règle de pédo-transfert et les moyennes mensuelles climatiques (précipitations, évapotranspiration potentielle) représentatives d'un contexte « à la normale ». Les composantes de la production de polluants sont connues en tout point de l'espace considéré.

Analyser les composantes du transfert de la pollution suppose la constitution d'une base de données géoréférencées sur les pratiques agricoles et la structure agraire des territoires. Au moyen d'un logiciel SIG (système d'informations géographiques), la digitalisation des orthophotoplans les plus récents et l'importation de données papier obtenues par un travail d'enquête de terrain auprès des agriculteurs permettent de renseigner les composantes de la vulnérabilité.

La schématisation nécessite donc de recourir à des approches diversifiées faisant appel à la photo-interprétation, aux analyses de laboratoire, à l'enquête auprès des agriculteurs et à des campagnes de terrain. Une telle démarche demande une connaissance fine de l'espace considéré, indispensable à la validation du diagnostic de territoire. Les informations recueillies sont organisées dans un SIG sous la forme de tables attributaires dans lesquelles l'unité spatiale d'intégration des données correspond à la parcelle d'exploitation. Les parcelles d'exploitation s'intègrent toujours dans les entités spatiales hydrologiques cohérentes de grande échelle que sont les bassins versants élémentaires d'une dizaine de km^2 tout au plus.

Le zonage du risque de pollution agricole

Le zonage du potentiel de pollution et de la vulnérabilité consiste à combiner, à l'aide des fonctionnalités d'un SIG, les données territoriales descriptives des composantes de la production et du transfert des polluants d'origine agricole.

La première étape a pour objectif de structurer chaque composante qualitative ou quantitative du potentiel de pollution et de la vulnérabilité en 3 classes. L'étape du seuillage des classes est primordiale car elle préfigure des classes de risque. La classification repose sur des valeurs usuellement admises par la communauté scientifique (exemple des composantes édaphiques), obtenues par logique (cas des expressions morphologiques, des rotations culturales et du rôle hydrologique des haies) ou estimées par discrétisation après traitement statistique des données (exemples des pentes, des surplus hydrologiques, de la taille des parcelles et de la distance des parcelles au cours d'eau le plus proche). Afin d'apporter une reconnaissance régionale aux classes établies par logique ou discrétisation, nous avons appliqué la schématisation à 3 bassins versants élémentaires dont les caractéristiques physiques et agraires témoignent globalement de la diversité du milieu naturel et des principaux agro-systèmes de la Basse-Normandie (tab.1).

Tableau 1. Caractéristiques des trois bassins versants élémentaires.

	Bassins versants		
	1	2	3
Localisation	Plaine de Caen	Suisse -Normande	Sud-Manche
Superficie (km²)	14	10	8
Géologie	Calcaires	Schistes	Schistes et granit
Topographie	Peu ondulée	Ondulée	Très ondulée
Précipitations (mm/an)	700	950	1200
Agriculture	Céréaliculture	Culture-élevage	Elevage bovin

Ces classes peuvent donc être considérées comme des référents sur le plan régional. Dans ces conditions, la schématisation autorise toute démarche comparative de diagnostic territorial en tout lieu de l'espace bas-normand. Dans la mesure où les caractéristiques naturelles et rurales de la Basse-Normandie se retrouvent au-delà de ses frontières administratives, ces limites de classe pourraient être également retenues dans des contextes géographiques régionaux analogues au nôtre.

Les classes initiales sont ensuite transformées en modalités qualitatives ordonnées qui définissent, pour chaque composante, des niveaux de potentiel de pollution et des niveaux de vulnérabilité. Ainsi, les niveaux 1, 2 et 3 correspondent aux qualificatifs faible, moyen et fort (tab. 2).

Tableau 2. Composantes, modalités et niveaux de potentiel de pollution et de vulnérabilité.

Potentiel de pollution		*Niveaux/ Qualificatifs*	*Vulnérabilité*	
Composantes	*Modalités*		*Modalités*	*Composantes*
pentes (en %)	< 2	**1 - Faible**	herbages permanents	rotations culturales
	[2 ; 5[	**2 - Moyen**	C.A.	
	≥ 5	**3 - Fort**	C.P.	
concavité/ convexité	peu marquée	**1 - Faible**	prairies/bois sous cultures	connexions interparcellaires
	marquée	**2 - Moyen**	C.A. sous C.A. C.A. sous C.P. C.P. sous C.A.	
	très marquée	**3 - Fort**	C.P. sous C.P.	
perméabilité	peu perméable	**1 - Faible**	perpendiculaire	orientation de la longueur des parcelles / la pente
	assez perméable	**2 - Moyen**	oblique	
	perméable	**3 - Fort**	parallèle	
sensibilité au tassement	peu sensible	**1 - Faible**	< 1	surface des parcelles (en ha)
	assez sensible	**2 - Moyen**	[1 ; 5[	
	sensible	**3 - Fort**	≥ 5	
stabilité structurale	bonne	**1 - Faible**	≥ 100	distance des parcelles au cours d'eau le plus proche (en m)
	assez bonne	**2 - Moyen**	[25 ; 100[	
	faible	**3 - Fort**	< 25	
surplus hydrologiques (en mm)	< 150	**1 - Faible**	mineur (haie parallèle à la pente)	rôle hydrologique des haies
	[150 ; 300[	**2 - Moyen**	modéré (haie oblique/ pente)	
	≥ 300	**3 - Fort**	majeur (haie perpendiculaire/pente)	

C.A. : cultures d'automne ; C.P. : cultures de printemps.

Dès lors, la décomposition thématique du potentiel de pollution et de vulnérabilité peut être envisagée. L'expression cartographique du potentiel de pollution, lié par exemple à la stabilité structurale ou à la perméabilité, est rendue possible. Il en va de même pour la vulnérabilité. D'une manière plus générale, le potentiel de pollution et la vulnérabilité s'obtiennent par addition des niveaux des composantes que l'on appelle scores. Les scores sont ensuite regroupés en 3 classes dont les bornes sont fixées par une discrétisation d'égale amplitude. A l'instar de la classification des composantes de la schématisation, les 3 classes s'apparentent aux niveaux faible, moyen et fort. L'évaluation du risque de pollution est obtenue selon le même procédé. Les 3 niveaux de risque relèvent d'une discrétisation des scores dont les valeurs sont le résultat de l'addition des niveaux du potentiel et de la vulnérabilité. Appliqué à l'échelle de la parcelle d'exploitation, ce mode opératoire conduit à une production cartographique à l'origine du zonage du potentiel de pollution, de la vulnérabilité et du risque de pollution agricole par ruissellement des eaux de surface (fig.1).

La démarche additive soulève la délicate question du poids respectif de chaque composante dans le phénomène de pollution agricole.
- Soit on établit une hiérarchisation des composantes en partant de l'idée que les connaissances actuelles permettent de juger précisément de leur rôle respectif dans le mécanisme complexe qui conduit à la production et au transfert des polluants.

- Soit on considère que les connaissances, issues notamment des expérimentations de terrain, sont insuffisantes pour affecter à chaque composante un degré de responsabilité dans le phénomène, ce qui conduit à positionner toutes les composantes sur le même plan.

Considérant que les deux orientations ne sont pas satisfaisantes, et en l'absence d'alternative, nous avons opté pour la seconde démarche qui nous semble moins biaisée.

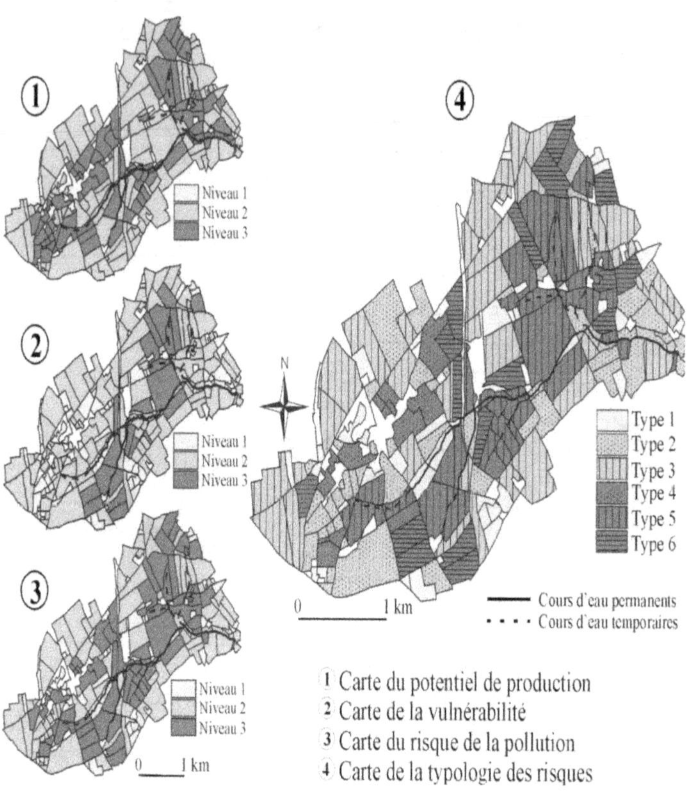

Figure 1. Diagnostic territorial à l'échelle de la parcelle d'exploitation.

Le diagnostic territorial d'échelle fine du risque de pollution précède une dernière étape essentielle lorsque l'on souhaite engager une réflexion sur la mise en place de programmes de protection de la ressource en eau : la typologie des risques de pollution. Celle-ci est obtenue à partir du traitement des niveaux de toutes les composantes au moyen de l'algorithme répandu du partitionnement K-means (Mac Queen, 1967 ; Anderberg, 1973). Il s'agit d'un algorithme de classification « à centres mobiles » qui réalise une classification automatique des individus (parcelles d'exploitation) regroupés autour de centres de classes déterminés de manière itérative. Ce traitement permet d'une part de cibler les secteurs les plus à risque, et d'autre part d'identifier les composantes du potentiel de pollution et/ou de la vulnérabilité qui contrôlent prioritairement le risque fort (fig.1).

Conclusion

La lutte contre la pollution d'origine agricole de la ressource en eau passe par la mise en place de programmes d'actions faisant appel à l'utilisation de modèles prédictifs de diagnostic territorial du risque de pollution. L'adaptation personnelle du principe de la schématisation permet de dresser une expertise qualitative du territoire relevant d'une approche spatiale globale et synthétique à partir d'éléments de diagnostic qui conduisent à cibler, à grande échelle, les zones de production et de transfert par ruissellement des polluants d'origine agricole.

La pertinence du diagnostic du risque de pollution est étroitement dépendante de la nature, de la production, de la structuration et du traitement des données territoriales. Compte-tenu de l'unité spatiale d'intégration (la parcelle d'exploitation) et de la diversité des approches qui recouvrent des compétences élargies, une telle démarche ne peut être proposée pour des bassins versants d'échelle régionale. Pour y parvenir, il conviendrait de réduire substantiellement le nombre des composantes. Cela passe par l'identification des composantes qui agissent le plus sur le risque de pollution. La question de la hiérarchisation et du poids respectif des composantes est de nouveau posée. Une étude expérimentale menée récemment (Le Gouée, 2004) témoigne du rôle essentiel des composantes édaphiques citées dans notre étude, en lien avec les pratiques agricoles au champ. Un travail de modélisation de cette relation permettrait sans aucun doute de transposer la schématisation à de plus vastes territoires.

Références bibliographiques

ANDERBERG M.R., 1973. *Cluster analysis for applications*. Academic Press, New York. xiii + 35p.

AUROUSSEAU P., GASCUEL-ODOUX C., SQUIVIDANT H., 1998. Eléments pour une méthode d'évaluation d'un risque parcellaire de contamination des eaux superficielles par les pesticides. *Etude et Gestion des Sols*, 5, 143-156.

BAIZE D., 2000. *Guides des analyses en pédologie*. INRA Editions, *coll. Techniques et pratiques*, Paris, 257 p.

BOLO P., BRACHET C., 2001. SIG et gestion des pollutions agricoles diffuses. *In* : Lavoisier, *Gestion spatiale des risques*, p. 63-96.

COLIN F., 2000. *Approche spatiale de la pollution chronique des eaux de surface par les produits phytosanitaires. Cas de l'atrazine dans le bassin versant du Sousson (Gers, France)*. Thèse doc. Ing. « Sciences de l'Eau », Cemagref-ENGREF Montpellier, 233 p.

CORPEN, 1996. *Qualité des eaux et produits sanitaires. Propositions pour une démarche de diagnostic*. Paris, 120 p.

FORRAY N., LORFEUVRE F. (sous la coordination de), 2002. *Première contribution à l'élaboration de l'état des lieux du bassin « Seine-Normandie » au titre de la directive-cadre sur l'eau*, 80 p.

LE GOUÉE P., 2004. *Le ruissellement et l'érosion des sols dans le bassin versant du Moulin de Pontorsier (Sud-Manche). Une étude expérimentale pour une gestion concertée des ressources environnementales en domaine bocager*. Rapport d'étude agence de l'eau Seine-Normandie, 153 p.

MAC QUEEN J., 1967. Some methods for classification and analysis of multivariate observations. pp. 281-297, *in* : L. M. Le Cam & J. Neyman [eds.] *Proceedings of the fifth Berkeley symposium on mathematical statistics and probability*, Vol. 1. University of California Press, Berkeley. xvii + 666 p.

SEBILLOTTE M., 1999. Agriculture et risques de pollution diffuse par les produits phytosanitaires. Les voies de la prévention et les apports de l'expérience Ferti-Mieux. *La Houille Blanche*, 3 (4), 144-149.

La détermination et le suivi de la couverture hivernale des sols par télédétection à l'échelle d'un bassin versant : l'exemple du Yar en Bretagne

L. Hubert-Moy, S. Corgne, B. Clément

Introduction

La présence ou non de couverts végétaux sur le territoire agricole en hiver a un impact sur les transferts de flux polluants et l'érosion des sols, jouant comme un accélérateur lorsque les parcelles sont laissées nues après des cultures telles que le maïs ou les céréales, ou comme un frein lorsqu'elles sont couvertes par des intercultures. L'évolution spatio-temporelle de la couverture hivernale des sols par la végétation est donc un élément-clé à prendre en compte dans une démarche de restauration de la qualité de l'eau ou de conservation des sols, en particulier dans des systèmes où la saison hivernale est caractérisée par des précipitations importantes et correspond à une période de transition dans les successions culturales.

Des programmes d'actions visant à réduire les sols nus ont été élaborés sur une partie du territoire breton depuis 1991 dans le cadre de la Directive européenne 91/676/CE qui recommande la présence d'une quantité minimale de couverture végétale au cours des périodes pluvieuses sur les zones vulnérables aux nitrates. Dans une partie des zones désignées en excédent structurel, la couverture des sols est devenue obligatoire depuis juillet 2001. En l'absence de données statistiques faisant état de l'extension effective de la couverture hivernale des sols, on peut seulement affirmer aujourd'hui que son extension, enclenchée depuis 2001, s'accélère actuellement *via* des actions incitatives et l'application de la Directive nitrates. Des interrogations demeurent donc sur plusieurs paramètres influant sur la qualité de l'eau et des sols : l'importance et la localisation des surfaces agricoles majoritairement nues en hiver, la densité de la couverture des sols par la végétation sur les parcelles, la nature des couverts implantés, ou encore l'évolution spatio-temporelle des sols sans végétation.

La détermination de la présence, de la nature, du taux de recouvrement de la couverture hivernale des sols et son suivi à l'échelle parcellaire sur des bassin versants de plusieurs centaines de km² posent cependant un certain nombre de problèmes méthodologiques qui sont liés à la fois aux caractéristiques intrinsèques de la couverture végétale et aux conditions et modes d'acquisition des données spatiales permettant de la détecter et de l'analyser. Par conséquent, la détection et le suivi de la couverture hivernale des sols nécessitent des données spatiales ayant une grande précision tout en couvrant de larges surfaces, et acquises avec une répétitivité assez élevée dans le temps au regard de la fréquence de la couverture nuageuse. Le traitement de séries de données satellitaires comprenant des images acquises à haute et très haute résolution qui répondent à ces critères, permet aujourd'hui d'envisager ces opérations.

Des recherches associant des collectivités locales, des comités et syndicats de bassins versants, et des institutions départementales (Conseil général, Chambre d'agriculture) sont conduites depuis plusieurs années sur quelques bassins versants en Bretagne. À titre d'exemple, les travaux réalisés sur le bassin versant du Yar (Côtes d'Armor) à partir d'une série d'images satellitaires provenant des capteurs SPOT, Landsat et IRS et couvrant la période 1996-2003, ont porté d'une part sur la détermination de la couverture hivernale des sols et son suivi, et d'autre part sur la prédiction à court terme de la présence de cette couverture.

La couverture hivernale des sols

Ses fonctions

La couverture des sols en hiver peut être assurée en favorisant les repousses de la culture précédente et en maintenant au sol les résidus de récolte, en implantant au plus vite une culture annuelle ou une prairie après la récolte, mais aussi par l'implantation d'intercultures après récolte ou en inter-rangs dans la culture annuelle. Les intercultures sont classiquement définies comme des cultures qui couvrent le sol entre deux cultures annuelles, de la récolte jusqu'au semis de printemps, afin de le protéger de l'érosion et de la perte de nutriments par le lessivage et le ruissellement (Reeves, 1994). L'implantation d'intercultures répond ainsi principalement à des logiques de lutte contre l'érosion (Le Bissonnais *et al.*, 1998) et le lessivage de l'azote (Meisinger *et al.*, 1990). De nombreux travaux ont montré que l'implantation d'intercultures présente un intérêt pour d'autres raisons, parmi lesquelles la suppression des adventices (Creamer *et al.*, 1996), la lutte contre les maladies des cultures (Rothrock et Kending, 1991), l'amélioration de la qualité des sols (Reicosky et Forcella, 1998). La présence d'intercultures et plus généralement de couverture hivernale des sols influent sur la qualité de l'eau et des sols (Dabney *et al.*, 2001).

L'influence de la présence de couverts végétaux sur la qualité de l'eau s'exerce à différents niveaux. Les intercultures appelées Cultures Intermédiaires Pièges à Nitrates (CIPAN), permettent d'une part la récupération des reliquats d'azote minéral dans le sol et d'autre part l'absorption de l'azote minéralisé au cours de l'automne et provenant notamment de fumures organiques (Comifer, 2002). La quantité et la durée de prélèvement de l'azote par les CIPAN dépend de la disponibilité d'azote dans le sol, du climat, du type d'interculture implanté, de ses dates d'implantation et de destruction (Shipley *et al.*, 1992). L'impact des intercultures sur l'usage des pesticides varie selon les pratiques agricoles qui leur sont appliquées. Ainsi, la présence de ces couverts végétaux peut limiter le développement des adventices dans la culture suivante, notamment des mauvaises herbes vivaces les plus difficiles à détruire, et en conséquence rendre inutile le recours aux herbicides. À l'inverse, si les intercultures sont difficiles à gérer par l'agriculteur, l'usage des herbicides peut être très important et entraîner de forts risques de transfert de flux polluants vers les cours d'eau (Griffin et Dabney, 1990). L'efficacité de l'interculture est d'autant plus importante que le couvert implanté est dense et reste longtemps en place sur les parcelles (Smeda et Putnam, 1988), et que l'interculture est vivante, la nécromasse étant moins active vis-à-vis du développement des adventices (Fisher et Burrill, 1993). Des études ont également montré le rôle bénéfique des résidus de cultures dans la suppression des adventices (Hoffman *et al.*, 1996). L'utilisation généralisée des couverts végétaux hivernaux a montré qu'ils permettent aussi de minimiser les pertes en phosphore et de limiter les phénomènes d'érosion (Cisci et Martinez, 1993) en réduisant l'arrachement des particules de sol par les pluies (Moss, 1989). La couverture hivernale des sols joue donc un rôle sur les flux polluants, que ce soit sur les transferts des nitrates, des pesticides ou du phosphore. Cependant, la réduction du lessivage des nitrates, la diminution de l'emploi de pesticides et par voie de conséquence la baisse de pesticides dans les eaux, ou encore la baisse de la présence d'éléments phosphorés dans les particules du sol partant vers les cours d'eau dépendent de la densité, de la nature du couvert, de sa date et durée d'implantation, et de sa gestion (modes de fertilisation et d'enfouissement des intercultures). Elles dépendent également de sa localisation au sein du bassin versant (Hubert-Moy et Gascuel, 2001). Ainsi, une parcelle située sur une pente ou en bas de versant à proximité d'un cours d'eau présente un risque plus élevé de transfert de surface. En outre, si la parcelle cultivée se situe dans une zone humide drainée, les risques de transfert sont accrus.

La présence de couverture hivernale des sols et en particulier l'implantation d'intercultures influence également la qualité des sols (tab 1). Les intercultures contribuent au stockage du carbone dans les sols et par voie de conséquence à l'amélioration de la qualité des sols (Lal *et al.*, 1998). L'apport des CIPAN en terme de matière organique peut paraître limité, mais elles contribuent à entretenir à long terme une dynamique de l'évolution de la matière organique favorable à la structure du sol (Kuo *et al.*, 1997). Les intercultures permettent également d'améliorer la structure des sols en évitant les phénomènes de battance et d'érosion liés à l'eau et au vent. Ils contribuent à la vie biologique des sols (Galvez *et al.*, 1995) et à l'amélioration des flux d'eau dans le sol en maintenant une porosité optimale et en évitant la compaction du sol pendant l'hiver.

La détermination de la couverture hivernale des sols

Une des difficultés majeures pour déterminer la présence de la couverture hivernale des sols par télédétection relève de la grande diversité des états de couverture des sols rencontrés durant la saison interculturale : ils s'expliquent par la variété des types de végétation présents (Plantation d'intercultures diverses sur l'ensemble de la parcelle ou en inter-rangs, repousses, chaumes….) et par le stade de croissance des végétaux, les implantations d'intercultures pouvant s'étaler sur des périodes assez longues, allant de la fin de l'été jusqu'au début de l'hiver.

Les images acquises par les capteurs à haute résolution de type SPOT, Landsat TM ou IRS-LISS (pixel de 10 à 30 m) permettent la détermination :
- des « surfaces nues à très peu couvertes » *versus* des « surfaces couvertes » à partir du calcul d'indices de végétation ou de techniques de démélangeage appelées aussi démixage spectral, la limite entre ces deux catégories d'occupation du sol étant définie sur une image

d'hiver à partir de relevés de taux de couverture du sol par la végétation effectués sur le terrain ;

- de la présence d'une interculture et sa place dans les successions culturales, à partir du croisement d'une image d'hiver avec les deux images correspondant à l'été précédent et à l'été suivant : un sol nu à peu couvert détecté début janvier peut ainsi correspondre à une céréale d'hiver ou à une interculture de type ray-grass qui à cette période couvrent encore faiblement la parcelle. L'ensemble des successions culturales définies à l'échelle parcellaire et comprenant les situations hivernales sont intégrées dans un SIG (Système d'Information Géographique), afin d'analyser sur l'ensemble du bassin versant l'évolution dans le temps de la répartition des sols couverts ou nus entre deux cultures (Corgne *et al.*, 2002).

Tableau 1. Avantages et inconvénients de l'implantation d'intercultures pendant la période hivernale.

Avantages	Inconvénients
Amélioration de la structure du sol	**Coûts additionnels**
Amélioration de l'aggrégation	Travaux du sol (labours plus nombreux)
Augmentation de l'infiltration de l'eau	Semis
Augmentation de la capacité de rétention de l'eau	Traitement chimique, enfouissement
Augmentation de l'aération	
Suppression de la compaction	
Suppression de la croûte de battance	
	Risques
Amélioration de la fertilité des sols	Augmentation des maladies des végétaux
Recyclage des nutriments	Repousse des graminées (ex : ray-grass)
Augmentation de l'azote organique	Eventuellement délais accrus pour les semis de printemps
Augmentation de la disponibilité en phosphore	
Ajustement du pH	
Augmentation des sources d'énergie et de nutriments pour les micro-organismes	
Lutte contre les espèces nuisibles	
Réduction des adventices	
Dans certains cas, suppression des nématodes	
Augmentation des habitats pour les arthropodes utiles pour les cultures	
Amélioration de l'environnement	
Diminution de l'érosion des sols	
Diminution du lessivage de l'azote	
Diminution du ruissellement de surface	

D'après Luna (1998) et Dabney et al. (2001)

En dehors des clichés aériens à grande échelle, seules des images satellitales de capteurs à très haute résolution de type SPOT 5, avec une résolution spatiale inférieure à 10 m, permettent d'estimer précisément le taux de couverture des sols à une date donnée, à l'aide de techniques de démélangeage ou d'indices de végétation de type TSAVI (Transformed Soil Ajusted Vegetation Index) qui discriminent les réponses spectrales de la végétation (Baret *et al.*, 1989) par rapport à celles des sols (Fig 1).

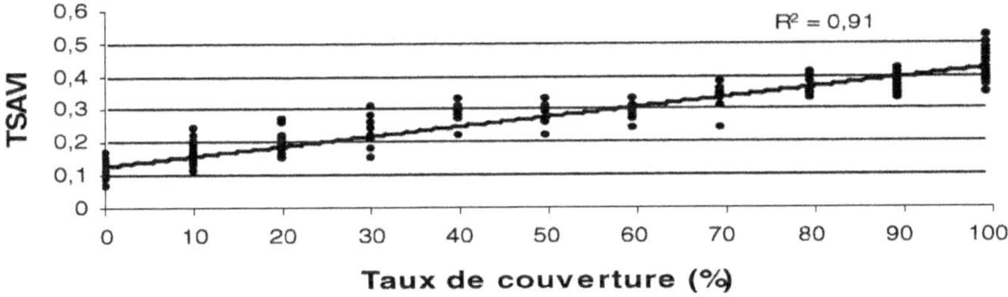

Figure 1. Relation entre l'indice TSAVI calculé à partir de l'image SPOT 5 du 24/01/2003 et le taux de couverture du sol par la végétation relevé sur le terrain (Bassin versant du Yar).

En revanche, les premiers résultats obtenus dans le domaine optique à partir d'une scène SPOT 5 acquise sur le bassin versant du Yar au cours du mois de janvier avec une résolution de 5 m montrent qu'il est impossible de discriminer certaines intercultures avec une seule image. L'identification de la nature des couverts végétaux requiert donc l'acquisition de plusieurs scènes au cours d'un même hiver. En particulier, des travaux menés avec le capteur RADARSAT sur d'autres sites ont montré l'intérêt des données radar pour la discrimination des résidus de cultures sur les parcelles (Coulombe-Simonneau *et al.*, 2001).

Les changements de la couverture hivernale des sols

Le suivi interannuel de la couverture hivernale des sols peut être réalisé à partir de classifications de séries d'images satellitales ou à partir de l'analyse des vecteurs de changements calculés entre deux hivers : dans le premier cas, l'occurrence de l'absence de végétation sur les parcelles durant une période donnée est définie (Fig 2) ; dans le deuxième cas, l'utilisation des caractéristiques spectrales des images permet de qualifier le type de changement -progression ou régression du couvert végétal- et de le quantifier à l'échelle parcellaire entre deux hivers (Corgne *et al.*, 2002).

La détermination des trajectoires spatio-temporelles passées de la couverture hivernale des sols à l'échelle parcellaire sur le bassin versant a permis de développer, en collaboration avec la Chambre d'Agriculture des Côtes d'Armor, la Communauté d'Agglomération de Lannion, et le comité de bassin versant des Lieues de Grève, un modèle de prédiction de cette couverture pour l'hiver suivant (Hubert-Moy *et al.*, 2002 ; Corgne *et al.*, 2003). L'identification et la hiérarchisation des facteurs de changements observés, éléments-clé de la mise en œuvre du processus de simulation de l'évolution de l'utilisation des sols, sont réalisées à « dire d'expert » et validées à travers différentes analyses statistiques. Un modèle probabiliste de type bayésien (Dempster-Shafer) permettant de gérer l'incertitude corrélée à ces facteurs est ensuite appliqué afin de produire une prédiction spatialisée de la présence d'un couvert végétal à l'échelle de la parcelle pour l'hiver suivant. Les résultats obtenus pour l'hypothèse « sol couvert » montrent que plus de 80% des parcelles sont correctement prédites. Cependant, le conflit entre les hypothèses sur le devenir de la couverture du sol, lorsqu'il est élevé, génère des erreurs de prédiction. Afin d'y remédier, des recherches sont actuellement réalisées sur la formalisation des données d'entrée ainsi que sur la gestion du conflit entre les variables permettant de décrire les changements observés, l'objectif final étant d'élaborer un modèle prédictif robuste qui soit extrapolable à d'autres bassins versants.

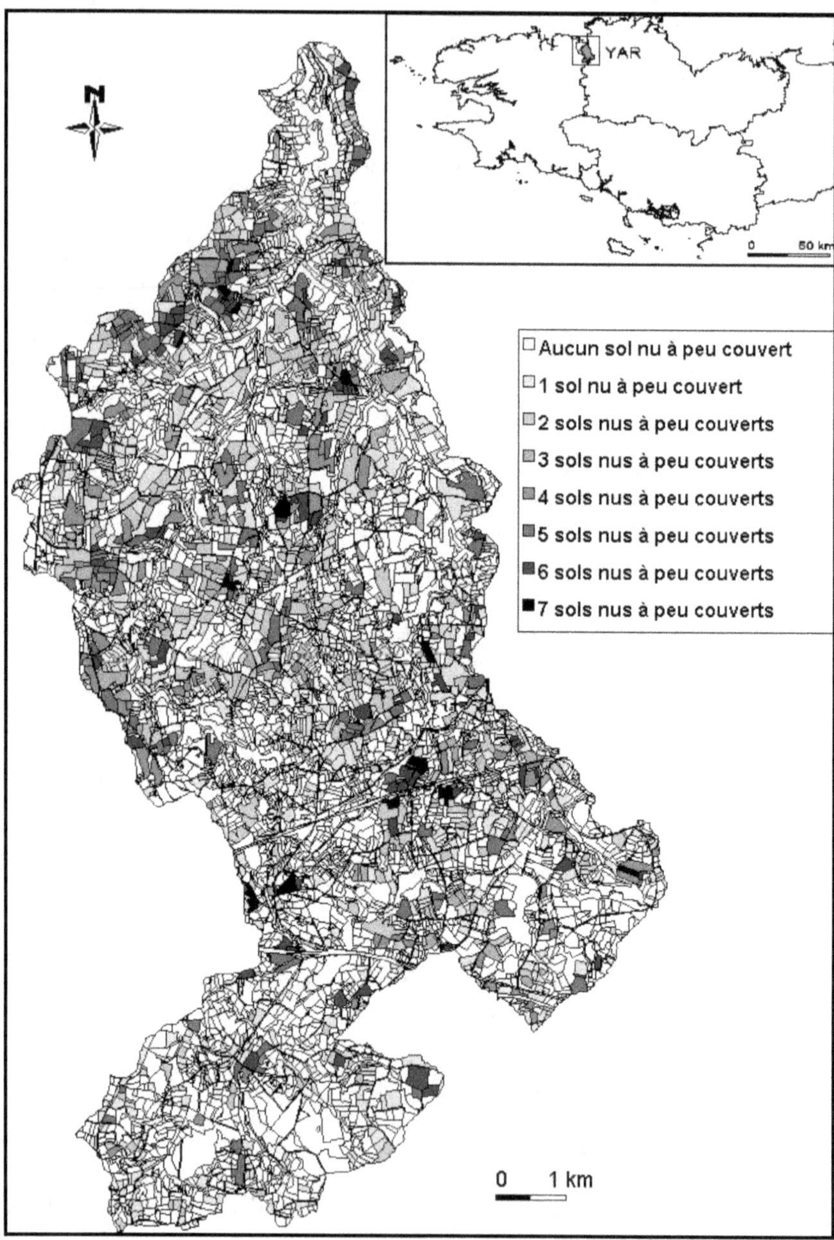

Figure 2. Occurrence des sols nus à très peu couverts en hiver au cours de la période 1996-2003 sur le bassin versant du Yar (*Ex. : « 4 sols nus à peu couverts » : la parcelle a été détectée 4 fois en sols nus à peu couverts au cours de la période d'étude*).

Conclusion

La détermination de la présence de couverts végétaux et la reconstitution des trajectoires spatio-temporelles d'évolution de la couverture des sols définies à l'échelle parcellaire sur l'ensemble d'un bassin versant par télédétection permettent d'évaluer l'impact des mesures prises par différents organismes et collectivités pour encourager l'implantation de couverts végétaux en hiver dans le cadre des programmes de restauration de la qualité de l'eau. La prédiction de la répartition de la couverture à court terme peut constituer, quant à elle, un outil de programmation d'actions pour améliorer les pratiques agricoles en favorisant l'implantation de couverts végétaux.

Toutefois, les observations effectuées par télédétection doivent être associées à des enquêtes portant sur les pratiques agricoles effectuées sur les parcelles afin de ne pas associer abusivement la présence d'un couvert végétal avec la diminution d'un risque de transfert d'éléments polluants vers les cours d'eau. Ainsi, la fertilisation des prairies, les modes de destruction des couverts végétaux sont des pratiques déterminantes au niveau de la qualité des eaux.

Références bibliographiques

BARET F., GUYOT G., MAJOR D., 1989. TSAVI: a vegetation index, which minimizes soil brightness effects on LAI and APAR estimation. In: 12th Canadian Symp. *On Remote Sensing and IGARSS'90*, Vancouver, Canada, 10 –14 July 1989, 1- 4.

CISCI G., MARTINEZ V., 1993. Environmental impact of soil erosion under different cover and management systems. *Soil Technology*, Vol. 6, 239-249.

COMIFER, 2002. *Lessivage des nitrates en systèmes de cultures annuelles, Diagnostic du risque et propositions de gestion de l'interculture*. Rapport, 60 p. http://www.comifer.asso.fr/publication/brochures.htm

CORGNE S., HUBERT-MOY L., BARBIER J., MERCIER G., SOLAIMAN B., 2002. Follow-up and modeling of the land use in an intensive agricultural watershed in France. *Remote Sensing for Agriculture, Ecosystems, and Hydrology IV, Manfred Owe, Guido d'Urso*, Leonidas Toulios, Editors, Proceedings of SPIE, Vol. 4879, 342-351.

CORGNE S., HUBERT-MOY L., DEZERT J., MERCIER G., 2003. Land cover change prediction with a new theory of plausible and paradoxical reasoning. *Proceedings Fusion 2003 Conference*, ISIF-IEEE, Cairns, 1141-1148.

COULOMBE-SIMONEAU J., HARDY S., BAGHADI N., KING C., BONN F., LE BISSONAIS Y., 2001. RADARSAT based monitoring of soil roughness over an agricultural area affected by excessive runoff. Remote Sensing in Hydrology 2000, *Remote Sensing and Hydrology 2000*, Proceedings of a symposium held at Santa Fe, New Mexico, USA, April 2000, IAHS Publ. N° 267, 362–364.

CREAMER N.G., BENNETT M.A., STINNER B.R., CARDINA J., REGNIER E.E., 1996. Mechanisms of weed suppression in cover crop-based production systems, *Hortscience*, Vol.31, 410-413.

DABNEY S.M., DELGADO J.A., REEVES D.W., 2001. Using winter cover crops to improve soil and water quality, *Commun. Soil Sci. Plant Anal.*, Vol. 32 (7&8), 1221-1250.

FISCHER T.E., BURRILL L., 1993. Managing interference in a sweet corn-white cloveer living mulch system. *Am. J. of Alt. Ag.*, Vol. 8, 51-56.

GALVEZ L., DOUDS D.D., WAGONER P., LONGNECKER L.R., DRINKWATER L.E., JANKE R.R., 1995. An overwintering cover crop increases inoculum of VAM fungi in agricultural soil. *Am. J. of Alt. Agric.*, Vol. 10, 152-156.

GRIFFIN J.L., DABNEY S.M., 1990. Preplant–postemergence herbicides for legume cover-crop contrôle in minimum tillage systems. *Weed Tech.*, Vol. 4, 332-336.

HOFFMAN M.L., WESTON L.A., SNYDER J.C., REGNIER E.E., 1996. Allelopathic influence of germinating seeds and seedlings of cover crops on weed species. *Weed Sci.*, Vol. 44, 579-584.

HUBERT-MOY L., CORGNE S., MERCIER G., SOLAIMAN B., 2002. Land use and land cover change prediction with the theory of evidence : a study case in an intensive agricultural region in France. *Proceedings Fusion 2002 Conference*, Washington D.C., 114-122.

HUBERT-MOY L., GASCUEL-ODOUX C., 2001. Les indices parcellaires de risque de transfert des polluants vers les eaux superficielles : de leur base conceptuelle à leur usage pour une approche intégrée à l'échelle du bassin versant. *Colloque « Hydrosystèmes, Paysages et Territoires »*, Lille, 6-8 septembre 2001, USTL ed, 21-32.

KUO S., SAINJU U.M., JELLUM E.J., 1997. Winter cover crops effects on soil organic carbon and carbohydrate in soil. *Soil Sci. Soc. Am. J.*, Vol. 61, 145-152.

LAL R., FOLLETT R.F., COLE C.V., 1998. *The potential of US cropland to sequester carbon and mitigate the greenhouse effect*, Ann Arbor Press, Chelsea, MI, 128 p.

LE BISSONNAIS Y., THORETTE J., BARDET C., DAROUSSIN J., 1998. L'érosion hydrique des sols en France, Rapport INRA/IFEN, 105 p.

LUNA J., 1998. *Multiple Impacts of Cover Crops in Farming Systems*. Integrated Farming Systems, Oregon State University, Corvallis, OR., 10 p.

MEISINGER, J.J., SHIPLEY P.R., DECKER A.M., 1990. Using winter cover crops to recycle nitrogen and reducing leaching. *In Conservation Tillage for Agriculture in the 1990's*, N. Carolina State Univ., J. P. Mueller and M. G. Wagger (eds), Raleigh, Spec. Bull. 90-1, 3-6.

MOSS A.J., 1989, Impact droplets and the protection of soils by plants cover. *Australian Journal of Soil Research*, Vol. 27, 1-16.

REEVES D.W., 1994. Cover crops and rotations, in J.L. Hatfield and B.A. Stewart (eds), *Crop residue management, Advances in soil science*. Lewis Publishers, Boca Raton, F.L., 125-172.

REICOSKY D.C., FORCELLA F., 1998. Cover crops and soil quality interactions in agroecosystems. J. *Soil and Water Conservation*, Vol. 53, n°3, 224-229.

ROTHROCK C.S., KENDIG S.R., 1991. Suppression of black root rot on cotton by winter legume cover crops. *In Cover crops for clean water*, W. L. Hargrove (ed.), Soil and Water Conservation Society, Ankeny, Iowa, 155-156.

SHIPLEY P.R., MEISINGER J.J., DECKER A.M., 1992. Conserving residual corn fertilizer nitrogen with winter cover crops. *Agron. J.*, Vol. 84, 869-876.

SMEDA R.J., PUTNAM A.R., 1988. Cover crop suppression of weeds and influence on strawberry yields. *HortScience*, Vol. 23, 132-134.

Partie 3

Les outils de la modélisation
au service de la restauration de la qualité de l'eau

Modèles hydrologiques et temps de réponse

C. GASCUEL-ODOUX, L. AQUILINA, C. MARTIN, J. MOLÉNAT

Introduction

L'homme de terrain, confronté à une situation donnée, attend du chercheur, détenteur de connaissances, des réponses simples et claires à ses questions. Il attend de lui un diagnostic de la situation, une analyse des causes, un pronostic des évolutions, des orientations en termes de préconisation et aussi une expertise de son problème. La réponse du chercheur consiste souvent à expliquer pourquoi la question est difficile et quelle est l'origine des incertitudes. A l'inverse, le chercheur attend de l'homme de terrain, pourvoyeur de demandes sociétales, l'émergence de questions nouvelles auxquelles il pourrait s'atteler, puisque c'est son métier. Pour ce faire, il décortique les questions et, au regard des connaissances disponibles et de ses compétences, il tente d'apporter des connaissances nouvelles. Ces connaissances sont forcément partielles par rapport à la question posée. Le dialogue n'est pas toujours facile. Voici par exemple une série de questions d'apparence simple et toutes liées à un besoin sociétal évident.

- Pourquoi un captage en un lieu précis possède-t-il des teneurs en nitrate au-dessus de la fatidique limite des 50 mg/l, alors qu'un autre captage, situé à proximité, présente des concentrations proches de zéro ?
- Pourquoi une rivière voit-elle ses concentrations en nitrate augmenter depuis toujours, alors que les solutions préconisées ont été appliquées ?
- Pourquoi les concentrations en nitrate des fleuves bretons présentent-elles des variations cycliques plus ou moins marquées selon les années ?

Ces questions n'appellent pas de réponses simples car le chercheur identifiera immédiatement, derrière ces questions, des précisions nécessaires.

- Qu'en est-il du « lieu précis » ?, Dans quel type de sol ou de formation géologique est-il situé, quelles en sont les caractéristiques hydrologiques ? « À proximité » signifie-t-il à la même profondeur ? Cette première question fait appel à des notions d'*hétérogénéité du milieu*. Deux captages situés à quelques dizaines de mètres l'un de l'autre peuvent présenter de fortes disparités. C'est troublant mais cela ne signifie pas qu'il soit impossible de conceptualiser cette hétérogénéité, puis de l'utiliser pour mieux prévoir des variations dans l'espace et dans le temps. Des teneurs en nitrate proches de zéro signifient-t-elles leur absence ou leur disparition ? De quels éléments dispose-t-on pour pouvoir répondre à cette question ? Souvent presque rien. Des mesures de confinement du milieu, lié aux *caractéristiques physiques* des matériaux, des mesures d'activité biologique, liée essentiellement à l'*activité microbienne*, des mesures de réactivité biogéochimique, liée à la *chimie des solutions et des matériaux*. Associer différentes compétences sur une même situation et travailler en *interdisciplinarité* constituent une difficulté supplémentaire, pourtant incontournable dans toute question environnementale.

- « Depuis toujours » signifie en fait depuis qu'on mesure les teneurs en nitrate. Malheureusement, nous avons peu de chroniques de concentrations en nitrate correspondant aux années 1950 et 1960. Nous observons un état très différent de l'état « naturel », mais nous ne savons rien de la manière dont le changement s'est opéré. « Les solutions préconisées ont été appliquées » est une formule qui laisse encore du chemin du champ à la rivière. Il faut comprendre le *cycle des éléments*, leur *cheminement vers le cours d'eau*. A l'hétérogénéité du milieu s'ajoute ainsi la *multiplicité des mécanismes* de transformation et de transfert qui s'opèrent. Ces mécanismes prennent un *poids différent selon les échelles* d'espace, de l'échelle de la parcelle à celle du bassin versant.

- Outre que la troisième question fait appel à une échelle d'espace importante (il s'agit d'un fleuve), elle réclame également d'intégrer d'autres *variabilités temporelles*, celles du climat et des usages des sols. Même si le fonctionnement hydrologique et hydrobiochimique d'un bassin versant est décrypté à une certaine échelle, il l'est souvent pour un jeu donné de paramètres climatiques ou d'utilisations des sols. Or ces conditions varient à des échelles de temps diverses, parfois assez longues ; et ces variations sont pour partie structurées, donc déterminables, pour partie aléatoires.

Derrière des questions simples en apparence se cachent donc des problèmes difficiles. La réponse à ces questions passe par une nécessaire *conceptualisation de la réalité de terrain et des mécanismes* qui s'y déroulent. C'est la première étape de la modélisation. A l'instar des plantes ou des animaux modèles en biologie, des bassins versants dits de recherche sont étudiés pour établir un modèle conceptuel du milieu. L'analyse d'une situation concrète consiste alors à évaluer dans quelle mesure les structures et les processus identifiés sont transposables. Puis se pose la question du fonctionnement, de la compréhension des évolutions passées, de la prédiction des évolutions futures sous contrainte de scénarios. C'est la seconde étape de la modélisation. Les observations étant limitées à certaines conditions, des *outils de marquage* permettent de confirmer des hypothèses, et des *modèles numériques* permettent de simuler des fonctionnements selon certaines hypothèses. Cela ne peut se faire que sur des situations où l'on dispose des informations nécessaires, voire sur des situations conceptualisées, sous la forme de bassins versants dits virtuels.

L'objectif de cet article est de décrire ces deux étapes : comment formaliser la complexité des bassins versants et des processus qui s'y opèrent (première partie) ? Et quels outils peuvent être mobilisés pour expliquer et prédire les variations temporelles et spatiales (seconde partie) ? Dans une troisième partie, nous chercherons à décrire, à travers 2 exemples, les outils dont on dispose actuellement et les réponses que l'on peut en attendre par rapport à la question du temps de réponse de la qualité des eaux à des changements de pratiques agricoles sur un bassin versant.

Processus hydrologiques, milieux, polluants

Les processus hydrologiques

Les processus hydrologiques concernent tous les transferts d'eau, depuis les arrivées par précipitations jusqu'au transfert vers l'atmosphère, les aquifères superficiels et profonds, le cours d'eau puis la mer (fig. 1). Le principe en est simple. Le transfert est lié aux forces de pression et à la gravité. Dans le sol et le sous-sol, la force de gravité est dominante, en conséquence de quoi la majeure partie de l'eau va du point haut vers le point bas. Ce qui est plus complexe, c'est le chemin, les chemins, que l'eau va prendre.

Ce chemin peut se décomposer en plusieurs nœuds. À l'interface sol/atmosphère, l'eau de pluie ruisselle ou s'infiltre dans des proportions très variables selon les précipitations et l'état de surface du sol ; dans le sol, elle migre verticalement à des vitesses très hétérogènes jusqu'au toit de la nappe ; au sein de la nappe, la pression et la gravité vont faire migrer l'eau depuis le point haut du versant vers le point bas (la rivière), la circulation s'effectue selon des boucles qui peuvent s'approfondir si elles ne sont pas limitées par une barrière imperméable. L'eau stockée dans le sol du fait des fortes capacités de rétention de ce milieu est transpirée par les plantes au cours des mois les plus chauds. Cette activité détermine le cycle annuel marqué :

- par un tarissement au cours de l'été ; on assiste à une chute du niveau de la nappe et des débits de rivière ; la nappe n'est plus alimentée et l'eau stockée retourne vers l'atmosphère, directement ou *via* les plantes ;

- par une recharge de la nappe tout au long de l'hiver, qui a lieu une fois le sol totalement réhumecté au cours de l'automne, recharge qui s'explique par des précipitations plus importantes mais surtout par une évapotranspiration proche de zéro.

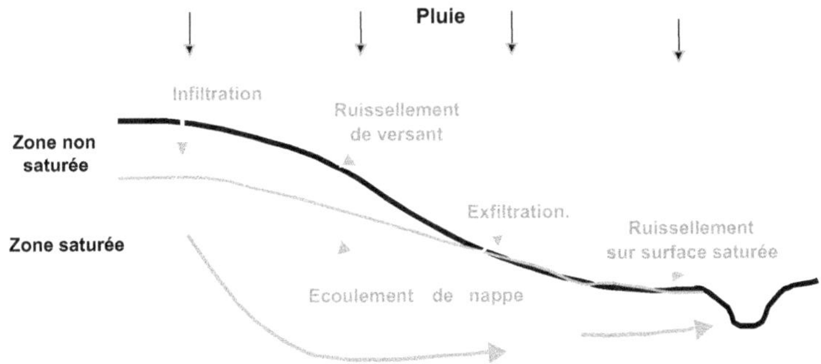

Figure 1. Les processus hydrologiques.

En Bretagne, les processus de ruissellement sont peu importants, de l'ordre de quelque pour cent du bilan annuel de l'eau (Molénat *et al.*, 1999). Ils peuvent devenir importants au cours de l'année, lorsque les précipitations sont de forte intensité ou trop importantes, ou quand la surface des sols est saturée ou proche de la saturation, du fait de la fréquente proximité de la nappe dans le versant (Huang *et al.*, 2002 ; Le Bissonnais *et al.*, 2002). La crue au sens hydrologique du terme, c'est-à-dire la réaction du système hydrologique à la précipitation, est ainsi une conséquence majeure de la mise en charge de la nappe et de sa vidange, du ruissellement s'il se produit. En crue, la nappe et le ruissellement sont ainsi mobilisés dans des proportions variables et selon des mécanismes différents, fonction de la place de la crue dans ce cycle annuel. Le cycle annuel est quant à lui contrôlé par des processus très différents de ceux se produisant qui se produisent en crue : il reflète la saisonnalité de l'évapotranspiration, et par là de la recharge vers la nappe.

Les bilans d'eau et de matière

Un des outils utilisés en hydrologie pour identifier ces processus est le bilan des masses d'eau. On considère simplement que la somme des précipitations doit être équivalente à la somme de l'eau évapotranspirée par les plantes et de l'eau ruisselée ou infiltrée dans la nappe. Dans la pratique, cela revient le plus souvent à mesurer la masse d'eau précipitée et celle qui s'est écoulée par la rivière à l'exutoire du bassin versant considéré. Cet écoulement intègre obligatoirement les parts ruisselée et infiltrée. Il est utile de distinguer dans ce bilan l'écoulement lié aux crues de celui hors crues, ce dernier étant strictement limité à la vidange de la nappe. La part évapotranspirée est déterminée à partir de différents paramètres climatiques. La mesure en parallèle des niveaux de nappes permet d'analyser les défauts du bilan hydrologique en mettant en évidence des stockages ou des déstockages d'eau dans la nappe. L'ensemble de ces mesures renseigne sur le fonctionnement et la dynamique de l'eau au sein du bassin versant. Ce diagnostic est incontournable dès lors que l'on s'intéresse à la ressource en eau, tant en quantité (comme on vient de le voir) qu'en qualité. Ce bilan permet en effet d'évaluer des flux et des flux spécifiques d'éléments chimiques qui, seuls, permettent de faire des bilans chimiques, d'analyser leurs évolutions et, pour partie, d'identifier les domaines sources et les voies de transfert des éléments chimiques.

Les milieux traversés

Les deux points précédents ont considéré les transferts indépendamment du milieu, pourtant ce dernier, de par son hétérogénéité et la position de la nappe en son sein, modifie largement le schéma des transferts. Les milieux traversés sont divers : il s'agit du sol, des altérites et des substrats (fig. 2). Par ailleurs, la localisation du toit de la nappe varie fortement selon les saisons et la position topographique. En hiver, le toit de la nappe est à la surface du sol en aval, dans les altérites, à quelques m sur le plateau ; en été, il s'approfondit notablement. Il faut donc considérer des chemins très différents, et donc des temps de transfert très différents, ceci d'autant plus que l'écoulement dans la zone non saturée est vertical, lent, de l'ordre du m par an. L'eau, à son arrivée dans la nappe, suit un chemin fortement conditionné par l'hétérogénéité du milieu.

• *Les sols*

On s'intéresse, dans le cas de la Bretagne, à des sols limoneux acides dont la dominante limoneuse (qui provient de dépôts éoliens et de l'altération) confère aux sols une faible stabilité structurale. Trois critères sont déterminants sur les transferts d'eau : la teneur en matière organique de l'horizon de surface, la nature et la profondeur des sols, la profondeur d'apparition et le degré d'hydromorphie du sol.

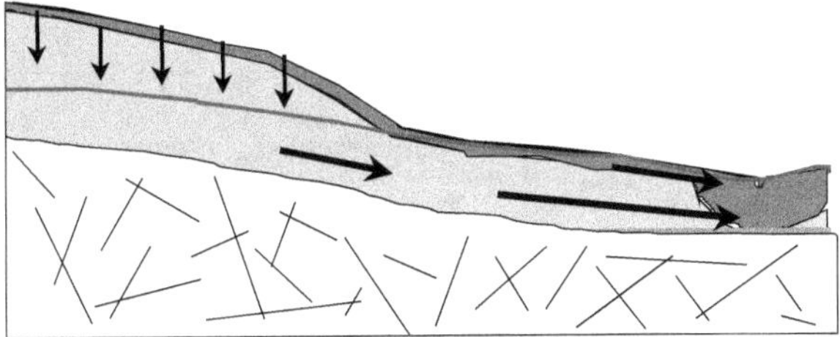

Figure 2. Milieux traversés par l'eau : sol, altérites et substrats.

La teneur en matière organique de l'horizon de surface, comprise entre 20 et 70 g/kg selon un gradient régional (Walter *et al.*, 1995), conditionne la stabilité structurale du fait des faibles variations texturales du sol. Elle détermine l'évolution de la structure de la couche de surface, et donc les propriétés de transfert, la fréquence et l'importance du ruissellement. La mise en évidence récente d'une diminution du stock de matière organique dans les sols bretons cultivés (Walter *et al.*, 1995) est susceptible d'influencer les transferts d'eau. Plus généralement, les matières organiques du sol conditionnent la disponibilité de nombreux éléments chimiques du fait de leur rôle majeur dans les cycles biogéochimiques. Or les matières organiques du sol présentent des temps de renouvellement encore mal connus, mais assurément très variables selon leur nature. Elles jouent par exemple un rôle majeur sur le cycle de l'azote (Mariotti, 1998).

La nature et la profondeur des sols conditionnent leur réserve en eau, et donc la recharge à la nappe. Ce critère est difficile à apprécier car d'une très grande variabilité locale (Walter *et al.*, 1996).

Le degré d'hydromorphie indique la présence d'une nappe à faible profondeur durant une partie de l'année. Il conditionne l'importance du ruissellement et la longueur du parcours de l'eau dans la zone non saturée du sol. Des modèles de l'extension des zones hydromorphes dès la surface ont été développés ces dernières années, sur la base d'indices topographiques modulés des précipitations annuelles et de la nature des substrats (Chaplot *et al.*, 2000 ; Merot *et al.*, 2003). Des travaux sont encore à mener lorsque l'hydromorphie est un peu plus profonde. Aussi ce paramètre, déjà déterminant sur les transferts, est également important sur les biotransformations liées aux conditions redox, notamment la dénitrification et le devenir des matières organiques, dont les pesticides.

• *Les altérations et les substrats*

On s'intéresse ici aux milieux dits « fracturés », typiques de la Bretagne. Lorsqu'ils n'ont pas été altérés, ces milieux sont constitués de roches de très faible perméabilité. L'eau circule essentiellement dans les discontinuités de la roche (joints, fissures, fractures), et non dans la matrice (mais elle peut échanger avec elle). C'est donc l'état de fracturation qui va déterminer les propriétés d'écoulement du milieu ; et ces dernières peuvent être très différentes selon les échelles, de plusieurs ordres de grandeur selon que l'on intègre ou pas une fracture dans la zone de mesure.

A l'échelle des temps géologiques, les formations qui constituent les boucliers anciens de notre territoire ont subi plusieurs périodes d'émersion et d'érosion chimique sous des climats plus chauds et plus humides que l'actuel (Brault, 2000). Il en résulte une couche d'altération qui couronne toutes les formations affleurantes.

De haut en bas (fig. 3), on distingue sous le sol F:

- une couche fortement altérée constituée essentiellement d'argiles et d'oxydes de fer où les structures de la roche mère ont disparu ;

- une couche également altérée mais dans laquelle les structures de la roche initiale sont toujours observables ; ces deux niveaux possèdent une porosité et une perméabilité plus élevées que la roche sous-jacente et constituent un réservoir hydrogéologique ;

- une partie plus profonde où la roche n'a pas été altérée, où les fractures constituent la porosité principale et la perméabilité du milieu ; les observations de terrain montrent que la partie sommitale de cette zone profonde est souvent marquée par un niveau de fracturation plus élevé. Enfin, on peut noter qu'à grande échelle les fractures jouent le rôle de guide de l'altération et permettent son approfondissement.

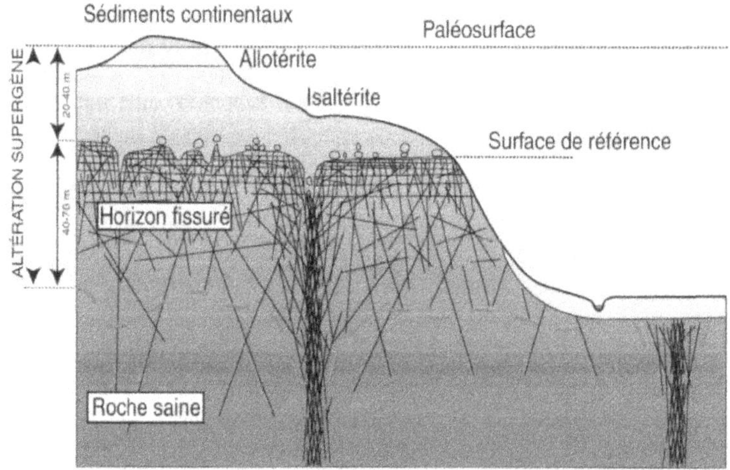

Figure 3. Différents horizons d'altération dans les formations de surface (Brault, 2000, d'après Wyns, 1991).

Ces composantes physiques du milieu vont constituer d'un point de vue hydrologique des « réservoirs » aux propriétés différentes, qu'on pourra éventuellement identifier sur le terrain. Cependant, d'autres paramètres vont contrôler les flux d'eau et de ce fait induire une compartimentation chimique qui pourra être très variable dans l'espace, au sein d'un même réservoir physique, mais très stable dans le temps en un point donné. Un exemple très net est celui des zones humides de bas de versants : la saturation en eau durant une grande partie de l'année donne à ce compartiment des caractéristiques chimiques très réductrices et permet de ce fait la réduction chimique des nitrates en azote gazeux, qui est dégagé vers l'atmosphère. On peut également observer d'autres types de compartimentation selon l'échelle d'observation.

Les polluants, leur cheminement et leur temps de résidence

La conceptualisation du milieu va également dépendre du polluant que l'on étudie. Les deux critères que sont la mobilité et la persistance discriminent les polluants et orientent la manière dont on représente le milieu et hiérarchise les processus. De manière très schématique, quatre familles de polluants peuvent être distinguées.

La première famille, dont le nitrate est le plus connu, est caractérisée par une forte mobilité et une forte persistance. Le nitrate, élément très soluble, traverse les milieux en explorant l'ensemble de la porosité, à une vitesse comparable à celle de l'eau. De la base de l'horizon organique à la rivière, une part significative (de l'ordre de 30 %) disparaît. Le nitrate, dans ce parcours, aura donc un temps de résidence assimilable au temps de transfert de l'eau. Cependant, il faut rappeler que dans le sol, en particulier dans l'horizon organique, les différentes formes de l'azote (NO_3, NH_4, NH_3, N_2O, NO_2) sont impliquées dans les cycles biologiques avec des temps de résidence assez longs, de l'ordre de plusieurs années (Mariotti, 1998).

La seconde famille, dont font partie la majeure partie des pesticides utilisés en agriculture, est caractérisée par une mobilité modérée du fait d'une forte interaction avec les matières organiques, et par une persistance modérée du fait d'une dégradation des matières actives qui s'opère principalement à l'échelle de l'année. Dans cette famille, les contaminations proviendront essentiellement d'une eau mobilisée au cours des quelques crues qui suivent les applications, plus généralement d'eau provenant du cycle annuel.

La troisième famille, dont font partie le phosphore, les métaux et certains micropolluants organiques (dioxine, HAP), est caractérisée par une mobilité modérée, pour des raisons similaires, et par une forte persistance qui peut conduire à une accumulation dans les sols. Dans cette famille, les contaminations sont également liées au cycle annuel de l'eau, mais avec une amplitude qui dépendra de l'accumulation et de la disponibilité de ces éléments chimiques.

Une dernière famille est constituée de polluants dont la mobilité et la persistance sont encore mal connues. Il s'agit de molécules organiques ou d'agents biologiques (bactéries, prions, antibiotiques).

Ainsi, dans la première famille, on s'attachera aux transferts vers et dans la nappe, en allant jusqu'aux compartiments les plus profonds, à des temps de résidence liés à la fois aux cycles biogéochimiques dans les sols et aux temps de transfert dans les nappes. Dans cette famille, on s'intéressera à l'évolution du bilan des éléments entrants et sortants. Dans les deux autres familles, on observera surtout des processus de surface, liés au ruissellement et au transfert dans la frange superficielle de la nappe. Les temps de résidence sont alors essentiellement liés aux cycles biogéochimiques dans les sols ; le transfert quant à lui est lié à la disponibilité des éléments chimiques. Dans ces familles, on s'intéressera moins à la notion de bilan ou de flux (la part des flux sortants étant très faible par rapport aux entrées) qu'aux notions de stock dans les sols, de biodisponibilité et de risque de transfert vers la rivière.

Les temps caractéristiques

On distingue quatre temps caractéristiques : la crue et le cycle annuel, déjà évoqués ; les variations interannuelles, relatives à quelques années ; et les grandes tendances, relatives à quelques décennies. Ces échelles de temps impliquent certes des réservoirs et des processus différents, mais elles sont très liées. La crue mobilise des réservoirs différents selon sa position dans le cycle annuel. Il en va de même des variations saisonnières qui mobilisent des réservoirs différents selon leur place dans des variations interannuelles, voire dans des grandes tendances. Examinons chacune de ces échelles.

La crue a surtout été étudiée grâce à des modèles de mélange. Ces modèles font l'hypothèse que l'eau de la rivière est un mélange d'eaux de compositions chimiques différentes, chacune issue d'un réservoir conceptuel aux caractéristiques chimiques stables dans le temps, et dont le mélange varie au cours de la crue. L'identification de pôles, puis le calcul du taux de mélange des différentes eaux au cours de la crue permettent d'identifier l'origine des eaux. Ces modèles, d'abord à 2 (Merot *et al.*, 1981) puis à 4 compartiments (Durand et Torres, 1996), ont montré en Bretagne l'importance des nappes superficielles - drains et nappes - (entre 40 et 80 %) et des zones humides (entre 10 et 30 %) par rapport au ruissellement (de 10 à 30 %). Ils ont mis en évidence la variabilité des mélanges selon la position de la crue dans le cycle hydrologique. Ces modèles ont permis d'identifier l'origine spatiale des polluants en les positionnant par rapport à ce schéma, que ce soit pour les pesticides,ou le carbone organique dissous ou les éléments traces métalliques. Ils peuvent être mis en œuvre sur les matières en suspension afin d'en identifier l'origine. Des travaux sont en cours en Bretagne sur ce thème (Lefrançois, 2003).

Le cycle annuel impose des variations saisonnières de débit et de concentration des éléments chimiques. C'est le cas des nitrates qui présentent, en Bretagne, des concentrations plus élevées en hiver qu'en été dans la plupart des cours d'eau (Martin, 2003). Ces variations sont liées directement aux fluctuations du toit de la nappe, aux interactions entre des cycles biogéochimiques et ces fluctuations, aux cycles biologiques naturels. Prenons le cas des fluctuations de la surface de nappe qui nous concerne ici. La nappe présente différents niveaux de concentrations en nitrate de l'amont à l'aval, de la surface à la profondeur ; de sorte que, lorsque le toit de la nappe fluctue de manière saisonnière, ces compartiments sont mobilisés en quantités différentes. Ainsi, la nappe de versant et la frange superficielle de la nappe contribuent à la rivière de manière plus importante en hiver qu'en été (fig. 4). Ces mécanismes sont particulièrement importants en Bretagne, où l'oscillation saisonnière du toit de la nappe est particulièrement marquée (Molénat, 1999 ; Molénat *et al.*, 2002). Ils sont importants pour les nitrates, plus faibles voire négligeables pour d'autres polluants. Cette compartimentation verticale de la composition chimique de la nappe est liée à des processus biogéochimiques. Dans le cas des nitrates, la dénitrification hétérotrophe (couplée à la dégradation de la matière organique) dans la zone humide, et autotrophe (couplée à l'oxydation du soufre minéral) en profondeur est un facteur majeur de la saisonnalité des concentrations. Là encore, des modèles de mélange peuvent constituer une première approche.

Les variations interannuelles sont liées à la forte variabilité climatique et aux fortes variabilités des activités agricoles, qui conditionnent les conditions d'entrée et les stockages dans les sols et les nappes. 2 difficultés majeures s'ajoutent à cette variabilité : climat et activités agricoles présentent des variations qui interagissent, les effets de ces 2 composantes ne se limitant pas à l'année du fait de stockages d'éléments chimiques dans les sols et les nappes. A l'échelle de petits bassins versants, les stocks de nitrate dans les nappes, estimés à partir du produit de la concentration par le volume d'eau des nappes contaminées, ont été estimés à 9 fois les bilans entrants annuels en nitrates (Molénat, 1999). Une année sèche se traduira par une minéralisation importante, mais avec de faibles flux de nitrate. L'année humide qui suivra mobilisera des flux importants, tant en eau qu'en nitrate. Ces variations de concentrations en nitrate en entrée pourront par ailleurs conduire progressivement à une stratification chimique de la nappe. Les bilans annuels des excédents d'azote et de flux de sortie le montrent bien (fig. 5) : ils ne sont pas corrélés à l'échelle de l'année, voire même de quelques années, traduisant des stockages internes au bassin versant. La compréhension des variations interannuelles passe donc par une analyse des conditions d'entrée, mais surtout par une analyse de la stratification chimique des aquifères, qui dépend elle-même de conditions géochimiques locales et de conditions antérieures.

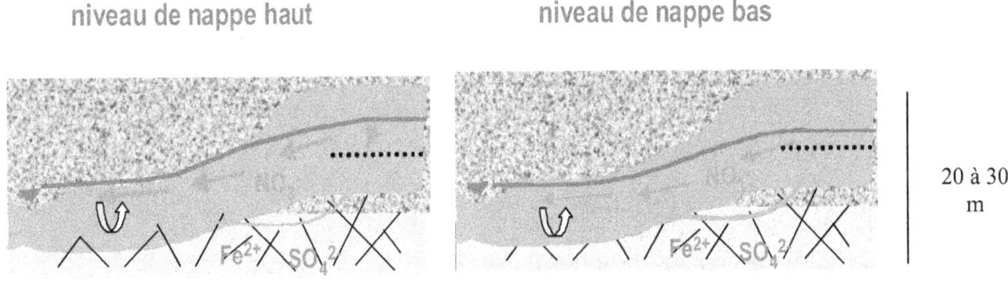

Figure 4. Mécanismes hydrologique et biogéochimique de versant, contribuant à expliquer les variations saisonnières des concentrations en nitrate dans la rivière. En hiver, lorsque la nappe est haute, la contribution de la partie superficielle de la nappe (<15-20 m), à forte concentration en nitrate, est largement dominante ; en été, lorsque la nappe est basse, cette contribution est relativement plus faible, au bénéfice d'une eau à concentration faible, voire nulle venant de la partie profonde de la nappe (> 15-20 m), où s'opèrent des processus de dénitrification autotrophes.

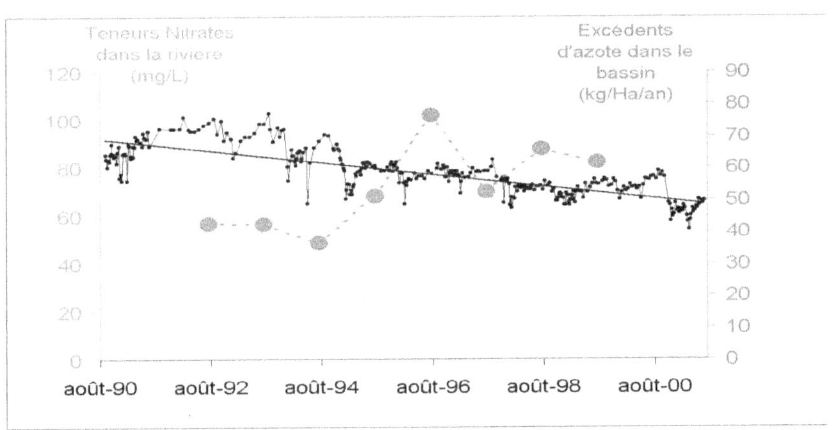

Figure 5. Variations des teneurs en nitrate dans la rivière et des excédents d'azote sur un bassin versant du site de Kerbernez (29) (Ruiz *et al.*, 2002a ; 2002b).

Les grandes tendances décennales marquent les ratios des flux entrants et sortants, en fonction des grandes tendances d'usage des sols et des grandes tendances climatiques, qui peuvent se traduire par des variations des écoulements, des stockages et des déstockages d'éléments chimiques. Depuis l'industrialisation, les flux d'azote en entrée ont plus que doublé à l'échelle mondiale. De plus, cette évolution du climat est très marquée en Bretagne (Aurousseau, 2003). Ces grandes tendances ne sont souvent identifiables qu'à une échelle de temps de l'ordre de la décennie ; en deçà, elles sont masquées par la variabilité interannuelle. L'identification de ces tendances est essentielle : elle permet en retour d'identifier les autres échelles de variabilité. Cette échelle nécessite des acquisitions de données sur des pas de temps longs. Peu de données sont disponibles au début de l'industrialisation, de sorte qu'on ne peut tirer de conclusions quant au début de son influence sur l'environnement. Même actuellement, les données disponibles ne permettent pas de déceler des tendances qui restent de faible amplitude.

Ces différentes échelles de temps caractéristiques fixent les limites des actions de restauration de la qualité de l'eau. Les aménagements seront susceptibles de modifier les processus liés à la crue. Les modifications des bilans d'entrée, qui jouent sur les stocks d'éléments chimiques dans les sols et dans la nappe, seront quant à elles susceptibles d'apporter des réponses sur le long terme.

Des outils et des réponses

Méthodes de modélisation numérique

La nappe ayant un rôle majeur, ce sont surtout des modèles de nappe qui ont été développés pour préciser le temps de transfert de l'eau et l'incidence de la stratification chimique de la nappe sur les variations saisonnières et interannuelles des concentrations en nitrates.

Ces modèles, utilisés à l'échelle du versant, ont permis de montrer que les temps de transfert de l'eau dans la nappe sont très variables selon la position topographique. L'eau située en bas de versant ira en quelques jours ou en quelques mois à la rivière, alors que celle située sur les plateaux mettra quelques années pour le faire (fig. 6). En amont, sur les plateaux, le gradient et la conductivité hydraulique imposent des vitesses de transfert très lentes. Ces modèles, basés sur une représentation du milieu simplifiée, voire simpliste, indiquent clairement que l'eau de la rivière, qui vient essentiellement de la nappe, regroupe en fait des eaux de provenance et donc d'âge très différents.

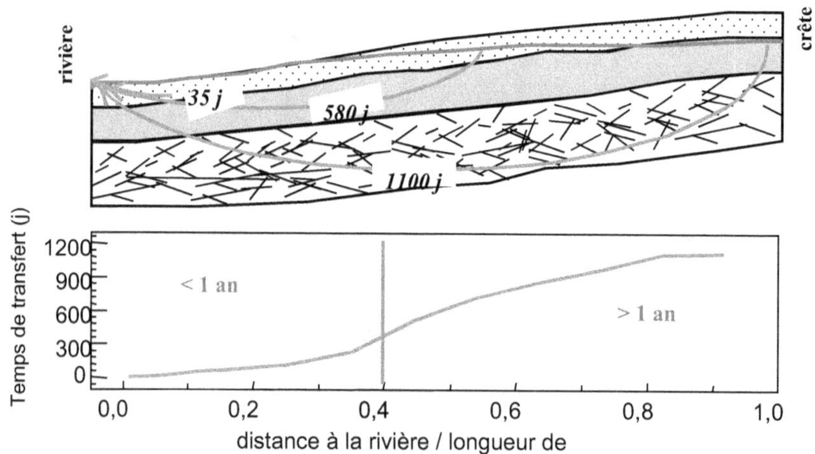

Figure 6. Estimation par un modèle de nappe (MODFLOW) du temps de transfert de l'eau dans la nappe (d'après Molénat et Gascuel-Odoux, 2002).

Ces modèles, utilisés à l'échelle du bassin versant, ont permis de montrer que des compartiments très différents du fait de processus géochimiques, à savoir la dénitrification dans les zones de bas fonds, expliquaient correctement les variations saisonnières des concentrations en nitrate. Cette cyclicité des concentrations, très marquée actuellement dans de nombreux bassins versants, est liée aux fortes concentrations dans la nappe de versant, celle-ci constituant le pôle chargé en nitrate. La diminution des concentrations dans ce pôle, notamment en surface de la nappe, et la taille limitée des zones humides de bas fonds peuvent constituer des explications au caractère peu marqué (voire opposé à cette cyclicité), caractère observé dans quelques bassins versants. Ces modélisations ont ainsi clairement établi la liaison entre les variations saisonnières et interannuelles, ces deux échelles étant étroitement conditionnées par les stratifications amont/aval et surface/profondeur de la nappe, souvent couplées à des matériaux différents (fig. 7).

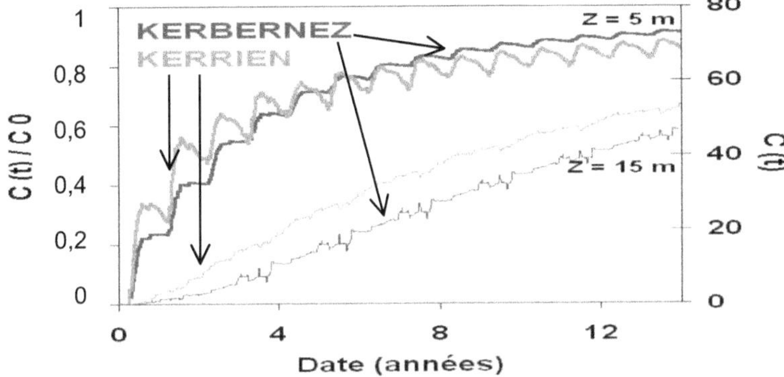

Figure 7. Évolution des concentrations dans la nappe dans deux bassins versants, en partant d'une concentration initiale nulle et en supposant une recharge annuelle de 80 mg/l de nitrate (d'après Martin, 2003).

Méthodes de datation des eaux

L'utilisation de modèles de mélange basés sur des marqueurs de différents compartiments hydrologiques a permis de montrer l'importance de l'eau préexistante sur le bassin versant dans les crues (Merot *et al.*, 1981), sans pour cela qu'on connaisse l'âge de l'eau mobilisée. On appelle « âge de l'eau » le temps qui s'est écoulé entre l'introduction de l'eau dans la zone saturée et le moment où on l'échantillonne. La détermination de l'âge de l'eau permet la détermination directe du temps de résidence, selon les hypothèses suivantes :

- l'entrée dans la nappe (ou l'entrée dans la zone non saturée selon les traceurs considérés) constitue le temps zéro ;
- le traceur est conservatif chimiquement au cours du transport. C'est son évolution physique que l'on mesure dans le cas de la décroissance radioactive, ou sa concentration dans l'échantillon, qui peut alors être considérée comme représentative de celle de l'eau lors de son introduction dans la nappe ;
- l'échantillonnage est représentatif de la masse d'eau considérée.

Pour déterminer ce temps de résidence, on a longtemps utilisé le seul chronomètre disponible, le carbone 14 (^{14}C) , pour des durées variant entre quelques milliers et trente cinq mille ans. Le ^{14}C provient des effets de l'activité solaire sur notre atmosphère. Notre environnement est donc soumis à un flux continu de ^{14}C. Les eaux de surface contiennent un taux de ^{14}C en équilibre avec le flux atmosphérique. Lorsque l'eau s'infiltre, elle se coupe de la source de ^{14}C et celui qu'elle contient commence sa décroissance radioactive. Tous les 5750 ans, sa concentration diminue de moitié. Connaissant le taux actuel d'activité atmosphérique, on peut ainsi calculer un âge de l'eau, parfois largement modifié par l'interaction entre l'eau et la roche (roches calcaires) ou la production de carbone (CO_2 présent dans le sol à partir de la dégradation de la matière organique).

À la fin des années 1950 et au début des années 1960, les essais nucléaires à l'air libre ont produit une contamination atmosphérique en tritium F(une forme lourde d'hydrogène ^{3}H contenant un proton et deux neutrons au lieu d'un seul proton pour la forme usuelle de l'hydrogène ^{1}H). Le tritium est radioactif et sa teneur diminue au cours du temps. L'utilisation de la mesure des teneurs en tritium de l'eau a ainsi permis de donner une fourchette d'âge pour les eaux souterraines (fig. 8). En l'absence d'une chronique très détaillée des teneurs atmosphériques, celle-ci se résume le plus souvent à un diagnostic binaire : avant ou après 1960. Cette échelle de temps n'a pas cependant la précision souhaitée pour certains systèmes où l'eau transite majoritairement dans des temps de l'ordre de quelques décennies, à l'instar des systèmes armoricains.

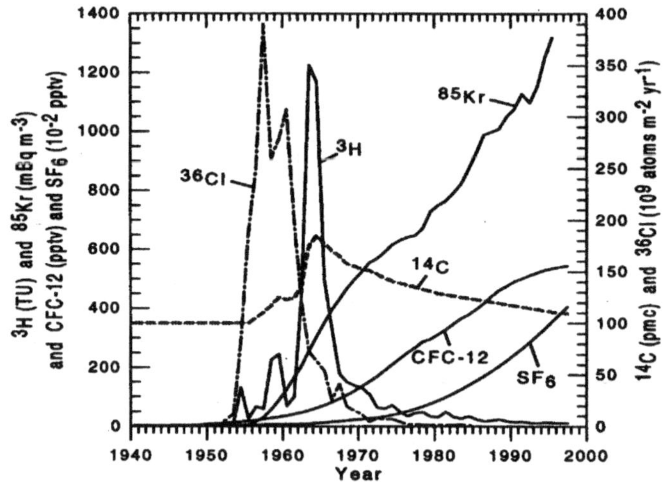

Figure 8 : Evolution des teneurs en gaz anthropiques dans l'atmosphère
(Cook & Böhlke, 2000).

De nouvelles techniques sont apparues, qui ont permis de contraindre de manière beaucoup plus précise les temps de résidence inférieurs à 30 ou 40 ans. Ces méthodes sont basées sur le traçage du signal de gaz anthropiques injectés dans l'atmosphère (chlorofluorocarbones : CFC) (figure 8). La famille des CFC regroupe des composés organiques synthétiques dont les principaux sont le CCl_2F_2 (CFC-12 également noté F-12, fréon 12 ou R12) et le CCl_3F (CFC-11, F-11, fréon 11 ou R11) ; le $C_2Cl_3F_3$ (CFC-113, F-113), le $C_2Cl_2F_4$ (CFC-114, F-114) et le C_2ClF_5 (CFC-115, F115) sont utilisés de façon plus marginale. Les CFC sont utilisés comme réfrigérants ou solvants dans les aérosols, et dans la fabrication de plusieurs matériaux plastiques. Leur demi-vie dans l'atmosphère est respectivement estimée à 60 et 120 ans pour le CFC-11 et le CFC-12. La concentration de ces gaz dans l'atmosphère a augmenté de façon continue au cours du temps depuis un demi-siècle. La limitation de l'utilisation des CFC (qui catalysent la destruction de l'ozone dans la haute atmosphère) par la convention de Rio a conduit à une stabilisation des teneurs de ces gaz dans l'atmosphère depuis dix ans. L'eau de recharge étant équilibrée avec l'atmosphère, les teneurs dans l'eau suivent une augmentation corrélée à celle de l'atmosphère. Par la suite, au cours de son transit dans le milieu souterrain, le signal introduit lors de la recharge, caractéristique d'une année, est conservé.

Le dosage des CFC a été utilisé sur plusieurs aquifères de type poreux, et il a donné des âges d'une précision de l'ordre de l'année. Dans la plupart des études de datation, les molécules suivies sont le CFC-11 et le CFC-12 (Pour une bibliographie détaillée voir par exemple Cook et Hercezg, 2000). A titre d'indication, les concentrations en CFC dans les eaux de nappe n'excèdent pas le nanogramme. Ainsi, pour une température de l'eau de 10°C., l'équilibre air/eau correspond à des concentrations de l'eau variant selon l'époque de 10 (année 1955) à 900 pg kg^{-1} (année 1990) pour le CFC-11 ; et de 10 (1955) à 350 pg kg^{-1} (1 picogramme,pg,équivaut à10^{-12}g) pour le CFC-12.

Plusieurs travaux de datation ont été menés dans des aquifères proches de la surface et de type alluvial ou karstique. Dans des aquifères alluviaux, des temps de résidence de 2/3 ans à 30/40 ans ont été observés, malgré de fortes perméabilités. Dans ce cas d'aquifères simples, les âges augmentent avec la profondeur. Au sein d'un aquifère libre sous terrains agricoles, un temps de résidence moyen d'environ 20 ans peut être proposé (Böhlke et Denver, 1995 ; Modica *et al.*, 1998). On peut conclure de ces études que dans des bassins versants simples, proches de la surface, on peut trouver des temps rapides de l'ordre de 0 à 3 ans et des temps plus longs de l'ordre de la dizaine d'années. Cette variabilité illustre la complexité des processus au sein du milieu.

Un seul travail a porté sur les milieux de socles (Plummer *et al.*, 2001). Là encore, des âges variés sont observés, depuis les sources à faible temps de résidence aux forages les plus profonds, où le temps de résidence dépasse les méthodes de datation (40 à 50 ans). La forte compartimentation et l'hétérogénéité des flux de ce type de milieu impliquerait l'absence de vitesse moyenne, mais une distribution des vitesses depuis des temps rapides (0 à 3 ans) dans la partie de surface vers des temps plus longs (10 à 100 ans) dans la partie profonde, la proportion de cette dernière composante étant largement variable dans le milieu.

Ces travaux récents montrent qu'il est délicat de donner un âge unique pour un bassin versant ; mais s'il faut donner une valeur, c'est l'ordre de la dizaine d'années qui prévaut à l'échelle du bassin versant de surface kilométrique. De plus, on peut facilement montrer qu'une distribution de vitesses, même limitée à quelques dizaines d'années, entraîne un temps de réponse suivant une forte diminution ou augmentation d'intrants de type exponentiel (c'est-à-dire rapide au début mais s'amortissant rapidement pour devenir de plus en plus lent). On peut prédire qu'un arrêt total d'entrées d'azote, s'il se traduisait par une baisse des concentrations de l'ordre de 30 à 40 % en quelques années, mettrait ensuite sans doute plusieurs dizaines d'années pour diminuer d'autant. Des applications de ces travaux pionniers sont en cours sur différents sites armoricains afin de mettre en œuvre ces différents chronomètres.

Conclusion

La recherche a permis en quelques années une bien meilleure compréhension de la structuration des milieux et du fonctionnement des bassins versants. Les avancées ont porté sur les sols et les altérites, la position et la dynamique des nappes. Il est clair que notre environnement s'est très profondément modifié en quelques décennies ; et que les éléments majeurs apportés par l'agriculture, selon la nature de ces éléments, ont été stockés dans les sols ou ont diffusé dans les nappes à des profondeurs significatives. Ces modifications profondes de notre environnement ôtent toute possibilité de revenir en arrière dans des temps courts. Si des modifications significatives des bilans d'entrée sont constatées, pour des éléments majoritairement conservatifs, il est certain qu'elles produiront rapidement l'amorce d'une diminution des flux, même si cette diminution est difficilement identifiable à très court terme du fait de la variabilité climatique. Il est probable que l'équilibre ne pourra être atteint qu'après une période de temps de l'ordre de la décennie. A l'inverse, de faibles modifications des entrées ne peuvent être repérées dans les bilans de sortie du fait des processus divers entrant dans le contrôle de ces bilans.

On en déduira deux choses :
- en termes d'action, la nécessité de modifier les bilans d'entrée pour préserver à terme les écosystèmes, la nécessité de suivre ces bilans d'entrées, les concentrations et les flux sortants sur le moyen terme, pour pouvoir porter un diagnostic des actions ;
- en termes de recherche, la nécessité de poursuivre les travaux d'investigation concernant l'hétérogénéité des milieux et son rôle sur les flux d'eau et d'éléments chimiques, par diverses approches de modélisation et d'expérimentation. Ces approches doivent aborder les deux compartiments clés que sont d'une part le sol, qui se comporte comme un accumulateur non contrôlé, et d'autre part la nappe, qui est conditionnée par un milieu encore très mal connu.

Références bibliographiques

AUROUSSEAU P., 2001. Les flux d'azote et de phosphore provenant des bassins versants de la Rade de Brest. Comparaison avec la Bretagne.. *Oceanis*, 27, 137-161.

BÖHLKE J.K. AND DENVER J.M., 1995. Combined use of groundwater dating, chemical and isotopic analyses to resolve the history and fate of nitrate contamination in two agricultural watersheds, Atlantic coastal plain, Maryland. *Water Resourc. Res.* 31-9, 2319-2339.

BRAULT N., 2000. *Ressources du sous-sol et environnement en Bretagne. Genèse, géométrie et propriétés de différents types d'aquifères*. Thèse Univ. Rennes 1.

CHAPLOT V., WALTER C., CURMI, P., 2000. Improving soil hydromorphic prediction according to DEM resolution and available pedological data. *Geoderma* : 97, 405-422

COOK P. AND BÖHLKE J.K., 2000. Determining timescales for groundwater and solute transport. In : Cook P. & Herczeg J.K. (Eds) 1999, *Environmental tracers in subsurface hydrology*. Kluwer, Boston, 1-30.

COOK P. AND HERCZEG J.K. 1999. Environmental tracers in subsurface hydrology. Kluwer, Boston, 529 p.

CROS-CAYOT, S., 1996. DURAND, P., JUAN-TORRES, J.L., 1996. Solute transfer in agricultural catchments: the interest and limits of mixing models. *J. hydrol.*, 181, 1-22.

HUANG, C.H., GASCUEL-ODOUX, C., CROS-CAYOT, S., 2002. Hillslope moisture conditions, overland flow and erosion processes. In : AUZET V., POESEN J. AND VALENTIN C., *Soil patterns as a key controlling factor of soil erosion by water*. Elsevier. Catena Special Issue, 46(2/3), 177-188.

LE BISSONNAIS, Y., CROS-CAYOT, S., GASCUEL-ODOUX, C., 2002. Topographic dependence of aggregate stability, overland flow and sediment transport. *Agronomie*, 22, 489-501.

MARIOTTI , A., 1998. Nitrate, un polluant de longue durée. *Pour Sci.*, 249, 60-65.

MARTIN, C., 2003. *Mécanismes hydrologiques et hydrochimiques impliqués dans les variations saisonnières des teneurs en nitrates dans les bassins versants agricoles*. INRA-Géosciences Rennes. Thèse Université de Rennes, 268 p.

MARTIN, C., AQUILINA, L., GASCUEL-ODOUX, C., MOLENAT, J., 2004. Seasonnal and inter-annual variations of nitrate and chloride in streamwaters related to spatial and temporal patterns of groundwater concentrations in agricultural catchments. *Hydrol. proc..*, 18, 7, 1237-1254

MEROT P., BOURGUET, M., LE LEUCH, M., 1981. *Analyse d'une crue à l'aide du traçage naturel par l'oxygène 18, mesuré dans les pluies le sol, le ruisseau.* Catena, 8, 69-81.

MEROT P., SQUIVIDANT H., AUROUSSEAU P., HEFTING M., BURT T., MAITRE V., KRUK M., BUTTURINI A., THENAIL C., VIAUD V., 2003. Testing a climato-topographic index for predicting wetlands distribution along an European climate gradient.. *Ecol. Model..* 163 (1-2), p.51-71

MODICA E., BUXTON H.T. AND PLUMMER L.N., 1998. Evaluating the source and residence times of groundwater seepage to streams, New Jersey coastal plain. *Water Resourc. Res.* 34-11, p. 2797-2810.

MOLÉNAT, J., 1999. *Rôle de la nappe sur les transferts d'eau et de nitrate dans un bassin versant agricole.* INRA-Géosciences Rennes. Thèse Université de Rennes, 272 p.

MOLÉNAT, J., DAVY, P., GASCUEL-ODOUX, C., DURAND, P., 1999. Study of three subsurface hydrologic systems based on spectral and co-spectral analysis of time series. *J. hydrol.*, 222, 152-164.

MOLÉNAT, J., GASCUEL-ODOUX, C., 2002. Modelling flow and nitrate transport in groundwater for the prediction of water travel times and of consequences of land use evolution on water quality. *Hydrol. proc.*, 16, 479-492.

MOLÉNAT, J., DURAND, P., GASCUEL-ODOUX, C., DAVY, P., GRUAU, G., 2002. Spatial and temporal variations of the groundwater chemistry in an intensive agricultural watershed of French Brittany : relation with the stream water chemistry. *Water Air and Soil Pollut.*, 133, 161-183

PLUMMER, L.N., BUSENBERG, E., BÖHLKE, J.K., NELMS, D.L., MICHEL, R.L., AND SCHLOSSER, P., 2001. Groundwater residence times in Shenandoah National Park, Blue Ridge Mountains, Virginia, USA: A multi-tracer approach. *Chemic. Geol.* 179, p. 93-111.

RUIZ, L., ABIVEN, S., DURAND, P., MARTIN, C., VERTES, F., BEAUJOUAN, V., 2002a. Effect on nitrate concentration in stream water of agricultural practices in six small catchments in Brittany : I. annual nitrogen budget. *Hydrol. and Earth Sys. Sci.*, 6, 497-505.

RUIZ, L., ABIVEN, S., MARTIN, C., DURAND, P., F., BEAUJOUAN, V., MOLÉNAT, J., 2002b. Effect on nitrate concentration in stream water of agricultural practices in six small catchments in Brittany : II. Temporal variations and mixing processes. *Hydrol. and Earth Sys. Sci*, 6, 497-505.

WALTER, C., BOUEDO T. ET AUROUSSEAU, P. 1995. *Cartographie communale des teneurs en matière organique des sols bretons et analyse de leur évolution temporelle de 1980 à 1995*. Rapport final de la convention d'étude entre le Conseil Régional de Bretagne, l'Agence de l'eau Loire-Bretagne et l'ENSAR, 30 p.

WALTER, C., CURMI, P., GASCUEL-ODOUX, C., 1996. Pertinence du découpage pédologique pour l'estimation spatiale des propriétés physiques du sol. Validation à l'échelle d'un bassin versant. In *Etude des phénomènes spatiaux en agriculture*, INRA Edition, 97-110.

WYNS R., 1991. Evolution tectonique du bâti armoricain oriental au Cénozoïque d'après l'analyse des paléosurfaces continentales et des formations géologiques associées. *Géologie de la France* 3, p. 11-42.

Modélisation de l'effet des pratiques agricoles et de l'aménagement du paysage sur les flux d'eau et de matière dans les bassins versants

P. Durand, F. Tortrat, V. Viaud, Z. Saadi

Introduction

Pour explorer les impacts de l'action de l'homme sur la ressource en eau, la modélisation est l'une des méthodes les plus usitées en sciences de l'environnement. En effet, ces impacts résultent de la combinaison de nombreux mécanismes agissant dans un milieu complexe, sur des échelles variées de temps et d'espace, ce qui rend leur observation difficile et leur étude expérimentale souvent irréalisable : si les appareils tombent en panne le jour de la crue du siècle, il est fort malaisé de la reproduire ! Le modèle a pour but de créer une représentation de cette réalité complexe, à partir d'hypothèses sur la hiérarchisation des processus et des facteurs de contrôle, qui va permettre de transposer et d'extrapoler les observations disponibles, de tester des lois de fonctionnement, d'élaborer des scénarios. Dans les zones rurales, les actions de l'homme susceptibles d'affecter la ressource en eau sont d'une part les pratiques agricoles proprement dites, d'autre part l'ensemble des modifications du paysage réalisées soit pour faciliter ces pratiques, soit (plus récemment) pour tenter de réduire leurs impacts environnementaux. L'impact sur la ressource en eau peut être de nature quantitative (modifications de la répartition des différents flux composant le cycle de l'eau ou modifications de la dynamique de ces flux), ou de nature qualitative (modifications de la composition chimique des eaux et des flux de matières véhiculées par ces eaux). Dans cette synthèse, nous présenterons les principales approches de modélisation existantes et leurs applications, principalement dans le contexte de l'ouest de la France, en nous attachant à montrer leur complémentarité et les limites qu'elles recèlent.

Modélisation et modèles

Dans cette présentation, nous appellerons modèle (sous-entendu numérique) une série d'équations mathématiques représentant la façon dont un système complexe (dans le cas présent, une parcelle ou un bassin versant) transforme un ensemble de variables de forçage (pluie, température, apports d'engrais) en variables de sortie (débit, concentration en azote, hauteur de nappe, rendements agricoles). Ces équations font intervenir un jeu de constantes, les paramètres du modèle (fig. 1). Cette définition englobe des modèles très différents en nature et en complexité, depuis une simple régression linéaire entre la pluie (variable de forçage) et le débit (variable de sortie), comportant une seule équation et deux paramètres (la pente et l'ordonnée à l'origine), jusqu'aux modèles mécanistes les plus complexes, comportant plusieurs dizaines d'équations et plusieurs centaines de paramètres. Etant donné le nombre considérable de modèles utilisés dans les domaines de l'hydrologie et de l'agronomie, il semble utile de proposer une classification. Pour ce faire, il convient d'abord de rappeler les principaux processus que les modèles hydrologiques et les modèles de pollution diffuse agricole doivent représenter.

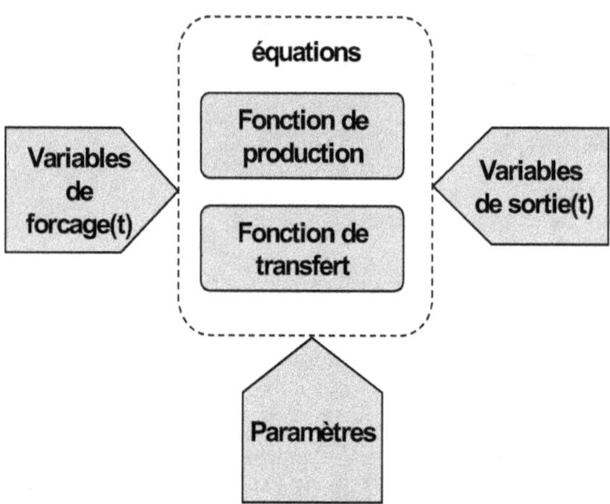

Figure 1. Architecture générique d'un modèle hydro-biogéochimique.

Un modèle hydrologique a pour but premier de représenter la transformation d'un signal « pluie » en signal « débit », ce qui revient d'une part à déterminer la quantité d'eau susceptible de s'écouler (fonction de production), d'autre part à calculer à quelle vitesse elle s'écoule (fonction de transfert). Pour ce faire, on estime le plus souvent l'évapotranspiration par le sol et les plantes, l'infiltration, le ruissellement de surface, l'écoulement de la nappe. On peut aussi estimer la hauteur de la nappe dans le bassin versant, l'humidité du sol, distinguer l'écoulement profond de l'écoulement de sub-surface…

De la même manière, un modèle de pollution diffuse agricole peut comporter une fonction de production (la quantité de polluant mobilisable) et une fonction de transfert (l'entraînement de ces polluants par l'eau). C'est pourquoi il couple assez souvent un modèle hydrologique, assurant le transfert, et un modèle biogéochimique ou agronomique, simulant les processus de rétention et de transformation de polluants dans les sols, les plantes, les cours d'eau.

Les modèles les plus simples vont chercher à reproduire, avec le minimum d'équations et de paramètres, la relation entre les variables de forçage et les variables de sortie. Il sont donc le plus souvent *empiriques*, c'est-à-dire basés avant tout sur les observation disponibles, sans *a priori* sur les mécanismes. De même, ils ne cherchent pas à décrire les processus internes au système, on les qualifie de « *boîtes noires* ». En matière de pollution diffuse agricole, l'exemple type est celui des « coefficients d'exportation » (Johnes 1996), où l'on considère qu'un type d'occupation du sol (forêt, prairie, culture) exporte chaque année une quantité donnée de polluant. Ce type de modèle peut être utile pour estimer des émissions de polluants sur de très grands territoires (pays, bassins de grands fleuves). Une variante consiste à estimer les émissions de polluants en fonction des doses de fertilisants ou de produits phytosanitaires apportées. En revanche, les *approches par bilans*, fréquemment utilisées dans le cas de l'azote, participent d'une autre démarche : ici, on considère que l'azote lessivable (ou lessivé) est fonction du solde du bilan agronomique (apports agricoles, plus fournitures par le sol, moins exportations par les cultures), on cherche donc à expliciter, même sommairement, les processus en jeu. Ces approches par bilans peuvent être couplées avec un modèle hydrologique simplifié. Ainsi, dans le modèle ETNA (Ruiz *et al.*, 2002), le solde du bilan agronomique est considéré comme un reliquat azoté présent en début de saison de drainage, à l'automne ; il est lessivé par les pluies et rejoint deux réservoirs qui se vident lentement dans la rivière. Ce type de représentation simplifiée, basée sur une conception imagée de la réalité, est souvent qualifié de *modèle conceptuel*. Lorsque le bassin versant tout entier y est représenté comme une seule entité, c'est un *modèle conceptuel global*. Lorsque des sous-ensembles sont distingués (par exemple chaque parcelle dans laquelle on effectue un bilan, comme dans ETNA, ou bien des sous bassins versants), c'est un *modèle semi-distribué*. Lorsque le découpage est systématique, selon un maillage carré par exemple, et que les flux d'une maille à l'autre sont représentés, on parle de *modèle distribué ou spatialisé* (fig. 2).

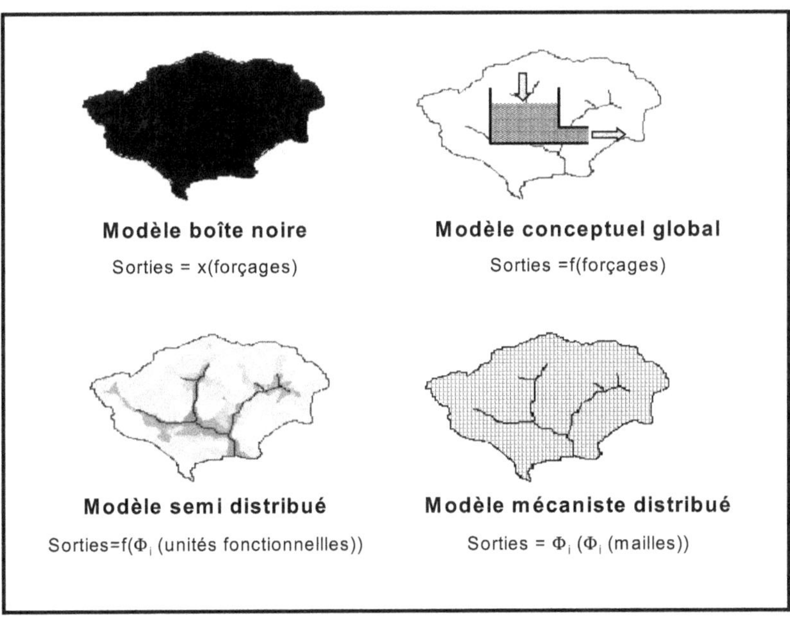

Figure 2. Les principaux types de modèles hydro-biogéochimiques.
(x () représente une fonction indéfinie, f () une équation conceptuelle,
ϕ () une équation à base physique)
Source : Durand *et al.*, 2001.

Enfin, au lieu d'un simple bilan annuel, certains modèles calculent pour chaque pas de temps (min, h, j), en fonction de l'état du système, les quantités mises en jeu par chaque processus modélisé : on parle alors de *modèle dynamique*. Ces calculs peuvent être faits de façon très simplifiée, selon une approche conceptuelle, ou bien tenter de reproduire au mieux les mécanismes élémentaires tels qu'ils sont identifiés par les chimistes, les physiciens, les biologistes, et l'on parlera alors de *modèle mécaniste*. Dans la grande majorité des cas, les modèles dynamiques mécanistes sont de type « distribué », les modèles dynamiques conceptuels pouvant être distribués ou semi-distribués. Il faut souligner que le développement récent des systèmes d'information géographique (SIG) a grandement facilité le développement et la mise en œuvre des modèles distribués et semi-distribués, avec des degrés d'interfaçage plus ou moins élaborés (Collins, Jenkins *et al.* 1998; Skop and Sorensen 1998; Rosenthal and Hoffman 1999; Bilaletdin, Lepisto *et al.* 2001; Fernandez, Chescheir et al. 2002; Northcott, Cooke et al. 2002).

Il s'agit là bien entendu d'une classification très sommaire, et de nombreux modèles ont des caractéristiques hybrides ou intermédiaires entre ces grands types. L'avantage de cette classification est toutefois de faire ressortir les grands types de modèles et de laisser entrevoir les intérêts et les limites potentiels de chacun. Ainsi, un modèle empirique « boîte noire » demandera des observations assez peu détaillées, mais recouvrant des situations très diverses ; il pourra être mis en œuvre très simplement et sur de grandes surfaces. En revanche, les informations qu'on en tirera seront sommaires et son pouvoir de prédiction limité. À l'inverse, un modèle mécaniste distribué nécessitera des informations précises et abondantes, et demandera l'intervention d'un spécialiste. On peut cependant en attendre des connaissances très détaillées du système étudié et une bonne capacité de prédiction. Entre les deux, il existe toute une gamme de modèles conceptuels de complexité très variable, dont il importe souvent de bien connaître les limites de validité pour en faire une utilisation raisonnée.

Modélisation en contexte agricole : pourquoi, comment ?

On peut distinguer deux grands domaines d'application des modèles hydro-biogéochimiques en contexte agricole.

Le premier est celui de l'aide à la maîtrise des facteurs de production : modèles de bilans hydriques pour le contrôle de l'irrigation, modèles agronomiques simulant la croissance des plantes en fonction des conditions du milieu pour l'optimisation des itinéraires techniques (densité de semis, fertilisation). Les modèles utilisés fonctionnent essentiellement à l'échelle locale, du m^2 à la parcelle agricole. Il en existe de nombreux, de complexité variable, certains étant devenus des outils utilisables par l'agriculteur.

Le second grand domaine d'application, qui constitue le sujet du présent article, est celui de la maîtrise des conséquences environnementales des activités agricoles : érosion et pollution hydrique diffuse pour l'essentiel, mais aussi émissions gazeuses, cycle du carbone, lutte contre les inondations... Ces modèles utilisent ou reprennent parfois les mêmes approches que les précédents, avec toutefois la nécessité de changer d'échelle pour passer à un niveau d'organisation compatible avec celui des problèmes environnementaux étudiés. Ce changement d'échelle peut se faire par simple agrégation (addition des résultats obtenus en chaque point, ou pour chaque parcelle) ou bien par couplage avec un modèle de transfert (comme un modèle hydrologique par exemple).

Dans le premier type d'application (agronomique), on va souvent utiliser le modèle pour reproduire le résultat d'expérimentations très détaillées, de façon à bien identifier les processus et les paramètres qui les contrôlent : c'est une phase de mise au point et de paramétrage (ou calage), pour pouvoir ensuite utiliser le modèle dans d'autres situations analogues. Ainsi, le modèle de culture STICS, développé par l'INRA (Brisson *et al.*, 1998), propose un jeu de paramètres pour les principales variétés des plantes cultivées les plus communes, et des indications pour fixer les paramètres liés au sol, ce qui permet en principe de l'appliquer sur n'importe quelle parcelle dont le type de culture a été paramétré, afin de prédire les rendements et les pertes de nitrate par lessivage en fonction de l'itinéraire technique. Ceci ne signifie pas que tout soit connu avec certitude, loin de là, mais la démarche cognitive classique, où la confrontation du modèle avec les données permet de tester les hypothèses et la structure du modèle de façon itérative (fig. 3), peut s'appliquer dans la plupart des cas.

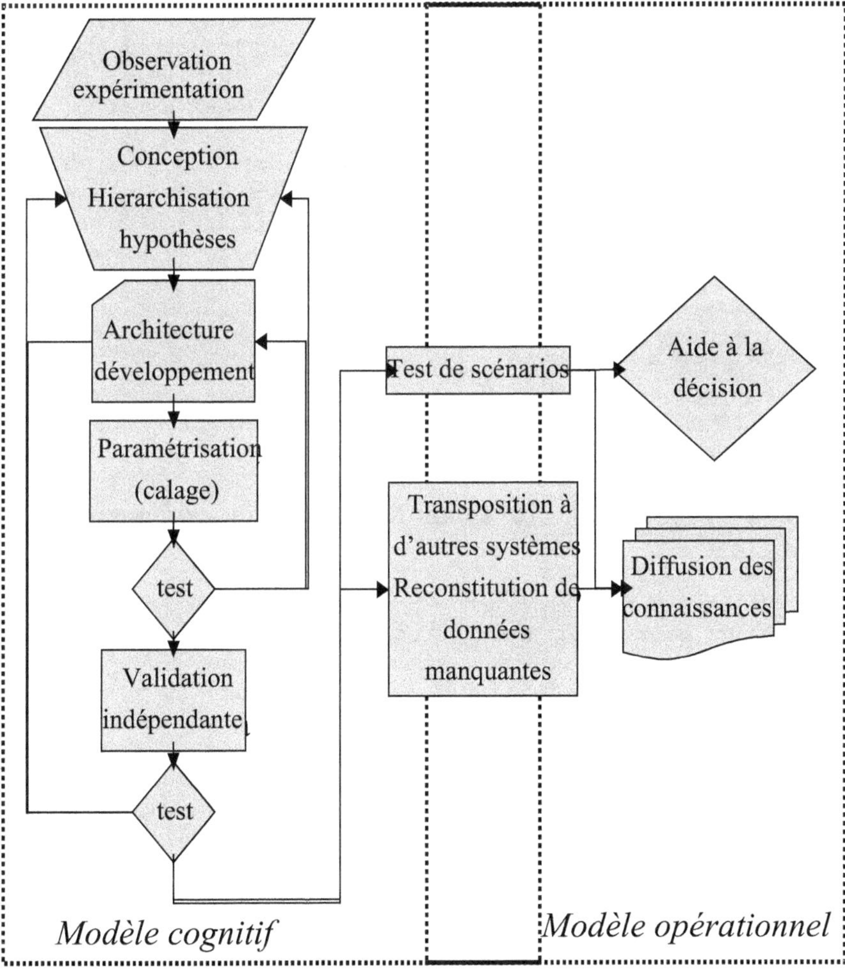

Figure 3. Modèles, de la conception à l'utilisation.

Dans le deuxième type d'application (environnementale), les choses sont souvent plus complexes. Il y a également une phase de mise au point et de calage, mais à partir de données beaucoup moins détaillées, le suivi de systèmes environnementaux (bassins versants) étant infiniment plus complexe et moins maîtrisable que le suivi de placettes expérimentales. La phase de validation, qui consiste souvent à tester le modèle sur des observations indépendantes de celles qui ont servi au calage, est d'autant plus importante. Malgré cela, il reste souvent une part d'ambiguïté, car on ne peut être certain que le modèle représente correctement le fonctionnement du système. Il s'agit là d'une des raisons qui explique la multiplicité et la grande diversité des modèles de bassins versants, car la part d'inconnu reste grande ; il n'existe d'ailleurs pas encore de consensus sur les processus dominants à cette échelle, et sur la meilleure façon de les représenter. Dans bien des cas, compte tenu du degré d'incertitude et du faible degré de connaissance du système étudié, on ne peut tirer de conclusions définitives quant à l'acceptabilité du modèle ou à la supériorité d'un modèle par rapport à un autre.

D'autre part, le modèle a vocation à être appliqué à des systèmes souvent très différents du système sur lequel il a été mis au point : il y a beaucoup plus de différences de fonctionnement entre 2 bassins versants, fussent-ils voisins et sur le même substrat, qu'entre 2 parcelles de blé. Bien souvent, il sert à tester des scénarios fort éloignés de la réalité observée : changements climatiques, changements de système de production …

Ainsi, on a parfois coutume de séparer les modèles en 2 catégories, selon le type d'usage auquel ils sont destinés. Les modèles cognitifs servent à tester des hypothèses, à mieux comprendre le fonctionnement des systèmes modélisés ; et les modèles opérationnels, ou modèles d'action, sont utilisés pour simuler des scénarios, reconstituer des séries de données manquantes et aider à la gestion des systèmes. Dans la pratique, il est rare qu'un modèle soit strictement dédié à l'une de ces tâches : le plus souvent, il passe de l'une à l'autre au cours de son histoire (fig. 3).

Pour rendre ces considérations plus concrètes, nous allons successivement aborder 3 grands types d'impact des activités agricoles sur la ressource en eau, et la façon dont ils peuvent être modélisés.

Impacts des réseaux anthropiques sur le fonctionnement hydrologique

À l'opposé des paysages naturels, le paysage agricole est fortement segmenté, organisé en unités (parcelles ou groupes de parcelles) séparées par des réseaux de fossés, des bordures de champs, des haies, des chemins... Ces réseaux peuvent agir sur le fonctionnement hydrologique en modifiant la géométrie des écoulements et leur vitesse dans le sens de l'allongement des distances et des temps de parcours (haies), ou au contraire dans le sens d'une accélération (fossés). Mais s'il est possible d'évaluer le fonctionnement d'un fossé ou d'une haie, l'estimation du rôle de l'ensemble d'un réseau à l'échelle du paysage n'est pas très aisée : de par son orientation, sa connectivité, sa structure, sa place dans le versant, chaque élément du réseau peut avoir un rôle très différent. Ainsi, si l'on s'accorde en général à penser que l'arasement des haies et la multiplication des travaux d'hydraulique rurale tendent à amplifier les phénomènes de crues et les transferts de polluants, l'ampleur réelle de cet effet, en fonction des caractéristiques des événements pluvieux, est encore mal quantifiée. En termes de modélisation, 2 problèmes se posent alors : comment modéliser le fonctionnement individuel d'un élément de réseau, et comment décrire l'arrangement spatial de ces réseaux ?

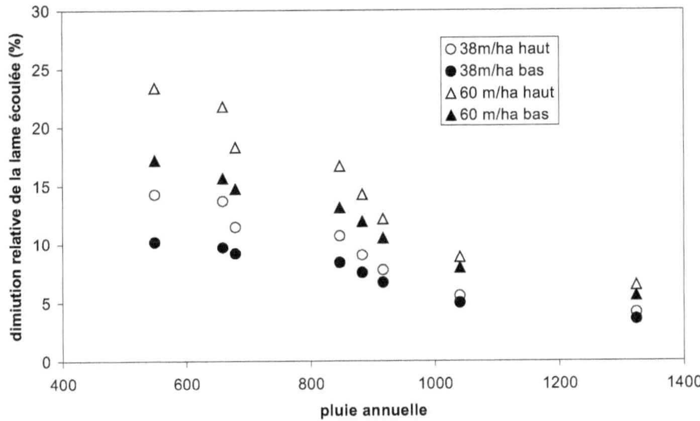

Figure 4. Effets de la densité et de la localisation des haies sur l'écoulement
(d'après Viaud *et al.*, 2005).

Dans le modèle TNT2, qui sera décrit en détail plus loin, Viaud *et al.* (2005) cherchent à estimer l'effet d'un réseau de haies sur l'écoulement à travers l'accroissement de l'évapotranspiration lié à la plus grande surface foliaire et au réseau de racines plus dense et plus profond des arbres. Dans cet exemple, l'effet des haies sur le ruissellement de surface est négligé. Le modèle TNT2est distribué selon un maillage carré régulier, chaque maille faisant typiquement quelques décamètres de côté (20 m dans le présent exemple). La première phase de la modélisation consiste donc à superposer un réseau de haies (obtenu par photo-interprétation) à cette grille, de façon à identifier les mailles comportant une portion de haie. En termes de système d'information géographique, il s'agit de rastériser une image vectorielle, processus qui introduit une erreur d'autant plus grande que le maillage est lâche. Ensuite, à chaque maille comportant une haie est affectée une évapotranspiration potentielle (ETP) plus forte et une capacité de prélèvement par les racines (à travers des coefficients de remontée capillaire et de point de flétrissement) plus élevée. Là encore, même en supposant cet effet bien connu à l'échelle locale (ce qui n'est pas le cas en réalité), une difficulté supplémentaire est introduite par le maillage, puisque c'est l'effet résultant sur 40 m^2 qui doit être estimé. Ensuite, le modèle est appliqué sur différents maillages, réels ou inventés, sur le bassin de Kervidy-Naizin, de manière à chercher des indicateurs globaux de fonctionnement du réseau de haies en fonction de sa structure, et non seulement de sa densité. Un exemple de résultat est présenté figure 4. On montre ainsi que l'effet relatif du réseau de haies sur l'écoulement est d'autant plus fort que l'année est sèche ; et que la position des haies dans le versant est aussi importante que la densité du réseau.

Pour pallier les problèmes de représentation spatiale liés au maillage carré, différentes solutions ont été proposées. Dans le modèle HSPF par exemple, on modélise de façon différente les éléments de paysage linéaires et les versants. Cette structure devient relativement complexe quand le réseau est dense. Dans le modèle ANTHROPOG, dérivé du modèle australien TOPOG (Carluer and De Marsily 2004), le maillage utilisé est un maillage irrégulier dépendant de la topographie et des réseaux linéaires, créé de manière relativement complexe, mais astucieuse. Dans ce modèle, le fonctionnement des fossés est modélisé de façon mécaniste selon la hauteur relative de l'eau dans le fossé et dans la nappe, les haies étant considérées comme des fossés infiltrants et les parcelles drainées comme des surfaces extrêmement perméables. Une application sur le bassin versant montre un effet assez net des réseaux anthropiques dans le sens d'une augmentation des pics de crue, mais aussi une diminution de la part relative du ruissellement de surface, grâce à une accélération des flux de subsurface. Malheureusement, les auteurs concluent à une trop grande incertitude sur la paramétrisation du modèle dans l'état actuel des connaissances.

Dans le modèle MYDHAS, développé en contexte méditerranéen (Moussa, Voltz *et al.* 2002), le modélisateur a adopté une démarche originale en couplant une modélisation mécaniste à un maillage à base d'unités hydrologiques fonctionnelles. Dans un bassin viticole, où le ruissellement domine la genèse des écoulements de crue, les auteurs montrent, par comparaison de scénarios, l'effet du réseau de fossés dans l'accélération des flux et l'effet encore plus net du travail du sol sur le volume de crue.

Modélisation du ruissellement, de l'érosion et des flux de polluants peu solubles (phosphore, pesticides)

Le ruissellement de surface et l'érosion sont favorisés par l'activité agricole, laissant les sols à nu ou faiblement couverts pendant des périodes plus ou moins longues ; et par la fréquente diminution de la matière organique, facteur de stabilité structurale des sols. Ces phénomènes, et le transfert de polluants associés sous forme particulaire ou dissoute, sont particulièrement difficiles à modéliser en raison de leurs extrêmes variabilités spatiale et temporelle et de la diversité des facteurs de contrôle intervenant. Le ruissellement peut être déclenché par une intensité de pluie supérieure à la capacité d'infiltration des sols (ruissellement hortonien) ou par refus d'infiltration sur sol saturé. Dans le premier cas en particulier, il dépend fortement des propriétés de la couche de surface du sol (porosité, rugosité, stabilité des agrégats, pente), elles-mêmes très variables dans le temps et l'espace en fonction des pluies précédentes et du travail du sol, ainsi que de données peu accessibles telles que l'intensité des pluies à pas de temps court (quelques min). L'arrachement et le transport, voire le piégeage subséquent des particules du sol, viennent compliquer encore le problème. Au regard de toutes ces inconnues, la question de la détermination de la fonction de production, c'est-à-dire de la quantité de pesticides ou de phosphore éventuellement mobilisable en fonction de l'apport, de l'adsorption et des biotransformations, peut presque apparaître secondaire, bien qu'elle soit elle aussi entachée d'une très forte incertitude. Les solutions envisageables pour réduire les flux de polluants transportés, telles que le sens du travail du sol, la mise en place de structures de piégeage (bandes enherbées), l'adaptation des modalités d'apports de pesticides (date d'application, dose), dont la modélisation devra aider à estimer l'efficacité, sont elles aussi difficiles à décrire à l'échelle du paysage.

Face à cette complexité, trois types de stratégies ont été développés par les modélisateurs.

La première est une description fine et mécaniste des processus, avec des paramètres issus de fonctions de pédotransfert, c'est-à-dire de relations entre ces paramètres (conductivité hydraulique...) et des propriétés plus accessibles des sols (texture, teneur en matière organique). C'est par exemple le cas du modèle américain ANSWERS ((Bouraoui and Dillaha 1998).

La seconde est une simplification forte des processus, à partir de relations empiriques établies dans une grande diversité de situations et applicables, en théorie, partout. Ainsi, un grand nombre de modèles de pollution diffuse nord américains (SWAT, AGPNS, CREAMS, GLEAMS (Line, Coffey *et al.* 1997; Saleh, Arnold *et al.* 2000)) sont basés sur une même approche, celle des « SCS curve numbers » pour la détermination du ruissellement, associée à l'équation universelle des pertes en sol (USLE ou MUSLE) pour l'érosion. Dans les deux cas, il s'agit de relations prenant en compte les facteurs de contrôle principaux (type de sol, pente, couvert végétal, intensité de la pluie) combinés et paramétrés de façon simple grâce aux résultats de parcelles expérimentales. Il s'agit d'une méthode robuste permettant en particulier de bien rendre compte des différences entre zones géographiques bien contrastées. Son application à des milieux complexes et peu contrastés comme les paysages agricoles de l'Europe de l'ouest est toutefois plus problématique. Une autre option, adoptée par exemple par le modèle INCA-P (Wade, Whitehead *et al.* 2002), consiste à modéliser les transferts de façon simpliste (le ruissellement est contrôlé par un seuil de débit sortant du réservoir superficiel), mais en affinant les modules de biotransformations du phosphore dans les sols et dans les hydrosystèmes, en considérant qu'*in fine* ces biotransformations déterminent le niveau de pollution et son degré de gravité.

La troisième méthode, récemment développée en France en particulier, repose également sur une approche semi- empirique ; mais elle prend explicitement en compte les processus en jeu à travers une approche qualitative. Les processus ne sont pas modélisés de façon numériquement continue, mais au moyen de classes représentant des situations-types, basées sur des informations facilement accessibles (état de surface par levée de terrain ou télédétection). Le modèle STREAM (Cerdan *et al.*, 2001 ; Lecomte, 1999), développé pour des vallées sèches dans un contexte fortement érosif (le pays de Caux), en est un bon exemple. Un tableau expert, basé sur des paramètres visuels (rugosité, faciès, couvert végétal) permet d'avoir des classes d'infiltration. Sur le même principe, d'autres modèles sont en cours de développement pour des bassins versants plus importants et présentant un réseau hydrographique permanent (Tortrat *et al.*, 2003).
Dans ce type de problème, où l'émission de polluants dépend fortement de la conjonction de situations et d'événements particuliers (par exemple un orage intense survenant peu après des pulvérisations sur des sols peu couverts), il est souvent profitable d'associer à la modélisation déterministe un raisonnement probabiliste basé sur la notion de risque (Cryer, Rolston *et al.* 1998).

Modélisation des pertes d'azote dans les bassins versants agricoles

Dans le cas général, les pertes d'azote liées à la pollution diffuse agricole sont presque exclusivement dues au lessivage du nitrate, même si les flux d'azote particulaire peuvent parfois être non négligeables, surtout pour des cours d'eau d'ordre élevé (Neal, Robson *et al.* 1997).

Contrairement au cas précédent, les flux émis dépendent fortement des intrants apportés, et une même importance est souvent accordée aux fonctions de production et de transfert. Les modèles azote couplent donc généralement un modèle de biotransformations de l'azote dans le sol et la plante avec un modèle hydrologique mettant l'accent sur les flux infiltrés, le ruissellement ayant une importance secondaire dans le transport.

Le module de biotransformations de l'azote dans les sols peut être très variable d'un modèle à l'autre, bien que le principe général soit le même : il s'agit de simuler les principaux mécanismes du cycle de l'azote, au minimum le prélèvement par les plantes, les apports agricoles et la fourniture d'azote par le sol.

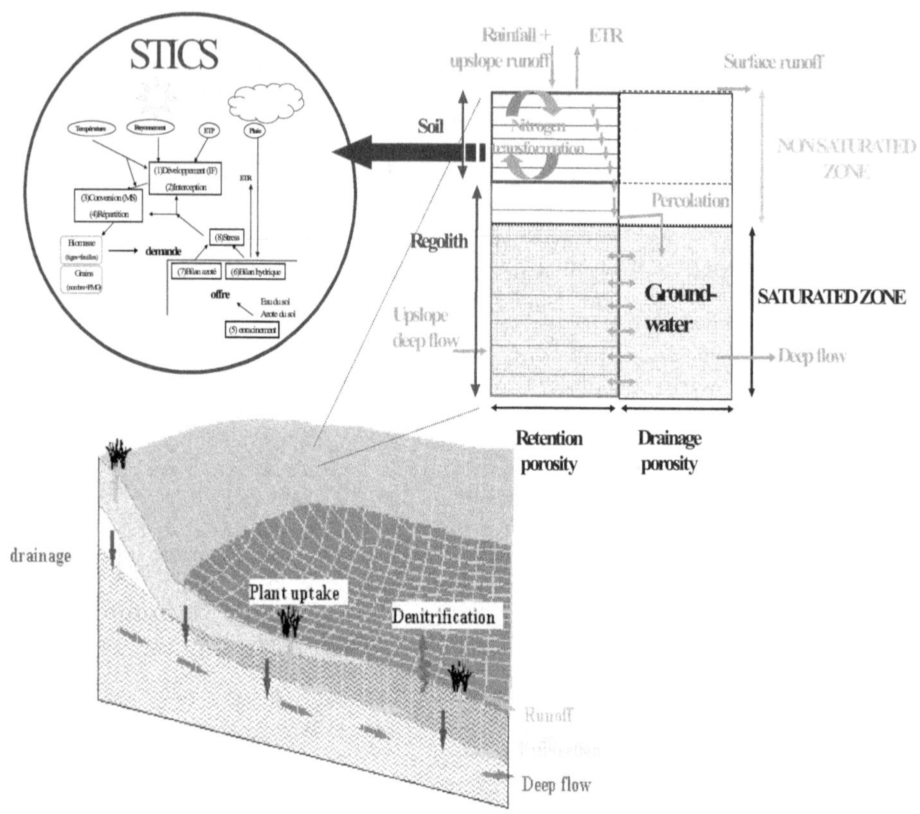

Figure 5. Architecture générale du modèle TNT2.

Il n'est pas dans le propos de cet article de rentrer dans le détail des formalismes adoptés, mais plutôt de souligner les éventuels problèmes qui se posent. Il existe toujours de fortes incertitudes sur ce cycle de l'azote, notamment en ce qui concerne la dynamique de la matière organique endogène (humus et résidus végétaux) et exogène (effluents d'élevage, boues de stations d'épuration). Mal connues et souvent mal modélisées sont les réactions impliquant une phase gazeuse (volatilisation d'ammoniaque, dénitrification, émission de N_2O). Dès que le système modélisé dépasse quelques km^2, une source importante d'erreurs provient non pas du modèle en tant que tel, mais de l'incertitude sur les pratiques agricoles. Ceci est d'autant plus vrai en contexte d'élevage, où il est en pratique quasiment impossible de connaître avec une bonne précision les restitutions au pâturage et la composition des engrais de ferme. Dans les modèles les plus simples, les informations sont moyennées sur l'ensemble du bassin versant, et un bilan azoté global (ou décliné par type de culture) est calculé. Un tel modèle peut très bien suffire pour simuler une situation existante ou analyser des scénarios sommaires (par exemple, réduction de x % de la fertilisation). Il va de soi que plus le modèle sera détaillé, plus il sera difficile de renseigner les différents paramètres et variables de forçage ; mais plus il sera possible de tester des scénarios réalistes et nuancés (introduction de CIPAN[1], ajustement de la fertilisation d'un type de culture, modification de la gestion du pâturage).

Une fois calculée la quantité de nitrate disponible pour le transfert (jour par jour ou à l'année, en tout point ou globalement), le premier processus de transfert est le lessivage. On peut distinguer deux types de modèles, les modèles dits capacitifs, où le sol est considéré comme un réservoir ou un ensemble de réservoirs, où les paramètres de contrôle s'apparentent aux concepts de réserve utile ou de capacité de rétention ; et les modèles dits physiques, qui utilisent les équations de Richards et de convection/dispersion, où les paramètres nécessaires sont la conductivité hydraulique et sa courbe caractéristique, la diffusivité Dans les deux cas s'ajoute parfois un module d'écoulement préférentiel par les macropores. Les modèles capacitifs sont plus faciles à paramétrer et leurs paramètres moins variables dans l'espace ; les modèles physiques sont souvent plus précis et plus génériques (Addiscott et Wagenet, 1985).

Là où les modèles azote divergent le plus, c'est dans la façon de traiter le devenir des nitrates une fois sortis de la zone racinaire. Dans une grande majorité de modèles, on considère qu'ils ne subissent plus de transformations et qu'ils sont acheminés vers le réseau hydrographique au moyen d'un réservoir de nappe ou d'un module d'écoulement en milieu saturé. Un certain nombre de modèles simulent des transformations au sein du réseau hydrographique (minéralisation de l'ammonium, dénitrification, voire croissance phytoplanctonique et macrophytique), que l'on peut dans certains cas assimiler à un compartiment incluant les zones humides de fond de vallée (Wade *et al.*, 2002 ; Durand, 2004). Dans de rares cas (Conan *et al.*, 2003), la dénitrification autotrophe dans la nappe souterraine est simulée. À ces différentes options correspondent différentes représentations spatiales du bassin versant, globales, maillées ou semi-distribuées, les unités fonctionnelles élémentaires pouvant être des parcelles (ETNA, CREAMS (Cooper, Smith et al. 1992; Ruiz, Abiven *et al.* 2002)), des types d'occupation du sol (INCA, (Wade, Durand *et al.* 2002), des unités homogènes selon des critères physiques et anthropiques (les « HRU» de SWAT (Conan, Bouraoui et *al.* 2003; Grizzetti, Bouraoui *et al.* 2003)), des sous bassins versants.

Les conclusions que l'on peut tirer des résultats de la modélisation peuvent donc diverger notablement. Dans la première application d'un modèle azote en Bretagne (le modèle MODCOU sur la Noë Sèche, modèle maillé à réservoirs, utilisé sans spatialisation dans ce cas), Geng *et al.* (1987) concluaient à une forte prédominance des écoulements latéraux de subsurface, d'où une réponse très rapide du bassin versant aux flux de drainage et un bilan fortement négatif (pertes à l'exutoire plus exportations par les plantes supérieures aux apports agricoles plus fournitures par le sol), à relier à un bilan hydrologique également déficitaire, mais aussi (peut-être) à des apports sous-estimés.

Dans une autre étude, Ruiz *et al.* (2002), utilisant le modèle ETNA (modèle global avec calcul du bilan agronomique à la parcelle et deux réservoirs nappe) sur deux petits bassins versants granitiques du Finistère, attribuaient les différences entre bilans agronomiques et flux à l'exutoire à une forte capacité tampon de la nappe, avec des temps de réponse de plusieurs années. Une application du même modèle au bassin versant de La Fontaine du Theil est parvenue aux mêmes conclusions. Le principal intérêt de ce modèle est de très bien rendre compte des variations saisonnières des concentrations en nitrate, très différentes d'un bassin

---

[1] Cultures intermédiaires pièges à nitrates.

versant à l'autre (voire au sein du même bassin), par un mélange entre deux nappes aux dynamiques de vidange différentes.

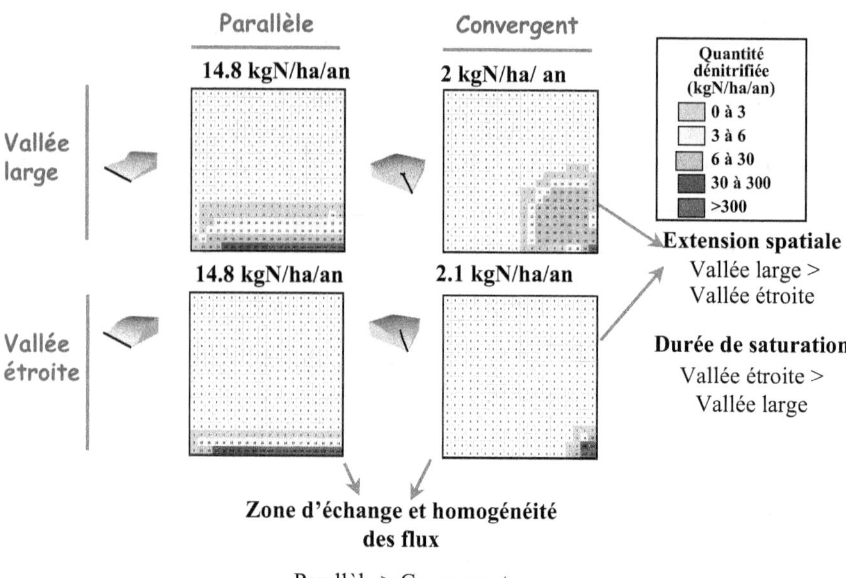

Figure 6. Analyse de l'effet de la géomorphologie sur la dénitrification par TNT2 (Beaujouan *et al.*, 2002).

L'application du modèle SWAT, couplé au modèle de nappe MODFLOW-MT3D, sur le bassin versant du Coët-Dan à Naizin, a conduit à estimer que plus de 60 % de l'azote lessivé sont dénitrifiés par la pyrite dans la nappe, soit environ 100 kg/ha. Un scénario d'application de la directive Nitrates sur ce bassin (réduction de l'apport organique à 210, puis à 170 kg/ha) conduit rapidement à une diminution des flux à l'exutoire, les concentrations restant toutefois supérieures à 50 mg/l, sans réduction d'exportation d'azote par les plantes.

L'utilisation du modèle INCA sur le sous bassin amont de ce même bassin (Kervidy-Naizin) a conduit à des résultats sensiblement différents. Le modèle INCA est un modèle conceptuel semi-distribué permettant la simulation de la dynamique de l'azote dans des systèmes très différents en taille, et dans des contextes très variés. L'un des avantages de ce modèle est qu'il permet, moyennant certaines hypothèses, la simulation de la dénitrification en zones humides de fond de vallée et dans le réseau hydrographique. Sa paramétrisation sur le bassin de Kervidy a permis de simuler différents scénarios de changements climatiques ou d'adaptation de pratiques agricoles. Pour un même ordre de grandeur d'azote lessivable que dans l'application précédente (169 kg/ha/an au lieu de 165), ce modèle simule une dénitrification significativement plus faible (45 kg/ha/an) et attribuée aux zones humides, le reste de l'azote s'accumulant progressivement dans les réservoirs hydrologiques du système.

Des scénarios de réduction de fertilisation, du même type que précédemment, se soldent par un début de réponse en termes de concentrations plus lent (2 à 3 ans), une diminution de 10 % de l'exportation d'azote par les plantes, et là encore des concentrations moyennes restant supérieures à 50 mg/l.

Pour conclure sur cette partie, nous allons présenter un peu plus en détail un modèle azote développé par nos soins et son application au bassin versant de la Fontaine du Theil.

Le modèle TNT2

Le point de départ du développement du modèle TNT2 (*Topography-based nitrogen transfert and transformations*) était de fournir un modèle de transfert de nitrate en bassin versant capable de simuler la dénitrification dans les zones humides et la possibilité de récupération, par les parcelles de bas de versant, du nitrate lessivé en amont, afin d'étudier l'effet de la spatialisation des cultures sur les fuites d'azote (Beaujouan *et al.,* 2001 ; Beaujouan *et al.,* 2002).

Les choix de modélisation adoptés étaient les suivants (fig. 7) :

- une base physique conceptuelle : les principaux processus sont modélisés explicitement, mais sous une forme macroscopique volontairement simplifiée ; il s'agit en fait de fonctions de transfert entre différents compartiments conceptualisés (la solution du sol, la phase solide du sol, le couvert végétal) ;

- une description "spatialisée" du système : le bassin versant est découpé en mailles carrées de dimensions fixes (e.g. 20 m). Chaque maille est découpée verticalement en "tranches" d'épaisseurs variables (e.g. entre 5 et 20 cm) et en nombre variable (entre 10 et 40). On distingue l'eau immobile (i.e., l'eau retenue par le sol dans laquelle agissent les processus "puits-sources ") et l'eau mobile (i.e., l'eau s'écoulant par gravité, où seuls les phénomènes de mélanges interviennent). Tous les flux d'eau et d'azote entre tous les compartiments verticaux et latéraux sont calculés.

Le type de processus sur lequel le modèle se focalise, et qui a déterminé sa mise en œuvre, est la possibilité pour les nitrates atteignant la nappe phréatique (qui ne joue habituellement qu'un rôle de stockage et de transfert vers la rivière) de ré-entrer dans le cycle biogéochimique avant d'atteindre la rivière. En effet, dans les bassins versants sur substrat peu perméable, l'eau de la nappe réinvestit le sol en bas de versant (zone hydromorphe de fonds de vallée), permettant au nitrate d'être repris par la végétation ou dénitrifié.

Le modèle nécessite donc une description du milieu physique (relief, profondeur du sol et du sous-sol, porosité, conductivité), du milieu agricole (types de culture) et des variables de forçage (calendrier des pratiques culturales : semis, récolte, apports d'azote ; variables climatiques comme la pluie, la température, l'évapotranspiration potentielle).

La dynamique de l'azote dans le système sol-plante a été modélisée sur la base du modèle de culture STICS (Brisson, Mary et al. 1998). Il s'agit d'un modèle simulant la croissance des plantes selon un formalisme relativement simple, et qui présente l'avantage de réguler le développement en confrontant l'offre par le sol (fonction des biotranformations de l'azote, de la teneur en eau et du développement racinaire) avec la demande par la plante. Lui ont été adjoints des modules de dénitrification, de régulation de la minéralisation en fonction de l'état de saturation du milieu, et un module « prairie » mieux adapté aux objectifs du modèle.

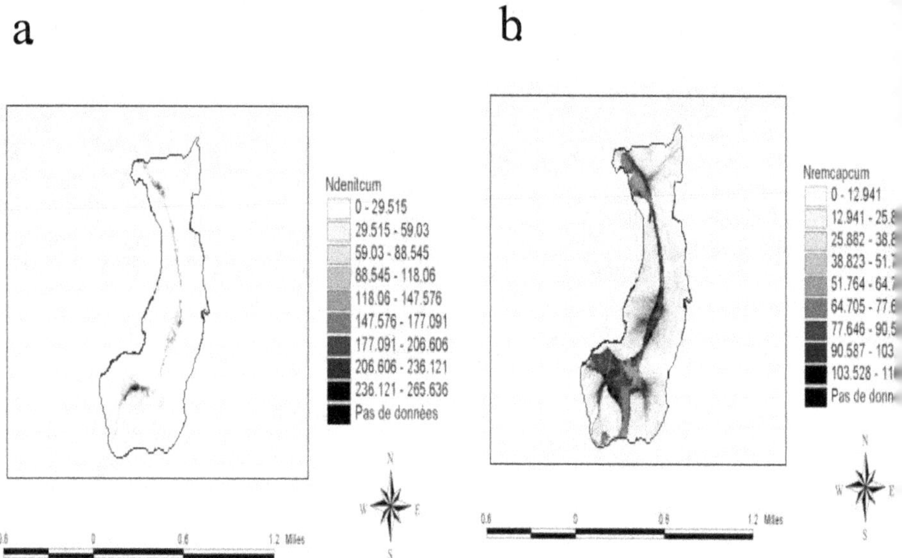

Figure 7. Simulation de la quantité d'azote (en kg/ha/an) dénitrifié (a.) et de la quantité d'azote de la nappe réintégrant le sol (b.) dans le bassin de la Fontaine du Theil.

Avant les applications sur bassins versants réels, le modèle a été testé sur des cas extrêmement simplifiés pour étudier son comportement. Ceci a permis, entre autres, d'illustrer l'influence de la géomorphologie sur la fonction épuratrice des zones humides : comme diverses observations le laissent supposer, l'efficacité dénitrifiante est plus fonction de la géométrie des écoulements que de la surface totale de la zone humide (cf. fig. 6).

L'application au bassin de la Fontaine du Theil s'est faite dans le cadre d'un programme de recherche financé par l'ACTA[2] dont le détail est présenté ailleurs (Le Gall *et al.*, ce volume). Les figures 7 et 8 illustrent les résultats du calage les plus significatifs des possibilités d'un tel modèle. Outre la compartimentation du bilan azoté et la simulation des flux à l'exutoire, il permet aussi, en effet, d'obtenir une estimation spatialisée de processus tels que la dénitrification ou la remontée d'azote de la nappe vers le sol.

---

[2] Association de coordination technique agricole.

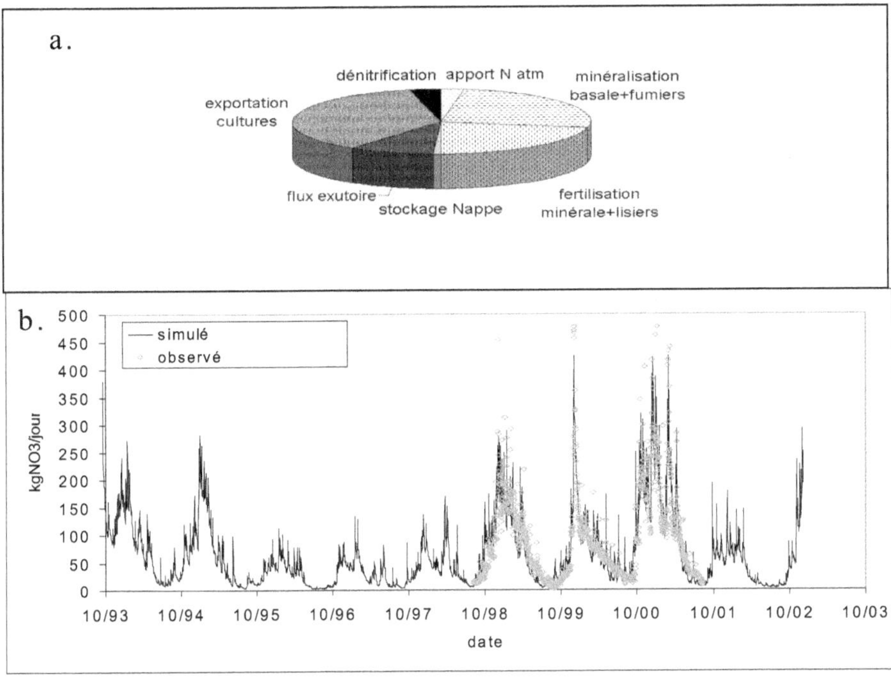

Figure 8. Compartimentation du bilan d'azote et flux journalier de nitrate à l'exutoire de la Fontaine du Theil.

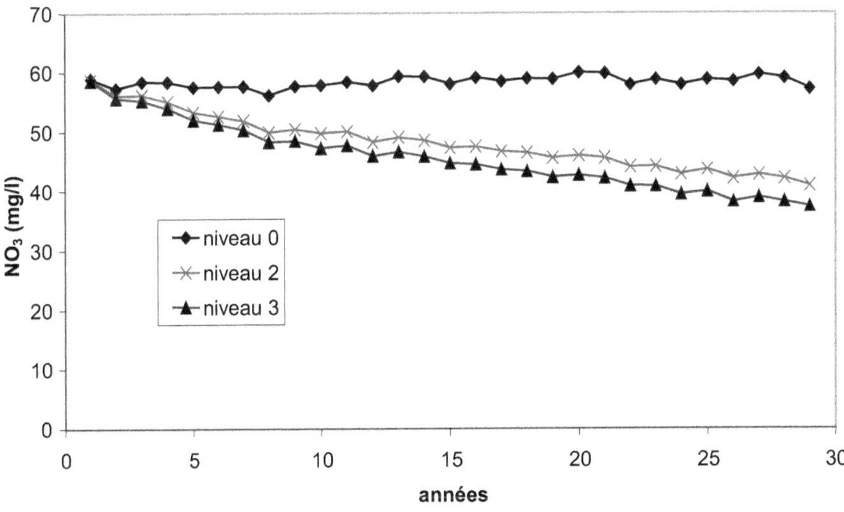

Figure 9. Evolution des concentrations en nitrate simulées à l'exutoire de la Fontaine du Theil selon 3 scénarios de pratiques agricoles.

La figure 9 montre l'évolution des concentrations moyennes annuelles obtenues dans 3 des scénarios testés dans le cadre du programme, en maintenant les pratiques agricoles à leur niveau annuel (niveau 0), en optimisant au maximum les systèmes de production actuels (niveau 2), ou en passant à des systèmes herbagers plus extensifs (niveau 3).
Le modèle montre en particulier que le temps de mise à l'équilibre du système par rapport aux changements de pratiques est très long, mais qu'il suffit cependant de quelques années pour que la réduction des concentrations devienne visible.

Il va sans dire que ce modèle recèle le même genre de limitations que celles évoquées plus haut, et que la fiabilité des résultats ne peut être améliorée que par la poursuite du suivi de terrain sur ce bassin versant et sur d'autres.

Conclusion

Les modèles utilisés pour étudier les impacts des activités agricoles sur l'environnement sont extrêmement nombreux et variables, d'une part parce qu'un certain nombre de phénomènes mis en jeu ne font pas l'objet d'un consensus scientifique sur la manière de les représenter, d'autre part parce qu'un modèle est un outil hautement spécialisé destiné à remplir une fonction précise et complexe, ce qui nécessite une adéquation étroite entre l'outil et la fonction. Compte tenu de l'évolution des techniques et du matériel informatiques, les limitations actuelles de la modélisation ne se situent plus, comme autrefois, au niveau de la puissance de calcul, mais bien au niveau des données nécessaires à mettre au point et à appliquer aux modèles, tant en qualité qu'en quantité. Parmi les avancées restant à réaliser, une meilleure exploitation des données issues de la télédétection, une prise en compte plus explicite des processus biologiques (surtout microbiens), un dialogue plus étroit avec les sciences humaines constituent des pistes où la marge de progrès est encore grande. Enfin, entre les modèles très complexes dont la mise en œuvre nécessite un temps de travail et une qualification très grands, et les approches ultra simplifiées qui sont souvent les seules disponibles pour les opérationnels, il reste à trouver une voie moyenne permettant la généralisation de la modélisation comme outil d'aide à l'action environnementale. À cet égard, notre pays accuse un retard certain par rapport à nombre de pays développés. Ainsi, aux États-Unis pour ne citer qu'eux, la mise en œuvre du Clean Water Act par l'Environmental Protection Agency a fait largement appel aux modèles de pollution diffuse, tant en amont (établissement de diagnostic, zonage) qu'en aval (évaluation de l'efficacité des mesures prises).

Références bibliographiques

ADDISCOTT M., WAGENET R. J., 1985. Concepts of solute leaching in soils : a review of modelling approaches. *Journal of Soil Science* 36, 411-424.

BEAUJOUAN V., DURAND P., RUIZ L., AUROUSSEAU P., 2001. Modelling the effect of spatial distribution of agricultural practices on nitrogen fluxes in rural catchments. *Ecological Modelling,* 137 (1), 93-105.

BEAUJOUAN V., DURAND P., RUIZ L., AUROUSSEAU P., COTTERET G., 2002. A hydrological model dedicated to Topography-based simulation of nitrogen transfer and transformation. Rationale and application to the geomorphology-denitrification relationship. *Hydrological Processes*, 16, 493-507.

BILALETDIN, A., LEPISTO A. 2001. "A regional GIS-based model to predict long-term responses of soil and soil water chemistry to atmospheric deposition: Initial results." Water Air and Soil Pollution **131**(1-4): 275-303.

BOURAOUI, F. and T. A. DILLAHA (1998). "ANSWERS-2000: Runoff and sediment transport model - Closure." Journal of Environmental Engineering-Asce **124**(1): 77-78.

BRISSON, N., B. MARY, et al. (1998). "STICS: a generic model for the simulation of crops and their water and nitrogen balances. I. Theory and parameterization applied to wheat and corn." Agronomie **18**(5-6): 311-346.

CARLUER, N. and G. DE MARSILY (2004). "Assessment and modelling of the influence of man-made networks on the hydrology of a small watershed: implications for fast flow components, water quality and landscape management." Journal of Hydrology **285**(1-4): 76-95.

CERDAN O., 2001. *Analyse et modélisation du transfert de particules solides à l'échelle de petits basins versants cultivés*. Thèse de l'université d'Orléans, 163 pp.

COLLINS, R. P., A. JENKINS, et al. (1998). "A GIS framework for modelling nitrogen leaching from agricultural areas in the Middle Hills, Nepal." International Journal of Geographical Information Science **12**(5): 479-490.

CONAN, C., F. BOURAOUI, et al. (2003). "Modeling flow and nitrate fate at catchment scale in Brittany (France)." Journal of Environmental Quality **32**(6): 2026-2032.

COOPER, A. B., C. M. SMITH, et al. (1992). "Predicting Runoff of Water, Sediment, and Nutrients from a New-Zealand Grazed Pasture Using Creams." Transactions of the Asae **35**(1): 105-112.

CRYER, S. A., L. J. ROLSTON, et al. (1998). "Utilizing simulated weather patterns to predict runoff exceedence probabilities for highly sorbed pesticides." Environmental Pollution **103**(2-3): 211-218.

FERNANDEZ, G. P., G. M. CHESCHEIR, et al. (2002). "WATGIS: A GIS-based lumped parameter water quality model." Transactions of the Asae **45**(3): 593-600.

GENG Q.Z., GIRARD G., SOULARD B., BLONDEL R., 1987. *Modélisation du transfert de nitrates dans le bassin versant de la Noë Sèche*. Rapport SRAE Bretagne, LHM/RD/87/30, 64 p.

GRIZZETTI, B., F. BOURAOUI, et al. (2003). "Modelling diffuse emission and retention of nutrients in the Vantaanjoki watershed (Finland) using the SWAT model." Ecological Modelling **169**(1): 25-38.

JOHNES, P. J. (1996). "Evaluation and management of the impact of land use change on the nitrogen and phosphorus load delivered to surface waters: The export coefficient modelling approach." Journal of Hydrology **183**(3-4): 323-349.

LECOMTE V., 1999. *Transfert de produits phytosanitaires par le ruissellement et l'érosion de la parcelle au bassin versant : processus, déterminisme et modélisation spatiale*. Thèse de l'Ecole Nationale du Génie Rural des Eaux et des Forêts, 242 pp.

LINE, D. E., S. W. COFFEY, et al. (1997). "WATERSHEDSS GRASS-AGNPS model tool." Transactions of the Asae **40**(4): 971-975.

MOUSSA, R., M. VOLTZ, et al. (2002). "Effects of the spatial organization of agricultural management on the hydrological behaviour of a farmed catchment during flood events." Hydrological Processes **16**(2): 393-412.

NEAL, C., A. J. ROBSON, et al. (1997). "Major, minor, trace element and suspended sediment variations in the River Tweed: Results from the LOIS core monitoring programme." Science of the Total Environment **194**: 193-205.

NORTHCOTT, W. J., R. A. COOKE, et al. (2002). "Modeling flow on a tile-drained watershed using a GIS-integrated DRAINMOD." Transactions of the Asae **45**(5): 1405-1413.

ROSENTHAL, W. D. and D. W. HOFFMAN (1999). "Hydrologic modelings/GIS as an aid in locating monitoring sites." Transactions of the Asae **42**(6): 1591-1598.

RUIZ, L., S. ABIVEN, et al. (2002). "Effect on nitrate concentration in stream water of agricultural practices in small catchments in Brittany : II. Temporal variations and mixing processes." Hydrology and Earth System Sciences **6**(3): 507-513.

SALEH, A., J. G. ARNOLD, et al. (2000). "Application of swat for the Upper North Bosque River Watershed." Transactions of the Asae **43**(5): 1077-1087.

SKOP, E. and P. B. SORENSEN (1998). "GIS-based modelling of solute fluxes at the catchment scale: a case study of the agricultural contribution to the riverine nitrogen loading in the Vejle Fjord catchment, Denmark." Ecological Modelling **106**(2-3): 291-310.

TORTRAT F., AUROUSSEAU P., SQUIVIDANT H., GASCUEL-ODOUX C., Cordier M.C., 2003. Modèle Numérique d'Altitude (MNA) et spatialisation des transferts de surface : utilisation de structures d'arbres reliant les exutoires de parcelles et leurs surfaces contributives. *Bulletin SFPT*: n°172, p.128-136.

VIAUD V., DURAND P., MEROT P., SAADI Z., 2005. Modeling the impact of the spatial structure of a hedge network on the hydrology of a small temperate catchment. *Agricultural Water Management, 74, 135-163*.

WADE, A. J., P. DURAND, et al. (2002). "A nitrogen model for European catchments: INCA, new model structure and equations." Hydrology and Earth System Sciences **6**(3): 559-582.

WADE, A. J., P. G. WHITEHEAD, et al. (2002). "The Integrated Catchments model of Phosphorus dynamics (INCA-P), a new approach for multiple source assessment in heterogeneous river systems: model structure and equations." Hydrology and Earth System Sciences **6**(3): 583-606.

Modélisation à long terme de l'efficacité de scénarios d'optimisation des pratiques agricoles pour la réduction des flux et concentrations de nitrate dans l'eau et d'azote dans l'air à l'échelle de trois bassins versants d'élevage

P. Bordenave, F. Oehler, N. Turpin, T. Bioteau, P. Serrand, P. Saint-Cast, E. Le Saos

Introduction

Dans l'Ouest de la France, la modification des pratiques agricoles est devenue un élément essentiel des programmes d'actions des politiques de lutte contre la pollution azotée de l'eau. Cette évolution résulte de la mise en évidence de relations étroites, quoique souvent non formalisées, entre la qualité de l'eau et les pratiques des agriculteurs. De plus, l'émergence du questionnement sur la contribution de l'agriculture aux émissions de gaz à effet de serre et sur l'agriculture durable impose d'étendre ces évaluations aux flux d'azote gazeux. Dans les zones d'élevage, l'amélioration de la gestion environnementale des déjections animales passe par le recyclage des nutriments qu'ils contiennent dans la fertilisation des cultures. Or, toutes les pratiques agricoles liées à cette utilisation, telles que les techniques d'épandage et le travail du sol, ainsi que l'activité même du sol et du sous-sol (Pauwels *et al*, 2001) sont susceptibles d'influer sur les quantités émises et leur nature, ainsi que sur l'orientation des flux vers les nappes et les eaux de surface, le sol ou l'atmosphère, en interaction avec la répartition spatiale et temporelle des apports. Les émissions gazeuses d'azote dans l'atmosphère sont également influencées quantitativement et qualitativement par la composition des effluents, plus complexe que celle des engrais minéraux (Velthof *et al*, 2003). Cependant, compte tenu du caractère coûteux, voire irréalisable, des expérimentations à cette échelle, il est difficile de tester des solutions *in situ* avant de prendre des décisions qui engagent les acteurs sur le long terme.

L'évaluation *ex ante* de l'impact environnemental de la gestion des effluents d'élevage est rendue possible par le développement d'outils de simulation liés à des systèmes d'information géographique et à des modèles distribués, reproduisant les flux d'azote depuis les apports au niveau du sol jusqu'au cours d'eau sur des périodes de temps de plusieurs dizaines d'années. L'objectif des travaux présentés ici est de déterminer, par construction de scénarios et par simulation, le niveau de concentration en nitrate dans les eaux de surface et le niveau des émissions gazeuses d'azote que l'on peut atteindre à moyen terme en adoptant des stratégies simples basées sur l'optimisation technique des systèmes de production actuels, ainsi que les temps de réponse de l'agro-hydrosystème à ces changements.

Les méthodes

Les sites d'application sont le bassin versant du Kerouallon à Ploudiry (Finistère), affluent de l'Elorn ; celui du Coët Dan à Naizin (Morbihan), affluent du Blavet ; et le bassin versant de la Fontaine du Theil à Saint-Léger (Ille-et-Vilaine), affluent du Couesnon.

Caractéristiques des trois bassins versants, instrumentation

Tableau 1. Principales caractéristiques des sites.

	Saint-Léger	Naizin	Ploudiry
Surface totale (en km^2)	1,3	12	6
SAU/ST (en %)	90	87	82
Nature du sous-sol	schistes	schistes	schistes
Longueur de réseau hydrographique (en m / ha de ST)	29,1	10,6	40,0
Productions animales dominantes (1)	L	P, L, Vo, Vb	L, Vb, P
Teneur en matière organique des sols cultivés (en %)	2-3	3-6	> 4
Surface en maïs (ensilage plante entière) (en % de SAU)	33	32	31
Surface en céréales (blé principalement) (en % de SAU)	27	26	23
Surface en prairies (en % de SAU)	30	27	40
Autres (en % de SAU)	10	11	6
Chargement (UGB/ha de SFP)	1,7	1,9	2
Nature des effluents épandus (par ordre d'importance)	Fb	Lp > Fb > Fv	Lp > Fb
Excédent annuel du bilan de l'azote (en kg/ha) (3)	80	100	120
Pluie (en mm/an) (2)	776	734	1040
Lame annuelle écoulée mesurée (en mm/an) (4)	467	440	620
Concentration moyenne du « flux » en nitrate mesurée à l'exutoire (en mg/l) (4)	51	68	58
Flux moyen annuel d'azote N minéral mesuré dans l'eau à l'exutoire par hectare de ST (en kg) (4)	54	68	80

(1) L = lait, P = porcs, Vo = volailles, Vb = viande bovine ; (2) moyennes 1981-2002 pour Saint-Léger et Naizin ; (3) excédent moyen annuel du bilan de l'azote minéral calculé de 1994 à 2001 pour Saint-Léger et Naizin, de 1993 à 1998 pour Ploudiry ; (4) moyennes mesurées de 1994 à 2002 pour Saint-Léger et Naizin, de 1994 à 1996 pour Ploudiry ; Fb = fumiers de bovins ; Fv = fumiers de volailles ; Lp = lisiers de porcs ; ha = hectare ; SAU = surface agricole utile ; ST = surface totale ; SFP = surface fourragère principale ; UGB = unité de gros bovin.

Chaque site a été instrumenté de façon à mesurer précisément les débits et les flux journaliers d'azote à l'exutoire. De plus, à Saint-Léger, un suivi hebdomadaire de la concentration en nitrate a été réalisé dans l'eau de nappe prélevée dans 9 piézomètres et sur 23 points répartis le long du ruisseau principal (Thierry *et al*, 2004).

Les sols cultivés sont des brunisols à texture limono-argileuse, avec un pH proche de 6,5. Ces bassins supportent une agriculture d'élevage de type hors-sol, avec des niveaux d'intrants azotés élevés provenant des aliments du bétail. La majorité des cultures présentes, y compris les céréales et le maïs, est utilisée pour l'alimentation animale. Les forts excédents du bilan parcellaire de l'azote provoquent des teneurs élevées en azote minéral dans les sols aux époques de forte lixiviation du nitrate (Bordenave *et al*, 1999). Il en résulte une concentration élevée du nitrate dans les nappes puis dans les eaux de surface.

Le modèle utilisé

BMP1top est un modèle continu de bassin versant couplé agro-hydrologique, à base essentiellement physique, et distribué aussi bien sur le plan de la modélisation du cycle de l'azote que sur celui des transferts de l'eau et de l'azote (verticaux et horizontaux) dans les nappes. Il est interfacé avec un système d'information à références spatiales (SIRS) sous Arcview ®. Il a été développé au CEMAGREF de Rennes en tant que modèle de recherche pour étudier les relations sur le long terme entre les pratiques de gestion des effluents d'élevage et d'une part la qualité de l'eau (azote uniquement), d'autre part les émissions gazeuses d'azote provenant de la dénitrification hétérotrophe à l'échelle du bassin versant ; il prend en compte la variabilité spatiale et temporelle des pratiques agricoles, des paramètres physico-chimiques et hydrogéologiques déterminant les cycles de l'eau et de l'azote, ainsi que la variabilité climatique spatio-temporelle. Le modèle calcule quotidiennement et de façon distribuée dans l'espace la production des cultures, l'évapotranspiration réelle (ETR), les flux d'eau et d'azote à l'exutoire, les flux d'azote ammoniacal émis après l'épandage des lisiers de porcs et les flux d'azote gazeux provenant de la dénitrification hétérotrophe dans les horizons superficiels du sol, en interaction avec la profondeur et les mouvements des nappes.

La construction des scénarios

Ils ont été construits en utilisant des données provenant d'enquêtes annuelles validées. Les deux premiers scénarios sont définis en calculant l'excédent parcellaire du bilan de fertilisation et la dose de fertilisation nécessaire pour obtenir un niveau de rendement réaliste (Bordenave et Orain, 1998 ; Rapion et Bordenave, 2002). Le principe général de ces calculs est dérivé de la méthode de calcul du bilan prévisionnel de l'azote avec une adaptation pour les prairies. Les scénarios simulés sont :

scénario 0 : pratiques actuelles issues des enquêtes après validation ;

scénario 1 : ajustement uniquement de la fertilisation minérale sur la dose parcellaire calculée ;

scénario 2 : ajustement de la fertilisation minérale et de la fertilisation organique en répartissant les effluents d'élevage excédentaires sur les autres cultures (céréales puis prairies pour les lisiers, prairies pour les fumiers) de la même exploitation, puis sur les exploitations voisines ;

scénario 3 : construit uniquement sur Saint-Léger (Fourrié et Mouchart, 2004), il est basé sur un ajustement de la fertilisation organique et minérale et sur une augmentation de la part des prairies au détriment du maïs ensilage.

Pour chacun de ces scénarios, des « cultures pièges pour les nitrates » (CIPAN) sont implantées systématiquement entre les cultures d'hiver et de printemps. La durée totale de calcul est de 28 ans. Les 7 premières années servent à initialiser le modèle en utilisant les données du scénario 0.

Calage et validation du modèle

La démarche complète de calage puis de validation sur des données différentes a pu être effectuée pour les débits journaliers, les flux et les concentrations de flux journalières d'azote minéral à l'exutoire, la teneur en azote minéral dans les sols à plusieurs dates et la production de biomasse annuelle par les cultures.

Les simulations reproduisent de façon acceptable les flux journaliers d'azote dans l'eau (tab. 2). Les concentrations journalières sont moins bien simulées que les flux journaliers, notamment pour Naizin et Ploudiry, en raison du plus faible nombre de données disponibles pour le calage du modèle.

Tableau 2. Coefficients de Nash calculés entre les mesures et les valeurs simulées des flux d'azote et des concentrations en nitrate journalières à l'exutoire pendant le calage et la validation.

	Flux journaliers d'azote			**Concentrations de flux journalières**		
Sites	Saint-Léger	Naizin	Ploudiry	Saint-Léger	Naizin	Ploudiry
Calibrage	0,87 (2 ans)	0,84 (2 ans)	0,85 (1 an)	0,80 (2 ans)	0,70 (2 ans)	0,72 (1 an)
Validation	0,86 (3 ans)	0,82 (3 ans)	0,80 (2 ans)	0,78 (3 ans)	0,71 (3 ans)	0,70 (2 ans)

Tableau 3. Ecart entre l'azote minéral mesuré et modélisé à plusieurs dates, sur 0-60 cm de profondeur : 19 parcelles à Saint-Léger après calibrage, 22 parcelles du site de Ploudiry

Cultures précédentes	**blé**	**maïs**	**prairies**	**Moyennes**
Nombre de mesures	16	11	28	
Ecart moyen entre niveaux modélisés et mesurés (en %)	- 4 %	- 3 %	0 %	- 2,7 %

Dans les sols, l'azote minéral est correctement évalué par le modèle (tab. 3). Le paramétrage des calculs de dénitrification a été effectué à partir des mesures effectuées à Ploudiry (Bordenave *et al*, 1999) en utilisant la méthode d'inhibition à l'acétylène (adaptée de

Ryden *et al*, 1987) sur des échantillons de sol non remaniés de 12 cm d'épaisseur. Les mesures et les simulations à Ploudiry (tab. 4) donnent des valeurs comparables à celles que l'on peut trouver dans la littérature scientifique (Germon *et al*, 2003). La proportion de protoxyde d'azote (N_2O) dans le flux total d'azote gazeux mesuré est élevée, en accord avec des résultats plus récents obtenus à Saint-Léger (Oehler, 2004).

Tableau 4. Flux d'azote gazeux provenant de la dénitrification hétérotrophe dans les sols (0 à 12 cm de profondeur), mesurés et modélisés sur quatre sites du bassin versant de Ploudiry (dont 2 sites dans la zone humide riparienne ; 2 ou 5 sites suivant les dates dans la zone insaturée à mi-versant)

Dates de mesure et de modélisation	27/11/1997	12/03/1998	26/03/1998	09/04/1998
Nombre de sites	4	4	7	7
Nombre de répétitions par site	7	7	7	7
N_2 mesuré (moyennes en kg ha^{-1} j^{-1})	0,98	0,04	0,13	0,28
N_2 modélisé (moyennes en kg ha^{-1} j^{-1})	1	0,06	0,12	0,30
N_2 modélisé / N_2 mesuré (en %)	2	33	- 8	7
Flux de N-N_2O / flux d'azote gazeux (N-N_2O + N-N_2) (en %, médianes) (5)	**56**	**36**	**36**	**72**

5) mesures de protoxyde d'azote sans ajout d'acétylène sur les échantillons de sol non remaniés.

Les résultats

La gestion actuelle des effluents d'élevage provoque un transfert important d'azote dans l'eau et dans l'air (tab. 5). Sur chaque site, les quantités d'azote perdues dans l'eau et dans l'air sont du même ordre que l'excédent du bilan minéral de l'azote (tab. 1). Cela semble signifier que la dénitrification dans les horizons superficiels du sol suffit pour expliquer «l'abattement» (Aurousseau *et al*, 1995) généralement constaté entre l'excès du bilan d'azote minéral et les flux dans l'eau. Le coefficient moyen d'émission de protoxyde d'azote N_2O par rapport aux apports est significativement plus élevé que les coefficients généralement utilisés pour l'évaluation de ces pertes (Germon *et al*, 2003). La modélisation indique également que les flux totaux d'azote émis dans l'atmosphère sont quantitativement aussi, voire plus élevés, dans les sols cultivés de la zone insaturée que dans les zones humides de fond de vallée.

Les stratégies d'optimisation les plus simples et les plus acceptables *a priori* par les agriculteurs (scénarios n° 1 et n° 2) ont une efficacité d'environ 20 à 38 % à terme pour la réduction des concentrations en nitrate dans l'eau, ce qui est largement suffisant pour abaisser la concentration moyenne annuelle en dessous de 50 mg/150 mg.l^{-1} de nitrate (tab. 6). Aucun des scénarios ne permet d'atteindre 25 mg.l^{-1} après 21 ans de simulation. Le scénario qui s'en rapproche le plus (le n°3 à Saint-Léger) nécessite une modification assez poussée du système de production. Pour Naizin et Ploudiry, plus excédentaires que Saint-Léger, le scénario n° 2 est nettement plus efficace que le scénario n° 1, alors qu'à Saint-Léger l'écart entre les 2 scénarios se réduit au bout de 10 ans.

Tableau 5. Répartition moyenne annuelle des flux d'azote entre l'eau et l'air pour le scénario 0 pendant 21 ans de simulation des pratiques actuelles, en pourcentage des apports et de l'excédent du bilan

Sites	Saint-Léger	Naizin	Ploudiry
Apports moyens annuels d'azote N (kg ha^{-1} de ST)	170	180	250
Flux moyens annuels d'azote N dans l'eau à l'exutoire / apports	30,5 %	36,1 %	23,6 %
Flux moyens annuels d'azote N émis dans l'air / apports	16,5 %	16,1 %	14,1 %
Flux moyens annuels de N-N$_2$O / apports (6)	5,9 %	5,8 %	5,0 %
Flux (N eau + N air) / excédent du bilan (*cf.* tab. 1)	100 %	97 %	96 %

(6) sur la base d'une proportion N-N$_2$O / (N-N$_2$+N-N$_2$O) égale à la valeur minimum trouvée à Ploudiry (tab. 4).

Tableau 6. Concentrations moyennes annuelles dans l'eau aux exutoires, calculées après 21 ans de mise en œuvre des modifications (NO$_3^-$ mg l^{-1}, moyennes des 3 dernières années) et réductions (%) par rapport au scénario 0 pour les 3 sites

Sites	Saint-Léger		Naizin		Ploudiry	
Scénario 0	52		67		58	
Scénario 1	41	(- 21,2 %)	49	(- 25,8 %)	43	(- 25,9 %)
Scénario 2	40	(- 23,1 %)	41	(- 37,9 %)	38	(- 34,5 %)
Scénario 3	33	(-37,0 %)	-		-	

Le temps nécessaire pour atteindre moins de 50 mg l^{-1} de nitrate est de 4 à 6 ans pour le site le moins excédentaire ; il est supérieur à 10 ans pour les 2 autres (tab. 7). Toutefois, la réponse n'est pas linéaire dans le temps et il paraît possible de détecter une baisse de la concentration en nitrate au bout de quelques années. En pratique, en dehors des petits bassins versants de quelques km^2 très bien instrumentés, la baisse des concentrations sera difficile à détecter sur le court terme (2 à 3 ans) en raison des incertitudes de mesure, et surtout de la forte influence de la variabilité des conditions climatiques sur les concentrations en nitrate. Cependant, à l'échelle d'une dizaine d'années, des baisses de concentration devraient être aisément observées. La réduction moyenne des flux d'azote dans l'atmosphère pour les scénarios 1, 2 et 3 est respectivement de 12, 15 et 20 % par rapport au scénario 0. La variation entre les sites est beaucoup plus faible que pour les flux dans l'eau (5 % maximum).

Tableau 7. Nombre d'années nécessaires pour atteindre moins de 50 mg l^{-1} de nitrate dans l'eau à l'exutoire du bassin versant

| | **Nombre d'années nécessaires pour atteindre moins de :** | | | | | |
| | **50 mg l^{-1} de NO$_3^-$ en moyenne annuelle** | | | **50 mg l^{-1} de NO$_3^-$ tous les jours** | | |
Sites	Saint-Léger	Naizin	Ploudiry	Saint-Léger	Naizin	Ploudiry
Scénario 1	2-3 ans	10 ans	9 ans	6 ans	13 ans	10 ans
Scénario 2	1 an	7 ans	8 ans	5-6 ans	12 ans	10 ans
Scénario 3	1 an	-	-	4 ans	-	-

Conclusions

Les simulations montrent que l'utilisation raisonnée des effluents d'élevage pour la fertilisation des cultures est efficace à moyen terme pour la réduction des concentrations d'azote dans les rivières et les pertes d'azote dans l'atmosphère. L'évaluation des risques environnementaux d'une filière de gestion des effluents d'élevage doit se faire sur des pas de temps longs, de l'ordre de quelques dizaines d'années. Les émissions d'azote sous des formes gazeuses polluantes (ammoniac, oxydes d'azote), dont des gaz à effet de serre tels que le protoxyde d'azote, avant, pendant et bien après l'épandage, sont quantitativement importantes, du même ordre de grandeur que les flux vers les eaux de surface.

Sur nos 3 sites d'application, il semble bien que les pertes de di-azote et de protoxyde d'azote calculées par la modélisation et affectées à la dénitrification hétérotrophe dans les horizons superficiels du sol concernent l'ensemble du territoire épandu, et pas seulement les zones humides : l'évaluation d'une filière de gestion environnementale doit donc aussi prendre en compte les caractéristiques agronomiques et hydrodynamiques du territoire épandu ; sinon, il sera impossible d'évaluer les risques de reports de pollution et par là d'évaluer sa « durabilité ».

Références bibliographiques

AUROUSSEAU P., BAQUE M.C., SQUIVIDANT H., 1995. *Les bassins versants en Bretagne et leur charge polluante.* Rapport de convention DRAF de BRETAGNE. Rennes. 30 p.

BORDENAVE P., BOURAOUI F., GASCUEL-ODOUX C., MOLENAT J., MEROT P., 1999. Décalages temporels entre modifications des pratiques agricoles et diminution de nitrate dans les eaux superficielles. *In* MERCERON. *Actes du colloque Pollutions diffuses : du bassin-versant au littoral*, 23 et 24 septembre, Ploufragan (Saint Brieuc). Ed. IFREMER, 350 p., p.311-333.

BORDENAVE P., ORAIN B., 1998. Evaluation des effets des pratiques agricoles sur les flux d'azote à l'échelle d'un bassin versant d'élevage intensif. *Ingénieries. EAT* – N°15, 19-32.

FOURRIE L. MOUCHART A., 2005. *Systèmes d'élevage intensif, pollution diffuse par les nitrates et le phosphore de l'eau d'un bassin versant : apport d'outils d'analyse et de simulation dans le choix des modes de gestion des effluents et des systèmes et itinéraires techniques de culture.* Rapport final. ACTA Paris.

GERMON J.C., HENAULT C., CELLIER P., CHENEBY D., DUVAL O., GABRIELLE B., LAVILLE P., NICOULLAUD B., PHILIPPOT L., 2003. Les émissions de protoxyde d'azote (N_2O) d'origine agricole. Evaluation au niveau du territoire français. *Etude et Gestion des Sols*, Vol. 10, 4, 315-328.

OEHLER F., 2004. *Rapport d'avancement (2ème année) pour la région Bretagne de la thèse intitulée « Identification des processus et des zones d'abattement des excédents azotés à l'échelle d'un petit bassin versant en zone d'élevage ».* CEMAGEF Rennes, région BRETAGNE.

PAUWELS H., LACHASSAGNE P., BORDENAVE P., FOUCHER J.C., MARTELAT A., 2001. Temporal variability of nitrate concentration in a shist aquifer and transfer to surface water. *Applied Geochemistry.* Vol. 16, 583-596.

RAPION P., BORDENAVE P., 2002. Pratiques agricoles et pollution azotée diffuse des eaux de surface : exemples d'évaluation d'impact sur trois bassins versants d'élevage intensif. *Actes du Colloque Hydrosystèmes, Paysages, Territoires.* Laboratoire géographie des milieux anthropisés. Université des Sciences et Technologies de Lille. 6-8 septembre 2001.

RYDEN J.C., SKINNER J.H., NIXON D.J., 1987. Soil core incubation system for the field measurement of denitrification using the acetylene-inhibition. *Soil. Biol. Biochem.* Vol. 19, N°6, 753-757, 1987.

THIERRY J., 2004. *Pratiques agricoles durables et qualité des eaux dans le bassin versant expérimental de la Fontaine du Theil.* Rapport d'étape. ARVALIS Institut du Végétal. Rennes.

VELTHOF G.L., KUIKMAN P.J., OENEMA O., 2003. Nitrous oxide emission from animal manures applied to soil under controlled conditions. *Biol Fertil Soils* (2003), 37:221-230.

Figure 1. Carte de l'aléa érosion en France en hiver par petite région agricole (http://erosion.orleans.inra.fr/rapport2002/).

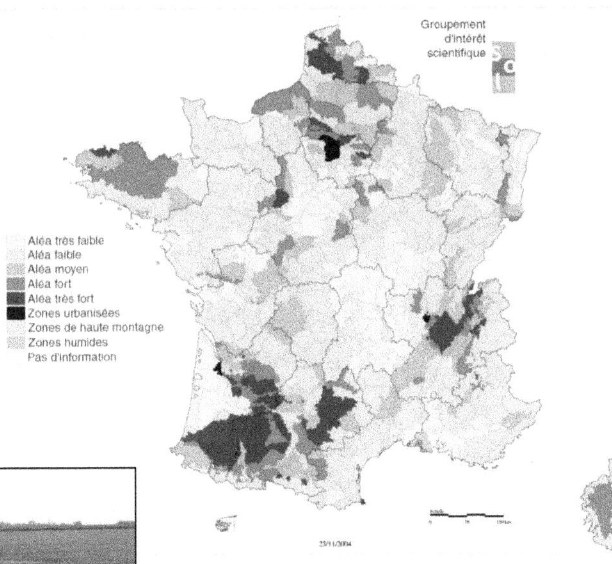

Photo 1. Érosion d'hiver dans un talweg typique du Pays de Caux (photo : J.-F. Ouvry).

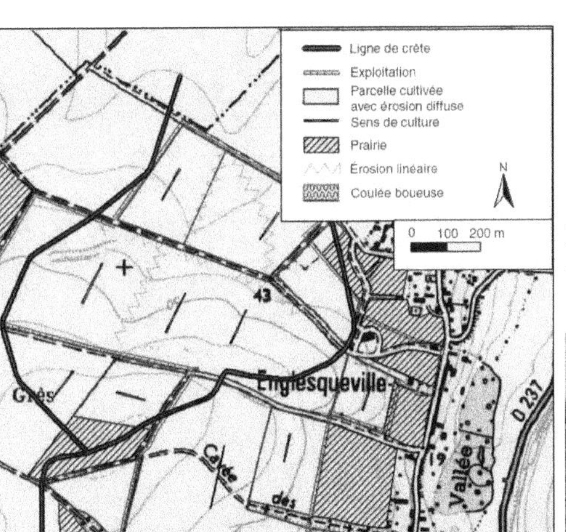

Figure 2. État initial avec ruissellement, érosion diffuse, ravine et coulée boueuse.

Photo 2. Érosion diffuse sur le bassin versant nord (photo :M. Lheriteau).

Photo 3. Érosion par ruissellement concentré sur le bassin versant sud (photo : J.-F. Ouvry).

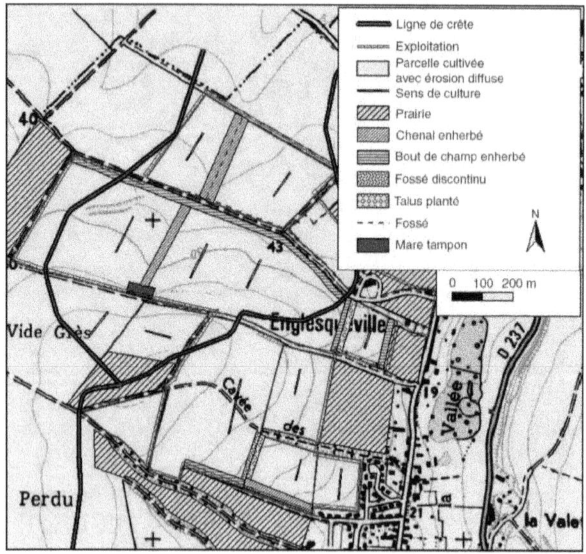

Figure 3. État actuel des aménagements hydrauliques anti-érosifs répartis en limite de parcelle et sur les axes de talweg.

Photo 4. Enherbement des bouts de champs sur le bassin versant nord (photo : M. Lheriteau).

Photo 5. Enherbement des talwegs sur le bassin versant nord (photo : M. Lheriteau).

Photos 6 et **7.** Création d'un fossé discontinu/talus et d'un chenal enherbé sur le bassin versant sud (photos : J.-F. Ouvry et M. Lheriteau).

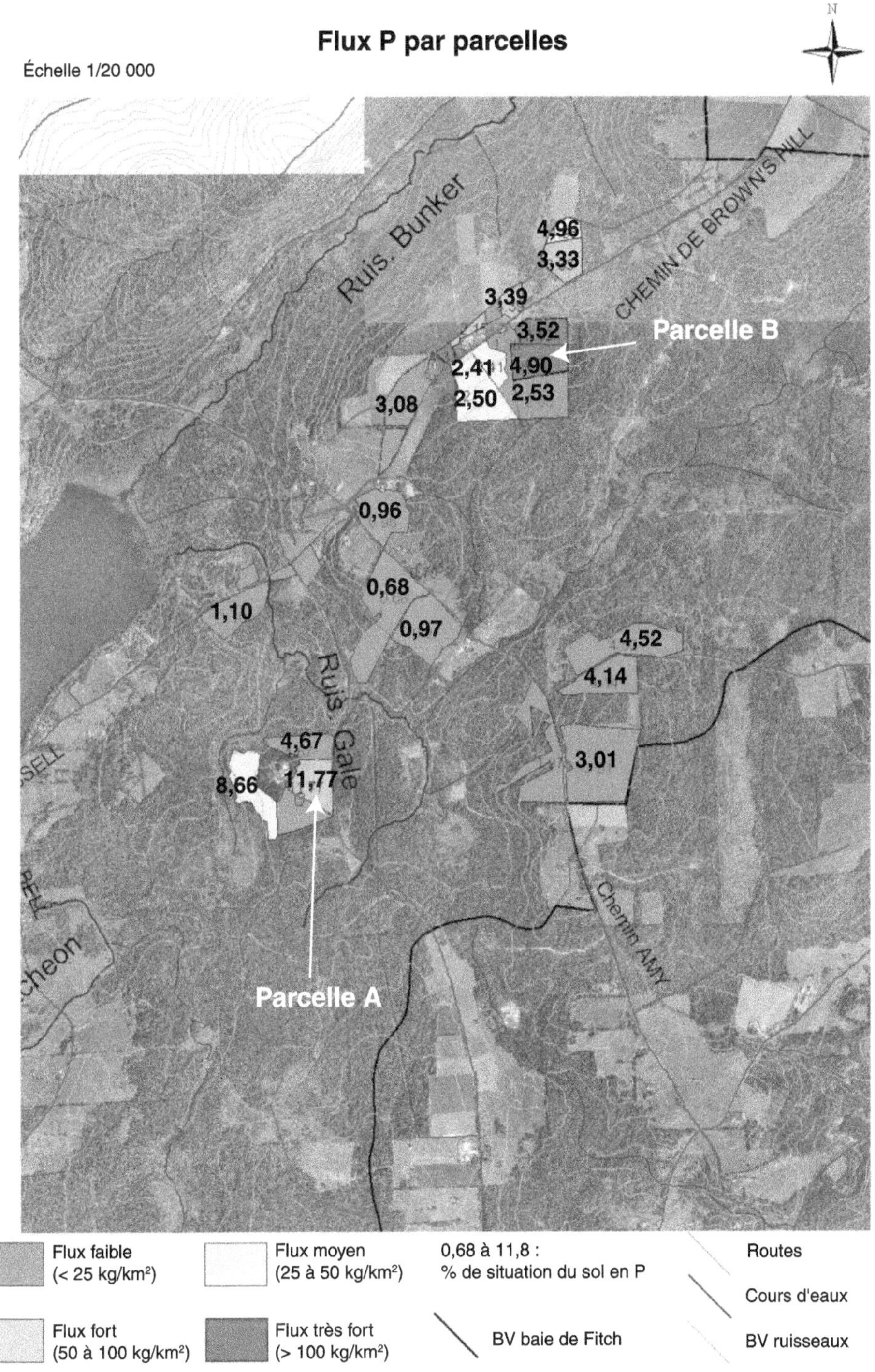

Figure 1. Résultats globaux du bassin « Gale ».

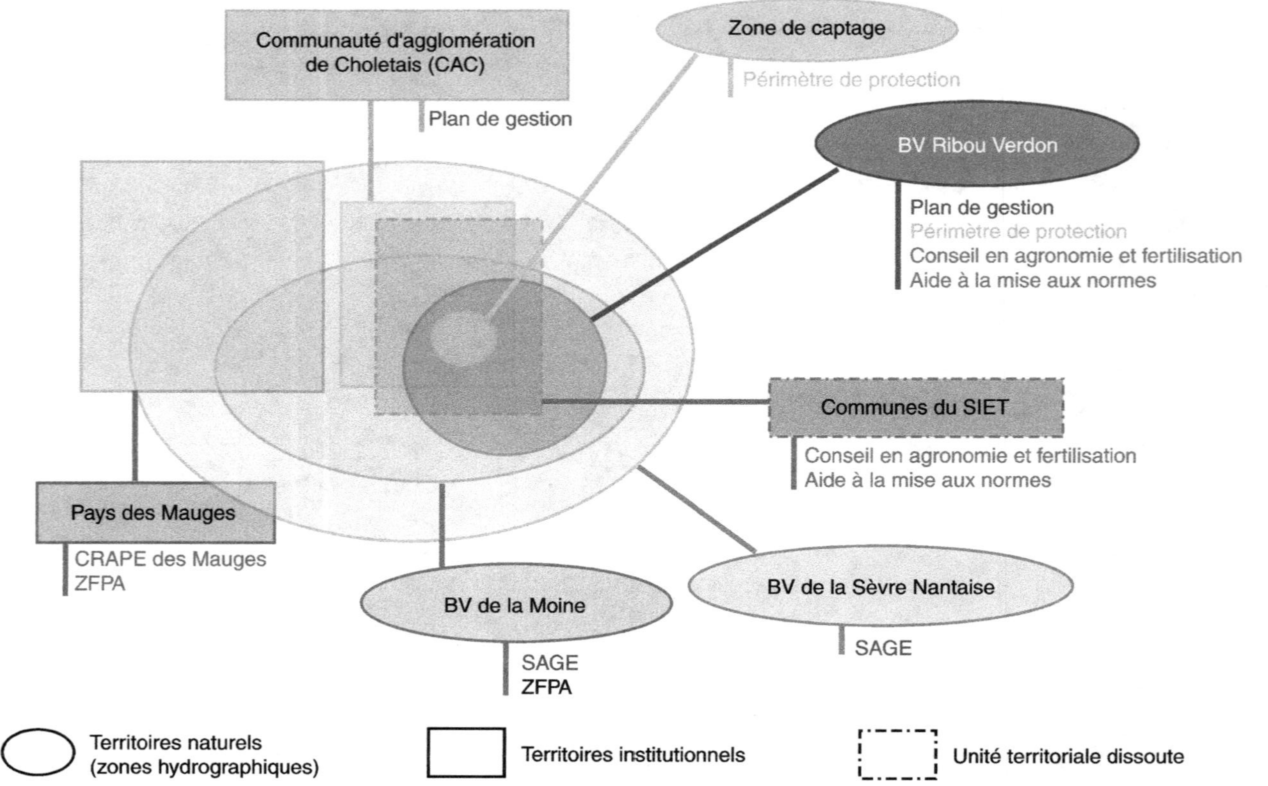

Figure 1. Structures compétentes, espaces de compétences et actions menées concernant la gestion de l'eau sur le bassin versant de la Moine depuis le début des années 1990.

Modélisation du transfert des herbicides dans un bassin versant en vue de la construction d'un outil d'aide à la décision pour la maîtrise de la qualité des eaux

M.O. Cordier, F. Tortrat, R. Trepos, P. Aurousseau, B. Chanomordic,
M. Falchier, C. Gascuel-Odoux, F. Garcia, D. Heddadj, L. Lebouille, V. Masson

Introduction

Un outil d'aide à la décision destiné aux personnes en charge de la gestion d'un bassin versant est en cours de développement. Cet outil se focalise sur la maîtrise de la contamination des eaux par les herbicides. Il s'appuie sur un modèle incluant la représentation d'une part des processus de décision, dans le cas du désherbage des cultures, d'autre part des processus biophysiques de transfert des herbicides, à l'échelle d'un bassin versant. Il a pour objectif d'évaluer les conséquences des modes de désherbage des cultures sur la contamination des eaux de surface[1].

Deux fonctionnalités sont attendues de cet outil : 1) tester par simulation différents scénarios afin d'évaluer l'impact des stratégies de désherbage des cultures, des configurations spatiales des applications d'herbicides sur le bassin versant, des aménagements de l'espace rural (haies, bandes enherbées) et des conditions climatiques. Les résultats présentés sous forme cartographique, visualisant jour après jour l'origine des contaminations, constitueront des représentations médiatiques adaptées à la décision, ceci de manière plus démonstrative que des cartes d'indice de risque (Aurousseau *et al.*, 1998). 2) utiliser les simulations pour déterminer, par des techniques d'apprentissage automatique, les variables explicatives et établir leurs interrelations, de façon à mieux comprendre leur rôle et leur importance relative dans la contamination des eaux. Les résultats de l'apprentissage permettront de mieux comprendre l'origine des contaminations. De plus, ils seront exploités pour proposer des recommandations d'actions concernant les pratiques agricoles, la gestion et les aménagements du territoire.

Le bassin versant du Frémeur (Morbihan), inclus dans le dispositif Bretagne Eau Pure, est le site d'application de ce travail développé en partenariat avec l'animatrice du bassin

---

[1] Projet SACADEAU (Système d'Acquisition des Connaissances pour l'Aide à la Décision sur la qualité de l'EAU) http://www.irisa.fr/dream/SACADEAU/index.htm

versant et les chambres d'agriculture d'Ille-et-Vilaine et du Morbihan. Cet article aborde successivement : le modèle ; le langage de scénarios pour la simulation ; l'extraction de relation par apprentissage automatique.

Le modèle

Le modèle évalue la contamination des eaux à l'exutoire de bassins versants de taille moyenne (quelques dizaines de km^2), au pas de temps journalier, sur la période proche des applications d'herbicides. Il se limite aux parcelles cultivées en maïs. Il permet, à partir de données climatiques, de la configuration spatiale des cultures et des applications, de stratégies et de modalités de désherbage des cultures, d'obtenir par simulation les niveaux de contamination de l'eau à l'exutoire d'un bassin versant, jour après jour, sur les quelques mois suivant les applications. Ce modèle comprend 4 sous-modèles : un modèle biophysique de transfert des herbicides, un modèle climatique générant des données journalières, un modèle décisionnel générant les données relatives aux interventions agricoles, enfin un modèle spatial générant les données relatives à la topologie du bassin versant à partir du modèle numérique de terrain (MNT) et du parcellaire (fig. 1).

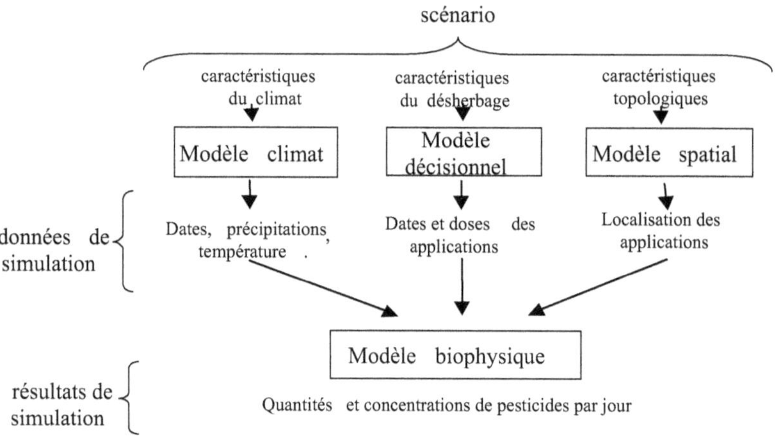

Figure 1. Le modèle.

Le modèle biophysique s'appuie sur une description détaillée des voies de circulation de l'eau dans le bassin versant. Le ruissellement est propagé à partir d'une structure d'arbre dite « arbre de drainage » dont la construction prend en compte la topographie des parcelles et les aménagements de bord de parcelle (fossés, haies) (Tortrat *et al.*, 2004). Un arbre d'exutoires de parcelles, construit à partir de cet arbre de drainage, prend de plus en compte la connectivité entre parcelles. Il peut être évalué par le flux d'eau et de pesticides ruisselant à chaque pas de modélisation. Les flux d'eau sont calculés en s'appuyant sur une démarche proche de celle du modèle STREAM (Cerdan *et al.*, 2001). Le ruissellement sur surface saturée et les transferts de subsurface sont estimés à partir d'indices topographiques et d'un couplage avec un modèle hydrologique. Les flux de pesticides vers la nappe superficielle sont fonction de la profondeur du toit de la nappe. Le modèle propose une représentation simplifiée des processus, sous forme de règles expertes, et une représentation spatiale assez fine et originale du bassin versant (Tortrat, 2005). Les flux en sortie de bassins versants étant très faibles par rapport aux entrées, on suppose qu'ils sont principalement contrôlés par la connectivité des écoulements liée à la structuration de l'espace du bassin versant, le stock dans le sol étant grossièrement estimé à partir des caractéristiques de la molécule et du sol, et des pertes par transferts hydriques.

Le modèle décisionnel, qui est couplé avec le modèle spatial et le modèle climatique, permet de générer les données nécessaires à la simulation des applications (molécules, doses et dates) pour chacune des parcelles du bassin versant. Trois grandes stratégies de désherbage du maïs ont été identifiées :
- une stratégie de prélevée consolidée, en 1 seul passage ;
- une stratégie de post-levée, en 2 passages généralement ;
- une stratégie intermédiaire, dite raisonnée, avec un désherbage de prélevée partiel, à faible dose, suivi de manière optionnelle d'un désherbage de post-levée.

Le choix de ces stratégies dépend de différents facteurs tels que la flore adventice et les sols, l'organisation du travail de l'agriculteur liée elle-même au système de production, à l'équipement de l'agriculteur, notamment à la capacité de la cuve de traitement au regard des surfaces à traiter. Ces différents facteurs ont été identifiés et des règles de décision ont été formalisées de manière à constituer un modèle décisionnel (Tortrat, 2005).

Le modèle climatique, en cours de définition, doit permettre de générer des données climatiques vérifiant certaines contraintes. Nous utilisons pour l'instant les chroniques climatiques décennales de différentes stations météorologiques de Bretagne (Quimper, Naizin, Rennes). Le modèle spatial est également fondé sur des configurations réelles du site d'application.

Le langage de scénarios pour la simulation

Une étape importante consiste à élaborer un « langage de scénarios » permettant de décrire de manière qualitative les jeux de données numériques utilisés en entrée du modèle, tels que les doses appliquées, les précipitations journalières, les caractéristiques des parcelles. Ce langage permet aussi de décrire de manière qualitative les sorties quantitatives de la simulation que sont les concentrations et les flux de pesticides journaliers. Ceci permet de passer du langage utilisé dans les modèles de simulation, dans lesquels les entrées et les sorties sont en majorité numériques, à un langage qualitatif, plus adapté à l'expression d'une part de scénarios de simulation ayant un sens et une utilité pour le gestionnaire, d'autre part de résultats sous une forme agrégée plus facile à interpréter.

Dans un premier temps, une collection de scénarios pertinents pour la problématique traitée a été rassemblée pour servir de référence. Un exemple de scénario est le suivant : « Quel est l'impact du désherbage mixte (mécanique et chimique) ? Peut-on recommander sa mise en place dans certaines parcelles ? Est-il faisable et efficace tous les ans ? ». Une méthodologie a été ensuite définie pour situer le rôle des scénarios vis-à-vis du modèle de simulation (fig. 2). Nous travaillons actuellement à la formalisation du langage de scénarios par l'établissement de la correspondance entre vocabulaire des scénarios et entrées du modèle. Le scénario peut être défini *a priori*, sur dires d'expert ; il peut aussi être défini *a posteriori*, en relation avec la pertinence des résultats de la modélisation, c'est-à-dire des processus en jeu et de la classification des résultats de la simulation. Par exemple, un climat de type « printemps pluvieux » peut être défini, au regard de la contamination des eaux par les pesticides, comme un printemps avec des pluies fréquentes et importantes (à dires d'expert), ou comme un printemps avec des pluies présentant des caractéristiques plus techniques, évaluées à partir du modèle, telles que la somme des quantités de pluie dépassant un seuil minimal et conduisant à du ruissellement.

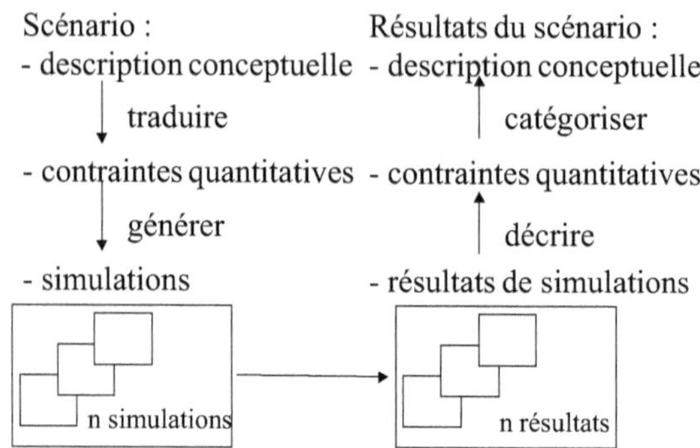

Figure 2. Différentes étapes de simulation d'un scénario.

Extraction de relations par apprentissage automatique

L'analyse des résultats de la simulation des scénarios peut être entreprise manuellement par les utilisateurs de l'outil tant que le nombre de simulations reste faible. Cela rend toutefois difficile la mise en évidence de relations d'influence entre les choix multiples des agriculteurs (caractéristiques, localisations spatiales et temporelles des applications), la configuration du bassin versant, les chroniques climatiques et la qualité de l'eau. Cette analyse ne peut se faire en effet que sur la base de l'analyse d'un grand nombre de résultats de simulation. C'est pourquoi nous avons choisi d'utiliser les techniques d'apprentissage symbolique pour faire émerger des résultats avec un certain niveau de généralité.

Constitution de la base d'apprentissage

La première étape comprend la constitution d'une base d'apprentissage, c'est-à-dire d'un ensemble de scénarios représentatifs du problème considéré, puis l'élaboration des instances de ces scénarios. Pour l'instant, partant d'un langage de scénario réduit mais significatif, nous avons généré de manière systématique des instances pour tous les scénarios possibles, et nous les avons simulés. Le modèle utilisé pour la simulation est une version simplifiée du modèle décrit ci-dessus, se limitant notamment au ruissellement. Générer une instance revient à produire les entrées du modèle correspondant au scénario envisagé Dans un premier temps, tous les scénarios ont été simulés afin de constituer une base d'apprentissage globale. 6 paramètres sont considérés : 5 ont été établis par les experts et n'ont comporté que 2 modalités dans le cadre de ce premier test ; le dernier, le paramètre climat, a été établi par apprentissage automatique.

Les paramètres déterminés par les experts sont :
- le type de sol, caractérisé ici par sa teneur en matière organique, facteur important pour la stabilité structurale et donc l'infiltrabilité du sol. Deux types de sol ont été considérés, l'un

avec une teneur en matière organique inférieure à 2 %, l'autre avec une teneur de l'ordre de 4 %. Plus la teneur en matière organique est élevée, moins le sol est battant et plus l'infiltrabilité du sol est élevée ;
- le type de bassin versant : 2 types de bassin versant ont été considérés, l'un dit " concave ", avec les plus fortes pentes loin du cours d'eau, l'autre dit "convexe" avec les plus fortes pentes proches du cours d'eau ;
- les stratégies de désherbage : pour simplifier, seuls 2 types de stratégies de désherbage ont été considérées. Une stratégie prélevée consiste en une application de désherbant directement après le semis du maïs (autour du 15 avril) et une autre 2 mois après. Une stratégie post-levée consiste en une application autour du 15 mai et une autre application un mois après.
- le type de molécule utilisée pour le désherbage : l'atrazine, aujourd'hui interdite, mais pour laquelle on dispose de nombreuses données d'une part, des molécules récentes (diplôme, milagro et mikado) d'autre part. Les doses appliquées dépendent de la stratégie choisie ;
- la présence d'une bande enherbée proche du cours d'eau : celle-ci permet l'infiltration des eaux ruisselantes et donc un abattement de la quantité de pesticides atteignant le cours d'eau. Deux types d'extension des bandes enherbées ont été considérées : aucune bande enherbée, ou présence d'une bande enherbée sur 90 % des parcelles proches du cours d'eau.

La typologie du climat a été déterminée à l'aide d'une méthode d'apprentissage automatique. Ceci nous a conduit à caractériser un climat (défini par la pluie journalière entre mi-avril et fin août) par 2 variables : le nombre de jours durant lesquels la pluie journalière dépasse les 10 mm, et le cumul sur la saison des pluies journalières situées au-delà d'un certain seuil. Ces 2 variables sont apparues comme pertinentes. A partir d'une base de 28 climats, nous avons appliqué une méthode de regroupement (« clustering ») qui a permis de distinguer 5 groupes de climats, du moins pluvieux (1) au plus pluvieux (5).

En faisant varier les valeurs des différents paramètres, 896 instances de scénarios ont été simulées. Les résultats conduisent à des chroniques journalières de concentrations en pesticides qui ont été agrégées selon 5 classes proposées par les experts. La classe 0 représente l'absence de contamination des eaux et la classe 4 une contamination très importante. Les classes sont définies en fonction du cumul des concentrations sur l'ensemble de la saison et du nombre de pics de contamination, relatifs aux seuils de 0,1 et 0,5 µg/l.

Premiers résultats

La seconde étape correspond à l'apprentissage symbolique proprement dit sur la base d'apprentissage ainsi constituée. Pour une classe c de contamination donnée, il s'agit d'apprendre des règles du type « si *telles et telles* entrées prennent respectivement *telles et telles* valeurs alors la contamination sera de classe c ». On appelle *exemples* les instances pour lesquelles la simulation a prédit la classe de contamination c et *contre-exemples* les autres instances. Ces règles permettent de dégager un sous-ensemble de variables explicatives et de généraliser un ensemble d'exemples. Les règles sont plus facilement lisibles que des résultats de simulations. Elles font ressortir les paramètres importants concernant les problèmes de contamination des eaux. Pour construire ces règles, nous avons utilisé l'outil de programmation logique inductive ICL (Van Laer, 2002). Soixante-dix règles, dont suit une rapide analyse, ont ainsi été obtenues.

Un premier résultat, exprimé ci-dessous de manière qualitative, porte sur l'importance relative des attributs les uns par rapport aux autres.

- 100 % des règles décrivant la classe de contamination 0 explique l'appartenance à cette classe par un climat plutôt sec et la présence d'un sol à forte teneur en matière organique.
- 74 % des règles décrivant la classe de contamination 1 mettent en avant la présence d'une bande enherbée sur la quasi-totalité du bord du cours d'eau ; et 74 % mettent en avant, pour cette même classe, l'utilisation de molécules nouvelles.
- 59 % des règles décrivant la classe de contamination 2 mettent en avant la présence d'une bande enherbée sur la quasi-totalité du bord du cours d'eau.
- 67 % des règles décrivant la classe de contamination 3 mettent en avant la présence d'un sol à faible teneur en matière organique.
- 88 % des règles décrivant la classe de contamination 4 mettent en avant la présence d'un sol à faible teneur en matière organique et l'absence de bande enherbée de bord de cours d'eau.

De ces résultats, il ressort que le sol, et donc ici la teneur en matière organique, joue un rôle important dans la présence ou non de pesticides dans le cours d'eau. Plus précisément, les 2 règles ci-dessous montrent que, toutes choses égales par ailleurs, une plus forte teneur en matière organique correspond à une diminution d'une classe de contamination. La différence d'une classe de contamination correspond à un facteur de 10 sur le cumul de pesticides.

-climat =3 **et** *mat_orga_sol =2%* **et** *bande_enherbée =90%* **et** *molécules =nouvelles* **implique** *classe2*

-climat =3 **et** *mat_orga_sol =4-5%* **et** *bande_enherbée =90%* **et** *molécules =nouvelles* **implique** *classe1*

De même, on voit ci-dessous l'impact de la mise en place de bandes enherbées, qui permettent de passer d'une classe de contamination à une autre, plus faible.

-climat =4 **et** *mat_orga_sol =4-5%* **et** *bande_enherbée =0%* **et** *molécules =atrazine* **implique** *classe 3*

-climat =4 **et** *mat_orga_sol =4-5%* **et** *bande_enherbée =90%* **et** *molécules =atrazine* **implique** *classe2*

Dans une proportion moindre, l'utilisation de nouvelles molécules et la présence d'un climat peu pluvieux apparaissent comme des facteurs favorables à l'amélioration de la qualité des eaux. De même, un bassin de type convexe est, sans surprise, moins favorable pour la qualité des eaux qu'un bassin de type concave. En revanche, au vu des règles apprises, on constate que l'impact des stratégies de désherbage n'est pas évident : on attendait une influence favorable de la stratégie de post-levée par rapport à la stratégie de prélevée, mais nos résultats montrent le contraire. Ceci s'explique par le fait que la stratégie de post-levée correspond à une application plus tardive alors que le seuil d'infiltrabilité du sol, généralement plus faible, est plus propice au ruissellement.

Même si ces résultats sont encore à approfondir, un des intérêts de la construction de telles règles tient à la possibilité de pouvoir les confronter au savoir des experts : elles peuvent confirmer ce qu'ils savent ou conjecturent. Elles peuvent également susciter des hypothèses inattendues ou des questions qu'ils ne se posaient pas.

Remerciements

Ce travail a été financé par : le Conseil Général du Morbihan et l'INRA (thèse de F. Tortrat) ; l'appel d'offre pesticide du MEDD (développement du modèle biophysique); l'AIP INRA-CIRAD « Aide à la décision » (développement du modèle décisionnel, couplage des modèles, simulation et apprentissage).

Références bibliographiques

AUROUSSEAU P., GASCUEL-ODOUX C., SQUIVIDANT H., 1998. Eléments pour une méthode d'évaluation d'un risque parcellaire de contamination des eaux superficielles par les pesticides. *Etude des sols*, 5, 3, 143-156.

CERDAN O., SOUCHÈRE V., LECOMTE V., COUTURIER A., LE BISSONNAIS Y. Incorporating soil surface crusting processes in an expert-based runoff model : Sealing and Transfert by Runoff and Erosion related to Agricultural Management. *Catena*, Vol. 46, p.189-205.

TORTRAT F., 2005. *Modélisation orientée décision des processus de transfert par ruissellement et subsurface des herbicides dans les bassins versants agricoles*. Thèse Agrocampus Rennes.

TORTRAT F., AUROUSSEAU P., SQUIVIDANT H., GASCUEL-ODOUX C., CORDIER M.O., 2004. Modèle Numérique d'Altitude (MNA) et spatialisation des transferts de surface : utilisation de structures d'arbres reliant les exutoires de parcelles et leurs surfaces contributives. *Bulletin SFPT*, 172, 128-136.

VAN LAER W., 2002. *From Propositionnal to First Order Logic in Machine Learning and Data Mining*. Thèse, Departement of Computer Science. U. Leuven, Belgique.

Impact de la haie sur le transfert de l'eau dans une zone de bas fond. Modélisation hydrodynamique du système sol nappe

Z. Thomas, J. Molénat, V. Caubel, C. Grimaldi

Introduction

L'objectif de ce travail est de montrer et de quantifier le rôle d'une haie sur les écoulements d'eau, dans un sol en présence d'une nappe peu profonde, et dans diverses conditions météorologiques et hydriques. Ce travail revêt un enjeu à la fois scientifique, social et environnemental. En effet, le bocage (réseau de haies et de talus) est considéré, dans l'opinion publique comme dans la communauté scientifique, comme un élément du paysage qui contrôle les écoulements dans les bassins versants. Mérot *et al.* (1999) ont montré que le bocage modifie le réseau de drainage d'un bassin versant et augmente la longueur du chemin parcouru par le ruissellement avant d'atteindre la rivière. Plus récemment, Caubel (2001) et Caubel *et al.* (2003) ont montré que le bocage contrôle également la distribution de l'eau et des écoulements dans les sols. Une haie peut notamment contribuer au retard de la reprise des écoulements latéraux de nappe en automne. Le protocole expérimental mis en place par Caubel (2001) sur un versant traversé par un talus planté de chênes (site de Bédée) a permis de disposer d'un suivi temporel de l'état de l'eau du site : l'humidité, le potentiel de pression, la profondeur de nappe dans le sol à l'amont, à l'aval et au niveau (sous) d'une haie/talus ont été mesurés pendant 2 années et demie.

Le travail présenté ici propose un modèle numérique du fonctionnement hydrodynamique du sol sous la haie en s'appuyant sur les données de Caubel. Disposer d'un tel modèle présente au moins 2 intérêts. Le premier est de quantifier les flux d'eau et les termes du bilan hydrologique (transpiration, évaporation, infiltration, écoulement de nappe) dans le sol sous la haie. Le second est d'extrapoler et d'analyser le rôle de la haie en considérant diverses conditions météorologiques et hydriques. Le modèle numérique a été construit à partir du code de calcul SWMS-2D, code que nous avons dû modifier pour rendre compte des conditions rencontrées aux bornes du système modélisé.

Le site d'étude

La zone d'étude est située dans un bassin versant rural de 12 km^2, près de Rennes. Il s'agit d'un transect de 25 m allant d'une parcelle cultivée à l'amont à une zone humide à l'aval, recoupé par une haie qui délimite les 2 parcelles (Fig. 1). La haie est constituée de chênes centenaires, plantés sur un talus distant de 60 m du ruisseau. Le dénivelé entre la parcelle amont et la parcelle aval est d'environ 1 m.

Afin d'étudier les écoulements dans la zone non saturée sous la haie à l'interface entre la surface du sol et la nappe superficielle, un transect allant de 10 m à l'amont de la haie à 15 m à l'aval a été équipé de tensiomètres et de piézomètres par Caubel (2001). Pour indiquer la position de ces équipements, nous adoptons la notation suivante : AM et AV désignent respectivement des points situés à l'amont et à l'aval de la haie, SH désigne un point situé sous la haie. Le chiffre qui suit indique la distance à la haie (AM5 indique un point situé à 5 m à l'amont de la haie). Dans ce travail, nous avons utilisé les données correspondant aux positions : AM5, AM3, AM1, SH, AV1. Pour chaque position, plusieurs profondeurs, indiquées par les lettres [a] à [d], seront explorées.

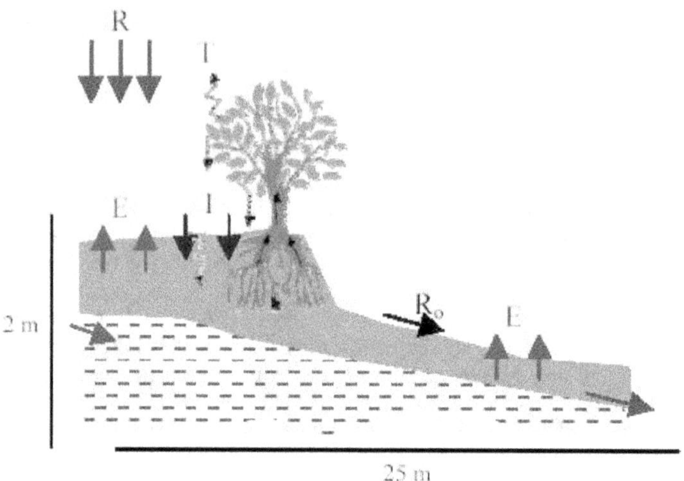

Figure 1. Schéma d'une haie perpendiculaire à la pente. La haie est constituée d'un talus surmonté d'un arbre. P = Pluie ; E = Évaporation ; T = Transpiration ; R = Ruissellement ; I = Infiltration.

Plusieurs tensiomètres ont été installés entre 20 et 155 cm de profondeur. Les positions AM5, AM3, AM1, situées à l'amont de la haie, sont équipées par 9 tensiomètres chacune. Sous la haie (position SH), la présence du système racinaire de l'arbre a permis d'installer uniquement 5 tensiomètres. A l'aval de la haie, la position AV1 ne possède que 7 tensiomètres (Fig. 2).

Outre les observations hydriques (humidité du sol, potentiel de pression de l'eau dans le sol, profondeur de nappe), nous disposons d'informations sur la structure pédologique et les propriétés granulométriques du sol sous la haie. Par ailleurs, la topographie détaillée de la zone d'étude avait été levée.

Le modèle

Un modèle bi-dimensionnel des écoulements d'eau dans le sol sous la haie étudiée par Caubel (Fig. 1) a été adapté pour rendre compte des conditions aux limites de la zone d'étude. Le modèle représente le sol sous la forme d'un milieu continu dont les propriétés varient dans l'espace selon la distribution des horizons. Ce modèle permet de calculer en tout point de l'espace, et à chaque instant, l'état hydrique du sol (humidité et potentiel de pression). Ces variables permettent ensuite de calculer les flux d'eau et d'établir des bilans de masse dans le sol.

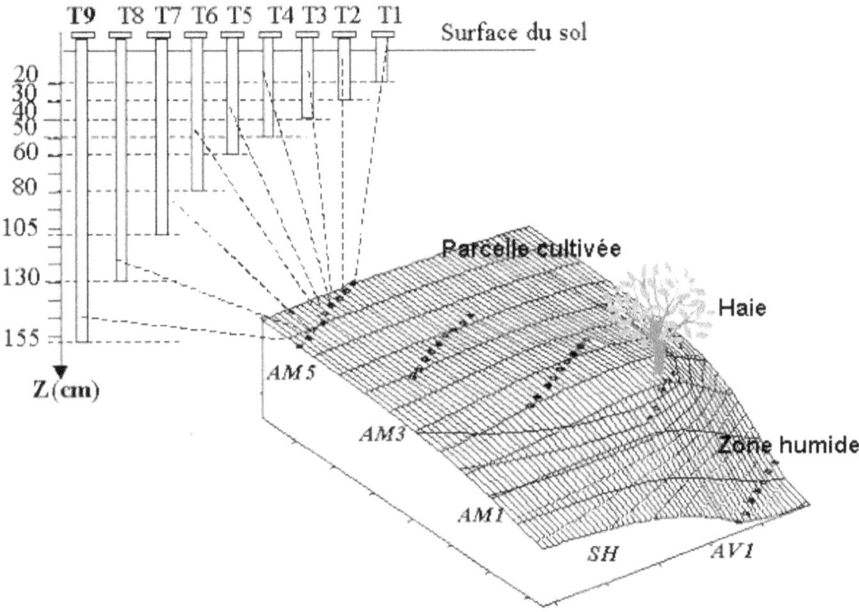

Figure 2. Profondeurs explorées par les tensiomètres. T1 à T9 : tensiomètres placés de 20 à 155 cm de profondeur. AM5, AM3, AM1, SH et AV1 indiquent les positions par rapport à la haie.

Le modèle choisi, SWMS-2D (Simunek *et al.*, 1992) représente les écoulements bidimensionnels d'eau dans un milieu poreux selon l'équation de Richards :

$$\frac{\partial \theta}{\partial t} = \frac{\partial}{\partial x_i}\left[K\left(K_{ij}^{A}\frac{\partial h}{\partial x_j} + K_{iz}^{A}\right)\right] - S \quad (I.1)$$

avec θ : teneur en eau volumique $[L^3L^{-3}]$; t : temps $[T]$; $x_i(i=1,2)$:coordonnées spatiales $[L]$;

K, la conductivité hydraulique non saturée $[LT^{-1}]$, est donnée par la relation suivante :

$$K(h, x, z) = K_s(x, z) K_r(h, x, z) \quad (I.2)$$

Avec K_r : conductivité hydraulique relative ; K_s : conductivité hydraulique à saturation ; K_{ij}^A : composantes du tenseur sans dimension, K^A étant utilisé pour tenir compte de l'anisotropie du milieu. En milieu isotrope, le tenseur K_{ij}^A se réduit à ses composantes diagonales .

Avec également h : potentiel de pression [L] ; S : flux, puits si S > 0 ou source si S < 0, par unité de volume de sol [T^{-1}]. Dans notre étude, S est constitué de la pluie, de l'évaporation à la surface du sol et de la transpiration par les racines dans le sol.

Le domaine d'écoulement est construit à partir des données topographiques, la dimension horizontale est représentée par la longueur du transect (x = 6m) et la dimension verticale (z = 2m) par la profondeur du sol. Nous avons choisi comme profondeur celle qui correspond au dernier tensiomètre (n° 9). Les frontières du domaine d'écoulement correspondent, en amont à la position AM5, en aval à la position AV1, en haut à la surface du sol et en bas à la base du profil. Ce domaine constitue la zone d'étude.

L'équation I.1 est résolue par la méthode des éléments finis sur l'ensemble du domaine d'écoulement. Cette méthode calcule les variables hydriques aux nœuds d'un maillage constitué de mailles triangulaires. Dans notre étude, nous avons discrétisé le domaine d'écoulement en 806 noeuds et 1491 triangles.

Le prélèvement d'eau par les racines

Le prélèvement de l'eau par les racines joue un rôle important dans le bilan hydrique d'un sol. Dans le cadre de la modélisation du système sol nappe sous la haie, il est indispensable de tenir compte du prélèvement d'eau par l'arbre de la haie (chêne). Les plantes consomment l'eau pour assurer à la fois leur croissance et leur transpiration. La transpiration, permet aux plantes d'assurer leur régulation thermique. La quantité d'eau transpirée varie selon des paramètres climatiques tels que la température, le rayonnement, la vitesse du vent, mais aussi selon le stade de croissance de la plante, le type de plante et la disponibilité en eau du sol (exprimée par le potentiel de pression de l'eau du sol). L'eau transpirée par les plantes est absorbée dans le sol au niveau des racines.

Il existe plusieurs modèles mathématiques pour simuler cette absorption racinaire. Néanmoins, cette modélisation reste très délicate à cause de la complexité des phénomènes mis en jeu. En particulier, il est important de connaître la taille de la zone explorée par les racines (profondeur et largeur du système racinaire), ainsi que la densité du système racinaire. Par ailleurs, les phénomènes proprement physiologiques liés à la plante (flux de sève, ouverture stomatique...) sont tout aussi importants (Kumagai, 2001). Or ces derniers phénomènes sont difficilement modélisables.

Le modèle SWMS-2D offre la possibilité de modéliser l'absorption racinaire en utilisant soit la fonction S-shaped déduite de la formulation de Van Genuchten (1980), soit l'approche de Feddes *et al.* (1978). C'est cette dernière que nous allons utiliser.

Cette approche permet d'utiliser d'une part une fonction de stress, afin de traduire les relations entre la valeur du potentiel de pression de l'eau dans le sol et l'absorption racinaire, et d'autre part une fonction de distribution normalisée, qui permet de tenir compte du prélèvement de l'eau par les racines. La répartition du système racinaire peut être considérée comme uniforme ou non uniforme.

La description du sol et de ses propriétés hydrodynamiques

Deux propriétés intrinsèques du sol sont nécessaires pour simuler les écoulements : la courbe de rétention et la conductivité hydraulique. La courbe de rétention représente la relation univoque entre θ, l'humidité volumique, et h, le potentiel de pression. Cette courbe est une propriété intrinsèque de chaque type de sol. La conductivité hydraulique d'un sol, K, dépend de son humidité, donc de son potentiel de pression.

Pour représenter les relations θ (h) et K(θ), nous avons utilisé les équations de Van Genuchten (1980), qui a lui-même utilisé le modèle statistique de distribution de la taille des pores de Mualem (1976). Ces équations se nomment Genuchten-Mualem (G. M.) :

$$\theta(h) = \begin{cases} \theta_r + \dfrac{\theta s - \theta r}{\left[1 + \left(|\alpha h|^n\right)\right]^m} & h < 0 \\ \theta_s & h \geq 0 \end{cases} \qquad \text{avec } m = 1 - \frac{1}{n} \; et \; n > 1 \quad (I.7)$$

L'équation I.7 peut s'écrire ainsi :

$$S_e = \frac{\theta(h) - \theta r}{\theta s - \theta r} = \left[1 + \left(|\alpha h|^n\right)\right]^{-m} \quad (I.8)$$

L'équation reliant la conductivité hydraulique à la teneur en eau est :

$$K(S_e) = K_s S_e^i \left[1 - \left(1 - S_e^{1/m}\right)^m\right]^2 \quad (I.9)$$

θ_r et θ_s sont respectivement la teneur en eau résiduelle et à saturation [$L^3 L^{-3}$].
S_e : teneur en eau effective [-].
α, n, i : coefficients de la fonction de rétention, $\alpha[L^{-1}]$, 1 tient compte de la tortuosité et de la connectivité des pores (souvent i = 1).

Les propriétés hydrodynamiques du sol sont variables dans l'espace. La représentation de la variabilité spatiale dans le modèle s'est faite sur la base d'une analyse granulométrique des horizons identifiés par les pédologues. Treize horizons avaient été identifiés ; ils ont été regroupés au sein de mêmes unités pédologiques en fonction de leur granulométrie (classes de texture). Pour cela, nous avons confronté les résultats de l'analyse granulométrique au triangle textural (Musy *et al.*, 1991) pour identifier la classe texturale à laquelle appartient chaque horizon. Tous les horizons des positions AM10 et AV3, ainsi que les deux horizons supérieurs de la position AV5, appartiennent à la classe des silts limoneux (U1). Pour la position AV5, l'horizon situé entre 85 et 115 cm de profondeur est constitué d'un sol limoneux (L) ; et celui situé entre 115 et 150 cm est constitué d'un limon sableux (Ls). Pour le domaine d'écoulement modélisé, dont l'extension est plus réduite que celui exploré par les pédologues, nous retenons 9 classes de texture que nous utiliserons pour renseigner les propriétés hydrodynamiques du sol étudié entre les positions AM5 et AV1. Les paramètres et les propriétés hydrauliques de chaque classe intervenant dans les relations de G. M. ont été déduits de la base de données Rosetta (Simunek *et al.*, 1992) à partir de la granulométrie et de la densité apparente.

Les conditions initiales et les conditions aux limites

L'état initial du système est déterminé à partir d'une interpolation linéaire des valeurs mesurées du potentiel de pression pour le premier jour de la période simulée (30 janvier 1998). On obtient ainsi la valeur initiale du potentiel de pression pour tous les nœuds du domaine d'écoulement.

À l'interface sol/atmosphère, ainsi que sur l'ensemble des nœuds situés aux frontières du domaine d'écoulement, la condition aux limites est imposée d'une manière évolutive (soit un potentiel, soit un flux).

La période de simulation, les conditions initiales et les conditions aux limites

La période de simulation s'étend du 30 janvier 1998 au 5 mai 2000. Durant toute cette période, nous disposons de données mesurées pour 49 dates. La simulation est effectuée au pas de temps journalier. Les données journalières, sur toute la période étudiée, sont générées par une simple interpolation linéaire des données mesurées. Les conditions aux limites sont renseignées à partir des mesures tensiométriques faites sur toutes les positions AM5 pour la limite amont, et AV1 pour la limite aval (de 20 à 155 cm). Les conditions à la base du domaine d'écoulement du système (plancher du domaine d'écoulement modélisé) sont renseignées à partir des tensiomètres de toutes les positions (AM5, AM3, SH, AV1).

La condition à la surface du sol est réalisée par la pluie. Les données que nous avons utilisées sont celles enregistrées à la station météorologique de l'INRA (Le Rheu), voisine de 15 km du site. Les données sont au pas de temps journalier (entre 00h01 et 24h00).

Le calage et la validation du modèle

Dix nœuds situés dans le domaine d'écoulement (Fig. 3), et dont les positions (profondeur et distance à la haie) coïncident avec les données mesurées par Caubel (2001), ont été choisis pour caler et valider le modèle. Le calage du modèle est effectué sur la période allant du 30 janvier au 30 novembre 1998.

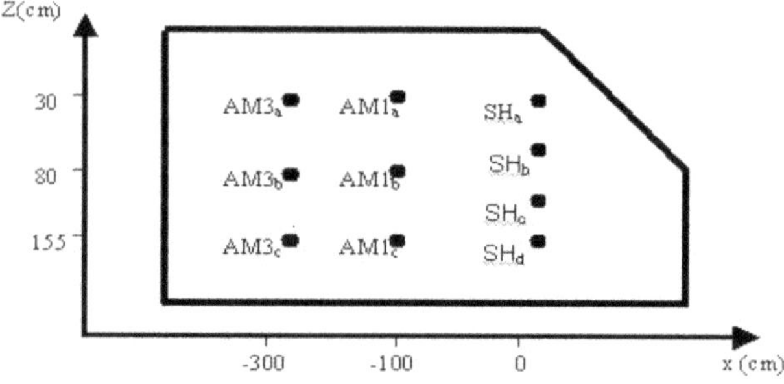

Figure 3. Position (x) et profondeur (z) des nœuds utilisés pour le calage et la validation du modèle. AM : point situé en amont de la haie, AV point situé en aval et SH, point situé sous la haie.

Le calage du modèle a été réalisé, en ajustant les valeurs du potentiel de pression simulé et mesuré en dix points au sein du domaine d'écoulement, sur les nœuds situés au niveau des trois positions : AM3, AM1, SH (Fig. 4). Pour chacune de ces positions, 3 profondeurs ont été considérées : 30, 84 et 150 cm.

Nous présentons (Fig. 4) uniquement l'évolution dans le temps du potentiel de pression simulé et observé au nœud AM3b (situé à 3 m en amont de la haie et à une profondeur de 80 cm). Cette première simulation a été effectuée sans tenir compte de l'absorption racinaire. Les courbes simulées et observées ont une allure semblable avec un décalage pendant la période estivale : ce décalage indique que le sol était beaucoup plus sec que ce que suppose la simulation, avec des différences de potentiel de pression allant jusqu'à 670 cm. Il a donc été nécessaire de tenir compte de l'absorption racinaire pour ajuster le bilan d'eau dans le domaine d'écoulement.

Afin de prendre en compte l'absorption racinaire, une fonction de distribution (b(x, z)) a été établie selon la densité et la profondeur des racines. Nous considérons ici une fonction de distribution variable d'un nœud à l'autre de la zone racinaire. En tenant compte de l'absorption racinaire et de sa distribution spatiale, on constate une nette amélioration des simulations (Fig. 4). L'ajustement de la fonction de distribution est effectué après plusieurs calages.

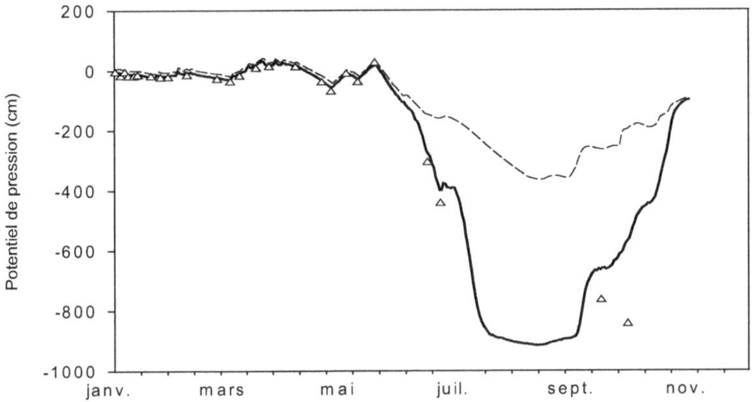

Figure 4. Calage du modèle : valeurs du potentiel de pression simulé (traits) et mesuré (symbole Δ). Le trait (---) représente une simulation sans tenir compte de l'absorption racinaire. Le trait continu (—) représente la simulation avec une fonction de distribution non nulle. Le symbole (Δ) représente les points de mesure.

La validation

La validation du modèle est effectuée sur les données allant du 1er décembre 1998 au 3 mai 2000. A 3 m à l'amont de la haie, et à 30 cm de profondeur (AM3a), la courbe du potentiel de pression simulé (Fig. 5) montre des valeurs très faibles en été, allant jusqu'à − 1200 cm. Pendant cette période, les valeurs de potentiel de pression sont au-dessous du seuil de sensibilité des tensiomètres. En effet, les campagnes de mesure menées en juillet et en septembre 1998 n'ont pas permis d'enregistrer les valeurs de potentiel de pression pour les tensiomètres situés entre 20 et 41 cm de profondeur. La valeur de −1200 cm simulée est tout à fait vraisemblable dans la mesure où le point considéré correspond à un tensiomètre explorant la couche supérieure du sol. Cette couche est exposée au dessèchement par évaporation. Les résultats obtenus permettent d'estimer la profondeur de la couche supérieure affectée par l'évaporation à environ 50 cm. Le tensiomètre situé à 80 cm de profondeur (AM3b) montre des valeurs de potentiel de pression de l'ordre de − 800 cm donc un sol relativement moins sec. Pour ce point, les courbes simulées et observées (Fig. 5) sont tout à fait en concordance, si ce n'est un léger décalage pour le dessèchement comme pour la réhumidification du sol lors de l'été 1999. Pour le point situé à 1 m en amont de la haie, et à 55 cm de profondeur (AM1b), une bonne concordance entre la courbe simulée et les points observés est à nouveau vérifiée. Les résultats de simulation des potentiels de pression sous la haie (SH$_b$) montrent une bonne concordance avec les observations. Cependant, pour l'ensemble des points, on constate un décalage entre les résultats simulés et observés lors de la reprise des écoulements en automne, et ce pour les 2 années étudiées : les teneurs en eau simulées sont supérieures à la réalité.

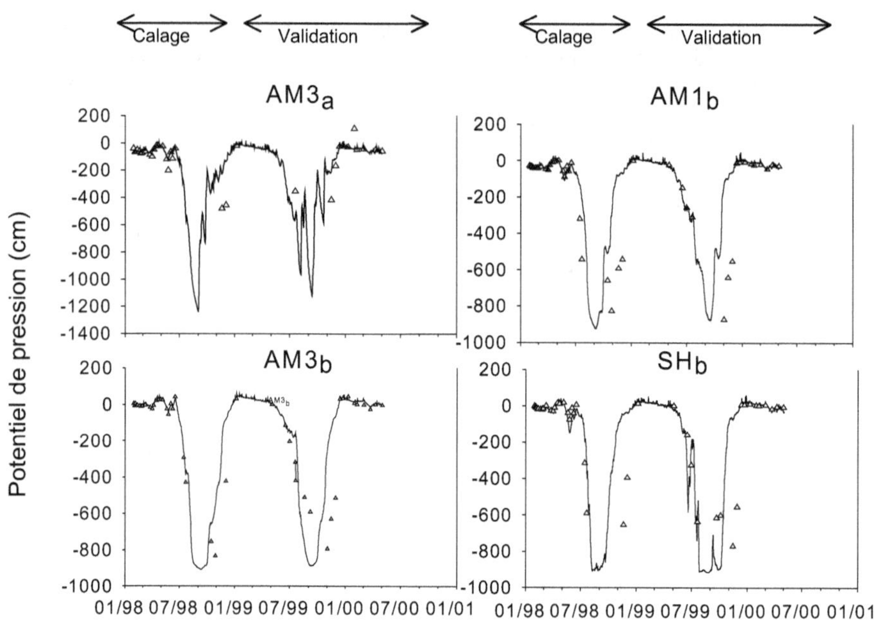

Figure 5. Simulations (-) et observations (Δ) du potentiel de pression à 4 nœuds. Période de calage et période de validation.

Bilan de masse et quantification des flux sous la haie

Variation du stock d'eau

Le stock d'eau dans le domaine considéré est estimé à partir des données sur la teneur en eau volumique. Deux campagnes de mesure de l'humidité volumique d'un profil de sol ont été réalisées, en août 1999, pour la position AM3. Les valeurs mesurées sont en bonne adéquation avec les valeurs simulées de la teneur en eau volumique du sol.

Ensuite, une estimation des stocks d'eau a été effectuée à partir des données simulées pour toute la période étudiée. Le calcul du stock d'eau a été réalisé à partir de la moyenne des valeurs de la teneur en eau simulées au niveau de la position AM3. Pour les hivers 1998, 1999 et 2000, le stock d'eau varie entre 530 et 580 mm. Ces valeurs correspondent approximativement au volume d'eau dans le profil du sol à saturation. Les différences de stock d'eau entre les 3 hivers sont liées principalement aux conditions climatiques ; le cumul de pluie nette montre un apport de 300 mm au 26 avril 1999, de 390 mm au 29 avril 2000. Les cumuls sont calculés à partir du premier jour de la simulation, et non depuis le début de l'année hydrologique.

Parallèlement, une diminution du stock d'eau plus précoce durant le mois de mai 1998 coïncide avec un déficit en apports d'eau (pluie nette négative pendant ce mois de mai). La variation dans le temps du stock d'eau est évaluée en considérant comme référence le premier jour de la simulation. Ce bilan permet d'estimer l'utilisation de l'eau du sol pendant l'été à 52 % de sa réserve en 1998 et à 49,7 % en 1999 ; soit 300 mm en 1998 et 284 mm en 1999. L'eau utilisée pendant la période estivale est essentiellement dédiée à la plante. Cependant, l'absorption racinaire ne se limite pas aux valeurs indiquées (300 et 284 mm) dans la mesure où l'extension du système racinaire permet d'atteindre les zones où les teneurs en eau sont plus importantes (frange capillaire, nappe...) et qui sont situées en été à l'extérieur du domaine pris en compte. Les apports latéraux, ainsi que les apports par augmentation du niveau de la nappe, sont à considérer pour faire le bilan de la transpiration. Le stock d'eau ne reflète que la capacité de stockage du sol. D'autres flux latéraux ou ascendants transitent par la zone non saturée et alimentent en eau les arbres. Le calcul de la transpiration correspond à l'extraction racinaire au niveau de tous les nœuds où une fonction de distribution non nulle est imposée.

Bilan d'eau consommée par la haie

Examinons maintenant la quantité d'eau utilisée par les arbres à partir des simulations réalisées. Comme nous l'avons précisé précédemment, le bilan d'eau consommée dans le système doit tenir compte des apports atmosphériques (pluie nette), des apports latéraux amont, des apports provenant de la nappe, ainsi que des entrées (ou sorties) latérales aval. Ces apports sont regroupés sous forme d'apports provenant de la frontière du domaine. Il est intéressant de constater que les apports atmosphériques représentent moins de 30 % des apports d'eau totaux du domaine. La zone étudiée étant située à l'aval du bassin versant, les apports venant de l'amont, de l'aval et de la profondeur peuvent être importants.

En 1998, la consommation annuelle de la haie s'élève à 105 % des apports totaux, elle est de l'ordre de 956 mm. En 1999, cette consommation s'élève à 1175 mm et représente 112 % des apports totaux. Pour cette dernière année, les apports (infiltration et apports par les frontières du domaine d'écoulement) sont plus importants qu'en 1998 (1050 mm contre 908 mm). Nous avions d'ailleurs constaté un dessèchement du sol plus faible en 1999 au vu des valeurs du potentiel de pression, alors que le volume d'eau transpiré en 1999 est relativement important par rapport à celui transpiré en 1998 (1050 mm en 1999, soit 112 % des apports totaux). Nous pouvons en conclure que la consommation de l'eau par la haie atteint 114 à 140 % des précipitations. La variation de ce pourcentage est tout de même importante (20 % : elle dépend des conditions climatiques, mais aussi de la physiologie de l'arbre. Nous n'avons pas le recul suffisant pour interpréter cette variation ; il serait souhaitable de mener cette analyse sur d'autres séries de données avec par exemple des années climatiques assez différentes (année sèche, année humide) avec une haie qui serait dans un stade physiologique plus stable (hors période de taille).

À l'échelle annuelle

L'analyse des bilans saisonniers menée ci-dessous permet de mettre en évidence le rôle de la haie dans la dynamique de la nappe et de quantifier les volumes d'eau transpirés par la haie.

La dynamique de la nappe est évaluée à partir des valeurs simulées de potentiel de pression au niveau de tous les nœuds du domaine. Le toit de la nappe correspond aux nœuds à potentiel nul. Les points du domaine sont représentés selon leur position (x, z) ; puis une interpolation linéaire permet d'obtenir la profondeur du toit de la nappe sur tout le domaine.

L'évaluation de la dynamique de la nappe à partir des simulations a d'abord été validée à partir des mesures de terrain. Les variations du niveau de la nappe à l'échelle annuelle ont été étudiées. Nous présentons ici 4 dates représentatives des états hydriques du sol au cours de l'année hydrologique (Fig. 6).

- La première date (15 avril 1998) correspond à un état initial humide avec un sol quasiment à sa capacité de rétention. La nappe est à 40 cm de profondeur à l'amont et 50 cm sous la haie. Une légère dépression est visible sous la haie. Cette date est considérée comme un état initial pour le calcul des bilans.

- Entre le 15 avril et le 25 mai 1998, la période est caractérisée par des apports de 92 mm et une transpiration de 134 mm, avec pour conséquence un dessèchement du sol. Ce dessèchement a provoqué une diminution de cinquante millimètres du stock d'eau et un rabattement du toit de la nappe de 50 cm à l'amont de la haie et de 90 cm sous la haie (Fig. 6) ; ceci bien que la valeur moyenne de la transpiration journalière soit restée modérée pendant cette période (3,35 mm/jour).

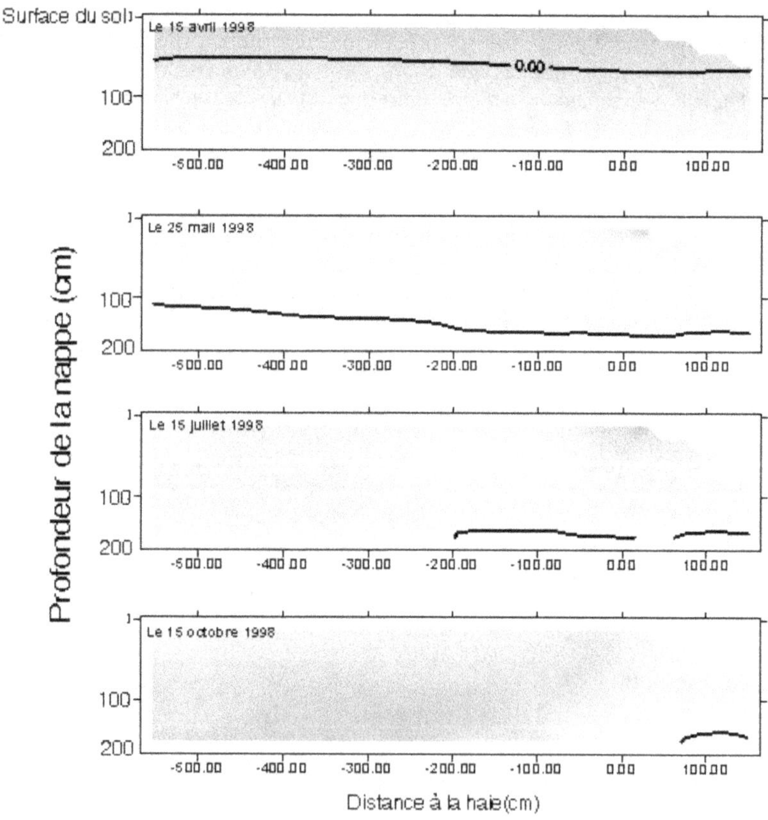

Figure 6. Simulation des fluctuations du toit de la nappe pendant la période « printemps-été ». Les dates retenues sont représentatives des états hydriques du sol. Le trait noir représente le toit de la nappe.

- Au 15 juillet 1998, les apports totaux depuis le 15 avril étaient de 107 mm, et la transpiration a atteint un cumul de 184 mm, soit une moyenne journalière de 6,34 mm. On observe un dessèchement général du sol et un rabattement du toit de la nappe d'au moins 1 m en un mois à l'amont de la haie (Fig. 6). La zone aval est tout de même restée humide et la nappe était à moins d'1 m de profondeur, avec une discontinuité sous la haie. La transpiration a atteint sa valeur maximale courant juillet.

- L'apport d'eau entre le 15 octobre et le 3 décembre était de 170 mm, alors même que la transpiration avait énormément baissé. On ne comptait plus que 1,14 mm/j de transpiration, soit un cumul de lame d'eau transpirée de 56 mm en 49 j. Cependant, le toit de la nappe n'est remonté que légèrement (Fig. 6), sur la partie aval du domaine.

En matière de flux, les valeurs données ici devraient être validées sur d'autres sites avec des années climatiques différentes. Les ordres de grandeur sont tout à fait cohérents avec les données bibliographiques. L'extraction journalière de l'eau par les arbres, en moyenne de l'ordre de 5,6 mm/jour durant l'été, serait concentrée sur la période estivale.

Conclusion

La modélisation du fonctionnement hydrodynamique du sol sous la haie nous permet de quantifier les flux d'eau à l'échelle annuelle. À partir de ces bilans, la consommation d'eau par la haie pendant l'été a été estimée à 50 % de la réserve du sol. Le rôle de la haie dans la dynamique saisonnière de la nappe est considérable puisqu'elle utilise 114 à 140 % des précipitations tombées sur la surface correspondant à son emprise. Nous avons vu que la recharge de la nappe en début d'hiver est assez lente, alors que la transpiration diminue au mois d'octobre. La fluctuation du toit de la nappe est de 1 m lors des périodes où la transpiration est maximale. Cette transpiration est de l'ordre de 5,6 mm en moyenne journalière sur toute la période printemps-été. Si l'on valide ces bilans à l'échelle locale d'une haie, leur intégration dans la modélisation distribuée à l'échelle du bassin versant permettrait d'évaluer le rôle des haies dans les bilans hydrologiques.

À l'automne, les pluies qui s'infiltrent peuvent soit être retenues dans la zone sous la haie, si la dessiccation du sol créée par le pompage racinaire est encore importante, soit rejoindre la nappe dont le toit est plus bas à ce niveau. Tant que le déficit hydrique dans ce domaine n'est pas comblé, les apports vers l'aval par la nappe sont retardés (augmentation du temps de transfert).

Une autre application de ces travaux consisterait à prédire, à l'échelle de la crue, les quantités d'eau automnales infiltrées sous la haie et le temps de transfert avant que le toit de la nappe ne soit parallèle à la pente topographique. Ces quantités représentent un retard de ruissellement et donc une diminution des apports au cours d'eau à l'aval.

Références bibliographiques

CAUBEL V., 2001. *Influence de la haie de ceinture de fond de vallée sur les transferts d'eau et de nitrate.* Thèse ENSA Rennes, 155 p.

CAUBEL V, GRIMALDI C., MEROT P., GRIMALDI M., 2003. Influence of a hedge surrounding bottomland on seasonal soil-water movement. *Hydrol. Process.,* 17 (9), 1811-1821.

CELIA M., BOULOUTAS E.,ZARBA R., 1990. A general mass conservative numerical solution for the unsaturated flow equation. *Water Resources Research*, 26 (7), 1483-1496.

FEDDES R.A., KOWALIK P.J., ZARADNY H., 1978. Simulation of field water use and crop yield. PUDOC, *Simulation Monographs*, 189 pp. The Netherlands, Center for Agricultural Publishing and Documentation.

FEDDES R.A. ,HOFF H., BRUEN M., DAWSON T., DE ROSNAY P., DIRMEYER P., JACKSON R.B., KABAT P., KLEIDON A., LILLY A., PITMAN A.J., 2001. Modeling Root Water Uptake in Hydrological and Climate Models. *Bulletin of the American Meteorology Society.* 82 (12), 2797-2809.

GRANIER A., BRÉDA N., BIRON P., VILLETTE S., 1999. A lumped water balance model to evaluate duration and intensity of drought constraints in forest stands. *Ecol. Modelling.* 116, 269-283.

KUMAGAI T.O., 2001. Modeling water transportation and storage in sapwood-model developpement and validation. *Agric. Forest. Meteorol.* 109, 105-115.

LI K.Y., DE JONG R., BOISVERT J.B., 2001. Comparaison of root water uptake models. In: D.E. Stott, R.H. Mohtar, and G.C. Steinhardt (eds). *Sustaining the Global Farm* – Selected papers from the 10th International Soil Conservation Organization Meeting, May 24-29, 1999, West Lafayette, IN. International Soil Conservation Organization in cooperation with the USDA and Purdue University, West Lafayette1112-1117.

MEINZER F.C., CLEARWATER M.J., GOLDSTEIN G., 2001. Water transport in trees : current perspectives, new insights and some controversies. *Environ. Experiment. Bot.* 45, 239-262.

MEROT P., 1999. The influence of hedgerow systems on the hydrology of agricultural catchments in a temperate climate. *Agronomie*, 19 (8), 655-669.

MUALEM, Y., 1976. A new model predicting the hydraulic conductivity of unsaturated porous media. *Water Resour. Res.*, 12 : 513-522.

MUSY A., SOUTTER M., 1991. *Physique du sol.* Presses polytechniques et universitaires romandes, collection gérer l'environnement. 319 p.

RICHARDS, L.A., 1931. Capillary conduction of liquids in porous.media. *Physics* 1: 318-333.

SCHULZE E.D., CERMAK J., MATYSSEK R., PENDA M., ZIMMERMANN R., VASICEK F., GRIES W., KUCERA J., 1985. Canopy transpiration and water fluxes in the trunk of Larix and Picea trees : a comparison of xylem flow, porometer and cuvette measurements. *Oecologia.* 66, 475-483.

SIMUNEK J., VOGEL T., VAN GENUCHTEN M. T., 1992. The SWMS-2D code for simulating water flow and solute transport in two-dimensional variably saturated media, Version 1.1. *Research Report* No. 126, 169 p, U.S. salinity Laboratory, USDA, ARS, Riverside, California.

SIMUNEK J., VOGEL T., VAN GENUCHTEN M. T., 1994. The SWMS-2D code for simulating water flow and solute transport in two-dimensional variably saturated media, Version 1.2. *Research Report* No. 132, 197 p, U.S. salinity Laboratory, USDA, ARS, Riverside, California.

VAN GENUCHTEN, M.T., 1980. A closed-form equation for predicting the hydraulic conductivity of unsaturated soils. *Soil Sci. Am. J.*, 44 : 892-898.

VOGEL T., CISLEROVA M., 1988. On the reliability of unsaturated hydraulic conductivity calculated from the moisture retention curve. *Transport in Porous Media*, 3, 1-15.

Intérêt de l'introduction des cultures intermédiaires dans les systèmes de culture en région Poitou-Charentes.

Etude de cas par simulation avec le modèle STICS.

S. MINETTE et E. JUSTES

Introduction

Depuis quelques années, de nombreux travaux ont montré que l'interculture est la « période critique » en terme de pollution azotée des eaux (par exemple, Mary *et al.*, 1997). La gestion de cette période répond souvent à des objectifs de restructuration du sol, de gestion des ravageurs et des adventices. Mais dernièrement les préoccupations environnementales (limitation des pertes d'azote, de l'érosion) sont devenues de plus en plus cruciales mettant en exergue la nécessité de proposer des modes de production plus durables. Ainsi, les cultures intermédiaires pièges à nitrate (CIPAN) ont démontré leur efficacité pour réduire les fuites de nitrate en interculture (par exemple, Machet *et al.*, 1997 ; Aubrion et Briffaux, 1998 ; Dorsainvil, 2002).

Cependant, les risques de pollution azotée ne sont pas identiques pour tous les systèmes de culture ; ils dépendent des successions pratiquées, du type de sol cultivé mais aussi du climat (notamment pluviométrie hivernale) et donc du pédo-climat.

Une première évaluation des potentiels de fuites de nitrate a été réalisée sur quelques successions jugées à risques (colza-blé, blé-tournesol, blé-maïs) de la région Poitou-Charentes. Cette évaluation a été effectuée par simulation avec le modèle STICS (Brisson *et al.*, 1998 ; 2002 ; 2003), adapté pour les CIPAN de moutarde et de ray-grass d'Italie (Dorsainvil, 2002). Ce travail de simulation a été réalisé dans le cadre du programme Agrotransfert[1] « Gestion de l'interculture et qualité de l'eau » ; il s'inscrit dans le partenariat avec l'INRA sur l'utilisation de modèles de simulation comme outils d'acquisition de références. Préalablement, le modèle a été évalué avec satisfaction dans un réseau d'essais menés en Poitou-Charentes entre 2001 et 2003 (résultats non présentés ici).

---

[1] Agrotransfert Agronomie est un programme porté par la chambre régionale d'agriculture de Poitou-Charentes en partenariat avec l'INRA et les acteurs régionaux intervenant dans la recherche et le développement.

Matériels et Méthodes

La diversité pédoclimatique de la région Poitou-Charentes a été prise en compte par l'étude de 14 sols, représentatifs de l'hétérogénéité régionale, et de 3 stations climatiques représentatives de la région sur les 35 dernières années (1967-2002). Ces 3 stations météo définissent un climat plutôt humide (Saintes), moyen (Ruffec) ou sec (Loudun) selon le cumul des précipitations pendant la période d'interculture (tab. 1).

Tableau 1. Précipitations associées aux trois stations météo étudiées.

Stations climatiques	Précipitations annuelles	Précipitations du 25 juillet au 15 avril (« interculture »)
Saintes	919 mm	695 mm
Ruffec	857 mm	620 mm
Loudun	648 mm	480 mm

A travers l'étude de cas par simulation, nous avons évalué l'influence de CIPAN sur les bilans d'eau et d'azote pendant l'interculture (drainage, pertes d'azote) et sur la culture suivante (disponibilité en eau et en azote). Les simulations nous ont aussi permis de définir des dates de levée et de destruction optimales satisfaisant conjointement les impératifs agronomiques et les exigences environnementales.

Par ailleurs, l'étude fréquentielle de différents contextes pédoclimatiques (à chaque station climatique sont associés les sols rencontrés dans la région) a mis en évidence la variabilité des réponses selon la station climatique et le sol étudié. Ceci indique qu'une adaptation des préconisations agronomiques en matière de gestion de l'interculture et des itinéraires techniques des CIPAN est nécessaire en fonction du pédo-climat mais aussi de l'année. Les critères statistiques utilisés sont la médiane, les premier et neuvième déciles.

Les résultats

Approche de la variabilité interannuelle et spatiale de l'effet des CIPAN

L'étude fréquentielle des différentes stations climatiques a mis en évidence des différences importantes de croissance entre années des cultures intermédiaires (moutarde, ray-grass d'Italie (RGI)) pour une station donnée. De même, les potentiels médians de production diffèrent entre stations climatiques ou pour les différents types de sols (tab. 2).

Cette variabilité interannuelle et spatiale s'exprime aussi fortement sur la quantité d'eau infiltrée sous la zone racinaire, et donc sur la concentration en nitrate de l'eau percolée qui contribue à la recharge des aquifères. Pour la station de Loudun, avec une valeur médiane d'infiltration efficace de 130 mm (groie moyenne[2]), la perte de 15 kg.ha^{-1} d'azote entraîne une

---

[2] Groie moyenne : nom vernaculaire qui correspond à un sol argileux, calcaire et moyennement profond, sur calcaire jurassique fissuré apparaissant aux environs de 20 à 40 cm.

concentration moyenne de 50 mg l^{-1} de nitrate de l'eau percolée. À Saintes, pour obtenir la même concentration, les pertes pourront être de 37 kg ha^{-1}.

Tableau 2. Potentiel de production d'une moutarde (en tonnes de matière sèche/ha) en fonction de la station climatique ou du type de sol (valeurs médianes sur 35 ans.)

- Sur un sol de groie moyenne[3]

	Matière sèche produite (en t ha^{-1})	Azote plante absorbé (en kg ha^{-1})
Loudun	1,5	35
Ruffec	1,8	38
Saintes	2,2	45

- Sur 2 sols pour la station de Ruffec

	Matière sèche produite (t ha^{-1})	Azote plante absorbé (kg ha^{-1})
Groie moyenne	1,8	38
Sol limoneux sain (TRC[3])	2,8	75

Bien sûr, l'objectif à Saintes et à Loudun est de limiter au maximum les pertes d'azote ; cependant, en termes de concentration (en mg/l), les deux stations climatiques ne sont pas sur le même pied d'égalité. La figure 1 indique, pour un même type de sol (groie moyenne), les quantités d'eau infiltrée pour les 3 stations. Les différences sont principalement dues aux écarts de précipitations pendant la période d'interculture.

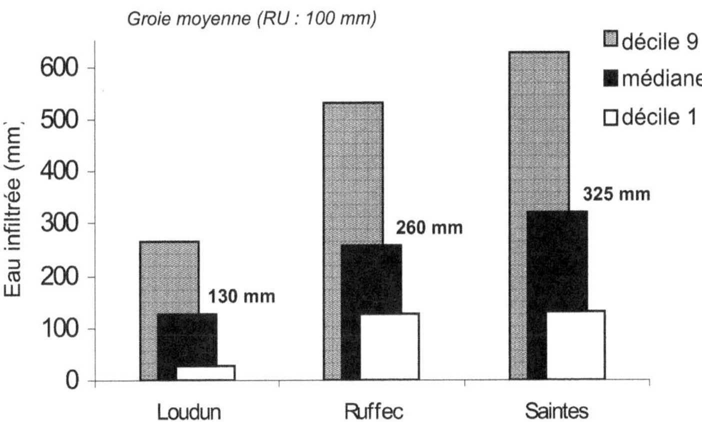

Figure 1. Quantités d'eau infiltrée du 25/07 au 15/04 (en mm) pour un même sol sous 3 stations climatiques (contexte Poitou-Charentes, succession « blé tendre - culture de printemps »).

Approche de la variabilité pédologique

Les résultats des simulations conduisent à une hiérarchisation des différents sols en fonction du risque « concentration en nitrate de l'eau infiltrée » qui dépend principalement de la minéralisation du sol pendant l'interculture et de la sensibilité à l'infiltration verticale de l'eau. Le tableau 3 présente cette hiérarchisation en fonction de la concentration en nitrate de l'eau infiltrée, pour 2 stations climatiques et 4 sols :

---

[3] TRC : terres rouges à châtaigniers, limon sur argile rouge (dépôt de plateau).

- 3 sols « argile calcaire caillouteuse sur calcaire dur fissuré » (groie), à 3 % de matière organique (MO), de réserve utile de 70, 100, 135 mm, dénommés respectivement : gs70, gm100, gp135 ;

- un sol limoneux à 1,7 % de MO, de réserve utile de 135 mm, dénommé lim135.

Tableau 3. Hiérarchisation de différents sols
en fonction de la concentration en nitrate de l'eau infiltrée (en mg l^{-1}).

Station	*Hiérarchisation des 4 sols*	*Commentaires*
Loudun	gs70 > gm100 > lim135 > gp135	**1.** Les faibles précipitations pendant l'interculture entraînent une lixiviation partielle de l'azote nitrique du sol. Plus la réserve utile (RU) du sol est faible, plus la quantité d'azote minéral lixivié est importante. La classification est effectuée en fonction de la RU des sols. **2.** Pour les sols possédant la même RU, la hiérarchisation s'explique par les différences de minéralisation du sol pendant l'interculture. Le sol « lim135 » minéralise plus d'azote que « gp135 », les pertes sont donc plus importantes.
Saintes	lim135 > gp135 = gm100 > gs70	**1.** Les fortes précipitations à Saintes entraînent la lixiviation de la quasi-totalité des ions nitrate du sol, quelque soit le sol. Les sols minéralisant beaucoup sont donc plus à risque. **2.** Tout l'azote nitrique du sol en « gs70 » est lixivié et les fortes précipitations entraînent un phénomène de dilution qui conduit à des concentrations en nitrate inférieures.

Maîtrise des pertes de nitrates

L'efficacité des cultures intermédiaires (moutarde, RGI) est démontrée, quelque soit le contexte pédoclimatique de la région et la succession de cultures (blé-tournesol et blé-maïs).

En terme d'itinéraire technique, l'efficacité maximale de la moutarde est souvent obtenue pour des dates de levée au 1er septembre. Cependant, les levées plus tardives (1er octobre) permettent, dans la majorité des cas, une réduction de pertes en nitrate de l'ordre de 50%, ce qui est déjà très satisfaisant. L'implantation d'un couvert après des cultures à récolte tardive, comme le tournesol et le maïs ensilage, est donc utile dans le contexte régional de Poitou-Charentes.

La diminution maximale des pertes d'azote est atteinte avec des couverts détruits tardivement (en février). Cependant, au-delà du 1er décembre, la réduction des pertes devient faible à très faible en fonction du climat. Pour des raisons agronomiques (facilité de destruction, « montée à graines », disponibilité en azote pour le suivant), la destruction pourra donc être réalisée à partir de début décembre sans réduire de manière rédhibitoire l'efficacité des cultures intermédiaires sur le piégeage des ions nitrate (fig. 2).

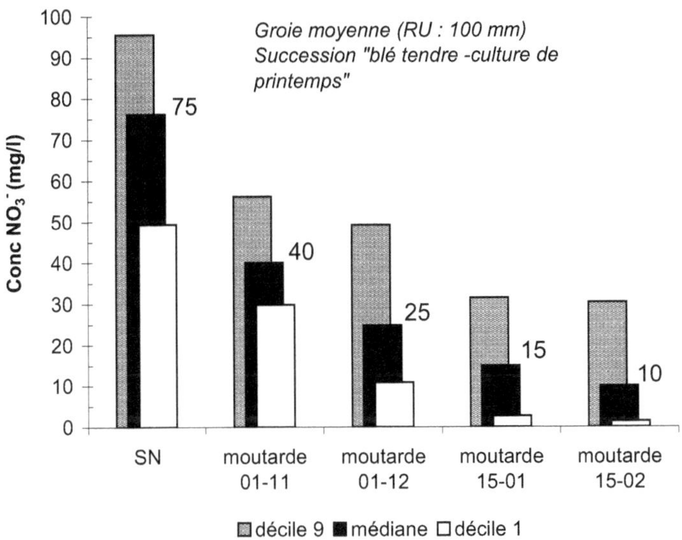

Figure 2. Impact de la date de destruction de la moutarde sur la concentration en nitrate (mg NO$_3^-$ l^{-1}) de l'eau infiltrée (station de Ruffec, groie moyenne, levée de la moutarde fixée au 01/09, contexte Poitou-Charentes, comparaison avec sol nu, sans CIPAN avec résidus enfouis, pendant l'interculture).

Impacts sur la culture suivante

La gestion de l'interculture peut influencer la disponibilité en eau et en azote du sol pour la culture suivante. L'analyse de l'impact d'une moutarde et d'un ray-grass ne montre aucun effet négatif sur la disponibilité en eau pour le suivant (cas de cultures suivantes semées en avril/mai) si la destruction est réalisée jusqu'au 15 février. Dans le cas d'un ray-grass en dérobée, son maintien tardif (en place jusqu'en avril) engendre une diminution du stock d'eau disponible les années sèches. En fonction du type de sol, la culture suivante sera plus ou moins pénalisée, environ une année sur deux pour un sol de type « groie moyenne » (argile calcaire caillouteuse sur calcaire dur).

Pour la disponibilité en azote, l'utilisation de moutarde pendant l'interculture n'occasionne pas d'effet négatif sur le suivant. Cependant, pour bénéficier d'une restitution maximale à la culture suivante, la destruction du couvert devra s'effectuer au plus tard mi-décembre en climat sec ou médian, et pourra être réalisée plus tardivement en climat humide (jusqu'au 15 janvier). Si la destruction est plus tardive, la restitution en azote sera réduite et décalée dans le temps, ce qui pourrait induire une « faim en azote » de la culture de printemps suivante.

La minéralisation d'une partie des résidus de culture intermédiaire enfouis est rapide (3 à 4 mois) même si la destruction des CIPAN est réalisée en hiver (Justes et Mary, 2004). Cette libération d'azote permet de revenir à des quantités dans le sol équivalentes au sol nu dans la majorité des situations, ou procure un gain médian en azote, de l'ordre de 10 à 20 kg/ha selon la station climatique et le type de sol (tab. 4). Cette restitution d'azote représente 30 à 40 % (maximum) de la quantité totale d'azote minéral piégée dans le sol par la moutarde.

Tableau 4. Impact des dates de levée et de destruction de la moutarde sur la quantité médiane d'azote minéral disponible dans le sol au 15 avril pour les stations climatiques de Saintes et Loudun. Sol de groie moyenne ; succession « blé tendre-maïs », simulation du 25/07 au 15/04.

Saintes	*Dates de destruction*			
Date de levée	1 novembre	1 décembre	15 janvier	15 février
15 août - 1er septembre	35	40	45	50
15 septembre - 1er octobre	35	40	45	45
Sol nu sans CIPAN, résidus enfouis : 30 (en kg ha^{-1})				

Loudun	*Dates de destruction*			
Date de levée	1 novembre	1 décembre	15 janvier	15 février
15 août - 1er septembre	40	40	40	40
15 septembre - 1er octobre	40	40	40	35
Sol nu sans CIPAN, résidus enfouis : 40 (en kg ha^{-1})				

Conclusion

Ce travail constitue une première base de références pour les conseillers ; elle pourra être complétée par une confrontation avec des observations *in situ* et, si besoin, de nouvelles simulations. La démarche consiste à utiliser les modèles comme outils d'expérimentation virtuelle pour produire des références régionales par système de culture type ou pour une situation réelle donnée. Dans un premier temps, ces références peuvent être mobilisées pour le diagnostic et l'évaluation, et ainsi définir des priorités d'actions. Dans un deuxième temps, elles pourront être intégrées à un outil d'aide à la décision permettant de faire des choix de gestion de l'azote dans la rotation (Minette, 2003).

Références bibliographiques

AUBRION G. ET BRIFFAUX G., 1998. Les meilleurs pièges à nitrates. *Perspectives Agricoles*, 239, p. 71-75.

BOUTANT S., 2003. *Effets des couverts en interculture sur l'eau et l'azote du sol en Poitou-Charentes : étude de cas par simulation STICS*. Mémoire de fin d'études, ENITA Clermont Ferrand, 45p.

DORSAINVIL F., 2002. *Evaluation, par modélisation, de l'impact environnemental des modes de conduite des cultures intermédiaires sur les bilans d'eau et d'azote dans les systèmes de culture*. Thèse de doctorat, INA P-G, 124 p.

JUSTES E. ET MARY B., 2004. N mineralization from decomposition of catch crop residues under field conditions: measurement and simulation using the STICS soil-crop model. *In : Controlling nitrogen flows and losses*, (Hatch D.J., Chadwick D.R., Jarvis S.C. and Roker J.A., eds), Wageningen Academic Publishers, The Nederlands, p122-130.

MACHET J.M., LAURENT F., CHAPOT J.Y., ET DULOUT A., 1997. Maîtrise de l'azote dans les intercultures et jachères. In : *Maîtrise de l'azote dans les agrosystèmes*, Les colloques de l'INRA, INRA-Editions, Versailles.

MARY B., BEAUDOIN N., BENOIT M., 1997. Prévention de la pollution nitrique à l'échelle du bassin d'alimentation en eau. In : *Maîtrise de l'azote dans les agrosystèmes*, Les colloques de l'INRA, INRA-Editions, Versailles.

MINETTE S., AVELINE A., BOUTHIER A., GUICHARD L., LAURENT M. REAU R., 2003. Des référentiels régionaux pour gérer l'azote dans la rotation. *Oléoscope*, 76, p.19-22.

Phosphore et eutrophisation : l'expérience québécoise est-elle transposable à la France ?

V. DE BARMON

Introduction

L'auteur a travaillé pendant un an (2001-2002) à la direction régionale de l'environnement de l'Estrie, à Sherbrooke au Québec, dans le cadre des échanges de fonctionnaires France-Québec. Cette direction lui confia alors l'étude du cas de la baie de Fitch. En effet, la municipalité concernée considérait que l'agriculture, principale activité du bassin versant de cette baie, était la cause principale de son eutrophisation. Or la direction régionale pensait au contraire que l'activité agricole ne pouvait en être une cause importante : elle est peu intensive, n'occupe que 20 % du territoire, et aucune exploitation ne provoque de pollutions ponctuelles importantes.

Il s'agissait donc d'évaluer la responsabilité des activités agricoles concernant l'eutrophisation de la baie de Fitch du lac Memphrémagog. Le travail s'appuie sur les études antérieures faites sur le lac Memphrémagog, en particulier celle de Raymond Jeudi, qui portait spécifiquement sur la baie de Fitch, expliquant bien son fonctionnement et faisant le bilan des activités existantes. Elle comporte un volet de description du fonctionnement de la baie et de ses bassins versants et un volet d'évaluation des flux agricoles. Comme dans les études antérieures, le phosphore est considéré comme le facteur de maîtrise de l'eutrophisation.

La principale plus-value par rapport aux études antérieures fut l'utilisation du logiciel Lophos pour estimer les flux de phosphore d'origine agricole. Ce logiciel, développé en par l'INRS-Eau[1], intègre les dernières connaissances acquises sur les sources et les transferts de phosphore.

---

[1] Institut National de la Recherche Scientifique du Québec.

L'étude de la Baie de Fitch

Description de la baie

La baie de Fitch est un plan d'eau de 220 ha, relié au lac Memphrémagog (9600 ha) par un goulet étroit, limitant les échanges relatifs au déversement de la baie vers le lac. Les eaux du lac sont de bonne qualité, tandis que dans la baie, l'eutrophisation et l'envasement sont importants. Le bassin versant de la baie couvre 110 km^2, dont 20 % en surface agricole. Ce bassin versant est immense par rapport au volume d'eau de la baie, entraînant un temps moyen de renouvellement de l'eau sur l'année de 40 j, alors qu'il est de 700 j pour l'ensemble du lac. La profondeur moyenne de la baie est de 3 m et diminue du fait de l'envasement. La décantation est donc faible, entraînant dans la baie des concentrations en phosphore proches de celles apportées par les effluents. Ces mécanismes favorisent en grande partie l'eutrophisation de la baie, sans apport démesuré de phosphore par le bassin versant.

Les ruisseaux qui alimentent la baie

Ils sont au nombre de quatre. Le plus important, le ruisseau de Fitch, apporte plus de la moitié du flux. En amont, le lac Lovering décante le phosphore recueilli et rejette à son exutoire une eau de bonne qualité. Bien qu'aucune activité agricole ou autre ne puisse l'expliquer, les analyses montrent une dégradation importante de la qualité de l'eau de ce ruisseau entre le lac Lovering et la baie.

Deux autres ruisseaux (McCutcheon et Gale) drainent les zones agricoles, situées généralement le long des lignes de crêtes pour éviter les fonds marécageux. Le ruisseau Gale ayant les concentrations en phosphore les plus fortes, l'étude des flux concerne ce bassin.

Le quatrième ruisseau (Bunker) traverse un bassin versant qui comprend essentiellement des marais et des bois.

L'évaluation des flux de phosphore d'origine agricole

Le logiciel LoPhos (Larocque *et al.*, 2002), utilisé pour calculer les flux de phosphore, intègre des paramètres de terrain et la description des pratiques agricoles. La météorologie est la moyenne enregistrée dans la zone du Québec concernée (en l'occurrence, l'Estrie Centre du Québec). Le nombre de paramètres (nature du sol, teneur et saturation[2] en phosphore, pente, bande riveraine, conservation des sols, période, dose et nature des fertilisations, nature et rendement des cultures…) permet une évaluation relativement précise du flux de phosphore, tout en se limitant à des données facilement disponibles. La nature du sol variant dans une parcelle, celle qui figure sur la carte pédologique (elle correspond à une moyenne d'analyses de sol) a été utilisée.

---

[2] En fonction de sa composition chimique, en particulier de sa teneur en ions aluminium, le sol fixe plus ou moins le phosphore. La saturation est calculée en pourcentage, 100 % correspondant à un sol dont la teneur maximale de phosphore fixable par le sol est atteinte.

Résultats et analyse

Le bassin étudié, celui du ruisseau Gale, présente une surface de 17 km^2 et un ruisseau principal d'une longueur de 4 km. Les agriculteurs exploitent 176 ha de sa surface, autour de 2 fermes. Les autres parcelles sont en herbe ou en friche. L'une des 2 fermes, porcine, équilibre bien sa fertilisation et limite l'érosion. L'autre, laitière, surfertilise les cultures en cumulant des apports organiques et minéraux, en dépit des conseils agronomiques reçus.

Résultats à la parcelle

Nous comparons les parcelles de chacune de ces fermes ayant les pertes de phosphore les plus importantes (tabl. 1).

Tableau 1. Parcelles et pertes de phosphore

Parcelle		A-P	PC	SPI	SPF	PD	PL	PR	ABR	ACE
				%	%					
A	Forte saturation et bonnes pratiques	7,51	11,06	12	12	0,44	0,27	0,82	0,36	0,8
B	Faible saturation, mauvaises pratiques	44,93	15	4	5	0,05	0,02	2,08	2,08	2,13
B	Faible saturation, pratiques améliorées	16,4	15	4	4	0,05	0,02	0,77	0,28	0,33

A-P : apports – phosphate disponible ; PC : prélèvements cultures ; SPI : saturation en phosphate initiale ; SPF : saturation en phosphate finale ; PD : phosphate drainé ; PL : phosphate lessivé ; ABR : après bande riveraine ; ACE : apport du cours d'eau.

La parcelle A (céréales) a reçu moins de phosphore que l'exportation des cultures. Cependant, la saturation de 12 % est la plus forte du bassin. En dépit de bonnes pratiques, le ruissellement est relativement chargé en phosphore car la teneur des matières en suspension (MES) en phosphore est importante. La bande riveraine est efficace et retient plus de la moitié du flux. Le lessivage n'est pas du tout négligeable : près des 2/3 des flux sont court-circuités par le drainage, doublant ainsi les apports aux eaux superficielles.

Sur la parcelle B, la fertilisation est très déséquilibrée et aucune précaution environnementale (bande enherbée ou couverture hivernale des sols) n'est prise. Le ruissellement de phosphore est très important, le lessivage très faible, tout comme la saturation.

La dernière ligne concerne la même parcelle, mais avec de meilleures pratiques. Le niveau du ruissellement est le tiers du précédent, encore divisé par près de 3 grâce à la mise en place d'une bande enherbée. Le niveau du lessivage reste identique.

Résultats globaux du bassin « Gale » (fig. 1 ; planche couleur 3)

La comparaison entre les flux issus des deux exploitations est donc très intéressante. Pour l'exploitation porcine (parcelle A), avec de bonnes pratiques sur toutes les parcelles, les flux sont très variables en fonction de la saturation du sol en phosphore. En effet, les autres facteurs sont relativement homogènes (culture de céréales uniquement, pente, fertilisation). Cette variation s'explique sans doute par l'historique de la ferme. Ainsi, la première terre défrichée il y a quelques décennies a reçu régulièrement des apports : elle est maintenant fortement chargée en phosphore. Les nouvelles parcelles sont quant à elles pauvres en phosphore. L'évolution de la saturation en phosphore, suite à une fertilisation insuffisante compte tenu des besoins des cultures, montre une diminution inférieure à 1 % par année culturale.

Sur l'exploitation laitière, les mauvaises pratiques sont à l'origine de flux importants pour les cultures les plus à risques (celles à grand interligne, ici le maïs). En effet, les teneurs en phosphore de cette ferme sont relativement faibles et les facteurs de terrain et de climat sont similaires à ceux de l'autre ferme. Seules les différences de pratiques et d'assolement expliquent les différences constatées au niveau des pertes de phosphore.

Les résultats sur l'ensemble de la surface cultivée font état d'un faible bruit de fond sur la plupart des parcelles ; et de quelques parcelles à l'origine d'une part importante du flux global du bassin : 7 parcelles, représentant 25 ha, produisent 30 ($1,24$ kg.ha^{-1}) des 51 kg de pertes annuelles ; les 26 autres, soit 150 ha, produisent 21 kg ($0,14$ kg.ha^{-1}).

Le flux global agricole du bassin est de l'ordre de 30 kg.km^{-2}, à comparer avec la valeur moyenne des pollutions agricoles au Québec utilisée dans une étude antérieure (Jeudi R., 2000), soit 50 kg.km^{-2}.

Solution préventive

Une réduction des sources de pollutions agricoles est possible en équilibrant la fertilisation d'une des fermes, et en supprimant les apports en phosphore sur la parcelle à forte teneur de l'autre ferme. Pour certaines parcelles, la gestion de l'interculture et la mise en place de bandes enherbées permettent la réduction des facteurs « transfert ». Ces actions réduiraient les flux à des valeurs inférieures à 50 kg.km^{-2} en une saison culturale.

Pour la parcelle ayant une importante saturation en phosphore (supérieure à 10 %), il faudrait suspendre les apports jusqu'à ce que la saturation devienne relativement faible, ce qui nécessiterait des années.

Solution corrective

A l'automne 2001, la municipalité régionale de conté (l'équivalent d'un canton, mais dirigé par un élu) a demandé au ministère de l'environnement l'autorisation de construire un marais artificiel, à titre expérimental, en aval de la ferme laitière du bassin Gale. L'emplacement est judicieux. Mais la surface drainée étant déjà importante, le marais devrait court-circuiter les débits de crue, qui sont les plus chargés en phosphore. D'autre part, le MENV[3] refuse en principe de détourner plus de 20 % du débit d'un cours d'eau. En respectant ce principe, le traitement d'un cours d'eau demeure nécessairement inefficace. Une dérogation est envisageable, mais sur un nombre limité de cas. L'autre solution réside dans la création de marais artificiels en aval de sous-bassins assez petits pour que leur talweg ne soit pas considéré comme un cours d'eau : ils seraient alors quasiment situés au pied des parcelles concernées. Il conviendrait dans ce cas de comparer l'efficacité et le coût de ces marais avec ceux d'une bande enherbée. Indépendamment de l'efficacité d'un marais artificiel pour traiter le phosphore (qui reste à démontrer), cette solution restera apparemment exceptionnelle.

---

[3] Ministère de l'environnement du Québec.

Approche globale

Comparaison avec l'étude de R. Jeudi

Son étude attribuait 60 % des pollutions à l'agriculture. Concernant les pollutions diffuses d'origine agricole, il avait utilisé la valeur de 50 kg.km^{-2}, provenant de la grille (établie en 1979) de pollutions du MRN[4], valable sur l'ensemble du Québec. Sur le bassin Gale, le plus chargé, les pollutions agricoles sont inférieures de 40 % à cette estimation. Sur l'ensemble du bassin de la baie de Fitch, la pollution agricole ne doit pas dépasser la moitié de l'estimation antérieure.

Autres explications

Quelle est la source inconnue de dégradation de la qualité de l'eau sur le ruisseau Fitch, entre le lac Lovering et l'embouchure ? Le suivi de la qualité de l'eau de ce ruisseau n'est pas assez dense pour calculer un flux fiable. Des relargages de phosphore des sédiments de la baie sont peu probables car il faut une zone anoxie, et donc une profondeur supérieure à 4 m pour favoriser ce phénomène ; or la profondeur moyenne de la baie n'est que de 3 m (Barroin G., 1999).

Une autre explication possible tient au fait que la baie de Fitch est un ancien marais, devenu un plan d'eau lors de l'élévation du niveau du lac suite à la construction d'un barrage en aval au XIXe siècle. Ce plan d'eau redevient naturellement un marais, assez rapidement du fait de sa faible profondeur initiale, les activités anthropiques accélérant faiblement le phénomène.

Perspectives

La recherche des causes de l'eutrophisation de la baie est donc plus complexe que certains ne le pensaient. Avant d'analyser les sédiments, de prélever dans tous les ruisseaux au printemps et à l'automne en fonction de la pluviométrie, il paraît plus sage de comparer les usages de la baie et leurs interactions avec l'eutrophisation. Il serait alors possible d'adapter les études et les solutions (préventives ou correctives) aux enjeux.

Comparaison France -Québec

Objectifs relatifs à la qualité de l'eau

La réglementation québécoise fixe comme objectif pour le phosphore total les valeurs suivantes :
-   affluents d'un lac : 20 µg.l^{-1} ;
-   autres rivières : 30 µg.l^{-1}.

Pour les lacs, l'objectif est une augmentation inférieure à 50 % par rapport à la concentration initiale, en restant en dessous de 10 µg.l^{-1} ou de 20 µg.l^{-1}, selon la concentration naturelle.

---

[4] Ministère des Ressources Naturelles du Québec.

En France, les limites des classes de qualité pour les cours d'eau sont les suivantes :
- bleu : 50 µg.l^{-1} dans le SEQ[5] eau (usage « potentialité biologique ») ;
- vert : 200 µg.l^{-1};
- jaune : 500 µg.l^{-1};
- orange : 1 mg.l^{-1}.

Les objectifs québécois sont donc nettement plus ambitieux que les objectifs français, malgré des renforcements lors de l'adoption du SEQ eau. De plus, ils distinguent les plans d'eau des rivières.

La directive cadre sur l'eau ne fixe pas les niveaux à atteindre ; mais en exigeant le retour au bon état, elle incite à viser les classes bleues ou vertes (correspondant à une qualité très bonne ou bonne).

Connaissances sur le phosphore

Nous nous limiterons à deux points : la notion de saturation et l'estimation des pertes.

La notion de saturation

Le sol a la réputation de bien fixer le phosphore. En fait, il s'agit essentiellement d'une adsorption. La capacité d'adsorption d'un sol est limitée : quand la teneur maximale adsorbable est atteinte, le sol est saturé. En pratique, la saturation se calcule en faisant le ratio de la teneur en phosphore du sol sur la teneur en éléments caractérisant la capacité de fixation du phosphore. Au Québec, c'est l'aluminium qui représente ces éléments[6]. La saturation est exprimée en % (Parent, 2003).

La notion de saturation regroupe 2 informations concernant le phosphore du sol : la teneur en phosphore du sol est-elle forte ou faible, et ce phosphore est-il bien ou peu fixé ? On l'utilise donc pour estimer des risques environnementaux. Ainsi, une forte teneur bien « fixée » présente des risques modérés et correspondra à une saturation modérée. Mais elle combine aussi deux types de risque : les pertes par érosion et par lessivage.

En effet, les pertes par érosion sont proportionnelles à la teneur en phosphore, toutes choses égales par ailleurs, tandis que les pertes par lessivage dépendent de la saturation. Le phosphore est en équilibre entre une phase adsorbée sur le sol et une phase en solution dans l'eau interstitielle. En descendant dans les horizons dont la saturation est moindre, le phosphore soluble se fixe sur le sol et augmente la saturation de ces horizons. En atteignant ainsi (très lentement) le sous-sol, un lessivage non négligeable de phosphore finit par rejoindre les nappes phréatiques.

L'estimation des pertes

En France, plusieurs élèves ingénieurs ont récemment essayé d'estimer le risque phosphore (Vinatier, 2004 ; Ragot, 2004). Ils ont caractérisé les facteurs de risque, les répartissant en 2 à 3 classes. Cependant, ils ont buté sur leur cumul. L'un d'eux a constaté qu'il ne possédait pas de méthode pour pondérer les différents facteurs ; l'autre, faisant le même constat, a proposé de leur donner à tous le même poids.

---

[5] Système d'évaluation de la qualité.
[6] Aux Pays-Bas, on utilise la somme fer et aluminium.

Le logiciel LoPhos estime les pertes, il s'agit donc d'un moyen de pondérer les différents facteurs. La répartition par classe de pertes, comme sur la carte ci-dessus, reste possible en aval de ce calcul. Au contraire, la répartition des facteurs de risque par classe revient à faire ce classement en amont et donc augmente grandement l'incertitude du résultat, indépendamment du problème posé par la pondération des différents facteurs.

La réglementation agricole

Celle du Québec (2002) intègre plusieurs principes :
- suppression de la notion d'unité animale, transformation en quantité de phosphore produite ;
- équilibre de la fertilisation en phosphore au plus tard en 2010, et immédiatement en cas d'augmentation de la quantité de phosphore produite ;
- apport en phosphore inférieur aux besoins des cultures pour les parcelles dont la saturation est supérieure à 7,6 ou 13,1 % en fonction de la teneur en argile (plus ou moins de 30 %).

Conclusion

Le phosphore est considéré comme le facteur de maîtrise de l'eutrophisation en France comme au Québec. Cependant, l'étude d'un plan d'eau comme la baie de Fitch et de son bassin versant montre qu'il faut étudier attentivement le fonctionnement du bassin et de son exutoire avant d'estimer les pertes en phosphore. Celles-ci sont très variables, malgré un contexte globalement homogène. Outre les pratiques agricoles, elles dépendent notamment de la saturation en phosphore. Ainsi, dans le cas étudié, 60 % des pertes proviennent de 14 % de la surface agricole.

Les objectifs concernant la qualité de l'eau au Québec sont plus ambitieux que la classe bleue du SEQ eau en France. D'autre part, grâce à la notion de saturation, les Québécois prennent en compte le risque de lessivage du phosphore : ils l'ont intégré dans leur réglementation agro-environnementale. Enfin, le logiciel Lophos constitue un moyen de répondre au problème de pondération des différents facteurs de risque « phosphore ».

Ces connaissances et ces outils utilisés par les Québécois ouvrent des perspectives très intéressantes pour les travaux français, conformément à certaines orientations du CORPEN[7] (notamment celles sur les transferts verticaux).

Références bibliographiques

BARROIN G., 1999. *Limnologie appliquée au traitement des lacs et des plans d'eau.* INRA, Thonon-les-bains (France) pour l'agence de l'eau RMC.

CORPEN, 1998. *Programme d'action pour la maîtrise des rejets de phosphore provenant des activités agricoles.* Ministère de l'Aménagement du Territoire et de l'Environnement. Paris.

---

[7] Comité d'orientation pour des pratiques agricoles respectueuses de l'environnement.

JEUDI R., 2001. *Portrait global de la pollution de la baie de Fitch : plan d'action et mesures correctives.* Mémoire de maîtrise réalisé au profit de MCI (Memphrémagog Conservation Incorporé, association de riverains du lac).

LAROCQUE et al., 2002. Quantification des pertes de phosphore en milieu agricole – outil LoPhos. *Vecteur Environnement.* 35(5) : 48-56.

PARENT L.E., 2003. *Le flux et la dynamique du phosphore dans les sols agricoles québécois.* In colloque de l'ordre des agronomes du Québec sur le phosphore (une gestion éclairée), Montréal, Québec.

RAGOT F., 2004. *Élaboration d'un diagnostic agricole de bassin versant dédié au « risque phosphore » en pays de Loire – test sur le bassin versant du Montanger en Mayenne.* Mémoire de fin d'études, ESA Angers.

VINATIER T., 2004. *Les facteurs de risque de transfert de phosphore de la parcelle agricole vers les eaux de surface.* Mémoire de diplôme d'ingénieur – Agrocampus Rennes.

Partie 4

Mobilisation des acteurs, freins et leviers du changement : les apports des sciences humaines et sociales et les acquis de l'expérience

Dispositifs d'action collective : un concept pour comprendre la gestion concertée de l'eau à l'échelle de bassins versants

P. STEYAERT

Introduction

Qu'est-ce qu'une gestion concertée de l'eau et comment accompagner sa mise en œuvre ? Voilà une question qui, sans aucun doute, mobilise de plus en plus l'activité de nombreux chercheurs, techniciens ou usagers. Face aux nombreuses alertes concernant la pollution des eaux, réelles mais aussi très médiatisées, et souvent en réponse au développement des politiques de l'eau, de nombreuses expériences de gestion concertée voient le jour un peu partout en France et en Europe. Comment mieux comprendre ces situations ? Comment en dégager des pistes pour l'action ? C'est ce que cet article va tenter d'éclairer, en s'appuyant notamment sur des recherches menées dans le cadre du projet européen SLIM[1].

Pourquoi parler de gestion concertée de l'eau ? Parmi les enjeux de protection de l'environnement, celui de la protection de l'eau est sans doute celui qui révèle le mieux la question des *interdépendances*. Avec les phénomènes catastrophiques d'inondations, le grand public sait que les transformations intervenues sur les bassins versants influent sur le fonctionnement des rivières. De même, les consommateurs savent que l'eau potable en provenance d'une nappe phréatique peut être contaminée par les produits de traitement des cultures et les fertilisants, mettant ainsi en évidence la relation entre les eaux superficielles et les eaux profondes.

En revanche, alors que l'agriculture est souvent montrée du doigt comme unique et principale responsable des pollutions, l'influence des autres activités humaines sur l'eau est généralement moins connue : les aménagements hydrauliques, les voies de communication et leurs modalités d'entretien, les eaux usées des ménages, les pollutions industrielles sont autant d'exemples de l'impact des activités humaines sur le fonctionnement et l'état des systèmes hydrologiques. Ainsi, aux interdépendances géographiques évoquées ci-dessus s'ajoutent les interdépendances entre activités humaines : protéger l'eau suppose d'agir à des échelles

---

[1] SLIM : social learning for integrated management of water at catchment scale (http//www.slim.open.ac.uk).

spatiales emboîtées, allant de la parcelle ou du fossé au bassin versant, et suppose d'adapter l'ensemble des activités humaines pouvant porter atteinte au milieu aquatique.

C'est cette notion d'interdépendance qui est le plus souvent avancée pour évoquer la nécessité d'une concertation entre acteurs. La loi sur l'eau (LE) de 1993 a institué cette concertation avec la mise en place des CLE[2] à l'échelle des bassins versants, que la directive cadre eau européenne (DCE) renforce en introduisant la notion de « district hydrographique » comme l'échelle obligatoire de montage de plans de gestion des eaux. Cette notion n'est pas le seul argument pour une gestion concertée et coordonnée de l'eau à l'échelle de bassins versants, et nous voudrions la compléter en introduisant les notions de complexité, d'incertitudes et de controverses.

En effet, le fonctionnement des systèmes hydrologiques met en jeu un ensemble de processus très imbriqués, qu'ils soient naturels, techniques, sociaux ou encore économiques, rendant le problème de la gestion de l'eau extrêmement *complexe*. Pour illustrer cet aspect, on peut prendre pour exemple les définitions de l'eau contenues dans la LE et la DCE. Dans la loi de 1993, l'eau est définie comme un contenant, essentiellement caractérisé par ses qualités physico-chimiques. Alors que dans la directive, l'eau est définie comme une « masse d'eau », toujours considérée comme un contenant, mais aussi comme un milieu de vie et un facteur influençant le fonctionnement des écosystèmes. Ce changement de paradigme a des conséquences considérables en termes de complexité du problème. Il ne s'agit plus seulement de s'intéresser aux qualités physico-chimiques de l'eau, vue essentiellement comme une ressource d'eau potable, mais aussi aux qualités biotiques de l'eau dès lors qu'elle est partie intégrante des écosystèmes (Ollivier, 2004).

Dans l'un ou l'autre cas, les acteurs de la gestion sont confrontés à de nombreuses *incertitudes*, tant sur les processus en cause que sur les alternatives possibles pour résoudre les problèmes. Et ces incertitudes sont d'autant plus grandes que la complexité de ces problèmes s'accroît. Ignorer cette dimension peut expliquer par exemple la décision de l'administration de l'agriculture de mettre fin à la plupart des mesures agri-environnementales ayant trait à la protection de la qualité physico-chimique des eaux : ne constatant pas, au bout de 5 ans, de diminution significative de la teneur des eaux en polluants (notamment les nitrates), l'administration a jugé que les mesures étaient inefficaces. En est-il réellement ainsi ? Que sait-on par exemple sur le temps de réponse des phénomènes à un ou des changements de pratique, ou sur les seuils à partir desquels ces changements peuvent être significatifs à l'échelle d'un bassin versant ? Comment faire la part des choses entre des causes naturelles et anthropiques, en tenant compte de la variabilité intra et interannuelle ? Autant de questions qui souvent restent sans réponse, bien qu'on assiste à un développement considérable de travaux de recherche dans le domaine de l'eau. Sans développer les raisons scientifiques à la base de ces incertitudes, on peut admettre qu'il faut agir dans un monde incertain (Callon *et al.*, 2001) ; et que les choix ne s'appuient plus seulement sur des données objectivées issues de la recherche (« savoirs savants »), mais aussi sur des données empiriques issues de l'expérience, sur des « savoirs profanes » ou sur l'expertise.

Ces incertitudes sont à l'origine de nombreuses *controverses et contestations*. La publication récente dans la France Agricole[3] d'une série d'articles mettant en doute la pertinence scientifique de la norme de 50 mg/l de nitrate dans les eaux potables en est un exemple. Confrontés au développement des politiques de protection de l'environnement, les groupes d'acteurs représentant des intérêts particuliers contestent souvent le bien fondé de ces

---

[2] CLE : commission locale des eaux.

[3] La France Agricole, 18 octobre 2002.

politiques car elles nécessitent des changements de pratiques auxquels ils ne sont pas nécessairement préparés. Ainsi, les moyens d'agir sont souvent au cœur des controverses. Par exemple, pour préserver les quantités d'eau des nappes, et ainsi le fonctionnement hydraulique des rivières en été, faut-il réduire les prélèvements d'eau d'irrigation en mobilisant des subventions pour compenser les pertes de production ou créer des réserves de substitution comme les barrages ou les réserves collinaires ? Ou encore, pour que l'eau soit potable, faut-il agir de manière préventive sur l'origine des pollutions ou de manière curative par le traitement des eaux ?

On comprend, avec ces exemples, que différents points de vue sur l'eau s'affrontent, tant sur la réalité des problèmes en question que sur les moyens de les résoudre. La concertation n'a donc pas pour seule justification le besoin de gérer des interdépendances : elle est un moyen de mettre en relation des acteurs interdépendants pour *construire le problème de l'eau*. Ce processus de construction conduit à explorer la complexité de la gestion de l'eau, à identifier les incertitudes, à chercher à les réduire ou encore à révéler les controverses et à les transformer. D'une certaine façon, la concertation est une voie qui permet de stabiliser provisoirement des accords qui tiennent compte des spécificités naturelles, techniques et sociales des enjeux localisés de la protection des eaux.

Pour analyser ce que produit la concertation, nous présentons ci-dessous un cadre d'analyse résolument centré sur la compréhension de la manière dont des acteurs interdépendants construisent le problème de l'eau au travers des interactions sociales qui s'opèrent dans des dispositifs et au sein de réseaux socio-techniques plus ou moins formalisés. Cette perspective n'exclut pas les démarches qui s'appuient sur la production de connaissances scientifiques ou techniques stabilisées pour traiter des problèmes. Au contraire, elle pose explicitement la question du rôle de ces connaissances stabilisées dans le processus de construction lui-même.

Tout d'abord, nous développons la notion de dispositif d'action collective, qui est au cœur de nos analyses. Dans un deuxième temps, nous analyserons comment il est possible de rendre compte du processus de construction et quels sont les principaux facteurs qui interviennent sur ce processus. Pour conclure, nous proposerons quelques pistes ayant trait à l'utilisation du cadre d'analyse dans des situations de concertation.

Le dispositif d'action collective

Foucault (1975), dans son analyse des prisons panoptiques (conçues pour en contrôler tous les éléments d'un seul regard), définit le dispositif comme « un ensemble résolument hétérogène, comportant des discours, des institutions, des aménagements architecturaux, des décisions réglementaires, des lois, des mesures administratives, des énoncés scientifiques, des propositions philosophiques, morales, philanthropiques, bref : du dit et du non-dit. Le dispositif lui-même, c'est le réseau qu'on peut établir entre tous ces éléments ». Ce concept est proche de la notion de réseau socio-technique, introduite par Callon, selon laquelle « une innovation technique, loin d'être un objet qui se déduit des connaissances scientifiques, est au contraire le produit d'une action de mise en relation entre des éléments hétérogènes : des connaissances certes, mais aussi les demandes des utilisateurs, les ressources économiques disponibles, les règles juridiques existantes... » (Deverre *et al.*, 2000).

Le dispositif d'action, la gestion de l'eau concernant notre propos, conduit à centrer l'analyse sur ce qui fait problème, sur ce qui est enjeu de débats. Par exemple, lors de la mise en œuvre de la directive Nitrates, les départements comme les régions ont effectué une traduction de la directive pour l'adapter à leur situation particulière. Ils ont procédé à un zonage des sites sensibles, s'appuyant en cela sur des données relatives à la qualité des eaux ; ils ont mis en œuvre des mesures de monitoring environnemental ; ils ont négocié avec divers partenaires les changements de pratiques à promouvoir, *etc.* Suivre l'action permet ainsi d'identifier les limites du dispositif et tous les éléments qu'il engage.

Le dispositif d'action collective introduit une caractéristique particulière des dispositifs qui s'applique sans doute de manière plus spécifique aux enjeux de protection de l'environnement. Le qualificatif de collectif insiste d'une part sur la nécessité d'agir de manière collective et concertée pour gérer l'eau à l'échelle de bassins versants et d'autre part, sur la nécessité de lier les objets naturels (comme la rivière ou la nappe phréatique) à des catégories d'activités humaines sans présupposer de ces catégories. En effet, le processus de construction au sein de ces dispositifs résulte d'une traduction qui consiste « à transformer les énoncés au travers de divers porte-parole (…) et à redéfinir ainsi les collectifs, leurs propriétés et leurs actions » (Deverre *et al., op.cit.*). Ainsi le problème de la pollution des eaux par les nitrates, qui au départ peut être posé comme résultant de l'agriculture en général, peut-il par exemple évoluer en distinguant au sein de la catégorie des agriculteurs différentes activités ayant un impact plus ou moins élevé sur la pollution, ou encore en identifiant d'autres catégories d'acteurs dont les activités interviennent sur ce problème.

L'analyse du processus de construction au sein de dispositifs d'action collective

Nous proposons ci-dessous une représentation simplifiée du processus de construction qui s'opère au sein de ces dispositifs. Ce qui est recherché dans l'interaction entre les différents acteurs du développement intervenant sur le problème de l'eau, c'est l'innovation technique et sociale nécessaire à la résolution de ce problème, que l'on appellera « action concertée ». Le dialogue conduit, par la confrontation des points de vue de ces différents acteurs et par l'apprentissage, à des changements dans la manière de percevoir ce problème et le rôle que l'on peut attribuer à chacune des activités (fig. 1).

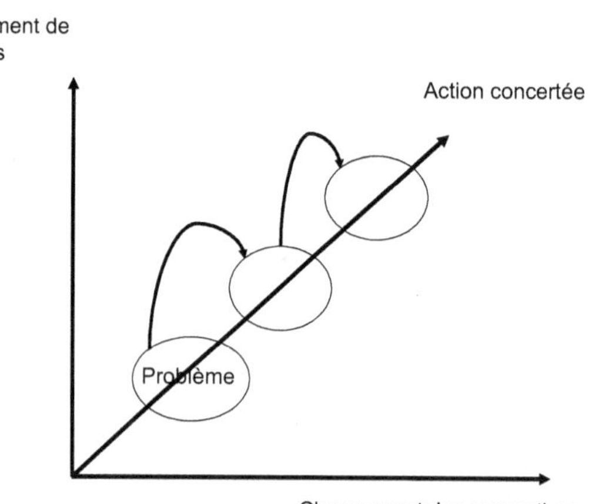

Figure 1. La construction du « problème de l'eau ».

On fait ici l'hypothèse que le changement de pratiques attendu résulte du changement de perception ; ou du moins que, par opposition à une réglementation ou à une norme qui vise à encadrer les pratiques, ce changement aura un caractère plus durable car il sera construit par les acteurs du changement et sur la base d'une meilleure compréhension des relations entre ces pratiques et le problème de l'eau.

Il existe de nombreuses théories, dans le champ de la sociologie, qui visent à expliquer ce processus de transformation des perceptions par l'apprentissage. Nous ne les développerons pas ici, mais nous tenterons plutôt, de manière concrète, de mettre en évidence certains facteurs essentiels qu'il convient de considérer pour mieux comprendre les situations de concertation.

Les principales variables interagissant dans le processus de construction

Se donner les moyens d'une profondeur historique

Lorsque des acteurs sont invités à construire des plans de gestion des eaux à l'échelle de bassins versants, il est généralement peu tenu compte de l'histoire de la situation d'action. Il est d'usage de faire appel au monitoring environnemental, ou encore économique, pour décrire l'état actuel des eaux ou des pratiques. Parfois, il existe des données historiques permettant de comprendre quelles sont les origines ou les tendances d'évolution du problème observé. Par exemple : l'évolution de l'occupation des sols, celle de la taille du parcellaire agricole ou encore des linéaires de haies ou de fossés sont des indicateurs essentiels pour comprendre les phénomènes d'inondation ; des chronologies de débits ou de teneurs des eaux en divers polluants peuvent montrer qu'un phénomène a un caractère croissant, cyclique ou chaotique.

Il est plus rare de se donner ces moyens de compréhension dans le domaine social. Or les formes d'organisation sociale que l'on peut observer, tout comme les perceptions des différents acteurs, ont une histoire dont l'analyse peut permettre de mieux comprendre les situations actuelles. Par exemple, en zones humides littorales atlantiques, la gestion de l'eau est très dépendante de l'activité des syndicats de marais, qui sont des structures associatives de propriétaires et d'exploitants du marais. Ces syndicats ont des pratiques d'aménagement du réseau hydraulique et de gestion de l'eau différenciées qui dépendent souvent des rapports de force au sein de la structure et du rôle plus ou moins actif du président de syndicat. On peut ainsi souvent mettre en relation l'évolution des pratiques de gestion de l'eau avec l'évolution de ces structures. S'agissant des perceptions, on peut prendre pour exemple, sur ces mêmes territoires, celles des éleveurs au sujet des relations entre l'eau et la prairie : certains considèrent qu'il faut évacuer l'eau le plus rapidement possible pour permettre une pousse de l'herbe homogène, alors que d'autres considèrent que la présence d'eau au printemps crée une hétérogénéité de végétation plus favorable au pâturage des animaux. Ces différentes perceptions se sont construites au cours du temps et peuvent être expliquées par l'expérience acquise par les éleveurs, par l'évolution de leur exploitation ou du réseau professionnel dans lequel ils sont insérés (Mériau, 1997).

Que ce soit dans le domaine écologique, agronomique ou encore social, la connaissance de ces éléments permet souvent d'éclairer pourquoi, au départ d'un processus de concertation, un problème est construit d'une certaine façon par les différents partenaires. Elle permet aussi d'identifier les éventuels blocages et zones d'ombre, et ainsi de cibler là où il convient d'agir.

Transformer l'interaction entre acteurs en l'expression d'enjeux partagés

Organiser une concertation sur la gestion de l'eau passe par la mise en œuvre de lieux et de modalités de dialogue entre les divers protagonistes. Le format de ces lieux où s'opèrent des interactions entre acteurs est un élément important à prendre en compte pour comprendre ce que produit le processus de construction, notamment par le lien des différents acteurs aux procédures, institutionnelles ou non (Billaud et Steyaert, 2004).

Nos observations sur la mise en œuvre dans les marais de l'Ouest de différentes politiques environnementales (opérations locales agri-environnementales, OLAE; contrats territoriaux d'exploitation, CTE; protocole de gestion des marais) conduisent à différencier les formats qui rassemblent essentiellement des acteurs institutionnels (tels qu'administrations, organisations professionnelles, associations..) de ceux qui mobilisent essentiellement des acteurs usagers du territoire (Steyaert, 2002).

Dans le premier cas, le plus souvent mis en œuvre dans la plupart des politiques environnementales, les questions de légitimité ou de représentativité priment. Cela conduit les partenaires du dialogue à adopter des positions plus stratégiques ou politiques, souvent prédéfinies par l'organisation à laquelle ils appartiennent. Le contenu du dialogue est alors fortement contraint par ces positions, ce qui limite souvent les progrès dans la construction technique du « problème de l'eau ».

Dans le second cas, plus rarement mis en œuvre, les acteurs du dialogue sont moins liés à une position institutionnelle et parlent souvent du problème en référence à leur propre expérience du terrain et à leurs pratiques. Les productions qui sont issues de ces interactions sont dès lors aussi plus techniques et pratiques, en quelque sorte plus directement opérationnelles.

Ces constatations ne visent pas à critiquer la légitimité de l'un ou l'autre format pour traiter du problème, mais elles posent des questions importantes pour la mise en œuvre d'une politique de l'eau, comme par exemple :

- Comment des accords construits en différents lieux et sur différents types de savoirs et d'expériences peuvent-ils être articulés ?

- Comment rendre les agriculteurs et les autres usagers des bassins versants acteurs des transformations attendues, et non plus seulement clients de mesures construites pour eux (les primes, les cahiers des charges agri-environnementaux, etc.) ?

- Comment transformer l'activité de conseil, notamment en agriculture, pour créer et animer ces lieux de dialogue plus localisés ?

Suivre la construction des énoncés sur les objets biotechniques

Le contenu des dialogues générés par ces lieux de concertation conduit à opérer des mises en équivalence cognitives. Celles-ci résultent de la capacité ou non des acteurs à opérer des « dépassements de frontière », c'est-à-dire à prendre en compte dans leur propre système d'intérêt des préoccupations qui leur étaient *a priori* extérieures. Ces mises en équivalence cognitive mettent en scène le langage et la grammaire, la place des connaissances et des incertitudes, les outils mobilisés pour les formalisations, en définitive le lien des différents acteurs à des situations d'expertise (Billaud et Steyaert, *op.cit.*). Plus précisément, dans le cas de l'agriculture, H. Brives (2001) a montré que dans la relation se construisant entre conseillers et agriculteurs pour traiter du problème de la pollution des eaux en Bretagne, un travail de « mise en technique » était nécessaire : la traduction d'un problème, qui n'est pas porté par une catégorie professionnelle telle que les agriculteurs, devient compréhensible, appréhendable et traitable dès lors qu'il est construit en référence à leurs compétences et à leurs savoirs.

Ainsi, lors d'un travail de construction d'indicateurs relatifs à la qualité du milieu aquatique en zones humides, organisé par le Forum des marais Atlantiques (Badache, 2003), deux points de vue se sont confrontés. Les naturalistes parlaient de l'eau en termes de biodiversité terrestre, mettant en avant la végétation rivulaire et la connectivité hydraulique avec les parcelles ; alors que les hydrobiologistes parlaient d'état d'envasement, de qualité physico-chimique de l'eau ou encore de diversité piscicole. La rencontre de ces deux manières de concevoir la qualité écologique du fossé a permis aux uns et aux autres de faire évoluer leur point de vue, de comprendre des préoccupations nouvelles, de réinterroger leurs propres connaissances. Les préconisations techniques contenues dans la grille d'évaluation de la qualité du milieu aquatique ont alors été ajustées (et non cumulées) pour intégrer ces deux façons de percevoir le même objet. Il est probable que la participation d'agriculteurs ou de pêcheurs à ce groupe de travail aurait conduit à formuler d'autres propositions pour tenir compte des enjeux de gestion portés par ces nouvelles catégories d'acteurs.

On en revient ici à la question des formats : qui inviter autour de la table, à quel moment du processus et dans quel but ? A nouveau, l'objectif n'est pas de dire que tel ou tel format est légitime, mais plutôt d'insister sur le fait que les mises en équivalence cognitive sont tributaires des points de vue amenés à s'exprimer autour de la table. Et que finalement ce qui est produit en un lieu sera réinterrogé en d'autres lieux. Ceci introduit une difficulté supplémentaire liée à la stabilité des accords construits : il ne s'agit plus seulement d'articuler des décisions ou des conceptions issues de différents lieux, mais aussi d'admettre que celles-ci sont en constante évolution, qu'elles se transforment en fonction des nouveaux acteurs invités autour de la table et des nouvelles connaissances introduites dans les débats.

Ce constat a bien entendu des conséquences en termes d'action, car il serait facile de dire que, comme on sait peu de choses et que tout se transforme sans cesse, il serait urgent de ne rien faire ! Nous voudrions insister au contraire sur le fait que ce constat conduit à penser l'action autrement. Plutôt que d'encadrer les pratiques par des normes de plus en plus nombreuses et contraignantes, ne peut-on pas imaginer des dispositifs d'action plus flexibles, où une plus grande place serait accordée à l'expérimentation de nouvelles pratiques et à l'ajustement de ces pratiques au regard de résultats issus de l'observation ? Aux Pays-Bas (Jiggins, 2004), des agriculteurs ont par exemple été invités à modifier leurs pratiques de gestion des eaux superficielles en aménageant de petits ouvrages hydrauliques au bout de fossés ceinturant leurs parcelles. Ils ont mis en œuvre un dispositif de mesures pour observer les conséquences agronomiques et écologiques de ces aménagements, et ont organisé des réunions de terrain pour discuter des modalités de gestion hydraulique de ces ouvrages en fonction des saisons et des cultures. Progressivement, au regard de ces observations, ils ont ajusté ces modalités de gestion, revu la localisation des ouvrages et finalement intégré dans leurs pratiques professionnelles des enjeux qui, au départ, étaient étrangers à leurs préoccupations.

Concertation et transformation du cadre institutionnel

La DCE est une nouvelle directive majeure visant à organiser la gestion de l'eau en Europe ; elle interagira de manière considérable avec les expériences de gestion concertée de l'eau à l'échelle des bassins versants. Elle fera partie, après sa transposition en droit national, du cadre institutionnel qui encadre ces actions de gestion concertée de l'eau. Elle offre dès lors un bon exemple, pour le moment assez théorique (sa mise en œuvre démarre à peine), de la manière dont le cadre institutionnel peut interagir avec le processus de « construction de l'eau ».

En effet, la DCE propose à la fois un contenu cognitif, normatif et procédural (Ollivier, *op.cit.*) :

- cognitif car elle définit ce qu'est l'eau. Par exemple, ce sont différents types de « masses d'eau » à l'échelle « d'écorégions », masses d'eau caractérisées par des facteurs physico-chimiques déterminant « la structure et la composition de communautés biologiques ». Le « bon état écologique » de ces masses d'eau est défini pour des situations avec « absence ou faible altération d'origine anthropique » qui permettent de caractériser les « conditions et communautés biologiques spécifiques » de ces masses d'eau ;

- normatif car elle définit ce que l'eau devrait être. Dans la lignée du point de vue adopté par la DCE pour définir l'eau, le « bon état écologique » devient alors « l'état de référence » qu'il faut atteindre, celui pour lequel les plans de gestion devront être conçus ;

- procédural car la DCE propose un ensemble d'instruments et de démarches pour mesurer l'état actuel des masses d'eau et pour concevoir les plans de gestion. Elle contraint les acteurs de la concertation à s'engager dans un important travail de monitoring environnemental et propose d'associer le public à la construction des plans de gestion par l'information, la consultation ou la participation active à la conception des mesures.

Quelles peuvent être les conséquences de cette DCE sur le processus de construction du « problème de l'eau » ? Nous ne ferons ici que quelques hypothèses permettant surtout d'identifier pourquoi il est important de considérer ce facteur lorsqu'on est engagé dans une démarche de concertation.

La définition de l'eau donnée par la DCE relève principalement d'un point de vue « écocentré » (Larrère, 1997), où les actions de l'homme sont perçues comme des perturbations de systèmes à l'équilibre. Ce cadre extrêmement précis, s'appuyant sur une conception particulière de l'eau, laisse *a priori* peu de place pour permettre aux acteurs de la concertation de proposer leur conception des enjeux de gestion de l'eau. La DCE engagera sans doute ces acteurs dans un important travail de mesure en vue de se conformer à la loi. Et il est probable que le recours notable qui sera fait à l'expertise pour produire les indicateurs et les méthodes de mesures conduira à disqualifier, dans le processus de concertation, ceux qui n'auront pas la capacité de comprendre le contenu de la DCE.

Cette double perspective (se conformer à la loi, créer les conditions de la « construction du problème de l'eau ») pose la question du rôle et des modalités d'intervention des organisations institutionnelles (administration, organisations professionnelles, associations). Elles ont le choix, en quelque sorte, entre faire appliquer la loi en proposant leur propre interprétation de son contenu, ou créer les conditions de son appropriation, et donc de son éventuelle contestation. Faire appliquer la loi engage ces organisations dans un travail d'explicitation de la directive et d'encadrement des activités humaines en vue d'atteindre les objectifs tels que définis dans la DCE. Cela ne remet pas fondamentalement en cause leur rôle et leurs modalités d'intervention actuelles, car la concertation relèvera alors plutôt d'une négociation entre des intérêts divergents. En revanche, créer les conditions de son appropriation et accepter d'éventuelles adaptations génèrera des incertitudes nouvelles. Par exemple, les activités de conseil ne viseront plus seulement à adapter les pratiques à de nouvelles prescriptions mais à aider les agriculteurs, en relation avec d'autres acteurs, à identifier quels changements sont nécessaires et comment s'y adapter ; l'administration ne sera plus engagée dans la vérification et le respect des prescriptions mais pourra agir comme un intermédiaire entre ce que produit l'action collective et les politiques publiques.

Finalement, la concertation pose la question de "l'institutionnalisation" de l'action collective, ou de la capacité du cadre institutionnel à se transformer sous l'effet de l'action collective. On peut prendre appui sur l'expérience des CAD (contrats d'agriculture durable) pour expliquer l'importance de cette notion. Après plus d'un an de concertation à l'échelle départementale pour produire des mesures adaptées aux enjeux territoriaux, celles-ci ont fait l'objet d'une harmonisation régionale et sont en cours d'harmonisation à l'échelle nationale. Ceci a pour effet de supprimer les particularités et les spécificités territoriales identifiées par les acteurs de la concertation (ce qui était l'un des objets de la concertation). Sans vouloir contester la légitimité de l'État pour veiller au respect de la loi, il est probable que cette faible reconnaissance du résultat de la concertation aura des conséquences considérables sur la confiance que les acteurs accorderont à ce type de démarche. La DCE échappera-t-elle à ce constat ?

Des outils et des connaissances pour faciliter la construction du « problème de l'eau »

La multiplication et la diversification des politiques environnementales ont conduit durant ces dix dernières années au développement de nombreux outils de communication de connaissances à l'échelle des territoires. Les plus significatifs sont les outils cartographiques et les systèmes d'information géographique (SIG). La manière dont ces outils sont mobilisés, ainsi que les connaissances qui sont introduites dans les débats, ont un rôle significatif sur le produit issu de la concertation entre acteurs.

En effet, il est d'usage de communiquer à l'aide de ces outils les savoirs experts ou scientifiques sur les problèmes en cause. Et cela d'autant plus que les politiques environnementales s'appuient sur un dispositif de plus en plus lourd d'indicateurs de la qualité écologique des milieux, à l'exemple de la DCE. Ce faisant, les savoirs experts prennent le pas sur les « savoirs profanes » (les connaissances issues de l'expérience des acteurs) : ils définissent dès lors le plus souvent ce qu'est « le problème de l'eau ». Il ne s'agit pas ici de contester la légitimité des connaissances scientifiques et techniques, mais plutôt de les questionner dans leur capacité à favoriser le processus de concertation.

Ainsi par exemple, dans une expérience de concertation sur la gestion hydraulique des marais en Charente-Maritime, des chercheurs de l'Institut National de la Recherche Agronomique (INRA) ont travaillé avec des groupes d'agriculteurs et des présidents de syndicats de marais (entités de gestion hydraulique collectives) pour élaborer de nouvelles règles de gestion des eaux (Collectif, 1999). Une première réunion a consisté à communiquer toutes les connaissances accumulées sur ces zones par les chercheurs pour mettre en évidence le problème de la gestion de l'eau. Cette réunion n'a pas produit les effets escomptés car ces connaissances n'étaient pas ancrées dans une formulation de ce problème par les acteurs. C'était le point de vue des chercheurs. Ce n'est qu'à partir du moment où les partenaires ont été invités à formuler leurs préoccupations, à engager un dialogue sur la gestion hydraulique, que ces connaissances ont pu être partiellement mobilisées. Cette articulation entre l'évolution du problème tel que posé par les partenaires et l'apport de connaissances est un élément essentiel de la réussite du processus de concertation. Le rôle de l'expert ou du scientifique est alors questionné dans sa capacité : à apporter des réponses, au fur et à mesure du processus, aux questions qui émergent ; à participer à la construction du problème en révélant des questions issues de sa propre expertise ; à transformer des questions pratiques en nouvelles questions de recherche.

Conclusion : un cadre d'analyse pour accompagner la concertation

Le point de vue que nous avons adopté dans cette communication est, comme nous l'avons dit, résolument centré sur la compréhension de la manière dont des acteurs interdépendants construisent le problème de l'eau au sein de dispositifs d'action collective. Il conduit à identifier un ensemble de variables qui interagissent avec ce processus et sont transformées par lui. L'analyse systémique ainsi développée a pour objectif de mettre en évidence ce qui est en jeu dans ces situations d'interaction et d'aider ces acteurs à identifier ce qui peut être amélioré pour favoriser la construction du « problème de l'eau ».

Ces variables sont schématiquement représentées ci-dessous.

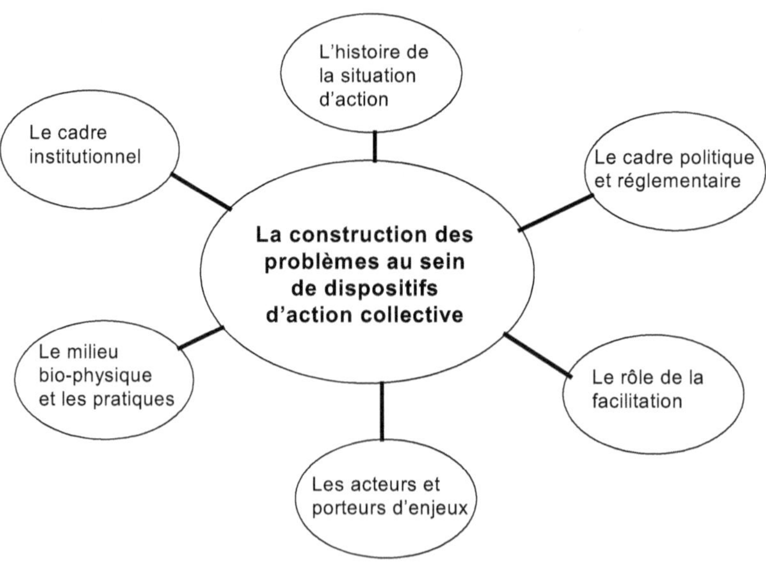

Dans le cadre du projet SLIM, ce modèle a été utilisé par des chercheurs dans 3 perspectives différentes.

- Observateurs de la concertation. Le modèle est utilisé d'un point de vue analytique pour comprendre ce qui se transforme, sous l'effet de quoi, et à quel stade du processus. Ces enseignements ont été utilisés avec nos partenaires pour les aider à identifier les points de blocage, les contraintes dans lesquelles ils opéraient, ainsi que des pistes de solution pour progresser.

- Facilitateurs de la concertation. Le modèle est utilisé pour analyser, à un moment donné du processus, le rôle joué par des chercheurs utilisant des outils de facilitation, par exemple les outils cartographiques. Le type de données représentées (expertes et/ou profanes), le moment où ces outils sont mobilisés ou encore la manière d'associer les acteurs à la construction des cartes génèrent des transformations dont le modèle permet de rendre compte.

- Acteurs de la concertation. Dans ce cas particulier, les acteurs de la concertation sont invités à utiliser le modèle pour explorer la situation dans laquelle ils sont engagés. Il peut s'agir par exemple d'identifier avec les partenaires, qui sont les acteurs de la gestion de l'eau et quels sont les enjeux qu'ils défendent. Ceci peut conduire à mieux déterminer quels sont les points de vue en présence, sur quelles bases ils sont élaborés, et comment ils pourraient évoluer.

Ce modèle n'est donc pas un outil clé en main. Il a une valeur heuristique pour aider à analyser ce type de situation et le rôle qu'y remplissent les animateurs de la concertation. Il est en quelque sorte une invitation à prendre du recul pour les nombreux conseillers de chambres d'agriculture ou les membres d'association de protection de la nature engagés dans un lourd travail d'animation et dans la mise en œuvre de nouveaux savoir-faire et de nouvelles compétences.

Références bibliographiques

BADACHE L., 2004. *Between facilitation and expertise : the example of the Atlantic wetlands Forum*. Rapport de projet européen SLIM, 28 p.

BILLAUD JP., STEYAERT P., 2004. Agriculture et conservation de la nature : raisons et conditions d'une nécessaire co-construction entre acteurs. *Colloque AFPF « La biodiversité des prairies : un patrimoine, un rôle fonctionnel »*, Paris, 23-24 mars 2004.

BRIVES H., 2001. *Mettre en technique, conseillers agricoles et pollution de l'eau en Bretagne*. Thèse de doctorat Sociologie, Université Paris X.-354 p.

CALLON M., LASCOUMES P., BARTHE Y., 2001. *Agir dans un monde incertain. Essai sur la démocratie technique*. Ed. du Seuil, Paris, 358 p.

COLLECTIF,, 1999. *Mise en œuvre d'un dispositif de recherche-action sur deux syndicats de marais de Charente-maritime*. Rapport de Fin de Contrat LEADER II Pays rochefortais.

DEVERRE CH., MORMONT M., SELMAN P.2000. *Consensus Building for sustainability in the Wider Countryside*. Rapport de fin de contrat européen ENV4-CT96-0293, 1-34.

FOUCAULT M., 1975. *Surveiller et punir*. TEL, Gallimard, Paris, 369 p.

JIGGINS J., 2004. *Second generation water conservation project : north Brabant and Limburg*. Rapport de projet européen SLIM, 70 p.

LARÈRE C., 1997. *Les philosophie de l'environnement*. Ed. PUF, Paris, Lepart, 1997.

MÉRIAU S., 1997. *Le métier d'agriculteur en zone humide. Conceptions, pratiques et organisations sociales des agriculteurs dans les marais de Voutron et Moëze (Charente-maritime)*. Mémoire de fin d'étude d'ingénieur, ESA-GERDAL-INRA, 156 p. + annexes.

OLLIVIER G., 2004. *The cognitive, normative and procedural dimensions of the water framework Directive : toward conciliation between preservation and development ?* Rapport de projet européen SLIM, 27 p.

STEYAERT P., 2002. L'évaluation des politiques agri-environnementales à l'épreuve de leur mise en œuvre concrète. Le cas des OLAE en Marais de l'Ouest. *In* Billaud J.P. : "*Environnement et gestion des territoires : l'expérience agri-environnementale française*". MATE, CNRS. La documentation française, Paris, 21-39.

Les compétences de conseiller agricole face aux questions d'environnement

H. Brives

Introduction

Cet article propose un nouveau regard sur l'activité de conseiller agricole ; il cherche à définir ce que peut être une compétence de conseiller, sans se référer aux catégories courantes des spécialistes et des généralistes (d'animation, d'expertise...), catégories qui restent toujours à décrire concrètement. Ce regard est basé sur l'observation ethnographique de l'activité ordinaire, quotidienne, de conseillers intervenant auprès d'agriculteurs. Ce travail a été conduit dans le cadre d'une thèse de doctorat en sociologie, soutenue à l'université de Paris X-Nanterre en octobre 2001. Il a été élaboré à partir du suivi de l'activité d'une équipe d'une dizaine de conseillers de ce qui était alors une antenne délocalisée de la chambre d'agriculture du Morbihan.

Dans ce travail, nous avons fait l'hypothèse que les questions liées à l'environnement, en particulier les interpellations du monde agricole sur les problèmes de pollution de l'eau, constituent un élément déstabilisateur mais également un facteur d'innovation pour les activités de conseiller. Ce n'est certes pas la première fois que l'activité des conseillers est questionnée, les interrogations sont aussi anciennes que le métier lui-même[1], mais il nous semble que les questions liées à l'environnement cadrent l'action de manière particulière.

En effet, les problèmes d'environnement se caractérisent par leur complexité du fait des interdépendances qu'ils révèlent entre les dimensions naturelles, sociales et techniques du problème. Ils se caractérisent également par une situation d'incertitude, liée à cette complexité, qui contraint à agir en l'absence de solution technique idéale (les solutions sont toujours partielles et provisoires), et qui oblige à faire des choix entre des propositions sans commune valeur (comme entre la protection de telle espèce et le passage de l'autoroute).

---

[1] Des réflexions ont été organisées par l'assemblée permanente des présidents de chambres d'agriculture dès les années 1950 pour tenter de définir ce que doit être le conseil en agriculture ; des états généraux du développement agricole ont également été mis en place par le ministère de l'agriculture en 1982, en vue d'une réforme qui ne verra jamais le jour.

Les conseillers agricoles prennent en charge des questions telle que la pollution de l'eau, il s'agit donc de traduire[2] un problème qui les dépasse très largement pour le rendre traitable localement dans les conditions d'action concrètes. Pour les conseillers agricoles, il s'agit donc de rendre la question de la pollution traitable dans le cadre de leur rattachement institutionnel aux chambres d'agriculture, ce qui revient à mettre en place des solutions partielles à la portée des agriculteurs et adaptées à leurs moyens : ces solutions doivent être acceptables pour les agriculteurs avec lesquels ils travaillent, acceptables en même temps pour les autres acteurs en présence, compatibles avec la réglementation *etc.*

Ce travail de traduction consiste à mobiliser, avec l'intelligence de chaque situation particulière, les acteurs, les outils, les connaissances, les ressources pertinentes pour l'action : non pas pour une action idéale, mais pour celle qui est possible. Dans le cadre de ce travail de thèse, j'ai proposé la notion de "mise en technique" pour rendre compte de la façon dont les conseillers cadrent leur travail, l'organisent en fonction des contraintes qui sont les leurs. En définissant leur activité comme technique, ils travaillent à mettre hors champ les aspects polémiques de la question de la pollution, rejetés du côté du politique ou du social. Ce faisant, ils n'excluent pas toute dimension sociale et relationnelle de leur activité. Il nous faut adopter une approche constructiviste de la technique[3] pour saisir que c'est précisément ce qui est pensé comme hors cadre de l'activité des conseillers qui est défini comme social, politique, éventuellement scientifique, en tout cas qui ne fait pas référence à la technique.

L'activité des conseillers est décryptée selon 4 types d'opérations : les opérations de cadrage et ce qu'elles doivent aux processus de recyclage, la gestion des débordements par rapport à ces cadrages et le travail sur les résistances. Des exemples concrets vont à présent nous permettre d'éclairer ce qu'est ce travail de mise en technique. Les situations de conseil d'où sont tirés ces exemples ne sont pas développées mais devraient vous apparaître clairement puisqu'elles vous sont familières. Dans ces illustrations, les conseillers agricoles apparaissent sous un prénom d'emprunt.

Opérer des cadrages : la technique et le politique

Ces cadrages, entre ce qui est technique et ce qui est politique, ne sont pas fixés définitivement ; ils évoluent au cours de l'histoire de l'intégration de la pollution à l'activité agricole. Par exemple, des responsables professionnels s'inquiètent de l'intrusion de la rivière, de ses poissons et de sa flore, amenée dans le débat par un représentant d'une association écologiste lors d'une assemblée générale de GVA (groupement de vulgarisation agricole) ; alors qu'une dizaine d'années plus tard, la rivière et ses poissons sont naturellement présents sur les brochures de recommandations distribuées par la chambre régionale dans le cadre du programme Bretagne Eau Pure.

Les conseillers font figurer la réglementation, tout à la fois sa conception et sa mise en oeuvre, comme extérieure à leur activité, de l'ordre du politique qui leur est étranger, de ses conflits d'intérêts et de ses discussions partisanes auxquelles ils ne sont pas conviés. Ainsi le programme d'aides financières négocié par la profession agricole, et en particulier par les chambres d'agriculture, pour faciliter la mise en conformité des exploitations avec les

---

[2] *Cf.* M. CALLON, 1986, *Éléments pour une sociologie de la traduction - La domestication des coquilles Saint-Jacques dans la baie de Saint-Brieuc.* L'année sociologique, n° 36, p. 169-208.
[3] *Cf.* B. LATOUR, 1997, *Nous n'avons jamais été modernes. Essai d'anthropologie symétrique*, Paris, La Découverte, 206 pages.

nouvelles réglementations est-il traité dans l'ordre du politique, de la même manière que les règles législatives proprement dites, constituées par la réglementation relative aux installations classées ou par la directive Nitrates. Cette distance maintenue par rapport à la règle, ainsi que le flou entretenu entre la définition de la règle et les modalités choisies pour son application, permettent de tenir à l'écart de l'activité des conseillers les abondantes critiques adressées à la mise en oeuvre des politiques liées à l'environnement en France.

En définissant comme politique la réglementation jusque dans ses dispositifs de mise en œuvre, les conseillers se donnent les moyens de cadrer le problème de pollution dans leur domaine d'activité, celui de la fertilisation et de la gestion des effluents ; c'est-à-dire de centrer les discussions et les négociations sur les bonnes pratiques, les normes à adopter pour réduire le problème de pollution, afin de convaincre les agriculteurs mais également des partenaires plus récalcitrants. Dans le cadrage technique de leur activité, les conseillers font en sorte que les critiques concernant la mise en œuvre des politiques environnementales, en particulier de la directive Nitrates, aussi fondées soient-elles, n'aient pas à interférer avec leur travail auprès des agriculteurs.

Cette frontière savamment gardée par les conseillers entre d'un côté les négociations politiques autour de la mise en oeuvre de la réglementation où se confrontent des intérêts antagonistes et, de l'autre, la prise en charge technique et concrète de la pollution, crée les conditions de leur travail. Les 2 termes séparés ne peuvent pourtant pas se concevoir l'un sans l'autre. Le cadrage du problème de pollution sur les compétences habituelles des conseillers n'est possible que parce que l'institution des chambres d'agriculture a réussi à se positionner comme incontournable en tant que maître-d'œuvre de dispositifs aussi importants, au niveau régional, que les opérations de bassin versant. Mais, symétriquement, les chambres n'auraient pu s'imposer de cette manière si elles n'avaient pu faire valoir les capacités concrètes de leurs conseillers à prendre en charge le problème de pollution. Les critiques des associations environnementalistes portent sur le corporatisme ou le manque de transparence de la chambre (lorsque celle-ci refuse de livrer des données individuelles sur les agriculteurs par exemple), et non sur les propositions des conseillers pour traiter des effluents d'élevage. Il n'existe pas aujourd'hui de compétences concurrentes à celles des conseillers des chambres pour prendre en charge ces aspects du problème de pollution. On entend là par compétence non seulement un savoir-faire ou une expertise, mais également un « pouvoir-faire », c'est-à-dire une certaine capacité à mobiliser et à convaincre les agriculteurs. La situation de quasi-monopole des chambres concernant l'intervention auprès des agriculteurs sur le thème de la gestion des effluents d'élevage ne résisterait sans doute pas si une telle concurrence existait et, réciproquement, les conseillers ne pourraient conduire leurs actions comme ils le font sans ce positionnement corporatif des chambres.

Au début des années 1980, lorsque Michel et son groupe explorent le problème de la pollution, ils calculent des bilans de fertilisation selon les règles classiques de l'agronomie et mesurent l'ampleur de leurs excédents. Ils traduisent ce résultat mathématique dans un slogan, « il manque 3000 ha », plutôt que par des formules qui mettraient explicitement et directement en cause la concentration locale des élevages : « il y a tant d'effluents en trop », ou pire « il y a tant d'animaux en trop ». Michel initie l'organisation d'un réseau d'exportation d'effluents en dehors du département, mais il n'évoque pas la possibilité d'exporter la production. Ce constat, « il manque 3000 ha », qui déborde le cadre d'action des GVA et les compétences du conseiller, est formulé de manière à susciter de moindres résistances. En mettant sur la sellette les limites cantonales plutôt que les modes d'élevage, la question d'une trop grande concentration des élevages est posée sans vraiment l'être. Le lien entre la pollution de l'eau et l'organisation de l'élevage en Bretagne, sa concentration et son modèle de production en hors-sol, ne peut être questionné de manière globale et frontale par les conseillers.

Ainsi, ce que l'on aurait pu penser de l'ordre de la technique et susceptible d'être interrogé par un problème tel que la pollution, à savoir les modes d'élevage en Bretagne (leur taille, leur concentration et en conséquence le choix du hors-sol), demeure inaccessible à l'activité des conseillers, donc dans le champ de ce qu'ils définissent comme politique. Si l'on excepte la mise aux normes des bâtiments désignée par la réglementation, les propositions portées par les conseillers pour réduire la pollution n'interviennent qu'à la marge sur l'organisation des élevages : modifications du régime alimentaire des porcs, incitations à des productions labellisées, paillage de la litière par exemple. La réglementation exige des bâtiments étanches, mais elle n'a finalement que peu d'impact sur ce qui se passe à l'intérieur ; et les conseillers demeurent exclus de l'organisation de l'élevage breton, comme elle leur a toujours en grande partie échappé.

Les conseillers savent que le problème de pollution, tel qu'il est actuellement traité, ne réorganisera pas l'élevage en Bretagne, tout comme ils savent que la mise aux normes des bâtiments d'élevage et une meilleure gestion des épandages ne suffiront pas à faire disparaître la pollution. Ils conduisent leur activité technique dans les limites d'un problème qui ne leur est pas adressé (de l'ordre du politique donc), celui de la concentration des élevages hors-sol.

Le cadrage du problème de pollution que les conseillers opèrent doit leur permettre de continuer à exister en tant que conseillers de chambres d'agriculture. La formulation du problème de la pollution dans des termes traitables n'est pas un travail purement rhétorique : d'un point de vue pragmatique, cela renvoie à ce que les conseillers sont en mesure de mobiliser comme ressources dans leur travail. Les possibilités de recyclage de leurs savoir-faire posent la question de la reproduction de leur activité en tant que groupe professionnel.

Recycler des savoir-faire, des outils, des relations

Les conseillers, qui ont depuis plus de 20 ans beaucoup travaillé sur les questions de fertilisation dans une perspective d'amélioration des revenus agricoles, se positionnent naturellement comme les techniciens privilégiés pour prendre en compte cette dimension du problème de pollution. Ils mettent à profit et à l'épreuve leurs savoir-faire vis-à-vis de la fertilisation sur la question de la pollution. La méthode du bilan azoté, appliquée à la parcelle de manière plus ou moins sophistiquée, semble appropriée pour limiter les phénomènes de pollution, même si l'élaboration d'une solution ne se réduit pas à un calcul d'unités d'azote. Les conditions de l'apport (la forme, le stade végétatif de la plante, la nature et l'état du sol, la pluviométrie…) sont autant d'éléments qui conditionnent les phénomènes d'entraînement des fertilisants et d'autres produits phytosanitaires dans les eaux de ruissellement et d'infiltration. Il y a donc toujours une part d'incertitude quant aux conséquences réelles des pratiques. Les conseillers se réapproprient la question de la pollution en la traduisant dans les termes de leur action habituelle.

Les outils pour aborder la question de la pollution sont ceux de la fertilisation. On y retrouve la même importance accordée aux données scientifiques, aux chiffres, aux mesures, à l'établissement de faits solides pour convaincre les agriculteurs. Les analyses de sol sont généralisées, multipliées. Les analyses d'eau initiées par les GVA, qui font le lien entre fertilisation et pollution de l'eau, sont aujourd'hui organisées et systématisées indépendamment de la chambre. Les analyses de type Quantofix (mesure de l'azote contenu dans les lisiers en vue d'établir des bilans de fertilisation) constituent le pivot de l'argumentation des conseillers. Les connaissances scientifiques mobilisées sont celles de l'agronomie, familières aux conseillers. Si des connaissances scientifiques nouvelles, issues de l'écologie par exemple, sont apportées, elles le sont en complément des connaissances agronomiques ordinaires qui s'en trouvent affinées. Mais elles ne viennent pas les contredire. Pour prendre en compte la question de la pollution, les connaissances des objets de nature nécessaires aux pratiques agricoles s'enrichissent, mais finalement sans remettre en cause les connaissances habituelles échangées et partagées entre agriculteurs et conseillers.

Le modèle de « co-production des savoirs », procédure de recherche d'une solution dans l'expérimentation collective, n'est pas lié à l'intrusion de la pollution et de ses incertitudes dans les activités agricoles. L'expérimentation chez les agriculteurs est familière de longue date aux conseillers, qui mettent ainsi des connaissances scientifiques (une nouvelle variété par exemple) à l'épreuve du terrain local, ou qui accompagnent les essais d'un agriculteur (comme la mise au point d'une rampe d'épandage derrière la tonne à lisier). De même, le recours à l'expertise de petits groupes d'agriculteurs par la méthode de l'enquête communale a été plusieurs fois éprouvé sur des questions diverses (évaluation des cheptels, structures des exploitations, perspectives de reproduction des exploitations, *etc.*) avant de contribuer à la construction d'une carte des terres épandables.

La chambre régionale de Bretagne lance des campagnes de démonstrations « champs et lisier », puis « champs et pulvé" ; elle fournit le matériel publicitaire (panneaux indicateurs, stylos, coupe-vent) nécessaire pour recruter un maximum d'agriculteurs au-delà des cercles familiers des chambres. Cette pratique de la démonstration en vraie grandeur, de la révélation en plein champ fut, avec la conférence *ex-cathedra*, l'outil privilégié d'intervention des services agricoles dans les années 1950[4]. Les ingénieurs agricoles expérimentaient sur un champ d'essai, c'est-à-dire une parcelle prêtée par un agriculteur, les nouvelles variétés de semences hybrides, les prairies artificielles et surtout la formule quasiment magique NPK. L'expérience des zones témoins, qui ne peut manquer d'évoquer celle des opérations de bassin versant, date également de cette époque. En succédant aux programmes d'essais sur céréales des villages témoins initiés par l'association générale des producteurs de blé (AGPB), les zones témoins élargissent les expérimentations à une échelle supérieure au village. Un technicien, souvent rémunéré par la chambre d'agriculture et sous la responsabilité des services agricoles, conseille les agriculteurs réunis en groupes de productivité et bénéficiant d'incitations financières pour créer des CUMA (coopératives d'utilisation de matériel agricole) ou remembrer les communes. Comment ne pas rapprocher cette situation de celle des opérations de bassin versant, dans lesquelles des conseillers sont rémunérés par la chambre et mis à disposition d'une association portant le projet pour animer le groupe des agriculteurs de ce territoire, bénéficiaire d'incitations financières particulières pour la mise en conformité des bâtiments d'élevage ?

Les zones témoins ont fait long feu car elles constituaient un des lieux où la rivalité entre l'administration et la profession agricole au sujet de l'encadrement de l'agriculture était la plus forte. La profession est sortie vainqueur de cette bataille lorsque le décret de 1959 lui a délégué la responsabilité de ce qui va s'appeler la vulgarisation agricole et lui a consacré le modèle pédagogique des CETA (centres d'études techniques agricoles) dans lesquels la jeune génération des agriculteurs modernistes est déjà très investie. La mise à l'écart des services

---

[4] *Cf.* P. MULLER, 1984, *Le technocrate et le paysan*, Paris, éditions ouvrières.

agricoles s'est appuyée sur une critique de leurs méthodes d'intervention de masse, jugées trop scolaires : une démonstration en plein champ peut en effet à l'époque déplacer plusieurs centaines d'agriculteurs. Les jeunes agriculteurs préfèrent un modèle pédagogique basé sur un petit groupe d'échanges entre pairs (le CETA puis le GVA) qui définit ses questions et son projet. « On substitue à la révélation *ex-cathedra* l'exemple des plus dynamiques.[5] »
Le retour de ces méthodes jugées obsolètes dans les années 60 est justifié, de notre point de vue, par l'urgence des messages à transmettre au plus grand nombre. Cette urgence des messages, qui guide leur forme, l'autosuffisance alimentaire de la France dans les années 1950 et la prise en charge de la pollution actuellement, s'était sans doute perdue dès le milieu des années 1970 lorsque l'autosuffisance est atteinte, puis dépassée, et que la gestion des excédents coûte de plus en plus cher.

Pierre Lascoumes[6] qualifie de « recyclage » ces processus de remobilisation des ressources préexistantes, de réutilisation de connaissances produites antérieurement. Il montre que la mise en oeuvre de nouvelles politiques environnementales, aussi innovantes soient-elles, passe par le recyclage ou la réactivation de réseaux mis en place dans d'autres perspectives, induisant un cadrage des nouvelles politiques sur le modèle des anciennes. Un tel recyclage des connaissances et des savoir-faire des conseillers par rapport à la fertilisation joue un rôle essentiel dans le cadrage de la question de la pollution, dans sa mise en technique. Pour autant, à partir du moment où la pollution est posée par des acteurs extérieurs au monde agricole, il ne peut plus s'agir pour les conseillers d'un simple détour pour parler d'épandage et de fertilisation, comme ce fut le cas dans les premiers temps : la pollution devient un problème en soi en relation avec les pratiques de gestion des effluents d'élevage. Si la situation dans laquelle les conseillers exercent aujourd'hui leur activité est assez radicalement nouvelle, les dispositifs mis en place pour prendre en charge la question de la pollution ne s'inscrivent pas en totale rupture par rapport à une histoire du conseil en agriculture.

Les concepteurs des opérations de bassin versant parlent d'un effet tâche d'huile (comme on en parlait aux premiers temps de la vulgarisation lorsqu'il s'agissait de généraliser l'utilisation d'engrais) au sujet d'un dispositif qui se veut figure de proue du conseil agricole en Bretagne aujourd'hui. L'effet tâche d'huile escompté par les financeurs du programme Bretagne Eau Pure, et dénoncé comme un leurre par ses détracteurs, n'est peut-être pas d'ailleurs celui que l'on croit : sa fonction pédagogique est peut-être plus sensible pour les conseillers qui y rôdent de nouvelles façons d'aborder les problèmes en plaçant la pollution au centre de leurs interventions, que pour des agriculteurs censés copier ce que fait leur voisin.

Le métier d'animateur de bassin versant est nouveau, mais on peut se demander ce qu'il doit aux métiers d'animateur de GVA ou d'animateur de petite région, fonctions de mise en relation éloignées de l'expertise et tellement décriées partout en France il y a moins de 10 ans. Il faut se souvenir que les tout premiers conseillers agricoles morbihannais, embauchés par des groupes d'agriculteurs avant leur rattachement à la chambre, étaient appelés des agents de liaison. L'organisation des dispositifs de bassin versant nécessite, comme l'organisation des GVA, des liens solides avec quelques agriculteurs collaborateurs, même si ces liens ne peuvent plus aujourd'hui être fondés sur l'appartenance syndicale. La première chose que Corinne fait en effet sur le bassin versant dont elle a la charge, c'est constituer un petit groupe d'agriculteurs, collaborateurs privilégiés. Ces agriculteurs intéressés par la question de l'eau sont pour partie de nouveaux partenaires qui n'avaient jusque-là aucun

---

[5] *Idem*, p. 41.
[6] *Cf. P. LASCOUMES*, 1994, *L'éco-pouvoir. Environnements et politiques publiques*, Paris, la Découverte.

lien avec les conseillers de la chambre et qui dans certains cas refusent expressément d'être mêlés de quelque façon que ce soit avec les GVA. Ils peuvent également être les responsables professionnels d'hier, remobilisés, tels un élu au bureau de la chambre qui s'engage très fortement dans l'opération de bassin versant, ou bien le maire de la commune pionnière sur les épandages. Si les conseillers essaient à certains moments (et certains plus que d'autres) de faire oublier leur étiquette de GVA, ils savent aussi recycler les ressources des GVA pour faire fonctionner les nouveaux dispositifs. Ils savent solliciter les agriculteurs avec lesquels ils ont établi des relations de confiance, parfois de longue date à travers leur travail au sein des GVA, tantôt pour constituer un comité de suivi, tantôt pour participer à telle réunion, telle démonstration ou pour mettre en place un essai. Afin de mobiliser ces alliés privilégiés, ils savent faire appel aux amitiés, aux relations de services rendus et mettre alors en avant des valeurs partagées, une histoire commune. Leur capacité à mobiliser ainsi leurs réseaux de connaissances, précieux carnets d'adresses, constitue une dimension essentielle de la définition de leur compétence. De tels réseaux de relations sont naturellement la richesse des plus anciens dans le métier.

L'ensemble des processus de recyclage des savoir-faire et des ressources des conseillers au service de projets nouveaux liés à la pollution contribue à formuler en retour ce problème dans des termes traitables par les conseillers. La pollution vient réactiver le conseil de la chambre d'agriculture à un moment où celui-ci avait perdu de son caractère d'urgence et de sa capacité de mobilisation. Pour autant, les formes de conseil à la chambre du Morbihan évoluent puisque la question de la pollution échoue à ressusciter les GVA. Une partie des agriculteurs mobilisés autour du problème de la pollution refuse de participer à la mise en technique des GVA tentée par certains conseillers ; ce mode d'organisation des agriculteurs, qui fut à la base même du développement agricole, demeure aujourd'hui, vis-à-vis de la pollution, dans l'ordre du politique.

Gérer les débordements

Le problème de la pollution, lié à la circulation de l'eau entre différents lieux, entretient avec les pratiques agricoles des relations très complexes, en certains points scientifiquement incertaines. Il concerne une infinité d'acteurs de toutes sortes : des sols aux nappes, des rivières jusqu'à la mer en passant par les algues sur la plage et les touristes, des agences de bassin, des réglementations, des méthodes de traitement, des industries et leurs salariés, jusqu'aux consommateurs, leur facture d'eau et leur santé... La liste est sans fin. La prise en charge d'un tel objet conduit inévitablement les conseillers sur des terrains qu'ils n'avaient pas prévu d'explorer jusqu'ici.

En même temps, la manière dont les conseillers se réapproprient la question de la pollution et la traduisent dans les termes de leur activité, leur capacité à la mettre en technique, à rabattre le problème sur leur domaine d'action habituel, leur interdit de discuter tous les attachements qu'un objet tel que la pollution propose. Il existe une tension permanente entre le cadrage de leur activité (et ce qu'il doit aux processus de recyclage) et la possibilité pour les conseillers d'explorer les débordements produits par la pollution, c'est-à-dire de « suivre des connexions, des associations, des mises en relation qui sont en partie inattendues et qui poussent à explorer un ensemble de liens, de rapports qui ne sont pas donnés au départ »[7].

La pollution amène par exemple Corinne à parler des risques liés à l'utilisation de produits phytosanitaires dangereux, et donc des risques directs pour la santé des agriculteurs. Elle en vient à déplorer les conditionnements inadéquats de certains produits (il serait plus facile de se protéger d'un liquide que d'une poudre très volatile par exemple), et incite les agriculteurs à s'organiser collectivement pour faire pression sur les fabricants. Elle en a suggéré l'idée, mais ne peut prendre elle-même en charge cette action qui relèverait d'une association de consommateurs ou d'une action syndicale et sortirait du cadre de son activité tel qu'il est défini au sein de la chambre d'agriculture. Ce cadre, que les conseillers réactivent et déplacent en permanence dans leur activité, est aussi le produit d'une histoire marquée par la concurrence entre diverses instances pour l'encadrement du secteur agricole. L'organisation de l'activité des conseillers, salariés des chambres d'agriculture auprès d'agriculteurs rassemblés en GVA, groupes fédérés au sein de la FNSEA[8], est le résultat de compromis passés entre l'institution des chambres et le syndicalisme[9]. Les actions de défense syndicale sont clairement hors de la compétence du conseiller, elles reviennent aux responsables des groupes de développement auprès desquels les conseillers prenaient initialement tous leurs ordres, avant leur rattachement progressif aux chambres d'agriculture dans les années 1960.

Le conseiller ne peut donc entreprendre des actions autres que celles qui lui sont ordinairement reconnues que si les agriculteurs avec lesquels il travaille en prennent la responsabilité, comme ce fut le cas lorsque Loïc a animé des groupes de travail qui comparaient les contrats d'intégration passés individuellement entre agriculteurs et firmes. Pour faire les premiers pas dans l'exploration des débordements liés à la question de la pollution dans les années 1980, Michel utilise la complicité d'un agriculteur qui va proposer lui-même en réunion une campagne d'analyses d'eau. L'établissement d'une carte communale des terres épandables, initiative pourtant très largement portée par le maire et les conseillers agricoles, devient, sous sa forme achevée, le produit de l'action collective des agriculteurs de la commune. Le conseiller se fait ainsi transparent, instrument au service des agriculteurs.

Par ailleurs, la question de la pollution, de par sa matérialité, impose naturellement de nouveaux objets, de nouvelles questions et de nouveaux débordements desquels les conseillers ne peuvent être tenus pour responsables. Les bilans de fertilisation mettent en évidence des excédents d'effluents qu'on ne sait où épandre, et l'appareil Quantofix mesure non seulement la capacité fertilisante des lisiers, mais aussi leur pouvoir polluant. Les discussions autour de l'utilisation du pulvérisateur amènent à évoquer des poissons sensibles aux produits de traitement et des maladies professionnelles graves. L'établissement de la carte communale des terres épandables produit elle aussi un effet inattendu : en recensant suffisamment de terres épandables pour recevoir les effluents produits par les élevages de la commune, elle devient un argument pour s'opposer au projet de construction d'une usine de traitement des lisiers, projet sur lequel les conseillers n'ont par ailleurs pas d'avis à émettre.

---

[7] *Cf. M. CALLON*, 1997, *Exploration des débordements et cadrage des interactions : la dynamique de l'expérimentation collective dans les forums hybrides*, Actes de la 8ᵉ séance du séminaire du programme Risques collectifs et situations de crise, Ecole nationale supérieure des mines de Paris.

[8] Fédération Nationale des Syndicats d'Exploitants Agricoles.

[9] Les équilibres entre chambres d'agriculture et syndicalisme (devenu pluriel) n'ont cessé d'être déplacés depuis les années 60. *Cf. P. COULOMB, H. NALLET*, 1980, *Le syndicalisme agricole et la création du paysan modèle*, INRA, Paris, et *F. COLSON, J. REMY*, 1990, *Le développement, un enjeu de pouvoir, in P. COULOMB et al., Les agriculteurs et la politique*, Presses de la FNSP, Paris.

L'exploration des débordements par les conseillers se fait donc en se retranchant soit derrière la logique imparable des faits, celle des questions qui se posent d'elles-mêmes, soit derrière la volonté souveraine des agriculteurs au service desquels ils travaillent. Une grande part du travail de mobilisation des agriculteurs devient de la sorte invisible.

Surmonter les résistances

Avant les années 1990, période de médiatisation des relations entre agriculture et certains problèmes environnementaux, les conseillers pouvaient construire la question de la pollution comme un problème concernant les agriculteurs, à régler entre agriculteurs. A partir des connaissances sur des objets de nature mobilisées par les conseillers à travers leurs instruments de mesure (et la répétition des mesures chez de nombreux agriculteurs), ces conseillers construisent la pollution comme un problème collectif, mais localisé. Les agriculteurs sont les premières victimes pour leur élevage, leurs finances et éventuellement leur santé. La pollution est le problème des agriculteurs traité par eux-mêmes (avec l'aide de leurs conseillers) : elle les positionne en acteurs responsables des conséquences de leur activité sur l'environnement, et les fait apparaître comme pionniers dans la prise en charge de cette question.

Mais à partir du moment où la pollution est un problème public, un tel positionnement n'est plus tenable. La pollution est un problème formulé par d'autres, extérieurs au monde agricole, et ne concerne plus seulement « l'eau du puits qu'on a toujours bue »[10], mais l'eau de tous les usagers, celle des consommateurs bretons qui font la grève du paiement de la redevance pollution. La question est posée de l'extérieur, avec une certaine violence, comme une accusation des pratiques des agriculteurs, et un certain nombre de règles et de normes sont fixées pour organiser ces pratiques laissées jusqu'alors aux savoir-faire des agriculteurs et de leurs conseillers. De nouveaux acteurs, jusqu'ici tenus à l'écart de la gestion des affaires agricoles, doivent donc à présent être consultés, en particulier dans le cadre des opérations de bassin versant qui se présentent comme la vitrine du conseil agricole de demain en Bretagne. Les conseillers rencontrent alors de nouvelles résistances dans leur projet de mise en technique de la pollution. Ce ne sont plus seulement des agriculteurs difficiles à convaincre et des objets de nature qui résistent aux argumentations des conseillers (comme les lisiers pauvres en azote que les agriculteurs rechignent à traiter comme des engrais), il s'agit encore de rallier d'autres usagers de l'eau à leurs propositions.

Dans le cas d'un bassin versant, le démarrage du projet est assez conflictuel et les propositions des conseillers sont contestées par certains partenaires, en particulier par les représentants de l'association Eau et Rivières de Bretagne, au point de retarder à plusieurs reprises la signature du contrat et de bloquer la mise en oeuvre du programme. Ceux que le conseiller nomme « les citadins » portent tous les reproches formulés globalement à l'égard du programme Bretagne Eau Pure 2 dans son ensemble et à l'égard du PMPOA (programme de maîtrise des pollutions d'origine agricole). Dans un premier temps, ils n'accordent que peu de crédit à ces agents de la chambre d'agriculture que sont les conseillers : « ceux-là mêmes qui furent chargés de diffuser le message sur la fertilisation raisonnée (on devrait dire raisonnable) sont ceux qui ont fermé les yeux, voire couvert les extensions illégales d'élevages qui ont produit des milliers de m^3 de lisier en excès sur les plans d'épandage ! »[11]. A la gestion

---

[10] Un conseiller reprenant les propos d'un agriculteur réagissant aux résultats catastrophiques des premières analyses d'eau des puits dans les années 1970.

[11] *Cf.* la revue *Eau et Rivières*, 1995, n° 89, p. 11.

des effluents d'élevage proposée par les programmes de lutte contre la pollution, mis en place et repris par les conseillers, les représentants environnementalistes opposent une solution qui s'appuierait sur d'autres modèles d'élevage pensés comme moins intensifs, que Michel résume de façon un peu caricaturale par le « tout à l'herbe » ou « le bio ».

Après deux années et une succession de négociations bloquées, « un dialogue de sourds », des actions arrêtées, les propositions des conseillers, centrées sur la gestion des effluents, paraissent aux représentants environnementalistes comme une solution acceptable sur le bassin versant, sorte de pis-aller. Les résistances se déplacent alors : les modalités d'intervention des conseillers deviennent pertinentes (« vous donnez de bons conseils »), mais leur capacité à enrôler les agriculteurs, à les convaincre de changer de pratiques, est sérieusement mise en doute. La pierre d'achoppement du dispositif n'est pas l'expertise des conseillers en termes de propositions d'intervention sur des objets de nature, mais leur capacité à mobiliser les agriculteurs.

L'association Eau et Rivières de Bretagne est très présente et active depuis longtemps sur ce bassin versant (elle organise des chantiers de rivière par exemple), mais elle ne dispose pas des ressources pour prendre en charge, à la place des conseillers, la question cruciale des relations problématiques entre gestion des effluents et protection de l'eau. Les conseillers jouent un rôle clef dans ces opérations de bassin versant : ils sont les seuls capables d'opérer les traductions entre les activités agricoles et les objets de nature mis en jeu par la pollution. Ils sont de ce point de vue incontournables. Les propositions techniques des conseillers ne sont pas jugées inappropriées, inefficaces ou dispendieuses, à l'image du jugement que peut porter Eau et Rivières sur le PMPOA en tant que dispositif global de lutte contre la pollution. Les conseillers ne sont pas mis en cause sur leur absence de neutralité (comme on aurait pu l'imaginer), c'est-à-dire sur une instrumentalisation de leurs compétences au service des intérêts exclusifs des agriculteurs, mais sur leur représentativité par rapport à ces agriculteurs. Le syndicat de rivière demande aux conseillers des garanties quant à leur capacité à enrôler les agriculteurs : quelles forces représentent-ils ? Combien d'agriculteurs sont prêts à adhérer à leur projet ?

Ce questionnement sur la capacité d'enrôlement des conseillers par des acteurs jusque-là extérieurs au monde agricole rend visible le travail de mobilisation des agriculteurs. Leur travail de conviction vis-à-vis des agriculteurs est mis en lumière pour lui reprocher son manque d'efficacité. Les représentants d'intérêts non agricoles sur ce bassin versant s'interrogent sur la capacité des conseillers à enrôler les agriculteurs par rapport à un intérêt public qui est celui de la qualité de l'eau, débordant largement les intérêts des agriculteurs. Ils demandent aux conseillers de leur donner des garanties de la mobilisation des agriculteurs à travers le suivi d'indicateurs sur chaque exploitation ou par l'intermédiaire de mesures plus coercitives. C'est précisément sur ce point qu'achoppent les négociations, lorsque les conseillers refusent tout contrôle extérieur et argumentent au contraire qu'ils peuvent mobiliser les agriculteurs uniquement sur la base du volontariat. Ces garanties, ces preuves qui leur sont demandées, empêcheraient les conseillers de faire apparaître la réglementation comme une contrainte de l'ordre du politique, s'imposant de l'extérieur aux agriculteurs et à eux-mêmes. De telles garanties positionneraient clairement les conseillers comme des agents de la mise en œuvre de la réglementation, réduisant leur capacité de mobilisation des agriculteurs.

Conclusion

Au total, une dissection de l'activité de conseiller agricole autour de la question de la pollution met en lumière un travail réflexif d'expérimentation et d'apprentissage permanent, une suite d'explorations des débordements et des clôtures du collectif concerné par la pollution. C'est dans ce travail de cadrage lui-même, qualifié de mise en technique, que se définit une compétence de conseiller agricole. Cette compétence ne renvoie pas à des activités qui seraient par essence techniques, mais se construit comme technique par rapport aux aspects du problème (scientifiques, politiques, économiques, sociaux, juridiques...) qui sont à un moment de l'histoire hors de sa portée. Les activités de conseiller agricole doivent être pensées aujourd'hui comme des « fonctions d'intermédiaire » qui mettent en relation des politiques, des personnes, des connaissances scientifiques, des objets de nature, *etc.* et les traduisent pour les faire fonctionner ensemble en vue de résoudre un problème.

Une méthode de diagnostic participatif communal :
le test de Locoal Mendon

P. Desnos

Introduction

La méthode de diagnostic participatif a pour objectif d'offrir un cadre à la concertation entre les acteurs d'une commune. Cette concertation vise à résoudre des difficultés vécues par les acteurs et permet de construire un projet commun. Cette méthode a été testée sur la commune de Locoal Mendon, qui borde la ria d'Etel dans le Morbihan. Elle s'appuie sur quelques principes simples : l'échelle communale, la mobilisation des savoirs locaux, une stratégie d'implication des personnes, le partage du plan d'action avec le plus grand nombre.

Le cadre de l'expérimentation, un programme européen

L'association des chambres d'agriculture de l'arc atlantique (AC3A) a initié une action "Eau, Agriculture et Société" qui, inscrite dans le programme européen INTERREG[1] IIc, a bénéficié du financement du FEDER[2] et de l'ANDA[3].

La première étape consistait dans l'analyse de 20 actions sur l'eau dans des bassins versants de la façade atlantique. Cette analyse a débouché sur la production d'enseignements pour améliorer le dialogue entre les agriculteurs et les autres acteurs du territoire dans les politiques de restauration de la qualité de l'eau. La deuxième étape a consisté dans l'expérimentation de méthodes qui utilisent les enseignements de l'analyse. Parmi les principaux enseignements tirés de ce travail d'analyse [4] [5], notons que :

---

[1] Programme européen de coopération transfrontalière.

[2] Fonds européen de développement régional.

[3] Association nationale pour le développement agricole.

[4] Eau, Agriculture et Société, analyse et évolution sociologique d'actions de gestion et de protection de la ressource en eau. Jean René LUCAS, Claire RUAULT, Bruno LEMERY, AC3A, novembre 2000.

[5] « L'odyssée de l'eau propre », saynète sur les enseignements d'Eau, Agriculture et Société disponible en cassette vidéo. Jean René LUCAS, AC3A – CRAB.

- le bassin versant est un territoire déterminé selon des critères géophysiques, pas nécessairement pertinents pour la mobilisation des acteurs autour d'actions collectives ;

- les diagnostics de territoires reposent souvent sur des savoirs d'experts et conduisent à formuler les problèmes étudiés sans impliquer les acteurs concernés ;

- les programmes d'actions reposent sur des logiques descendantes, où les messages de communication sont des injonctions au changement des pratiques par les agriculteurs.

Les expérimentations mises en place dans la deuxième étape de l'action "Eau, Agriculture et Société" avaient pour consigne d'appliquer des principes qui facilitent d'une part l'implication des agriculteurs dans les actions de protection de la ressource en eau, d'autre part le dialogue entre les agriculteurs et les autres acteurs de la société.

La commune, un territoire pertinent

L'objectif de préservation de la qualité de l'eau de la ria d'Etel conduisait à retenir le bassin versant comme seul territoire pertinent. Pourtant, c'est le territoire de la commune qui a été retenu pour réaliser cette expérimentation, et ce pour plusieurs raisons :

- il s'agit d'un territoire physique peu étendu dont les contours sont connus de la plupart des acteurs ;
- c'est un territoire social avec des lieux de sociabilisation partagés par les habitants de cette commune (les écoles, la salle des fêtes, la mairie, le terrain de sport, l'église, les cafés…) ;
- c'est un territoire traversé par différents réseaux de connaissances (familiaux, professionnels, associatifs…) ;
- c'est un territoire d'appartenance auquel les habitants s'identifient couramment par leur commune de résidence (« je suis de Locoal »).

En l'occurrence, la commune de Locoal Mendon s'étend sur 4000 ha ; elle compte 2 750 habitants et présente un tissu associatif très dense.

Les enjeux environnementaux sur la commune de Locoal Mendon

Locoal Mendon est une commune située sur le bord de la ria d'Etel, un bras de mer qui s'avance dans la terre. La commune compte 35 km de rivage marin. La ria est un milieu marin riche en zooplancton et phytoplancton, dont l'équilibre est fragile ; elle est propice au développement des élevages conchylicoles et des activités touristiques. La commune de Locoal Mendon demeure cependant très agricole.

Dans le milieu des années 1990, la qualité bactériologique de l'eau de la Ria s'est dégradée. Du fait du classement de l'eau en catégorie B (A désigne la meilleure qualité), les huîtres et les moules sont moins bien valorisées commercialement par les producteurs.

Les pratiques agricoles furent rapidement mises au banc des accusés, et notamment l'épandage de lisier à proximité du domaine maritime. Il y avait là les germes d'un conflit entre les gens de la terre et ceux de la mer. Pour impliquer les acteurs concernés dans des actions de préservation de la qualité de l'eau de la ria, les responsables élus et professionnels ont alors accepté d'expérimenter le principe d'un diagnostic participatif.

La mobilisation des savoirs locaux

Le diagnostic participatif repose sur le postulat que les personnes qui vivent et travaillent sur le territoire possèdent un ensemble d'informations sur celui-ci. Ces informations sont la résultante de leur vie au quotidien sur ce territoire : c'est ce qui donne de la valeur à ces informations. Cette valeur n'est pas donnée ici par la rigueur scientifique qui légitime très souvent les diagnostics environnementaux.

La mise en situation de production du diagnostic par les acteurs de ce territoire a constitué une méthode de mise en mouvement de ces acteurs. Cette situation les a valorisés en tant qu'experts de leur territoire et les a invités à adopter une posture active, par opposition aux méthodes classiques de diagnostic qui renvoient à une posture passive, à une attitude de consommateur d'informations.

À Locoal Mendon, les habitants impliqués ont livré leurs connaissances du territoire à travers 7 chantiers (*cf* : liste ci-après). La mise en commun de ces informations a enrichi chaque participant de nouvelles connaissances sur ce territoire. À titre d'exemple, des échanges ont eu lieu sur : les mécanismes de nitrification dans le sol ; les besoins en alimentation des plantes et des huîtres ; la réalité des activités économiques de la commune ; la faune sauvage sur la commune…

Un diagnostic en trois temps

Ces trois temps du diagnostic participatif ont été : la mise au point d'une stratégie de mobilisation des personnes ; la réalisation de l'état des lieux avec les savoirs locaux ; le partage du plan d'action avec le plus grand nombre.

Élaborer une stratégie de mobilisation

Pour impliquer un nombre satisfaisant d'habitants dans cette réflexion, un article dans la presse et un courrier ne suffisent pas. Si l'on veut associer ceux que l'on n'entend pas d'habitude, il convient de construire une stratégie de mobilisation spécifique, qui passe par l'organisation d'un contact verbal avec chaque personne que l'on souhaite voir participer. Il faut activer les réseaux habituels de relations pour porter l'invitation auprès des destinataires.

À Locoal Mendon, c'est une réunion communale de préparation, entre responsables professionnels directement impliqués, qui a déterminé quels étaient les réseaux à inviter. Elle a été suivie d'une réunion des « têtes de réseaux » (élus, agriculteurs, conchyliculteurs, associations dont Eaux et Rivières de Bretagne) durant laquelle la démarche de diagnostic participatif a été proposée. Puis d'autres réseaux (tels les chasseurs, les pêcheurs, les parents d'élèves, les artisans et les industriels) ont été conviés.

Cette stratégie de mobilisation des acteurs a consisté en un véritable "démarchage" des personnes grâce aux réseaux constitutifs du tissu de relations au sein de la commune.

Réaliser l'état des lieux avec les savoirs locaux

Le diagnostic a démarré par une séance d'expression des points de vue en présence. Cette réunion rassemblait 40 personnes de la commune, représentant les différents réseaux mobilisés. Pour lancer le débat, les questions suivantes furent posées :

- En tant qu'habitant, comment voyez-vous l'avenir de votre commune ?
- Comment faire co-exister qualité de l'environnement et activités économiques ?
- Quels sont les avantages et les inconvénients d'habiter ce territoire ?

Pour garantir la production de ce débat et faciliter la prise de parole par chacun, 5 règles de fonctionnement sont proposées au démarrage de la réunion :

- On enlève sa casquette en entrant : Chaque personne vient dans la réunion à titre personnel, même si elle a été invitée en tant que responsable de réseau.
- Censure interdite : Il n'y a pas d'*a priori* sur ce qui peut se dire. Chacun a la liberté d'exprimer ce qu'il pense et comment il le pense, et aussi de changer d'avis.
- Écoute des autres : Chacun veille à respecter la parole de l'autre, en évitant les apartés, en évitant la contradiction.
- Confidentialité : Les propos personnels tenus dans la réunion n'ont pas à être répétés à l'extérieur.
- L'animateur – facilitateur : L'animateur a la fonction de libérer et réguler la parole dans la réunion. Il est extérieur aux préoccupations. Il est aidé d'un co-animateur qui a la fonction de prise de note en vue de la synthèse à la fin de cette réunion.

Plusieurs conditions matérielles doivent être réunies pour conduire des réunions participatives :

- une salle suffisamment spacieuse pour accueillir les 30 ou 40 personnes invitées ;
- une disposition des chaises en cercle pour faciliter les échanges ;
- deux tableaux papier, des crayons feutres, une carte de la commune ;
- un rafraîchissement et des petits gâteaux offerts à la pause.

L'échange entre les participants, suivi d'une synthèse à chaud[6] consiste à regrouper les difficultés exprimées, les préoccupations, les désirs, les souhaits…, puis à identifier des thèmes qui demandent un approfondissement en terme de diagnostic. Ce traitement de la parole des participants doit se faire avant la fin de la réunion, pendant une pause. Les animateurs ont consacré 15 à 20 minutes à l'élaboration de cette synthèse, puis l'ont présentée au groupe : les participants ont ainsi un résultat immédiat de leurs réflexions, ce qui contribue à maintenir leur mobilisation.

---

[6] Voir "Travaux Innovation « L'art de la synthèse », N° 81, Octobre 2001, Antoine CARRET et Philippe DESNOS, TRAME

Le premier objectif de la synthèse à chaud consiste à préciser les questions traitables autour desquelles les habitants de la commune peuvent agir, ici et maintenant. Le deuxième est la constitution de groupes de travail sur chaque question : « Qui souhaite travailler à l'approfondissement du diagnostic en vue de la résolution de ce problème ? ». Le troisième est la détermination des dates et des lieux des réunions pour chaque groupe de travail.

À Locoal Mendon, la synthèse à chaud a permis de formuler 7 questions qui ont rassemblé les préoccupations portées par les participants à la réunion[7]. Ces 7 questions ont donné naissance aux sept chantiers d'approfondissement du diagnostic. La synthèse des points de vue en présence sur la commune a permis d'identifier 7 questions principales :

- Quelles sont les mesures acceptables pour protéger les zones naturelles fragiles ?
- Comment gérer l'afflux de randonneurs sur certains sentiers de la commune ?
- Comment améliorer l'assainissement des eaux usées ?
- Comment améliorer les plans d'épandage sur la commune ?
- Comment donner de nouvelles perspectives aux exploitations agricoles ?
- Comment renforcer le dialogue entre les habitants de la commune ?
- Comment mettre en place un développement équilibré entre agriculture, conchyliculture, tourisme, urbanisme, industries… ?

Ces questions sont formulées de façon ouverte pour inviter les personnes à les traiter. Le questionnement de type "Comment faire pour… ?" est le plus adapté à cet objectif. Une fois approuvées par les participants, ces questions se transforment en autant de chantiers, à condition toutefois qu'il y ait des volontaires pour les traiter.

À Locoal Mendon, des sous-groupes de 4 à 10 personnes se sont formés pour conduire 7 chantiers :

- les zones naturelles fragiles et le projet d'une zone NATURA 2000 ;
- les sentiers de randonné sur la commune ;
- l'assainissement collectif et individuel des eaux usées ;
- les plans d'épandage des effluents d'élevage, des industries et des particuliers ;
- le développement des exploitations agricoles sur la commune ;
- le dialogue et la communication entre les habitants de la commune ;
- l'équilibre entre les différentes activités économiques de la commune.

L'objectif était de produire un état des lieux relatif à chacun de ces chantiers, ce qui a permis la compilation des savoirs mobilisés par chaque personne participant au chantier. Par la suite, les participants devaient proposer des actions en réponse aux problèmes à traiter.

Partager le plan d'actions avec le plus grand nombre

Lors de cette étape, il a fallu rassembler les propositions émanant des 7 chantiers et les harmoniser si besoin. Ensuite, tous les habitants de la commune ont été invités à prendre connaissance de ces propositions et à en débattre. Le 11 septembre 2001, en soirée, 300 habitants de la commune étaient au rendez vous. Les rapporteurs des 7 chantiers ont successivement présenté leurs propositions, un débat s'est installé avec les participants, puis les responsables des réseaux et le maire de la commune ont présenté la suite qu'ils comptent donner à tout ce travail (tabl. 1).

---

[7] « Ria d'Etel , quand le dialogue s'élargit » Cassette vidéo, novembre 2001. Jean-René LUCAS, TPR – AC3A.

À titre d'exemple, les propositions d'actions formulées par le chantier n°7 concernaient plusieurs domaines.

• Pour l'*ostréiculture*, il s'agissait d'assurer la qualité de l'eau pour développer une marque de qualité « Ria d'Etel », utilisable par d'autres producteurs de la ria.

• Il fallait anticiper le développement du *tourisme*, limiter les zones de mouillage des bateaux de plaisance, inviter à utiliser de nouveaux sentiers, cultiver un tourisme de qualité (par opposition au tourisme de masse), offrir des activités de découverte de la nature et de nos activités, développer le tourisme vers l'intérieur des terres.

• Concernant *l'animation,* il fallait accompagner des prises d'initiatives et la concertation locales. La dynamique devait venir des gens qui vivent localement avant que d'autres ne prennent des initiatives sans eux, sans connaître la commune.

• Il fallait proposer un *habitat* concentré autour des bourgs et des villages, éviter le mitage par des constructions nouvelles, prévoir les besoins futurs des habitants en termes d'équipement, de vie sociale, de services, fixer un seuil de population et de nombre d'habitations.

• Dans les domaines de ***l'artisanat*** et de ***l'industrie,*** il était prévu d'organiser la collecte des déchets, de réduire leur quantité émise par les entreprises, d'inscrire une zone artisanale au plan d'occupation des sols.

• Pour ce qui est des *enfants* et des *écoles*, lors de la prochaine année scolaire, les enfants des écoles iront à la rencontre des professionnels de la mer et de la terre : cette rencontre débouchera sur une randonnée de découverte de ces activités, le dimanche, pour associer les parents.

• Concernant l'*agriculture*, les propositions ont mis en avant le développement des activités de diversification qui valorisent les atouts de la ria d'Etel et la présentation des investissements collectifs des agriculteurs qui témoignent de pratiques préservant la qualité de l'eau (herse étrille, désherbineuse, débroussailleuse).

Tableau 1. Le calendrier du diagnostic participatif communal.

février 2001	Proposition aux responsables professionnels et élus du bassin versant de tester la démarche de diagnostic.
avril 2001	Réunion communale de préparation entre responsables professionnels et choix des réseaux à inviter.
avril 2001	Réunion entre « tête de réseaux » : explication et organisation de la démarche.
mai 2001	Réunion d'expression des points de vue individuels et synthèse à chaud.
juin 2001	Réunions de travail au sein des 7 chantiers : état des lieux et propositions d'actions.
juillet 2001	Réunion de synthèse de la production des 7 chantiers.
septembre 2001	Débat et échanges avec la population de la commune, le 11 septembre 2001.
octobre 2001	Détermination des actions prioritaires à mettre en place dans les réseaux, au sein du conseil municipal, et aux autres échelles d'action.

Conclusion

Ce diagnostic participatif a pu fonctionner parce qu'un ensemble de conditions étaient réunies. Les élus et les responsables professionnels locaux étaient demandeurs d'un accompagnement méthodologique dans le pilotage de leur projet. Le projet européen Interreg a permis de financer les temps d'appui méthodologique et l'animation de la démarche. La commune de Locoal Mendon a la chance d'avoir une dynamique associative forte. Au final, ce diagnostic aura permis une meilleure compréhension entre les divers acteurs de la commune et aura produit des pistes d'action pour les années à venir. Il aura constitué un moment privilégié de démocratie locale.

Références bibliographiques

DESNOS P. ET COLLECTIF, 2002. GROUPES PROFESSIONNELS, ASSOCIATIONS, COLLECTIVITÉS TERRITORIALES : *Réussir les partenariats*. FRGEDA Bretagne, ARIC et Fondation de France, 69 p.

GOUTINES J.-P., 2001. *Bilan organisationnel de l'opération bassin versant du Loc'h*. TRAME, CRA Bretagne, 34 p.

LUCAS J. R., LEMERY B., RUAULT C., 2000. *Eau, Agriculture et Société, analyse et évolution sociologique d'actions de gestion et de protection de la ressource en eau*. AC3A, 58 p.

Méthode et apports d'une intervention prospective dans une problématique de gestion des eaux : le cas du Blavet

J-B. Narcy X. Poux T. Houet

Introduction

Cette communication rend compte d'une démarche engagée entre septembre 2003 et juin 2004 : l'établissement de scénarios pour l'élaboration du schéma d'aménagement et de gestion des eaux (SAGE) du Blavet. Après la phase d'état des lieux, il s'agit en effet d'une étape importante, prévue dans la méthodologie nationale des SAGE, consistant à formaliser différentes stratégies possibles sous forme de scénarios alternatifs. Cette étape d'analyse et de réflexion collective au sein de la commission locale de l'eau (CLE) est un préalable au choix par cette instance de la stratégie du SAGE, qui préside à sa rédaction finale.

Pour mener cette démarche de construction de scénarios, la CLE du SAGE Blavet a décidé de conduire un véritable exercice de prospective : notre rôle a été de lui apporter son assistance méthodologique et son expertise. Notre propos est ici de rendre compte succinctement de cette expérience, de manière à fournir d'une part une vision concrète et pratique de ce que peut être une démarche de prospective, et d'autre part d'expliciter notre point de vue sur ce qu'un tel exercice a pu apporter dans un contexte décisionnel tel que celui du Blavet. Il s'organise selon la ponctuation proposée par L. Mermet (2005) pour distinguer les trois phases de toute démarche de prospective.

- Le contexte initial de l'exercice est d'abord rapidement décrit, pour déboucher sur l'explicitation de « la mise en tension » de l'exercice : quelle est la problématique qui doit être traitée par l'analyse prospective ? Quelle est la dynamique du forum où se déroule l'exercice ?

- Ensuite, la phase de construction des scénarios est exposée : quels sont les cadres méthodologiques mobilisés ? Les méthodes mises en œuvre ? Les produits obtenus ?

- Enfin, une interprétation de la démarche est proposée : à quelles analyses peut donner lieu la conjecture élaborée à la phase précédente ? Celle-ci a-t-elle conduit à de nouvelles dynamiques au sein du forum ?

La « mise en tension » : contexte initial et problématique de l'exercice

Un bassin versant breton sans unité territoriale

Le Blavet constitue un important fleuve breton ; il se distingue, particulièrement dans le contexte régional, par sa bonne qualité relative et la sécurité qu'il apporte à l'ensemble de la Bretagne sur le plan de l'adduction en eau potable. Ces caractéristiques flatteuses lui sont notamment conférées par une pluviométrie abondante et par l'existence du barrage de Guerlédan, situé dans sa partie amont, qui permet un confortable soutien d'étiage. Du point de vue de la gestion de l'eau à l'échelle régionale, et sur un plan technique, il constitue donc une entité incontournable. Il n'en va guère de même d'un point de vue territorial. L'analyse des déterminants territoriaux de l'évolution de la gestion de l'eau et des milieux aquatiques, menée en préalable à l'élaboration des scénarios, montre ainsi que ce bassin versant est en réalité constitué de trois entités territoriales très différentes et particulièrement typées (fig. 1).

Ainsi, l'amont du bassin constitue un territoire en marge, rattachable à la Bretagne centrale, dominée par une problématique de déprise et de vieillissement de la population. La section médiane, autour de Pontivy, est fortement structurée par ce qu'il est convenu d'appeler le modèle agricole breton, impliquant l'existence d'une agriculture particulièrement intensive et la présence d'un important complexe agro-industriel garantissant un relatif dynamisme économique. Enfin, la section aval, orientée vers le littoral et marquée par la présence de Lorient, connaît un réel dynamisme du fait du tourisme et de la reconversion réussie de Lorient vers le tertiaire. Au total, ce bassin versant est en fait traversé par des dynamiques sans lien entre elles, ce qui lui confère une absence d'identité sociologique, économique et politique. L'appartenance à deux départements (les Côtes-d'Armor en amont, le Morbihan en aval) ne facilite pas l'appréhension d'une unité territoriale.

La CLE : un forum largement virtuel au début de la démarche

Ces éléments expliquent sans doute pour beaucoup la faible visibilité du SAGE au moment où l'exercice de prospective débute. La CLE, quand elle se réunit pour lancer puis valider l'état des lieux du SAGE, n'atteint que rarement (voire jamais) le quorum. Plus fondamentalement, elle peine alors à apparaître comme une instance forte de décision en matière de politique de l'eau : les deux département présents (Côtes-d'Armor et Morbihan) ont d'ores et déjà arrêté leurs schémas d'alimentation en eau potable et sont, avec EDF, les protagonistes principaux de la gestion du barrage de Guerlédan.Les Côtes-d'Armor défendant la vocation touristique du plan d'eau, le Morbihan exigeant un débit d'étiage suffisant pour l'alimentation en eau potable (AEP). Ce débat s'inscrit dans celui, plus large, de la gestion qualitative dans la situation agricole et agro-industrielle bretonne. Dans ce contexte, la CLE constitue au mieux une enceinte de discussion, voire de consultation, mais n'est pas dotée d'une réelle légitimité en termes de décision propre. Au stade de l'état des lieux, le futur SAGE, quant à lui, reste alors du domaine du virtuel.

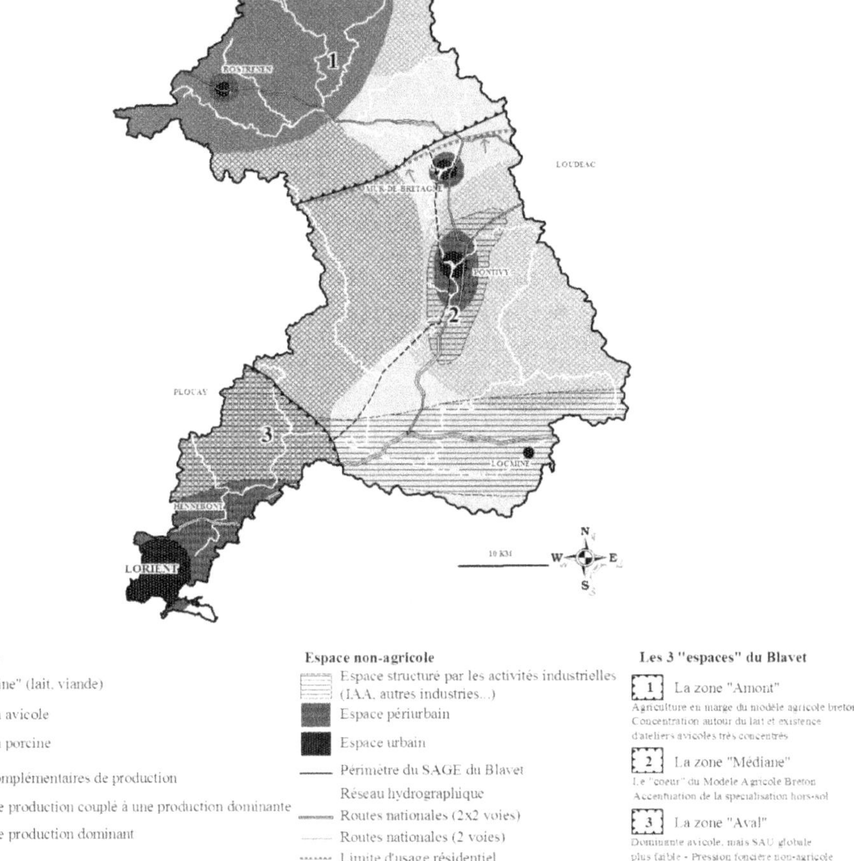

Figure 1. L'organisation du territoire du Blavet en 2000
(Sources : © BD CarThAgE Loire Bretagne 1996).

La problématique à traiter : planifier la politique de l'eau dans un contexte perçu comme très contraignant

Sa vocation, fixée par les textes, est pourtant claire : il s'agit de planifier la politique de l'eau, au plan local, au travers d'orientations avec lesquelles les décisions publiques en la matière devront être compatibles. Cette portée réglementaire, sur un cours d'eau d'importance régionale comme le Blavet, devrait suffire à faire du SAGE et de sa CLE un lieu de décision. Ce n'est guère le cas cependant, sans doute en raison du poids des contraintes perçues par les acteurs : schémas départementaux d'AEP déjà arrêtés, contexte agricole (dans la zone médiane) à la fois très pesant sur le plan environnemental et en grande difficulté économique et sociale, et enfin directive cadre européenne sur l'eau (DCE) imposant des objectifs de bon état écologique et de bon potentiel qui, s'ils ne sont pas encore définis précisément, s'imposeront de toute façon. Des marges de manœuvre existent-elles au plan local dans un tel contexte ? Quels choix y aurait-il à trancher face à des contraintes aussi pesantes ? Telles sont les questions que la prospective doit permettre d'instruire. Il s'agit également d'impulser au SAGE une dynamique participative encore peu présente, conforme à sa vocation d'orientation de la politique de l'eau.

La méthode d'élaboration des scénarios

Les scénarios visés doivent alors prendre en compte plusieurs considérations.

- Ils doivent répondre aux besoins de gestion à long terme des différents thèmes en présence à l'échelle du bassin versant : eau potable, tourisme et loisirs, milieux naturels…, en référence aux politiques déjà engagées (en particulier la directive cadre sur l'eau).

- Ils doivent avoir une portée stratégique, en éclairant la cohérence des différents objectifs visés et des moyens disponibles, compte tenu des dynamiques territoriales plausibles.

- Ils doivent être susceptibles de générer une démarche appropriable à l'échelle de la CLE et, au-delà, des gestionnaires du bassin versant et de leurs partenaires.

Ces considérations ont amené à envisager la construction de plusieurs types de scénarios. Le scénario de référence est un scénario tendanciel : il envisage l'évolution plausible des différents territoires du bassin versant (amont, médian, aval) et les conséquences pour la gestion de l'eau « si rien de plus qu'aujourd'hui n'est entrepris » et si les dynamiques externes (économique, démographique, fig. 2) se poursuivent à l'identique. Partant au contraire d'objectifs de reconquête de la qualité des eaux et des milieux, des scénarios contrastés sont confrontés à ce scénario tendanciel ; ils font ressortir les enjeux d'organisation d'acteurs et d'outils de gestion nécessaires pour atteindre ces objectifs. C'est sur la base des enseignements respectifs de l'ensemble des scénarios et de leur mise en discussion au sein de la CLE que les orientations stratégiques seront définies dans une phase ultérieure.

Les cadres méthodologiques mobilisés

Différents cadres méthodologiques sont mobilisés pour mener l'ensemble de la démarche. Le plus général emprunte à la méthode des scénarios (Poux, 2003). Cette méthode implique de construire une image de base décrivant le fonctionnement global du « système Blavet » actuel et identifiant les principaux facteurs d'évolution endogènes et exogènes. Sur cette base d'analyse, plusieurs types de scénarios peuvent être envisagés, combinant différentes hypothèses d'évolution et leurs conséquences sur la gestion de l'eau. Cette démarche générale mobilise et combine différents cadres d'analyse pour la rendre opérationnelle.

Un premier cadre peut être rattaché à *l'analyse spatiale*, qui caractérise les dynamiques territoriales en jeu à différentes échelles (du local au régional, voire au supra régional). Les dynamiques passées sont confrontées et interprétées pour en déduire différentes logiques de développement spatial mobilisables pour l'exploration du futur. Les bases de données spatialisées, les modes de représentation spatiale et leur articulation sont les principales ressources dans ce cadre (Poux et Narcy, 2004). Elles contribuent à construire des typologies spatiales, renvoyant selon les cas à des dynamiques passées, constatées, ou imaginées et contrastées.

Un second cadre emprunte à *l'analyse économique*, considérant les modalités d'adaptation des agents présents sur le bassin (exploitants agricoles, filières, employés, propriétaires fonciers, acteurs du tourisme...) à différentes perspectives d'évolution des marchés agricoles et, plus généralement, de l'économie régionale et de l'emploi. Un autre volet économique porte sur les coûts de gestion de l'eau. Les monographies économiques régionales et nationales sur les secteurs économiques concernés sont ici des ressources essentielles.

Le troisième cadre porte sur *l'analyse d'acteurs*, embrassant les logiques et les modes d'organisation socio-politique envisageables. Des méthodes d'entretiens qualitatifs permettent essentiellement d'aborder ce volet.

Enfin, un dernier cadre porte sur *l'analyse technico-économique* des différents thèmes de gestion de l'eau, dans ses différentes dimensions (AEP, gestion des milieux aquatiques, gestion des ouvrages...), pour laquelle sont typiquement mobilisés des monographies et des entretiens complémentaires.

Combiner trois composantes

Ces cadres d'analyse doivent être mobilisés pour contribuer à un débat stratégique au sein de la CLE. Pour reprendre V.Piveteau (1995), il est important de veiller à un équilibre entre les trois composantes qui structurent toute démarche prospective.

- L'esprit de rigueur, impliquant que les hypothèses discutées s'appuient sur une analyse solide. C'est dans cette optique que les cadres évoqués ci-dessus doivent être conçus.

- L'esprit de démocratie, impliquant une réelle mise en discussion des hypothèses à portée stratégique, sans prise de pouvoir par l'une des parties en présence (en premier lieu les experts dont la tentation est grande d'enfermer la réalité dans un cadre d'analyse scientifique ou politique).

- L'esprit d'aventure, qui considère qu'il est nécessaire de sortir des sentiers battus pour envisager un futur qui n'est jamais prévisible et donné, mais toujours construit.

Cette approche interdit de considérer la construction de scénarios dans le cadre d'une démarche construite, partagée, comme un simple exercice de modélisation « presse bouton », dont les données d'entrée seraient des montants financiers et des techniques de gestion de l'eau, et celles de sortie des paramètres de qualité des eaux et des retombées économiques. La réflexion stratégique qui préside à la démarche prospective induit un travail sur une matière complexe, indéterminée et encore largement à construire. Les différentes méthodes et données mobilisées sont bien à évaluer dans ce cadre : ce sont des ressources pour faire avancer la réflexion d'acteurs impliqués dans la gestion d'un bassin versant qui, en posant les choix à long terme, ne s'y substituent pas en dictant les « meilleures » options.

Les produits obtenus

● Le scénario tendanciel, ou scénario sans SAGE

Le scénario tendanciel projette d'emblée le territoire du Blavet à un horizon de 2030, en poursuivant les dynamiques actuellement en cours. De ce fait, il a pour fonction de servir de référentiel d'action et d'évaluation futur. La définition d'objectifs à long terme implique d'anticiper les évolutions spontanées (assimilées ici aux évolutions tendancielles) pour ne pas penser 2030 en figeant 2005.

Le mode de construction du scénario tendanciel est donc essentiellement l'extrapolation des mécanismes de régulation du territoire en place actuellement. Par exemple, on maintient l'hypothèse que l'usage des sols sera en grande partie déterminé par l'évolution de l'agriculture sur des critères de performance économique et que les actions réglementaires s'inscrivent dans ce cadre. Dans cette optique, les perspectives macro-économiques des grandes filières (lait, volailles, porcs, cultures) sont comparées et des hypothèses à long terme sont proposées (recul des volailles, concentration des exploitations laitières et porcines...). De même, les tendances démographiques et socioprofessionnelles sont prolongées en conservant les mêmes critères d'attractivité du territoire. Des cartes d'évolutions régionales resituant le Blavet dans un cadre plus large sont alors particulièrement mobilisées. La figure 2 illustre cette approche pour la démographie.

Figure 2. La formalisation d'évolutions passées à long terme et à grande échelle permet l'extrapolation de tendances futures : l'exemple de la démographie
(Sources : © BD CarThAgE Loire Bretagne 1996).

La combinaison d'analyses thématiques territorialisées permet de proposer une image formalisée du territoire du Blavet à l'horizon 2030 (fig. 3). Cette projection devient le support de travail privilégié pour l'ensemble de la CLE.

● L'identification du socle et des dimensions stratégiques du SAGE

Une fois le scénario tendanciel établi, la CLE a travaillé en commissions thématiques, sur la base d'hypothèses cette fois « proactives » : il s'agissait, sur différents thèmes concernant la gestion de l'eau, de tester différentes options stratégiques ou différents niveaux d'ambitions susceptibles d'induire un contraste significatif avec le tendanciel. Les cheminements et images ainsi produits par les participants sur chaque thème, considérés dans leur ensemble, ont alors permis de distinguer deux aspects complémentaires : le socle du SAGE d'une part, ses dimensions stratégiques d'autre part. Le socle est constitué des objectifs et moyens présents, quelles que soient les hypothèses considérées : il s'agit de ce qui s'impose au SAGE en raison des contraintes qui pèsent sur lui, au premier rang desquelles se trouve la DCE. À l'inverse, les dimensions stratégiques constituent ce sur quoi les décisions de la CLE ont réellement prise : il s'agit des axes de décision où existent des degrés de liberté. Deux types de dimensions stratégiques ressortent des travaux : celles situées sur un plan technique (objectifs supplémentaires par rapport au socle), et celles situées sur le plan de la mise en œuvre du SAGE (différentes approches possibles en termes d'organisation, de calendrier, de portage politique). Le tableau 1 explicite succinctement ces dimensions stratégiques et leurs différentes modalités envisageables.

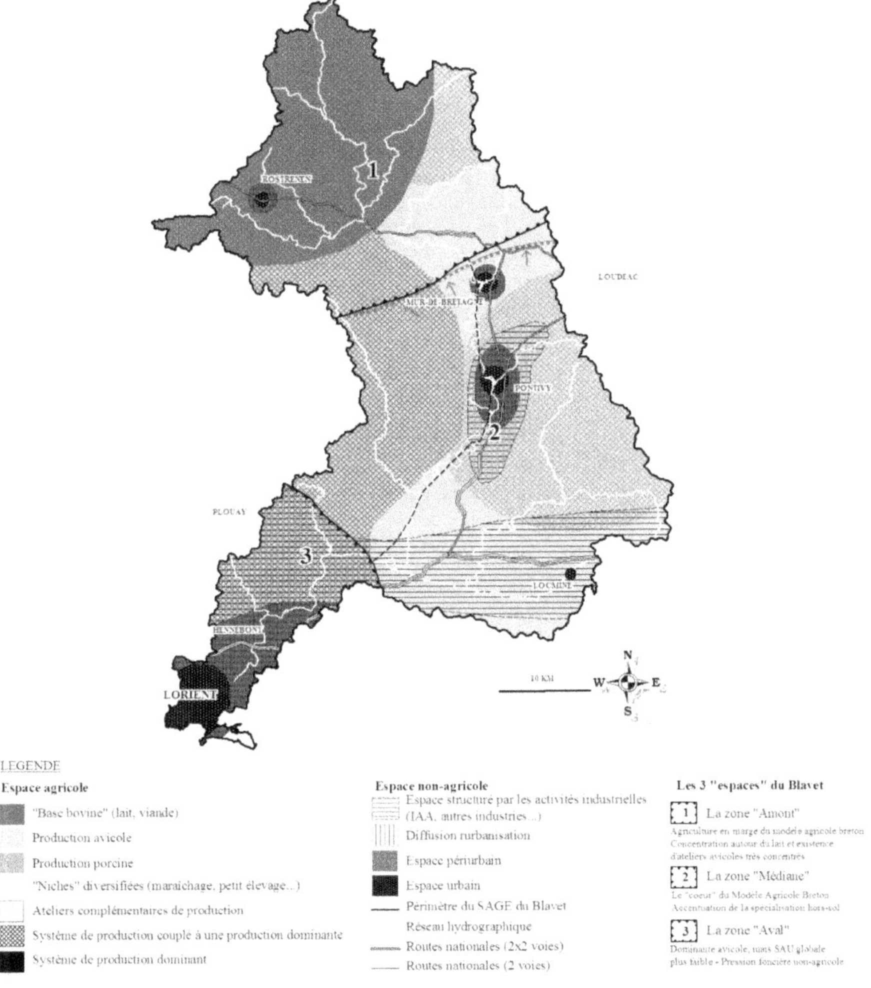

Figure 3. Une image du Blavet résultant des extrapolations tendancielles à 2030
(Sources : © BD CarThAgE Loire Bretagne 1996).

● *Des scénarios contrastés*

Pour élaborer les scénarios contrastés, les membres de la CLE ont ensuite collectivement choisi quatre combinaisons d'hypothèses portant sur chacune de ces dimensions stratégiques, en respectant deux principes méthodologiques : cohérence des jeux hypothèses (veiller à ce ques les modalités choisies pour un scénario soient compatibles entre elles) et souci d'éviter les caricatures (ne pas aboutir à un scénario repoussoir, un autre idyllique mais trop cher économiquement et politiquement, un troisième de compromis qui *in fine* sera forcément choisi). Une fois mis en forme, ces quatre scénarios constituent des illustrations de stratégies contrastées pour le SAGE, situées dans le temps, déclinées en termes de moyens économiques et organisationnels, et chacune assortie d'une analyse en termes d'atouts et faiblesses, de risques encourus et de conditions de succès.

Tableau 1. Les dimensions stratégiques du SAGE

Dimensions stratégiques	H1	H2	H3 (les comprom
Modalité procédurale de gestion des espaces tampons (zones humides de bas fond et bocages)	approche «incitative volontaire» (sur le mode BEP) renforcée et généralisée, puis contractuelle obligatoire à partir de 2020	approche « contractuelle obligatoire » (sur le mode PMPOA ou ZAR mais appliquée aux ZH) dès 2010	« contractuelle obligatoire » dès sur certains secte prioritaires (ex : l
Rythme de mise en place de la DCE	objectifs atteints en 2027	objectifs atteints dès 2015	objectifs atteints 2027 sur certains secteurs particulièrement difficiles (Evel)
Gestion du risque et incertitude	confiance dans les actions techniques sur les flux, et risque assumé pour les milieux	principe de précaution : reconquête maximale des zones humides, gestion préventive du débit réservé, réduction des effectifs	effort seulement s débit et/ou ZH et effectifs
Vocation de la section canalisée du Blavet	navigation	saumon	compromis via ur partage spatial (?
Intégration entre développement rural et gestion de l'eau	déconnecté	synergie et lien dans le portage des politiques eau et territoire	amont seulement
Positionnement général/contexte institutionnel breton	relais des décideurs régionaux	porte-parole négociateur du Blavet	
Positionnement général /diversité territoriale du bassin versant	« subsidiarité »	fédérateur identitaire	

BEP : Bretagne Eau Pure ; PMPOA : programme de maîtrise des pollutions d'origine animale ; ZAR : zones d'action renforcée ; ZH : zone humide.

La première stratégie, intitulée « un SAGE pour une mise en œuvre efficace du socle », articule les différentes modalités H1 du tableau ci-dessus. La seconde, « un SAGE politiquement fort pour une démarche volontaire et pragmatique » (H3), articule des objectifs techniques de compromis avec un positionnement politique affirmé au niveau régional et planificateur. La troisième, « un SAGE au service des volontés locales », reprend les mêmes objectifs que la précédente mais choisit un positionnement politique plus modeste et une approche subsidiaire, sans velléité planificatrice. La dernière enfin, « un SAGE subsidiaire par les écosystèmes », se distingue par des objectifs techniques et écologiques particulièrement ambitieux et novateurs mais appuyés sur les acteurs locaux.

Conclusion : les apports d'un telle démarche de prospective

Au regard de la situation qui prévalait au stade de la « mise en tension », quels sont les apports de cet exercice et de ses produits ? Loin de nier ou de minimiser les contraintes identifiées initialement par les acteurs (la DCE, le contexte agricole, les choix déjà pris en matière de gestion de la ressource), l'exercice a tout d'abord permis de les préciser et d'en cerner les contours à l'égard du SAGE. La comparaison entre le scénario tendanciel et les scénarios contrastés montre en particulier qu'aucune stratégie n'est incompatible avec les tendances aujourd'hui à l'œuvre en termes d'aménagement du territoire : des marges de manœuvre existent donc, des choix sont possibles. Par ailleurs, la distinction entre le socle et les dimensions stratégiques permet de cerner précisément les degrés de liberté dont dispose la CLE sur son domaine de compétence, et de ce fait permet d'orienter les discussions ultérieures sur de véritables enjeux décisionnels locaux.

Cette précision apportée sur le contenu des discussions fait alors de la CLE une instance véritablement politique : initialement perçus comme soumis à des choix externes ou lointains, ses membres adoptent ainsi une posture de décideurs. Le processus même de l'exercice de prospective aura contribué à faire travailler ensemble les acteurs de la CLE et, de ce fait, aura contribué à renforcer la dimension collective dans un cadre méthodologique bien compris. Rien ne dit néanmoins aujourd'hui que cette *posture* se traduira demain par une réelle *position* de décideur : les décisions continueront peut-être d'être prises ailleurs. L'exercice aura au moins permis d'expliciter à la CLE les moyens stratégiques dont elle devra se saisir pour acquérir cette position ; et de placer les actuels décideurs régionaux prenant part à la démarche devant leurs propres responsabilités quant à cette évolution.

Références bibliographiques

MERMET L. (dir), 2005. *Recherches prospectives environnementales. Organiser un espace de travail « ouvert » pour étudier des écologies futures.* PIE-Peter Lang, Bruxelles.

MERMET L., POUX X., 2002. Pour une recherche prospective en environnement : repères théoriques et méthodologiques. *Natures, Sciences, Sociétés*, vol 10, n°3, 6-14.

NARCY J.B., MERMET L., 2003. Nouvelles justifications pour une gestion spatiale de l'eau. *Natures, Sciences, Sociétés,* vol 11, n°2.

PIVETEAU V., 1995. *Prospective et territoire : apports d'une réflexion sur le jeu.* Cemagref Editions, collection Gestion des Territoires n°15.

POUX X., MERMET L., BOUNI C., NARCY J.B., DUBIEN I., 2001. *Méthodologie de prospective des zones humides à l'échelle microrégionale - problématique de mise en œuvre et d'agrégation des résultats.* Rapport scientifique au PNRZH - 111 p + annexes.

POUX X., 2003. " Les méthodes de scénarios " in *Prospectives pour l'environnement : quelles recherches ? quelles ressources ? quelles méthodes ?* Sous la direction de L. Mermet, Documentation francaise, Collection Réponses environnement, 103 p.

POUX X., BOUNI C., DUBIEN I., 2004. L'évolution des zones humides, entre dynamique territoriale et coordination de filières : quels enjeux pour le futur ? *Actes du Colloque de restitution du PNRZH*, Toulouse, octobre 2001.

POUX X., ZAKEOSSIAN D., 2001. Quelle grille d'analyse des relations amont/aval pour une politique à l'interface gestion de l'eau et aménagement du territoire ? *Colloque "Hydrosystèmes, paysages, territoires"*, Lille, 6-8 septembre 2001.

POUX X., NARCY J.B., 2004. *Prospective et analyse spatiale : quelques enseignements tirés de l'expérience.* Communication au colloque LUCC *Transformations actuelles des surfaces terrestres*, Meudon, 25 juin 2004. INSU, Paris.

Bassin versant du Blavet : élaboration d'une méthode pour le recensement participatif des cours d'eau et création des outils d'accompagnement

H. Cogné , A. Le Luron

Introduction

Dans le cadre du SAGE[1] Blavet, la connaissance et la prise en compte du réseau hydrographique du bassin versant (109 communes réparties dans les Côtes-d'Armor et le Morbihan) sont une donnée primordiale pour définir les priorités de gestion du bassin en matière d'usages et de restauration de la qualité de l'eau.

Or cette prise en considération des cours d'eau par les supports cartographiques existant s'avère très insuffisante au regard des réalités du terrain. Les spécialistes s'accordent à considérer que la carte IGN au 1/25000, outil de référence en la matière, sous-évalue la représentation du cours d'eau, de l'ordre de 25 à 40 % selon les secteurs. Cette sous-représentation est particulièrement marquée sur les têtes de bassin, à la naissance des cours d'eau (ordre 1).

Le recensement des cours d'eau est par conséquent apparu comme prioritaire, sachant que sa mise en oeuvre sur l'ensemble du territoire du bassin versant ne sera effective qu'une fois le schéma d'aménagement adopté par la commission locale de l'eau (CLE). Deux principes ont sous-tendu la réflexion initiale :

Le recensement doit être réalisé à l'échelle du *territoire communal* ;

Il doit s'inscrire dans une *démarche participative* faisant appel aux acteurs locaux du bassin versant, démarche jugée la plus efficiente (meilleur rapport coût/résultat) et la plus pertinente (l'implication des populations est un objectif constitutif d'une démarche de SAGE).

---

[1] Schéma d'aménagement et de gestion des eaux.

Le SAGE Blavet a décidé de mettre en place une étude-action visant à :

- élaborer une définition partagée du cours d'eau ;

- mettre au point une méthode de recensement appropriable par des acteurs locaux mobilisés à l'échelle de la commune ;

- produire les outils d'accompagnement permettant aux acteurs locaux de disposer de l'information sur les enjeux et la méthode du recensement des cours d'eau.

L'étude-action

Elle se définit simplement comme une démarche de co-construction d'un objet de recherche (ici l'élaboration d'une méthode) réunissant des scientifiques, des techniciens et des acteurs locaux, concernés à des titres divers par l'objet de cette recherche. La finalité du projet étant la réalisation d'outils appropriables par les acteurs du territoire, il s'agissait de réunir les conditions pour que la production de ces outils privilégie le partage des savoirs et des représentations du cours d'eau au sein de son espace territorial.

Schéma de déroulement et d'organisation

L'étude-action s'est déroulée durant 10 mois, de janvier à novembre 2003, avec l'appui externe du CEDAG[2]. Le dispositif d'étude prévoyait trois grandes modalités de travail :

- un groupe d'experts réunissant des scientifiques et des techniciens impliqués dans la connaissance du cours d'eau ;

- des visites de terrain permettant de confronter les représentations du cours d'eau d'une part entre experts, d'autre part entre ces experts et des acteurs locaux, notamment les riverains et les exploitants sur les berges des cours d'eau ;

- l'organisation, la réalisation et l'évaluation d'un test « en vraie grandeur » à l'échelle d'une commune.

Avant même d'examiner la méthode de recensement, l'élaboration d'une définition partagée du cours d'eau constituait un préalable compte-tenu des multiples points de vue développés par les experts eux-mêmes, mais également par les différentes catégories d'acteurs du territoire.

Le cours d'eau, une source de controverses qui n'interdit pas l'accord

Nul ne s'étonnera, dans le contexte du bassin versant et des tensions sur l'eau et ses usages, que le cours d'eau suscite des controverses dans sa définition même. La modification des paysages au cours des quatre dernières décennies et l'enjeu des réglementations attachées au cours d'eau ont un impact sur la valeur que chaque acteur est prêt à accorder aux critères permettant de le caractériser et d'en repréciser la cartographie.

---

[2] Centre d'étude de l'agriculture et des groupes.

C'est donc pour mieux comprendre l'étendue des représentations du cours d'eau et des enjeux suscités par son recensement que des entretiens approfondis ont été conduits auprès du panel d'acteurs impliqués dans l'étude, à savoir : des scientifiques (éco-botaniste, géomorphologue, hydrologue), des techniciens (conseil supérieur de la pêche, fédération de pêche et de protection des milieux aquatiques, association départementale pour l'aménagement des structures des exploitations agricoles (ADASEA), chambre d'agriculture, cellule d'assistance et de suivi technique à l'entretien des rivières) et enfin des acteurs locaux (élu municipal, agriculteur).

Ces entretiens ont mis en évidence l'ensemble des éléments qui caractérisent le cours d'eau, ainsi que les attentes ou les craintes pouvant résulter de son recensement en matière de réglementation, de préservation et d'implication locale. Le détour par l'économie des grandeurs (Boltanski et Thévenot, 1991) a constitué une étape décisive pour s'extraire des préjugés sur les intérêts catégoriels (les agriculteurs, les écologistes, les élus…) et pour explorer le champ des conventions permettant de mieux dessiner le système d'échanges et les possibilités d'accords entre les personnes. Selon l'économie des grandeurs, chacun est amené à se justifier dans un « monde » caractérisé par des grandeurs partagées avec d'autres. L'analyse des entretiens a fait émerger 4 des 6 mondes[3] proposés par cette approche sociologique : *le monde industriel* pour qui la performance technique et la rationalité scientifique sont au fondement de l'efficacité, et qui trouve sa dignité dans le travail ; *le monde domestique* dont les références sont la famille, la tradition et les anciens, et pour lequel l'attachement au milieu (au territoire) et le bon sens sont les valeurs fortes ; *le monde civique* pour lequel l'intérêt collectif prime, et qui place en exergue la notion de service public et la référence à la loi ; *le monde marchand* au sein duquel il convient d'être concurrentiel et de s'enrichir, et qui défend la valeur de l'intérêt particulier.

Le tableau ci-après donne une lecture des représentations du cours d'eau par les différents acteurs, non plus en fonction de leur appartenance à un groupe socioprofessionnel supposé caractériser leur position, mais au regard d'un système de valeurs qu'ils justifient au sein de ces 4 mondes.

Monde industriel	Monde domestique	Monde civique	Monde marchand
« Le cours d'eau, c'est 3 paramètres : pluviométrie, géologie, pente »	« J'ai joué avec l'eau, les cailloux, les loches » « Un cours d'eau porte un nom » « Une rivière, c'est comme une chapelle »	« L'eau, c'est un élément vital » « L'eau, c'est le fondement de l'humanité » « Un cours d'eau, c'est un bien commun »	« L'eau, c'est un capital » « Autrefois, il y avait une valeur économique pour le cours d'eau (transport, moulin, abreuvement) »

Cette même grille permet ensuite d'aller plus loin dans l'analyse des enjeux qui se forment, dans l'expression des personnes auditionnées autour des questions de réglementation, de préservation du cours d'eau et d'implication dans son recensement.

---

[3] Les deux mondes manquants sont le « monde de l'opinion » et le « monde de l'inspiration » quoique ce dernier, caractérisé par le jaillissement de l'inspiration, ne soit pas totalement absent d'une certaine forme d'expression du beau et du rêve suscitée par « les chemins de l'eau ».

	Monde industriel	Monde domestique	Monde civique	Monde marchand
Réglementation	C'est un raisonnement logique et rationnel, ce qui lui permet de s'imposer à tous.	Elle est garante du lien social local en sanctionnant les déviants. Elle encourage la personne de devoir et de bon sens.	Elle cimente l'intérêt général et constitue l'évidence (texte de loi). Elle doit être mesurée à son niveau juste pour être réellement applicable.	*Un frein à certaines activités économiques. Elle contraint l'intérêt particulier.*
Préservation Restauration	C'est une obligation logique, inscrite dans le code rural. Cette obligation peut évoluer, y compris dans ses aspects contraignants, si on en fait la démonstration rationnelle.	Elles permettent de sauvegarder le milieu, elles valorisent le patrimoine. Elles me relient à mon père et m'engagent vis-à-vis de mes enfants.	Nons sauvegardons l'intérêt des générations futures : solidarité inter-générationnelle.	La libération des cours d'eau peut être profitable pour l'économie touristique. La Bretagne «sanctuaire du saumon » : un marché potentiel.
Implication Participation	*La participation est un risque : elle mobilise des sujets non professionnels.*	Elles valorisent l'acteur local ; une tâche noble qui permet de retrouver sa fierté (*versus* « agriculteur, pollueur »).	Elles favorisent la coopération entre des catégories d'acteurs différents et permettent d'aller vers plus de solidarité.	Cela coûtera moins cher que le recours à des opérateurs privés.

Ainsi, le détour par les mondes permet de dessiner les accords que les acteurs sauront établir dans le recensement des cours d'eau, dès lors que la liberté d'en justifier le motif dans des mondes différents leur est reconnue. Un double rejet vient cependant nuancer le propos : celui du monde industriel à l'égard de la participation, et celui du monde marchand à l'égard de la réglementation. Mais précisons alors qu'aucune personne n'est enfermée intégralement et définitivement dans un monde. Chacun évolue dans des espaces d'opinions et de valeurs d'une grande perméabilité selon les relations qui vont s'établir dans l'action collective. Rechercher le compromis consiste alors à faire appel au bien commun que nul ne saura rejeter.

Définition du cours d'eau et méthode de recensement : l'ouverture aux mondes !

Pour définir le cours d'eau, le choix d'une batterie de critères a été grandement inspiré par cette représentation des mondes. Trois clés d'entrée vont être ainsi proposées :

- « *le constat immédiat* », regroupant les quatre critères d'observation directe que sont le talweg, la berge, le substrat et la vie aquatique (faune et flore) ;

- « *ce qui s'évalue dans le temps* », avec deux critères susceptibles de varier selon la saison, l'écoulement et la source ;

- « *ce qui relève de la mémoire* », c'est-à-dire l'appel à la mémoire des anciens et à celle des documents.

Les tests effectués au fil de l'eau en présence des experts et des acteurs locaux (principalement des agriculteurs) ont démontré l'intérêt de s'appuyer sur la diversité de ces clés d'entrée. On comprendra facilement que la controverse s'installe au début du cours d'eau, dans la zone qualifiée d'ordre 1. En remontant vers l'amont, les critères scientifiques des experts qualifiant le cours d'eau semblent s'estomper face au langage commun des exploitants désignant le fossé. Chacun s'attache naturellement à justifier son opinion, mais en définitive c'est la mémoire de l'ancien, rappelant aux plus jeunes l'existence du chemin de l'eau avant le remembrement, qui finira par dessiner, dans le monde domestique, la voie du compromis.

Cette approche inspire également la méthode de recensement mise au point, qui doit mobiliser la participation locale et aboutir à un résultat fiable et pertinent. Au-delà des critères de définition et de l'organisation pratique du recensement (supports cartographiques, découpage des secteurs, méthode de progression et de traçage sur le terrain, retranscription...), la mise en place de « *jurys communaux* » constitue la clé de voûte du dispositif. Créés à l'échelle de la commune, ces jurys doivent être composés de façon diversifiée et équilibrée avec les différentes catégories d'acteurs présentes sur le territoire (élus, agriculteurs, environnementalistes, anciens exploitants...). Espace d'action et de coopération, le jury doit pour cela réunir les conditions du compromis, donc intégrer en son sein les différentes représentations du cours d'eau et trouver les bonnes passerelles entre celles-ci.

Les outils d'accompagnement

Pour expérimenter la méthode de recensement des cours d'eau, un test a été organisé dans la commune de Saint-Thuriau (Morbihan) en juillet et août 2003. L'équipe municipale s'est mobilisée et a invité les habitants de la commune à participer à cette opération. Une trentaine de personnes se sont portées volontaires et se sont regroupées au sein de 6 jurys communaux. Chaque jury s'est vu affecter un secteur qu'il a parcouru, carte à la main, au cours de l'été. Evalué en septembre, ce test a permis d'affiner la méthode dont la formalisation est présentée dans un guide méthodologique. Le guide et les outils d'animation ont été validés en décembre par la commission locale de l'eau (CLE) du SAGE.

Deux types d'outils ont été réalisés en vue de leur diffusion à chaque commune du bassin versant :

- un *guide méthodologique* regroupant l'ensemble des informations et des recommandations pour la réalisation d'un recensement participatif des cours d'eau (enjeux d'un recensement participatif, critères de définition d'un cours d'eau, méthode et organisation du recensement à l'échelle de la commune) ;

- des outils d'aide à l'animation des réunions locales : un *diaporama* tiré du guide et des *modules vidéo*.

Ces outils ont été conçus pour répondre de façon complémentaire aux questions auxquelles seront confrontés les animateurs et les acteurs du recensement communal. Le descriptif didactique et formalisé du « pourquoi et comment » faire le recensement est présenté dans le guide et, pour une animation plus collective, dans le diaporama. Les modules video, réalisés tout au long de l'étude-action à l'occasion des visites de terrain et de l'expérimentation communale, permettent de donner une approche vivante des démonstrations, des controverses et des problèmes concrets auxquels tout un chacun sera confronté avant et pendant le recensement des cours d'eau.

Conclusion

Comme tout processus inscrit dans une combinaison de facteurs socio-techniques, l'étude a montré la diversité des représentations que chaque groupe d'acteurs peut accorder à un même objet (ici le cours d'eau). Ces représentations sont pourvues chacune d'une rationalité et d'une légitimité issues du monde auquel la personne se rattache pour « justifier » ses relations aux autres. Le raisonnement scientifique pour définir le cours d'eau doit ainsi être traité à l'égal d'une connaissance du chemin de l'eau faisant appel à la mémoire des riverains, de même que cette définition aura à voir avec la vision d'un enjeu collectif et citoyen à protéger les milieux naturels. Le compromis nécessaire à l'atteinte de l'objectif visé ne s'obtient pas, selon cette approche, par une sorte d'arbitrage montrant le caractère dominant d'une rationalité sur toutes les autres ; mais bien par la confrontation à niveau égal de ces rationalités, par leur reconnaissance réciproque et en définitive par leur ajustement mutuel.

L'élaboration de la méthode de recensement, notamment la mise en place de jurys communaux, de même que la conception des outils d'information et d'animation (guide, modules vidéo…) s'efforcent ainsi de fournir à l'ensemble des acteurs d'un même territoire la possibilité d'entrer dans la démarche de recensement des cours d'eau avec la clé jugée la plus appropriée par chacun d'entre eux. Le test effectué avec les habitants de Saint-Thuriau a montré la faisabilité de ce recensement participatif, en dépit des conflits d'usage présents ici comme ailleurs sur la question de l'eau. Reste à présent à en faire la démonstration en vraie grandeur, à l'échelle du bassin versant et de ses 109 communes !

Références bibliographiques

AMBLARD H., BERNOUX P., HERREROS G., LIVIAN Y.F., 1996. *Les nouvelles approches sociologiques des organisations*. Seuil.
BOLTANSKI L., THÉVENOT L., 1991. *De la justification. Les économies de la grandeur*. Gallimard.

Des stratégies différenciées de conseil aux agriculteurs pour améliorer la qualité de l'eau sur le bassin versant du Don

V. Bégué, N. Turpin, E. Mérot, T. Bioteau, P. Leparoux

Introduction

Le projet européen AgriBMPWater[1] a pour objectif de comparer différentes modifications de pratiques agricoles élaborées pour améliorer la qualité de l'eau. Cette comparaison porte sur le coût de ces modifications, leur efficacité attendue et leur acceptabilité potentielle. Sur les bassins versants d'application de ce projet, l'accent a été mis sur la diversité des exploitations et des pratiques, et sur les conséquences de cette diversité sur la qualité de l'eau. Tenir compte de la diversité des exploitations, dans une analyse coût/efficacité des modifications de pratiques, permet en effet d'élaborer des politiques agri-environnementales plus efficaces, moins onéreuses pour la collectivité, et qui rencontrent une meilleure acceptabilité par les agriculteurs (Bontems *et al.*, 2005b). Cette analyse coût/efficacité a été réalisée *ex ante* (Bontems *et al.*, 2005a). Or, concrètement, cette analyse a été permise par un travail de terrain avec les agriculteurs, travail qui a également mis en évidence la diversité des raisons d'adoption de modifications de pratiques selon les exploitations. Il nous a dès lors semblé pertinent de construire des stratégies de conseil aux agriculteurs qui s'appuient sur cette diversité des exploitations et de leurs propres logiques d'adoption de modifications.

L'objectif de ce papier est de décrire l'élaboration d'une stratégie de conseils adaptés à la diversité des exploitations agricoles sur un bassin versant. Il est organisé comme suit : la section 1 décrit le bassin qui nous a servi de support et la méthode qui nous a permis d'appréhender la diversité des exploitations et de leurs pratiques. La section 2 analyse les intentions de changement de pratiques des agriculteurs, en liaison avec la diversité des exploitations. Les stratégies de conseil qui ont été adoptées en adéquation avec cette diversité sont décrites dans la section 3.

---

[1] Le projet AgriBMPWater a été soutenu par l'Union Européenne dans le cadre du 5è PCRD (http://www.bordeaux.cemagref.fr/adbx/agribmpwater/index.html).

La diversité des exploitations

Le bassin qui nous a servi de support est celui du Don, un affluent de la Vilaine. Le Don se jette dans la Vilaine un peu en amont d'une station de captage d'eau destinée à être rendue potable. Le bassin, situé sur schistes, a une superficie totale de 705 km² dont 55 000 ha de surface agricole utile. Le bassin versant du Don présente une eau de qualité dégradée sur le paramètre azote (les concentrations en nitrates, mesurées par la DIREN[2], dépassent 50 mg/l en fins d'hivers 1995-1996, 1996-1997 et 1997-1998) et plutôt bonne sur le paramètre phosphore. La contamination azotée des eaux est liée à l'activité agricole puisque ce bassin possède peu d'activités industrielles et une faible densité de population (moins de 40 habitants au km²). Sur ce bassin, les agriculteurs produisent essentiellement du lait (70 % des exploitations possèdent un atelier lait), de la viande bovine et des céréales.

Pour appréhender la diversité des exploitations, de leurs pratiques et des risques de pollution liés à ces pratiques, nous avons procédé à une enquête sur un échantillon représentatif d'exploitations. Pour cela, la population de 868 exploitations a été stratifiée sur des critères de système de production (système lait, système lait associé à un atelier hors-sol, production de viande bovine naisseur...) ; un échantillon a ensuite été tiré de façon aléatoire avec un effectif proportionnel à la taille de la strate soit 10 % de chaque strate (fig.1). Une enquête, menée par les conseillers de la chambre d'agriculture et le Cemagref, a porté sur les productions, les pratiques de fertilisation actuelles, leur évolution depuis 5 ans et leur évolution prévue, la manière dont l'éleveur envisage l'environnement et ses projets de développement.

A partir de ces données, la chambre d'agriculture a réalisé une analyse factorielle des correspondances qui a regroupé les exploitations en huit types (Leparoux *et al.*, 2001). Chaque type est décrit par des éléments de système, de structure de l'exploitation, mais aussi par une logique de fonctionnement, des comportements et des attitudes vis-à-vis des contraintes environnementales et de l'évolution des pratiques. Cette typologie se fonde donc plus sur la logique de production des exploitations et la perception qu'ont les agriculteurs du milieu dans lequel ils évoluent que sur la simple description des systèmes de production.

Le type 1 se caractérise par une dimension très réduite des moyens de production, une stabilité des pratiques et une surfertilisation nette des cultures associée à une faible prise de conscience des risques de pollution, liée à la petite taille des exploitations.

Les agriculteurs du type 2 sont âgés, ils exploitent également avec de petits quotas, mais ils ont une surface plus importante que les exploitations du type 1 ; la gestion de leurs prairies est ainsi relativement extensive, contrairement à celle de leurs cultures très fertilisées ; ils considèrent que les questions d'environnement ne les concernent pas.

Les éleveurs du type 3 sont tous des producteurs de viande bovine en production principale. Ils travaillent des sols lourds, humides et tardifs ; leurs préoccupations sont la réduction des charges, la simplification du système ; ils sont ouverts aux changements car la crise de la viande bovine les a rendus sensibles à la perception de l'agriculture par les consommateurs.

Le type 4 comporte des exploitations laitières spécialisées reposant sur un système extensif avec une faible part de maïs. Ce sont des précurseurs, les exploitations ont beaucoup évolué dans les 10 années précédant l'enquête en termes d'organisation du travail, d'amélioration des marges, de prise en compte de l'environnement.

---

[2] DIREN : direction régionale de l'environnement.

Le type 5 comprend des exploitations laitières individuelles ; les exploitants recherchent une amélioration de leur revenu par le biais d'une augmentation de leurs productions ; le maïs est à la base du système fourrager, la surface en céréales est importante ; les éleveurs sont peu impliqués dans les réseaux techniques et assez passifs face aux problèmes environnementaux.

Les exploitations du type 6 sont aussi à dominante laitière, les exploitants cherchent surtout une amélioration de leur revenu par la maîtrise de leurs charges. Le système fourrager est en évolution, avec une augmentation des surfaces en prairies. Les éleveurs ont une attitude ouverte face à l'environnement, mais une grande marge de manœuvre persiste, notamment sur la fertilisation.

Les agriculteurs du type 7 s'intéressent principalement aux cultures ; situés dans une dynamique de croisière, ils améliorent continuellement leurs techniques culturales et le matériel qu'ils utilisent.

Les exploitations du type 8 sont des associations (GAEC[3], EARL[4], sociétés) pour lesquelles la recherche d'une amélioration du revenu a plus tenu à une augmentation du produit qu'à une diminution des charges. Le maïs est à la base du système fourrager, le cheptel est important ; la logique de trajectoire est productiviste, avec une sensibilité variable vis-à-vis de l'environnement.

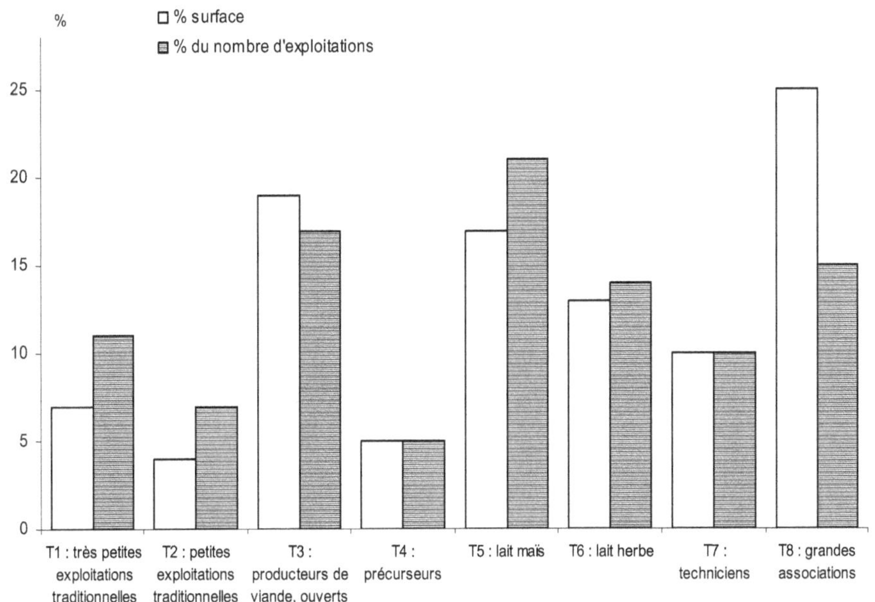

Figure 1. Typologie d'exploitations sur le bassin du Don.

Les risques de pollution des eaux par les nitrates accompagnant les pratiques de chaque exploitation ont été estimés par deux modèles. Le premier propose un bilan d'azote calculé pour chaque année sur chaque rotation, les pertes d'azote entre deux cultures sur une rotation étant estimées par un module hydrologique simple (Turpin *et al.*, 2001). Les

---

[3] GAEC : Groupement agricole d'exploitation en commun.
[4] EARL : Exploitation agricole à responsabilité limitée.

coefficients techniques de ce bilan sont ceux utilisés par les conseillers pour le raisonnement de la fertilisation. Ce modèle représente les reliquats d'azote à l'automne mesurés dans les sols, aussi bien sur un sous bassin test que pour les mesures réalisées au cours de l'enquête, avec des différences inférieures à 10 %. Le second modèle, SWAT, a été utilisé pour sa meilleure prise en compte des éléments intégrateurs du bassin versant, il représente de façon satisfaisante les flux d'azote à l'exutoire du bassin (Turpin *et al.*, 2004). Les résultats issus des 2 modèles sont convergents. Ils confirment ce que l'on peut observer sur d'autres bassins : il n'existe pas UN système de production à risque, mais une multitude de pratiques présentant une gamme étendue de risques (Bontems *et al.*, 2004).

Les intentions de changement des agriculteurs

Au cours de l'enquête sur les pratiques en 2000, il a également été demandé aux agriculteurs s'ils avaient modifié leurs pratiques au cours des 5 dernières années, s'ils avaient l'intention de les modifier à l'avenir, et pour quelles raisons (fig. 2). L'analyse des réponses indique que les exploitations des types 1, 2 et 5, ainsi que la moitié des exploitations du type 8 n'envisagent aucun changement de leurs pratiques, dans la continuité de leur trajectoire antérieure. Les exploitations du type 4 n'envisagent que peu de modifications, mais leurs pratiques ont déjà été fortement modifiées dans les années précédant l'enquête (elles ont quasiment adopté des pratiques permettant un niveau de pollution très faible).

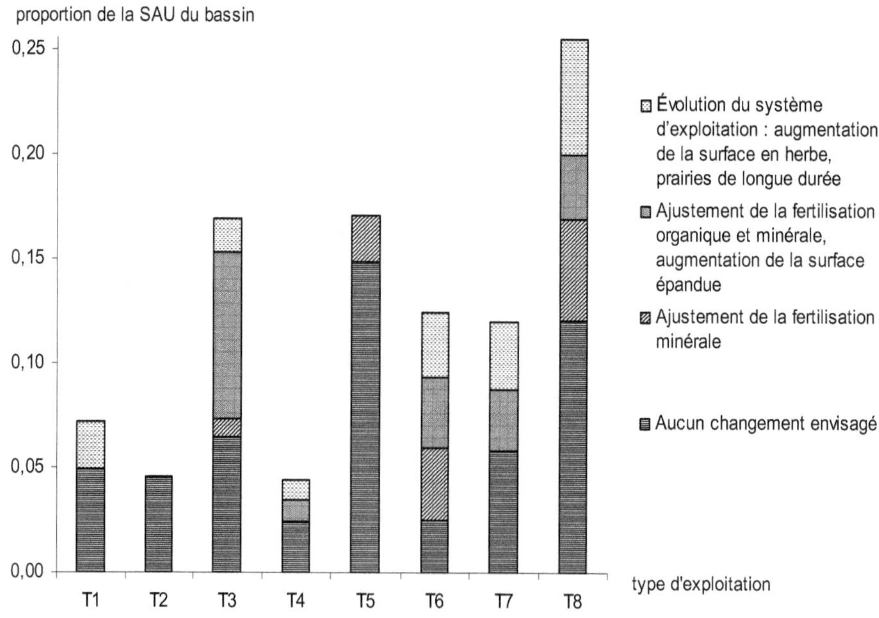

Figure 2. Intentions de changement des agriculteurs du Don, par type d'exploitation.

Les exploitations des types 3 et 6, et la moitié des exploitations du type 8, envisagent des modifications de leurs pratiques dans l'avenir : amélioration de la fertilisation minérale des cultures et des prairies, gestion des fertilisations organique et minérale, voire évolution du système de production avec légère extensification.

Les intentions de changement sont inscrites dans une trajectoire d'exploitation ; certains agriculteurs ajustent progressivement leurs pratiques (30 % de la surface enquêtée), d'autres s'engagent sur des modifications plus importantes, avec une évolution progressive de l'assolement (17 % de la surface enquêtée).

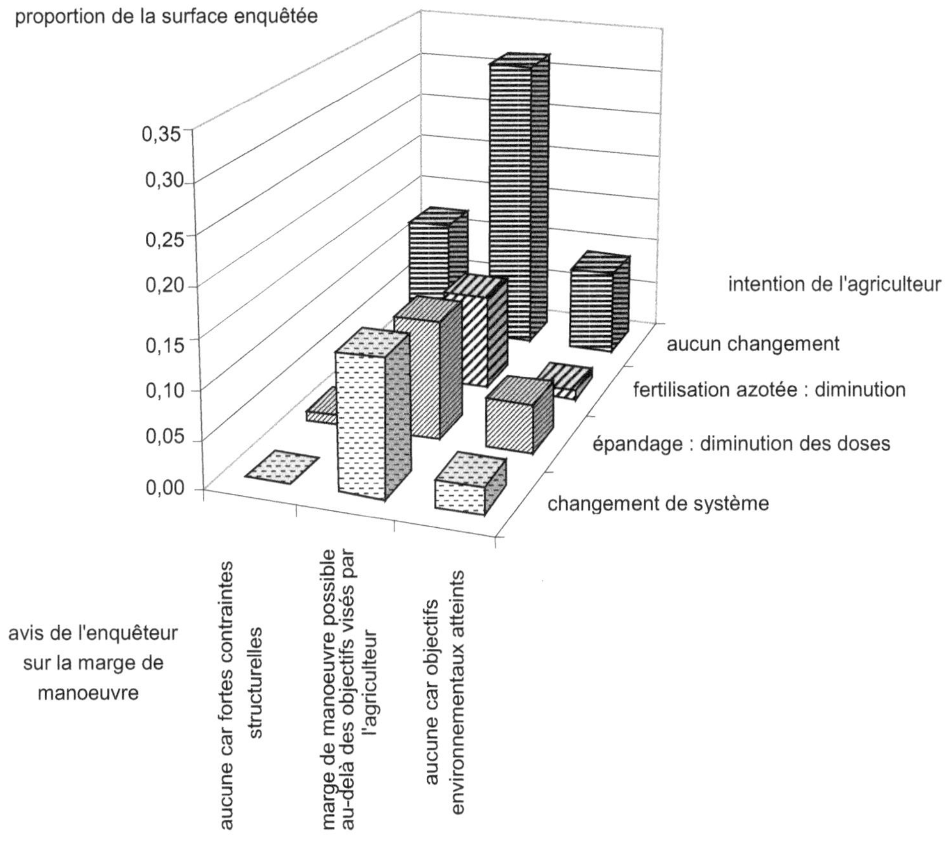

Figure 3. Intention de changement des agriculteurs du Don et avis des enquêteurs.

Une analyse plus approfondie des réponses a mis en évidence 2 éléments. Tout d'abord, les enquêteurs n'ont détecté de fortes contraintes structurelles empêchant toute évolution des pratiques agricoles que pour 13 % de la surface enquêtée (fig. 3). Sur 70 % de la surface enquêtée, des agriculteurs disposent de marges de manœuvre techniques, encore inexploitées : pour les exploiter, il faut comprendre la logique de fonctionnement de l'exploitation, mettre en évidence d'éventuels points de blocages qui ne sont pas flagrants au premier abord, et proposer des voies d'amélioration compatibles avec ce fonctionnement.

Les leviers du changement

Les conseils apportés aux agriculteurs concernant la protection de la ressource en eau sur le bassin du Don ont évolué progressivement. Les premiers ont été apportés en groupe, selon les recommandations des opérations Ferti-Mieux. Une opération coordonnée a alors permis la mise en conformité d'un grand nombre de bâtiments d'élevage, et la gestion des engrais organiques a été prise en compte dans les groupes constitués.

A partir de 1998, avec une charte des bonnes pratiques (CBP), le conseil s'est progressivement individualisé. Le troisième programme d'action de la directive Nitrates a incité un nombre croissant d'agriculteurs à solliciter des conseils de fertilisation individuels, apportés de façon dispersée sur le territoire. Or les simulations suggèrent que pour obtenir une certaine efficacité sur la qualité de l'eau, les modifications de pratiques fondées sur la fertilisation équilibrée devaient être adoptées sur une surface conséquente.

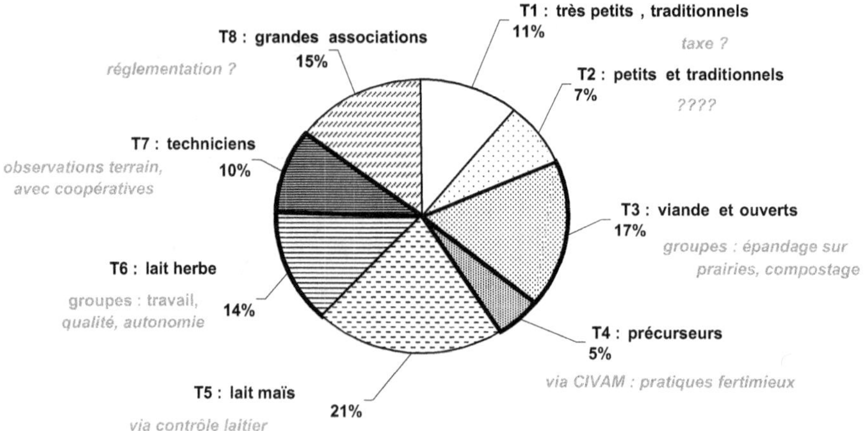

Figure 4. Typologie d'exploitations sur le bassin du Don, proportion du nombre d'exploitations et voies d'amélioration possibles.

Pour améliorer l'adoption de pratiques plus respectueuses de l'environnement, la stratégie de conseil aux agriculteurs a été différenciée en prenant comme base la typologie d'exploitations précédemment établie (fig. 4).

Ainsi, aux agriculteurs du type T3, qui sont pour la plupart relativement ouverts aux changements de pratiques et motivés par les groupes de conseil, dont la majeure partie de la surface est en herbe, ont été diffusés des messages sur l'épandage sur prairie et le compostage. Les agriculteurs du type T6 ont poussé plus loin que ceux du type T5 la recherche d'économies sur tous les postes : ils s'interrogent davantage aujourd'hui sur l'amélioration des conditions de travail, la qualité des produits, la précision des pratiques, l'autonomie de production et la diminution des engrais achetés. Les exploitants du groupe T7, très performants techniquement, les T8 « grosses exploitations multiproductions » avec une part importante de cultures dans la surface agricole utile (SAU), les T5 et T6 ont été présents lors des observations de terrain, dans leurs propres parcelles, en association avec les coopératives, ayant pour objectif la maîtrise de la fertilisation et des traitements. Il s'agit donc d'identifier les interlocuteurs techniques privilégiés de chacun de ces groupes pour impliquer les agriculteurs par leur intermédiaire, et gagner en crédibilité. Ainsi les actions communes avec les coopératives et les CUMA[5] ont-elles été privilégiées pour toucher les T5, T6, T7 et T8. Pour les éleveurs du type T5, la collaboration avec le contrôleur laitier pourrait être accentuée ; quant aux T1 et T2, l'implication des négociants privés est recherchée.

La qualité des eaux du Don évolue lentement, les variations climatiques importantes d'une année sur l'autre masquant l'impact attendu de l'évolution des pratiques. Il faut cependant noter qu'à volume d'eau passé identique, les flux de nitrates mesurés à l'exutoire du bassin du Don tendent à diminuer, ce phénomène n'étant observé que sur deux bassins (dont le Don) dans la région des pays de la Loire (Massardier, 2003).

Conclusion

Les travaux menés sur le bassin versant du Don mettent en évidence une grande diversité de logiques d'exploitation, qui conditionnent l'impact des pratiques agricoles sur la qualité de l'eau. Tenir compte de ces différentes logiques dans une stratégie de conseils adaptés à chacune permet de mieux orienter la diffusion de messages techniques et d'impliquer les différents partenaires (coopératives et négociants privés) pour mettre en place des actions communes apportant du crédit aux messages diffusés. Dans tous les cas, les différents groupes identifiés n'ont jamais été opposés les uns aux autres, l'objectif étant de faire progresser individuellement les exploitations dans leur propre logique de fonctionnement. L'approche individualisée du conseil se poursuit sur le bassin versant du Don et cette démarche est en train d'être étendue au bassin versant de la Chère, voisin de celui du Don et relativement comparable en termes d'activité agricole.

Références bibliographiques

BONTEMS P., ROTILLON G., TURPIN N., 2004. *Improvement of water quality as a joint production of milk when dairy farms are heterogeneous.* 90th EAAE Seminar - Multifunctional agriculture, policies and markets : understanding the critical linkage, http://merlin.lusignan.inra.fr:8080/eaae/website/pdf/35_Turpin, Rennes, 7 p.

BONTEMS P., ROTILLON G., TURPIN N., 2005a. Self-selecting agri-environmental policies with an application to the Don watershed. *Environmental and Resource Economics,* 31:275-301.

BONTEMS P., ROTILLON G., TURPIN N., 2005b. *Acceptable reforms of agri-environmental policies.* American Agricultural Economics Association (AAEA). Annual Meeting in Providence, July 24-27, 25 p.

LEPAROUX P., BÉGUÉ V., GUILBERT E., 2001. *Le Don : l'eau, la vie. Une opération Ferti-Mieux pour l'amélioration de la qualité de l'eau par la modification des pratiques agricoles. Etat des lieux, bilan de 7 années de fonctionnement, perspectives.* Chambre d'agriculture de Loire Atlantique, Nantes, 70 p.

MASSARDIER L., 2003. *Calculs et analyses des flux de nitrates sur 15 bassins versants de la région des Pays de la Loire.* PLER / cellule de transfert et d'animation, chambre régionale d'agriculture des Pays de la Loire, 30 p.

TURPIN N., GRANLUND K., BIOTEAU T., REKOLAINEN S., BORDENAVE P., BIRGAND F., 2001. *Testing of the Harp guidelines #6 and #9, last report : results (contrat n° 2000 10 9 003U),* Cemagref and FEI, Rennes, 43 p.

TURPIN N., BIOTEAU T., PIET L., BÉGUÉ V., BONTEMS P., ROTILLON G., 2004. Comparing Best Management Practices at the watershed scale : the Don watershed, case study for the AgriBMPWater project (contract EVK1-CT-1999-00025). Cemagref, chambre d'agriculture de Loire-Atlantique, 60 p.

---

[5] CUMA : Coopératives d'utilisation de matériel agricole.

Gestion de la qualité de l'eau sur le bassin versant de la Moine : l'émergence difficile de la concertation

C. HERAULT, A. SIGWALT.

Introduction

Bien qu'étant au cœur de la création de richesses et du maintien d'emplois liés au territoire, les agriculteurs ont dû faire face ces dernières années à différentes crises de confiance de la part des consommateurs, liées à leur difficulté à garantir des produits alimentaires de qualité ou à préserver la qualité des ressources naturelles du territoire. La pollution agricole de l'eau par les nitrates, en particulier, a été largement dénoncée par les consommateurs, contraints dans certaines régions d'acheter de l'eau en bouteille, et par les associations soucieuses de la protection des milieux aquatiques et de l'environnement. Dans les pays de la Loire, l'agriculture se caractérise par une grande diversité de productions, et revêt une importance stratégique pour la région en fournissant 10 % de la valeur totale des productions agricoles françaises et 8,8 % de leur valeur ajoutée brute. Dans ce contexte, le Conseil régional s'interroge sur les politiques de développement agricole à mettre en œuvre, qui permettraient de maintenir ou d'accroître les productions agricoles régionales tout en contribuant à préserver, voire à améliorer, la qualité de la ressource en eau. C'est pourquoi il a lancé un programme pluridisciplinaire de recherches sur la pollution azotée de l'eau, dont l'objectif est de modéliser les risques de pollution azotée à l'échelle d'un bassin versant. En tant que sociologues, nous nous intéressons à la façon dont les agriculteurs se saisissent et répondent aux pressions environnementales dont ils font l'objet. Compte tenu des attentes croissantes venant s'attacher à leur fonction de production, comment les agriculteurs s'organisent-ils, dans leurs espaces professionnels et sociaux quotidiens, pour produire les connaissances nouvelles qui leur permettent de maîtriser ces pressions ? Plus précisément, nous avons cherché à répondre aux questions suivantes :

- Comment les agriculteurs s'approprient-ils les enjeux liés à la qualité de l'eau ?
- Comment les inscrivent-ils dans leurs pratiques ?
- Quels sont les cadres sociaux dans lesquels ils discutent des questions environnementales ?
- À l'échelle du bassin versant, quels sont les facteurs susceptibles d'influer sur la façon dont ils raisonnent leurs pratiques ? Comment intègrent-ils la demande sociale d'une eau de qualité, et inversement, comment investissent-ils les lieux de discussion institutionnels traitant de la qualité de l'eau ?

Nous supposions d'abord que la sensibilité des agriculteurs aux questions de pollution azotée de l'eau était fonction de la proximité de leurs terres à la rivière ou aux ruisseaux s'y jetant. Nous faisions ensuite l'hypothèse que l'évolution des pratiques agricoles en matière de pollution de l'eau, et d'une façon plus générale vis-à-vis des questions environnementales, dépendait de la dynamique du système cognitif dans lequel les agriculteurs étaient insérés. Nous cherchions en particulier à montrer que les règles d'action des agriculteurs sont liées aux relations qu'ils entretiennent avec des collègues, avec des techniciens d'organisations professionnelles agricoles ou d'entreprises d'agrofourniture ; ou encore aux liens qu'ils ont avec des collectivités locales et des groupes locaux de pression environnementale.

Le terrain d'étude retenu pour le programme de recherche est le bassin versant de la Moine, qui s'étend sur 385 km^2, en amont de Cholet et jusqu'à la ville de Clisson, où la Moine se jette dans la Sèvre nantaise. Ce bassin versant regroupe 27 communes, s'étend sur 4 départements et 2 régions administratives.

Dans la mesure où nous cherchions à appréhender la diversité des conceptions et des pratiques des agriculteurs, et le sens que les agriculteurs donnent à leurs actions, nous avons opté pour une démarche d'étude essentiellement qualitative, fondée sur la réalisation de 60 entretiens semi-directifs. Nous avons procédé en 4 phases successives.

- *Analyse cartographique du bassin versant de la Moine.* Dans un premier temps, l'analyse des données du recensement général de l'agriculture (RGA 2000) et du recensement général de la population (RGP 1999) nous a conduit à identifier 2 types de zones qui se caractérisent par des dynamiques différentes en termes d'évolution des activités d'élevage.
- *Entretiens auprès d'interlocuteurs privilégiés.* Parallèlement, nous avons réalisé 10 entretiens auprès de responsables agricoles, de techniciens ou d'élus, pour décrire les formes dans lesquelles les dialogues s'engagent entre agriculteurs, entre agriculteurs et population locale, autour des questions de pollution agricole et d'environnement.
- *Études de cas.* Nous avons ensuite retenu quatre communes du bassin versant pour une analyse plus approfondie. Ces communes, réparties dans les 2 types de zones précédemment identifiées, devaient avoir au moins 80 % de leur territoire sur le bassin versant et être traversées par la Moine. Sur chacun de ces terrains d'étude, nous avons conduit une dizaine d'entretiens avec les agriculteurs en activité. Il s'agissait d'analyser en détail les règles d'action régissant les pratiques agronomiques des agriculteurs et de repérer les formes sociales de dialogue existantes sur les questions environnementales.
- *Enquêtes auprès d'institutionnels.* Quatorze entretiens complémentaires avec des acteurs représentants de collectivités locales, d'organismes techniques liés à l'eau ou d'organisations professionnelles agricoles nous ont permis d'identifier les structures compétentes, de décrire les actions mises en place concernant la gestion de la qualité de l'eau, de repérer les espaces d'échange et d'appropriation mis en place avec et pour les acteurs locaux.

La mise à plat des différents entretiens nous amène à pointer les difficultés de mise en place d'une politique globale de gestion de la qualité de l'eau, liées d'une part à la conception que les agriculteurs se font de leur métier et de leur rapport aux ressources naturelles, d'autre part à l'absence d'une structure intercommunale compétente sur le territoire du bassin versant de la Moine.

Une difficile appropriation de la qualité de l'eau par les agriculteurs

Les agriculteurs ont une approche très empirique de la qualité de l'eau

La qualité de l'eau n'est pas une préoccupation centrale pour les agriculteurs que nous avons enquêtés, et n'est que très rarement l'objet de discussions professionnelles. La ressource en eau pour l'alimentation animale ou humaine provient en effet dans la plupart des cas de puits artésiens ou de forages, dont les analyses, réalisées très occasionnellement, ne révèlent aucun problème de pollution azotée. Se fondant sur la qualité de l'eau de leur puits, ils l'extrapolent à la qualité de l'eau dans la région. Ne disposant par ailleurs d'aucune information officielle à ce sujet, les agriculteurs ont une approche très empirique de l'eau de la rivière et jugent sa qualité avant tout sur des critères sensoriels (vue, odeur, goût). Les conseils sur la qualité de l'eau sont relativement rares, et pour ces agriculteurs avant tout éleveurs, la qualité de l'eau est d'abord abordée au travers de la santé du cheptel. En effet, une mauvaise qualité d'eau peut induire une baisse des performances technico-économiques des élevages. Il existe dès lors un décalage important entre les pressions environnementales dont les agriculteurs font l'objet, tendant à les stigmatiser comme pollueurs, et les données concrètes à partir desquelles ils évaluent les risques associés à leurs propres pratiques.

Il existe une diversité importante de pratiques agricoles en matière de gestion des cultures et des apports azotés, et ces pratiques évoluent continuellement. Cherchant d'abord à diminuer leurs charges d'intrants, les agriculteurs concilient volontiers économies et écologie. Mais ils expérimentent aussi de nouvelles façons de faire à travers d'autres logiques : le respect de la réglementation et du voisinage et une meilleure gestion du temps de travail sont souvent évoqués comme sources d'innovations. Nous constatons enfin que ces sources apparaissent à travers trois principales formes sociales de dialogues : réflexions issues de petites groupes de travail animés par la chambre d'agriculture, échanges informels dans le cadre de relations d'entraide, ou incitations de la part des techniciens d'entreprises d'agrofourniture.

Un problème localisé, construit autour de la question de l'eau potable

Si la gestion de la qualité de l'eau n'est pas une question nouvelle sur le bassin versant de la Moine avec, dès le début du siècle, de vifs débats liés aux rejets des entreprises textiles de la ville de Cholet dans la rivière, ce n'est qu'à partir de 1989, lors du renouvellement du conseil municipal, que la qualité de l'eau s'est construite en tant que problématique institutionnelle. Souhaitant voir son autorisation de prélèvement en eau potable reconduite par les services du préfet, l'agglomération choletaise a alors focalisé sa problématique autour de la préservation de la ressource en eau potable. Le problème de la qualité de l'eau dans le bassin versant de la Moine s'est alors construit de façon localisée (autour des zones de captage, sur le sous bassin du Ribou Verdon), ciblée (maintien de la ressource en eau potable) et réglementaire (conservation de l'autorisation de s'approvisionner sur le site).

Cette problématique localisée et axée sur la potabilité rend très difficile l'appropriation de l'enjeu lié à la qualité de l'eau et des milieux aquatiques par l'ensemble des acteurs du bassin versant de la Moine, et notamment des agriculteurs :

- Au sein même du sous-bassin du Ribou Verdon, certaines des communes concernées par les mesures mises en œuvre pour la préservation de l'approvisionnement en eau potable ne sont pas alimentées par le captage. Peu sensibles aux mesures de protection mises en place, elles sont d'autant plus difficiles à mobiliser que certaines d'entre elles sont rattachées à un autre département, rendant ainsi impossible une éventuelle pression réglementaire.

- Sur l'ensemble du bassin versant de la Moine, la formulation du problème en termes de préservation de la ressource en eau potable suscite de façon perverse l'émergence de deux types de positions chez les agriculteurs : les uns, appartenant au sous-bassin du Ribou Verdon, se disent concernés par les problèmes de qualité de l'eau, et les autres, en dehors de cet espace, estiment ne pas l'être.

Le bassin versant de la Moine : un espace à construire socialement

Au-delà de la sensibilité des agriculteurs à la gestion de la qualité de l'eau, il convient de s'interroger sur la pertinence de la notion même de bassin versant pour les acteurs locaux. En dépit de sa réalité hydrographique, le bassin versant de la Moine ne semble pas être identifié en tant que territoire d'action, que ce soit du point de vue des agriculteurs ou du point de vue institutionnel.

Les facteurs d'appropriation de la notion de bassin versant

Le sentiment d'appartenance à un bassin versant ne s'exprime pas de la même manière pour tous les agriculteurs. La distance de l'exploitation à la rivière, le niveau de connaissance des flux hydriques, enfin l'existence ou non de mesures spécifiques paraissent être les principaux facteurs discriminants. En effet, si la grande majorité des agriculteurs enquêtés est en mesure de dire sur quel bassin versant leur exploitation se situe, tous n'ont pas conscience des phénomènes de ruissellement. En d'autres termes, les agriculteurs dont l'exploitation est plus proche de la rivière sont considérés (par ceux qui en sont éloignés) comme « appartenant davantage » au bassin versant et comme plus directement concernés par les questions de pollution. *« Nous, on est sur les versants de la Moine, là. Il y en a qui sont plus concernés que nous, non, nous on n'est pas…On est encore assez éloignés quand même. »*

Mais lorsque le bassin versant est construit en tant qu'unité de réflexion ou d'action par les institutions chargées de la gestion de l'eau, les agriculteurs sont plus enclins à s'approprier cet espace. Sur les communes où des politiques spécifiques liées à la gestion de l'eau ont été mises en place (protection des zones de captage, assainissement), la notion de bassin versant apparaît beaucoup plus concrète pour les agriculteurs. C'est le cas du sous-bassin du Ribou Verdon, où la mise en place d'une dynamique de bassin au travers d'un plan de gestion associant l'ensemble des acteurs locaux a permis la reconnaissance du sous-bassin versant comme espace d'action et de réflexion.

Un enchevêtrement des structures et des espaces de compétences

L'inventaire des structures compétentes dans la gestion de l'eau et des actions menées ces 15 dernières années montre la complexité du paysage institutionnel sur le bassin versant de la Moine. (planche couleur 4, fig. 1). De plus, l'emprise territoriale de ces institutions apparaît très hétérogène. Si le sous-bassin du Ribou Verdon, concerné par la problématique de protection d'eau potable, a fait l'objet de plusieurs mesures environnementales (conseils en agronomie et fertilisation, aides à la mise aux normes des exploitations d'élevage, conduite d'un plan de gestion, mise en place de périmètres de protection), l'analyse des actions menées nous indique que, jusqu'à maintenant, le bassin versant de la Moine dans son ensemble n'est pas identifié comme un espace d'action concret. Aucune mesure relative à la qualité de l'eau n'a été mise en œuvre aujourd'hui sur l'ensemble du territoire, et aucune structure institutionnelle n'est aujourd'hui porteuse d'un projet spécifique sur ce bassin. L'unité spatiale du bassin versant de la Moine reste donc à construire du point de vue institutionnel et du point de vue des acteurs locaux.

La concertation, un outil de légitimation ?

Au-delà du constat d'une volonté politique de concertation et de communication, qui s'exprime au travers des mesures récemment mises en place sur le sous-bassin du Ribou Verdon ou dans le SAGE de la Sèvre nantaise, il semble nécessaire de s'interroger sur le rôle des élus participant à ces instances de discussions et sur les moyens mis en œuvre pour une réelle appropriation des enjeux par l'ensemble des agriculteurs.

La logique de représentation mise en œuvre dans les programmes relatifs à la gestion de l'eau est une logique institutionnelle. Les élus agricoles des groupes de travail ne sont pas mandatés par les agriculteurs spécifiquement sur ces thématiques comme porteurs d'une réflexion collective sur la gestion de l'eau. Par ailleurs, ils sont plutôt considérés par les institutionnels comme des relais vers l'ensemble des agriculteurs, ayant à « motiver les troupes ».

Le schéma de communication semble ainsi se construire avant tout au niveau des solutions et des mesures à mettre en œuvre, et de façon descendante, ce qui pose la question de l'appropriation des enjeux et des mesures par le plus grand nombre d'agriculteurs. D'autant que la dimension pratique des contraintes apportées par ces politiques, et cela va de pair avec la façon de considérer la participation des agriculteurs aux instances de concertation, n'est que peu prise en compte.

Conclusion : une démarche de concertation en construction

Nous constatons donc des difficultés de 3 ordres dans la mise en place d'une politique de gestion de la pollution azotée de l'eau sur le bassin versant de la Moine.

Même s'ils expérimentent et adoptent volontiers des pratiques agronomiques plus respectueuses de l'environnement, les agriculteurs le font essentiellement dans le souci de réduire leurs charges ou de se mettre en conformité avec la réglementation nationale. Ils ne font pas forcément le lien entre leurs pratiques et la qualité de l'eau sur leur bassin versant, notion qui se construit plus clairement pour eux à l'occasion d'actions spécifiques à ce territoire. Ainsi, à l'heure où l'on demande aux agriculteurs d'être multifonctionnels, et notamment de préserver les ressources naturelles du territoire, leur logique d'action reste articulée, pour des questions de revenu, autour de leur fonction de production.

Par ailleurs, nous constatons, comme d'autres avant nous (Lemery et Ruault, 2000), que l'absence de débats professionnels collectifs sur l'eau ne favorise pas l'émergence et la prise en compte du point de vue des agriculteurs dans les réunions de concertation, et place leurs représentants dans une situation bancale. La transition nécessaire entre l'échelle locale, dans laquelle s'inscrivent les pratiques quotidiennes des agriculteurs, et celle du bassin versant n'est pas satisfaisante.

De plus, cette difficulté est ici renforcée par le fait que le territoire d'action des structures compétentes en matière de gestion de la qualité de l'eau n'est lui-même pas en accord avec la réalité géographique du bassin versant étudié. Promouvoir une politique de restauration ou de maintien de la qualité de l'eau sur un bassin versant demande donc de prendre davantage en compte la dimension stratégique et pratique de l'activité agricole, au travers d'une concertation organisée par une structure compétente à l'échelle de ce territoire.

Références bibliographiques

CANDAU J., RUAULT C., 2002. Discussion pratique et discussion stratégique au nom de l'environnement. Différents modes de concertation pour définir des règles de gestion des marais. *Economie rurale,* 270, 19-34.

CANDAU J., 1999. Usage du concept d'espace public pour une lecture critique des processus de concertation. *Economie rurale*, 252, 9-15.

LE GUEN R., SIGWALT A., 1999. Le métier d'éleveur face à une politique de protection de la biodiversité. *Economie rurale*, 249, janvier-février 1999, 41-48.

LEMERY B., RUAULT C., 2000. *Analyse et évaluation sociologiques d'actions de gestion et de protection de la ressource en eau : des enseignements pour l'action.* Association des chambres d'agriculture de l'arc atlantique (AC3A), groupe d'expérimentation et de recherche : développement et actions localisées (GERDAL), 49 p. + annexes.

Construction participative d'un projet territorial agriculture et environnement en Val de Saône

C. SOULARD, F. KOCKMANN, M. DUFOUX, B. DURY, P. MORETTY

Introduction

Dans le département de Saône-et-Loire, la municipalité et les agriculteurs d'une commune du Val de Saône se sont mobilisés pour construire un projet territorial. Ce projet vise à pérenniser les activités présentes en zone inondable par la Saône, l'agriculture principalement, tout en préservant durablement un milieu alluvial reconnu pour sa valeur environnementale (casier d'inondation, zone Natura 2000, périmètres de captages d'eau potable). Notre contribution présente la démarche d'élaboration d'un tel projet, les acquis qui en résultent et les questions nouvelles qui émergent de l'expérience.

Genèse du projet et démarche d'élaboration

Au printemps 2002, une commune riveraine de la Saône sollicite la DDAF[1] pour réfléchir à la possibilité d'un CTE[2] collectif sur la zone inondable. Son souci premier est d'anticiper sur la déprise de l'utilisation des prés communaux inondables, soit plus de 100 ha utilisés par des exploitations en voie de cessation prochaine. La DDAF réalise alors une étude qui révèle l'acuité des enjeux environnementaux présents sur cette même zone. Cependant, le CTE est ajourné au niveau politique. La Chambre d'Agriculture, qui anime l'opération Ferti-Mieux sur l'ensemble du Val de Saône, saisit alors l'opportunité de la démarche « Défi sur l'eau » financée par l'Agence de l'Eau Rhône-Méditerrannée et Corse, pour proposer un relais. Une nouvelle étude est lancée en 2003. La Chambre d'Agriculture sollicite l'INRA[3] pour un appui méthodologique, dans le cadre d'une convention « recherche-intervention », afin de mettre en place une démarche de construction d'un projet territorial.

---

1 Direction Départementale de l'Agriculture et de la Forêt (DDAF)
2 Contrat Territorial d'Exploitation (CTE)
3 Laboratoire de recherche sur les innovations en agriculture (LISTO) de l'INRA, département Sciences pour l'Action et le Développement (SAD), de Dijon.

Dans son principe général, la démarche mise au point consiste à suivre un "itinéraire méthodologique", notion inspirée des travaux de Lardon *et al.* (2002), qui articule des études-diagnostics et des groupes de dialogues avec les acteurs du territoire concerné. Les études s'appuient sur une méthode d'analyse de l'organisation territoriale de l'activité agricole et ses relations aux questions d'environnement (Soulard *et al.*, 2002). Le fonctionnement des groupes de dialogues s'inspire des travaux d'aide à la formulation de problèmes tels qu'ils sont expérimentés par le GERDAL[4] (Darré, 1994). L'objectif d'ensemble est de permettre une co-production des connaissances utiles à l'élaboration du futur projet territorial, ce qui suppose aussi un itinéraire méthodologique qui agence plusieurs échelles de problèmes et plusieurs niveaux d'actions (figure 1).

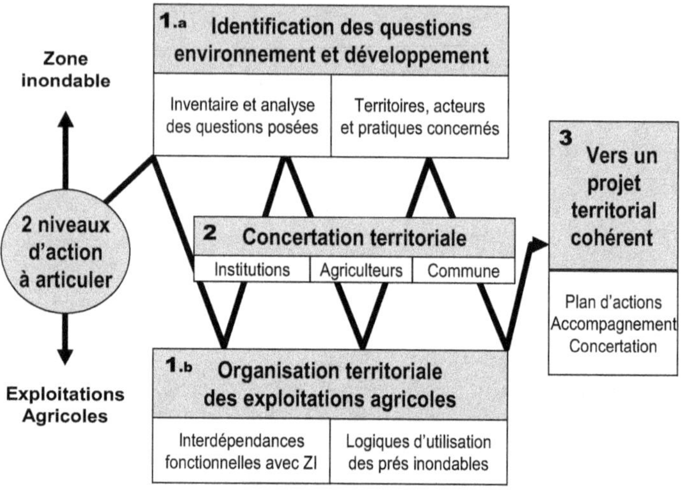

Figure 1. Itinéraire méthodologique

Le diagnostic territorial

En croisant données bibliographiques, entretiens ciblés et observations de terrain, nous avons commencé par dresser un inventaire des questions d'environnement et de développement qui se posent sur le territoire d'étude. Ces questions sont les suivantes : l'impact de l'inondabilité sur la production agricole, sur le milieu naturel et sur les habitations ; la préservation de la qualité de la ressource en eau potable ; la conservation des écosystèmes prairiaux, la protection de l'avifaune nicheuse et la restauration de frayères à brochets ; l'érosion des berges de la Saône ; la pérennité des exploitations agricoles en zone inondable ; la mise en valeur et les règles d'usage des prés communaux ; l'organisation des usages récréatifs en zone inondable. Pour chacune d'elles, une analyse des réglementations et recommandations agri-environnementales, connues ou probables, a été réalisée en vue d'en étudier les conséquences sur les pratiques des agriculteurs. Enfin, une cartographie des problèmes ainsi identifiés a été effectuée.

Connaissant mieux certains problèmes propres à notre secteur d'étude, nous avons alors pu engager une enquête auprès des agriculteurs concernés. Les 10 agriculteurs qui exploitent

---

[4] Groupe d'Expérimentation et de Recherche sur le Développement d'Actions Localisées.

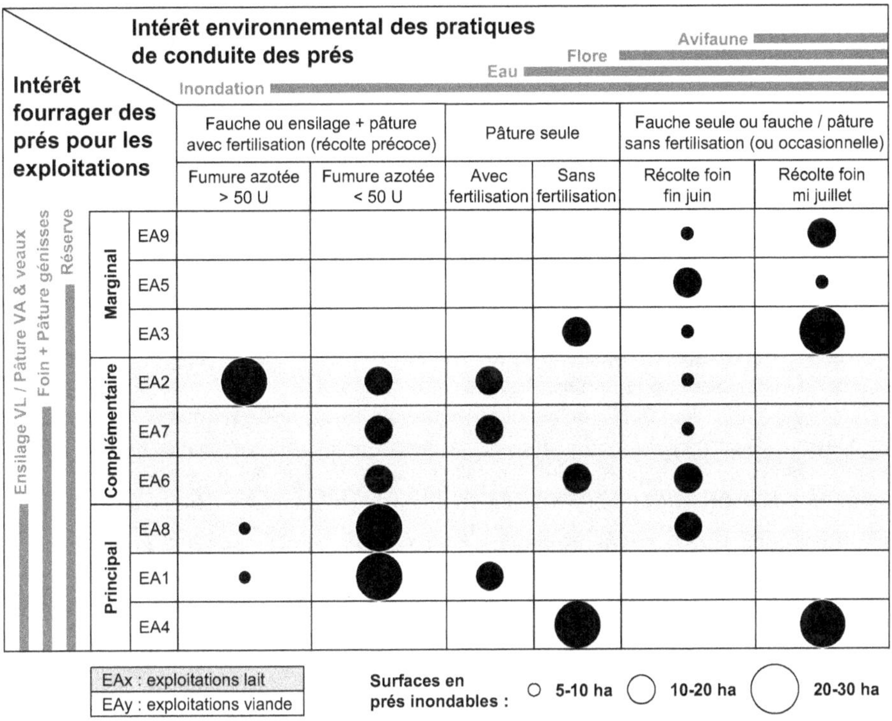

Intérêt environnemental des pratiques de conduite des prés

Avifaune / Flore / Eau / Inondation

Intérêt fourrager des prés pour les exploitations			Fauche ou ensilage + pâture avec fertilisation (récolte précoce)		Pâture seule		Fauche seule ou fauche / pâture sans fertilisation (ou occasionnelle)	
			Fumure azotée > 50 U	Fumure azotée < 50 U	Avec fertilisation	Sans fertilisation	Récolte foin fin juin	Récolte foin mi juillet
Marginal		EA9					●	●
		EA5					●	●
		EA3				●	●	●
Complémentaire		EA2	●	●	●		●	
		EA7		●	●		●	
		EA6		●		●	●	
Principal		EA8	●	●			●	
		EA1	●	●	●			
		EA4				●		●

NB : chaque ligne du tableau (EA1, EAx …) est une exploitation

Figure 2. Tableau des pratiques

aujourd'hui sur la zone inondable ont tous été enquêtés. D'une SAU moyenne de 206 ha, leurs exploitations possèdent toutes un atelier élevage, allaitant ou laitier, et ont en moyenne un quart de leur surface en zone inondable (cas extrêmes : 3 à 98 % de la SAU). Deux de ces exploitations seulement, en voie de cessation dans les prochaines années, ont leur siège en zone inondable. Les interdépendances entre la zone inondable et le reste de l'exploitation ont pu être évaluées grâce à la réalisation de schémas d'organisation territoriale des pratiques. Ces schémas reprennent le découpage du parcellaire de l'exploitation selon la perception de l'agriculteur, les modes de gestion de la surface en herbe et en cultures, ainsi que les relations avec les autres usagers du territoire. Pour chaque exploitation, un graphique des interdépendances fonctionnelles entre l'exploitation et la zone inondable a été dressé. En parallèle, la diversité des logiques d'utilisation des prés inondables a été inventoriée et classée en fonction du mode de conduite et du niveau de fumure.

Un "tableau des pratiques" a été constitué pour positionner les logiques pratiques des agriculteurs par rapport aux "bonnes pratiques" agri-environnementales en milieu prairial inondable (figure 2). Il est conçu pour être un outil de dialogue. En croisant les échelles exploitation et parcelle, il permet d'établir, pour chaque zone à enjeu environnemental identifié, l'implication des exploitations et la diversité des pratiques agricoles mises en œuvre sur les parcelles concernées. A l'échelle des 600 ha de la zone inondable étudiée, il montre par exemple que les pratiques favorables à la biodiversité sont plus fréquentes dans les exploitations qui ont une faible surface de prés inondables. A la vue du tableau, aller vers une gestion écologique des prés suppose donc de réfléchir à des solutions différenciées selon les agriculteurs et les secteurs à enjeux. Sinon, on risque de favoriser les exploitations pour qui cette zone est une réserve fourragère de second plan, ce qui, à long terme, n'est pas durable.

La concertation locale

Afin de construire collectivement les pistes d'actions menant à un projet territorial cohérent, plusieurs groupes de travail se sont ensuite réunis. Dans ces groupes, les résultats des études-diagnostics ont été utilisés comme outils d'aide à la discussion. Les deux supports qui ont le plus servi sont la carte du parcellaire prairial et le tableau des pratiques.

Dans un premier temps, les acteurs institutionnels de l'environnement se sont retrouvés pour discuter des résultats issus du diagnostic et des enquêtes. Au terme de cette réunion, une sectorisation de la zone inondable selon les enjeux environnementaux identifiés a été proposée. Les quatre secteurs retenus, qui feront l'objet d'actions spécifiques, sont les suivants : l'ensemble de l'espace inondable entouré par les digues (environ 500 ha) ; une zone de production d'eau potable regroupant les périmètres de quatre captages (200 ha) ; les prés communaux menacés de déprise (100 ha régis par des droits d'usages ancestraux) ; la "Grande Prairie", aire de nidification du râle des genêts (40 ha de prés privés en gestion collective).

Le groupe local des agriculteurs s'est réuni ensuite, à trois reprises. Ces rencontres ont tout d'abord consisté à recenser les préoccupations exprimées par les agriculteurs, à recueillir leurs réactions face aux recommandations agri-environnementales, puis à classer ces informations suivant leur degré de faisabilité selon les exploitants. Cette exploration a fait ressortir une préoccupation forte, relative au parcellaire du secteur inondable. Selon les agriculteurs, une meilleure accessibilité des prés (interconnexions de parcelles et regroupements de propriétés) est indispensable pour pouvoir adopter des pratiques agri-environnementales sur la zone. Cette préoccupation a conduit à explorer l'hypothèse d'un aménagement foncier à double finalité, agricole et environnementale. Enfin, la dernière réunion a porté sur la gestion fourragère des prés, tant dans ses composantes agro-écologiques qu'organisation du travail. Ces réunions, que les agriculteurs ont tous suivies, ont débouché sur des propositions concrètes. L'analyse du fonctionnement du groupe (figure 3) montre que la richesse de la réflexion est liée à la diversité de regards que les agriculteurs portaient sur les problèmes posés par le projet. Une animation basée sur l'écoute et l'objectivation des idées formulées a mis en valeur la complémentarité des positions sociales au sein du groupe local.

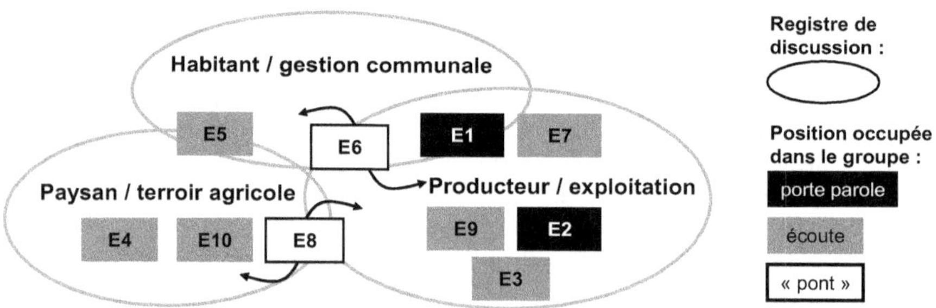

Figure 3. Place des agriculteurs (E1, Ex ...) dans le fonctionnement du groupe

Trois autres réunions avec la municipalité ont suivi. Celles-ci n'étaient pas prévues au départ. Or, l'ambition des propositions émanant des agriculteurs, notamment l'aménagement foncier, a surpris et interpellé la municipalité qui a dès lors souhaité se constituer son propre point de vue sur le projet futur. Une première rencontre avec le maire et ses adjoints a donc eu lieu pour présenter et expliciter l'économie d'ensemble d'un projet comprenant quatre objectifs (eau, biodiversité, inondabilité et sauvegarde des prairies) et plusieurs pistes d'actions (aménagement, changements de pratiques, information du public, etc.). Puis une rencontre avec les agriculteurs a été organisée pour rediscuter de l'intérêt et des risques du projet d'aménagement foncier. Ces mises au point ont abouti, au final, à la présentation du projet à l'ensemble du Conseil Municipal de la commune. Celui-ci a pu valider le projet et donner son accord pour son lancement effectif en 2004.

La mise en œuvre d'un plan d'actions

Le plan d'actions mis en oeuvre en 2004 comprend quatre groupes d'actions issues du diagnostic. Le premier consiste en la prise en charge, par le niveau local de la commune, du pilotage du projet, la Chambre d'Agriculture assurant, quand à elle, la maîtrise d'ouvrage. Cet axe de travail comprend également la mise en cohérence des procédures environnementales : périmètres de protection des captages, document d'objectifs Natura 2000, étude hydraulique sur le casier d'inondation. Le second axe porte sur la co-production de références agro-écologiques et d'outils d'accompagnement technico-économiques des agriculteurs. Plusieurs actions sont initiées dans ce sens : étude complémentaire sur la biodiversité floristique des prairies inondables, actions de surveillance environnementale (flore remarquable, nidification), suivi des flores prairiales suivant différents itinéraires techniques (rendez-vous prairies), réflexion sur l'usage des communaux (voyage d'étude en Isère), mise en place de contrats d'agriculture durable (CAD). Le troisième axe concerne l'information et la communication. Le quatrième concerne une pré-étude d'aménagement foncier destinée à évaluer l'opportunité et la faisabilité de l'aménagement souhaité par les agriculteurs.

La mise en œuvre de ce plan d'actions fait intervenir de nouvelles données qui infléchissent et complexifient le cours de l'action. Une première modification tient à la "reprise en main" du projet par les acteurs locaux. En effet, celle-ci fait ressurgir les différences d'appréciation du projet entre les agriculteurs, qui auraient souhaité que la réflexion sur l'aménagement foncier s'engage plus vite, et la municipalité pour qui met en priorité la sauvegarde du patrimoine associé à la préservation des communaux et à la protection de l'eau potable. Cependant, des avancées significatives ont lieu : la municipalité et les agriculteurs ont trouvé un accord pour restaurer la gestion agricole des prés communaux (décision actée par délibération du conseil municipal) ; les acteurs locaux participent aux actions d'information et de surveillance écologique (faune & flore) ; des dossiers CAD se mettent en place ; une enquête sur l'opportunité de l'aménagement foncier est réalisée auprès des propriétaires. D'autres actions sont encore au stade de l'étude : finalisation des périmètres de protection des captages ; conclusions de l'étude sur l'inondabilité ; délibération municipale sur la poursuite ou non du projet d'aménagement foncier, etc.

Conclusion

Construire un projet territorial agriculture-environnement relève d'un processus de longue haleine. Il est très difficile de réussir à articuler des intérêts différents, des niveaux d'actions disjoints et des procédures d'intervention plus ou moins décalées dans le temps. Aussi, agir dans ce sens passe par une série de tentatives qui ne sont pas toutes couronnées de succès. Le vécu de l'expérience du Val de Saône rend bien compte de cette ambivalence. La mise en place d'une concertation territoriale a bien débouché sur des diagnostics partagés et sur la mise en oeuvre de nouveaux modes de gestion du territoire. Mais parallèlement, les difficultés rencontrées ont été nombreuses et montrent les limites de la gouvernance locale d'un tel projet. Dans un contexte de décision environnementale fortement cadrée par les procédures réglementaires et financières définies à des niveaux englobants (du département à l'Europe), on doit se poser la question du degré d'autonomie dont disposent des acteurs locaux qui souhaitent réfléchir et agir à leur niveau pour protéger l'environnement. Un rôle possible de la recherche et du développement est d'agir de concert pour les aider à identifier les espaces de liberté qui leur donneront prise sur l'avenir et leur offriront la possibilité d'infléchir le cours des événements. C'est dans cet esprit que les acteurs ont tenté d'aborder ensemble la complexité des relations nature-société, une visée directrice sans laquelle tout projet d'intégration de l'environnement au développement reste du discours.

Références bibliographiques

CHAMBRE D'AGRICULTURE DE SAÔNE-ET-LOIRE, 2004. *Diagnostic territorial sur la zone inondable de Saint Germain du Plain, Défi sur l'eau.* Rapport, décembre.

LARDON S., MAUREL P., PIVETEAU V., 2001. *Représentations spatiales et développement territorial.* Ed. Hermès Sciences Publications, Paris, 437 p.

DARRÉ JP., dir., 1994. *Pairs et experts dans l'agriculture. Dialogues et production de connaissances pour l'action.* Ed. Erès, Ramonville Saint-Agne, 227 p.

SOULARD CT., MORLON P., CHEVIGNARD N., 2002. Le schéma d'organisation territoriale : un outil d'étude des relations agriculture-environnement. Actes des Entretiens du Pradel "Agronomes et territoires", www. *Cr. Acad. Agri. Fr*

Westcountry Rivers Trust*
A pionneering programme for restoration and regeneration of major river basins

A. RICKARD

Introduction

Westcountry Rivers Trust (UK) was established in 1994 to pioneer a new approach for restoration and regeneration of major river basins in the counties of Cornwall and Devon, in the extreme South West of England. Work on the River Tamar which enters the sea at Plymouth formed one of the Trusts earliest projects. Due to the geomorphology of this region the communities' water supplies are dependent on surface waters. In addition with the substantial tourism, including water sports and important fishing and shellfish industries there is a need to ensure that the environment and water quality of the rivers, esturaries and beaches are sustained to the highest standards.

However, within this predominantly agricultural area, changes in land use and intensification of farming activity including, livestock stocking densities and cropping patterns, fertiliser usage and combined drainage operations over the last 40 years have resulted over time in widespread habitat degradation and diffuse pollution, affecting the water resources and associated species diversity within the region. The River Tamar providing a typical example.

The ultimate aim of the Westcountry Rivers Trust's, Tamar 2000 Support Project was the testing, proving and delivery, at a modest cost, of an approach to sustainable land and river use which is transferable to other river catchments that drain agricultural areas in the UK and elsewhere. This is achieved by the unique holistic and collaborative approach that encourages land owners/users to make changes to their current management techniques together with education and training in new techniques that not only financially benefit farmers and landowners but simultaneously benefit the whole community and the regional economy and environment.

Following the success of Westcountry Rivers Trust and the development of four other similar trusts in other parts of England and Wales a national body, Association of Rivers Trusts (ART) was established in 2001. ART has continued to expand with new Rivers Trusts being developed throughout the United Kingdom. Partnerships and close associations have been nurtured with many other key bodies including Department for Environment Food & Rural Affairs (DEFRA), Environment Agency (EA),

* Reg Charity No 1045806 – United Kingdom.

English Nature (EN) and other Non Governmental Organisations (NGO's) including WWF. Collaborative projects with other European countries through the Interreg IIIB Atlantic Area & Interreg IIIC South are also currently being established.

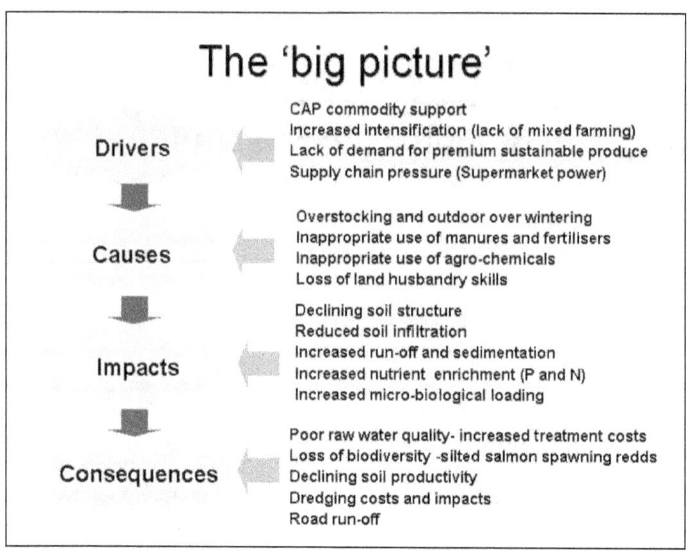

Figure 1   Deterioration in river basin and water quality due to agricultural influences

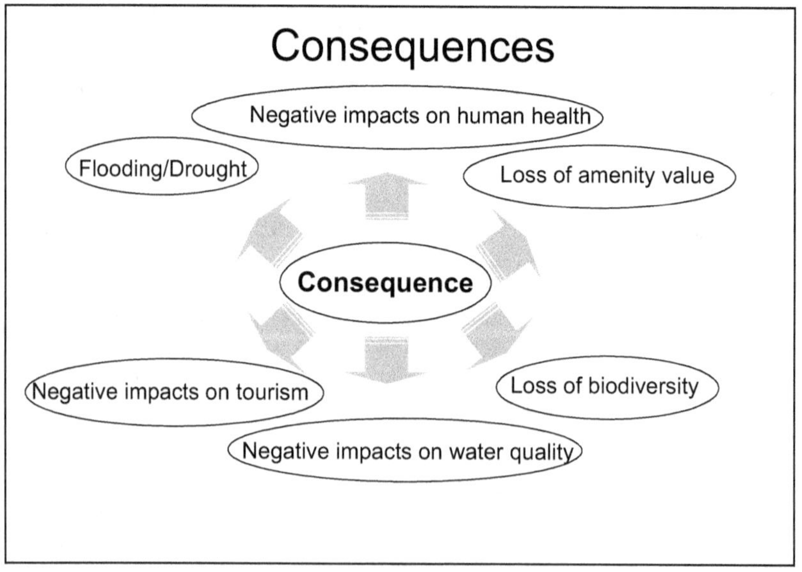

Figure 2 Economic and environmental consequences of river basin deterioration

TAMAR 2000 Support project

Project Description

The Tamar 2000 SUPPORT Project is a pathfinder project that works closely with farmers, riparian owners and the wider community to develop sustainable catchment land management practices, which aim to conserve and restore environmental quality for both people and wildlife while delivering economic gains. This is achieved in particular by optimising farm inputs, employing best management practices and the management and restoration of key river and wetland habitats with benefits to water quality, fisheries and other wildlife, linked to recreation and tourism development. Not only does this result in safeguarding existing jobs, but also new employment opportunities created through new enterprise arise and both the water supplies and the economy of the region as a whole is protected and improved. Measures are applied that:

- Reduce erosion and the sedimentation of salmonid spawning gravels.
- Reduce diffuse pollution and improve river water quality.
- Conserve and restore wetlands and their functions.
- Restore river corridor habitats
- Sustain local communities that maintain the river.

The Problems

Figure 1 summarises the key agricultural influences that over many years have led to the deterioration in the water quality and sustainability of the river basin, and Figure 2 highlights the wider consequences of this deterioration.

There was an urgent need to redress these consequences and to restore and regenerate the river basin environment whereby management practices would provide a more balanced ecosystem and sustainable quality environment.

An Innovative, Holistic Approach

Previous attempts to restore environmental quality have frequently failed because they have lacked a catchment scale, they have not integrated sectoral interests and most important have not engaged fully the local people. Tamar 2000 adopted an innovative, holistic approach featuring the integrated application of proven best land use practice whereby the land owners in the catchment are supported with a combined package of advice, training and finance. The project provides a co-ordinated, integrated, large-scale, practical and on-going demonstration of what can be achieved by applying techniques that have already been tried and tested on a smaller scale, such as the use of riparian or wetland areas for improvement of water quality, combined with reductions in the use of fertilisers and pesticides. Integrated farm and river based management plans are being coupled with a series of support measures which include buffer zones, wetland recreation, tree planting and funds for river bank fencing.

A Collaborative Approach

This innovative project co-ordinated by the Wescountry Rivers Trust, is delivered in partnership with the Wetland Ecosystems Research Group – WERG (part of the Royal

Holloway Institute for Environmental Research, University of London) and other relevant locally based organisations.

The initial 4 year project, concluded in June 2000, received around half of its funding from a combination of UK Government and European Union sources, under EU Objective 5B, EAGGF Measure 5.1. The Westcountry Rivers Trust secured the remaining funding from other charitable trusts, company sponsorship, farmer and other private contributions.

The combined knowledge and expertise of the partnership organisations, project staff and other key business development contacts has been offered to farmers and land owners in the catchment. Through this education and practical assistance in using new skills in optimising inputs, reducing waste, conservation, pollution control, habitat improvement and alternative methods of production, land owners have becoming aware of and are able to apply the best river restoration methods available and jointly create management strategies which are both cost efficient and sustainable. Additionally the subsequent wise-use of riparian habitats and the benefits of integrated plans covering all land operations are being demonstrated.

Farm Based- Integrated River Basin Resource Management Plans

Experienced field advisors are trained actively in "Best Practice" and free field visits by the advisors are offered to farmers and land owners with the objectives of jointly reviewing the land use and potential for environmental and economic improvements. Site specific management plans are developed, integrating best practices associated with the land uses and an appraisal of options to improve land use, reduce costs, improve returns and meet specific conservation needs. This is worked up into an integrated catchment study of potential and priority work. Ultimately this will ensure site by site evaluation on a holistic basis and allow catchment scale identification of problems and benefits to ensure integrated solutions. Land owners are encouraged to undertake any necessary work on their own land themselves, and financial support is provided where necessary from either programme funds or from grant aiding agencies.

Wetlands

Recognition of the significance of the role of wetlands in the maintenance and improvement of environmental quality is rapidly increasing and is seen as a key factor for environmental restoration. The use of wetlands as 'buffer zones' is also increasing but the capacity of wetlands to perform these functions depends on many variables, including type and location. It is believed that the degradation and loss of wetlands is a major contributor to many of the environmental problems that exist in river catchments today. It is predicted that the maintenance, re-establishment and use of wetlands within the catchment will result in mitigation of many of the adverse effects of current agricultural practices, as well as enhancement of the environment as a whole. A significant amount of scientific evidence exists as to how wetlands can be effective in the enhancement and maintenance of environmental quality and moderation of river flow.

The Tamar 2000 Project partnership built on WERG's development of a set of procedures for the functional analysis of wetlands funded by the European Community (DGXII). It allows assessment of functions such as flood alleviation, recharge and discharge of groundwater, nutrient removal (particularly nitrate) from surface and ground waters and the maintenance of wildlife habitats, biodiversity and support of food webs. However the performance of these functions is often impaired through both historical and present day land reclamation and drainage, or more insidious processes such as distant groundwater abstraction or pollution. Through the identification and mapping of wetlands within the Upper Tamar catchment it has been possible to assess their status and functional capacity. Fig 3 illustrates the mapping of the upper Tamar drainage and wetland areas.

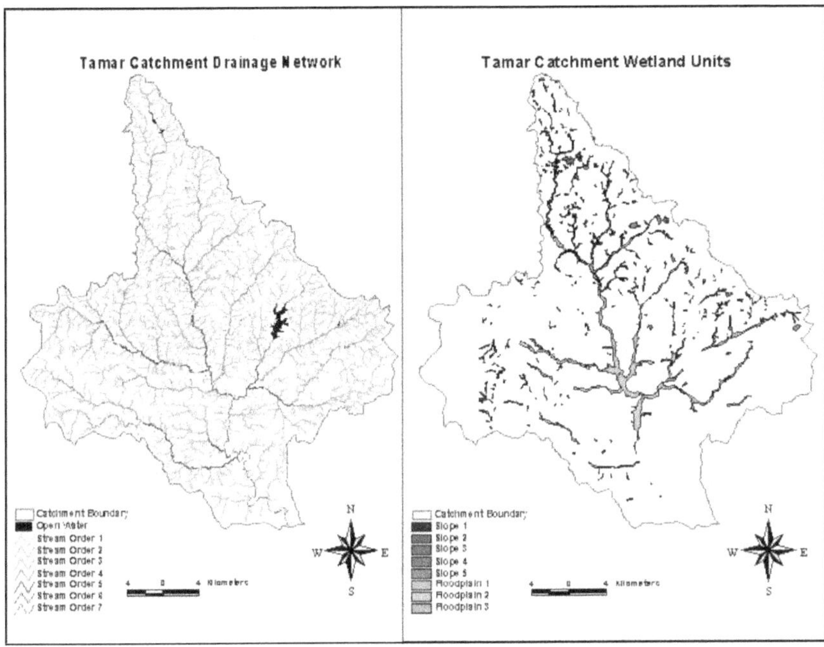

Figure 3. Illustration of the mapping of the upper Tamar drainage and wetland areas.

The Tamar had a record of failure to meet water quality objectives and this may have been due in part to the progressive loss of river marginal wetlands in the catchment. Identification of the specific environmental impacts such as excessive sediment loading and diffuse pollution allows the recommendation of appropriate land use policies and practices, and the targeting of wetlands to perform specific functions at suitable locations. It is important to be aware that not all wetland functions are compatible. For example the use of a wetland for the improvement of water quality in nutrient enriched surface water is likely to result in the loss of specialised habitat such as acidic heath and bog communities through the succession of more eutrophic assemblages. Therefore the environmental requirements at specific locations must be determined before management policies are implemented. Additionally local hydrology is examined prior to the establishment of buffer zones. Recent work has shown that the most effective buffer zones with regard to nutrient removal sometimes occur not along the river channel, but along drainage ditches which may be some distance from the main river channel. By targeting the most productive zones with regard to the function that is to be performed, not only will more effective environmental protection be carried out, but also cost efficiency is optimised.

Demonstration Sites

One of the main ways to illustrate how improvements can be made by landowners is through the establishment of a number of demonstration sites. At these locations land management plans are established incorporating different land use, buffer zone location and where applicable wetland management techniques. The nature of these management techniques depends upon the specific requirements of the location, and these in turn are related to the site- specific problems identified. Following a period of monitoring at these locations they are used for teaching and training land owners from other areas such that the findings and techniques employed in the project can be utilised by land owners in other regions.

Action on the Ground

An important aspect of the project is the way in which it tackles the causes not just the symptoms of decline in water quality and habitat. Improvements brought about by the project are also designed to be sustainable. To achieve these aims it is crucially important to fully engage with landowners and/or farmers within the wider catchment and to be able to demonstrate delivery of economic savings and gains to farmers within the projects holistic farm plans. Management of fertilisers and farmyard manures being a case in point.

A considerable number of farms in the project are able to identify savings of 20% on nitrate fertiliser usage. The savings come from careful targeting, timing and application of bag fertiliser and the application of correct values to soil N and organic manures in the crop requirement calculation. Coupled with the use of clover in suitable grass leys and focused cropping, grazing and cutting regimes, benefits accrue to both farm profitability and the environment. The substantial cash savings on fertiliser are equivalent to that which previously would have leached from the soil and contributed to the excess nutrient enrichment of the river.

Farm yard manure, slurry and dirty water suffer from being often referred to as farm waste. This regularly means farmers underestimate its nutrient value as well as the costs associated with its storage and application. Here the project seeks to attach real values to this important farm by-product and reduce handling costs by waste minimisation techniques; in particular concentrating effort on clean and dirty water separation in the farmyard. Advice is then directed to its careful application to reduce run off and to maximise take up by the growing crop.

Phosphates have perhaps played a bigger part than nitrates in the eutrophication problems associated with rivers and reservoirs. As with nitrates soil testing has revealed that on many livestock farms the application of bag phosphate can be dramatically reduced or even cut out altogether. This work coupled with developing Best Management Practices to reduce loss of topsoil and erosion (phosphates often enter the river attached to soil particles) brings further gains to both farmer and water quality.

Habitat restoration

The maintenance and restoration of key wetlands coupled with the development of buffer zones and the re-vegetation of ditches within management plans also play an important role in trapping sediment, nutrient stripping and de-nitrification. Work indicates that the added water storage provided by these wetlands and ditches will offer measurable benefits in the amelioration of flashy flows and reduction of the extreme conditions brought about by flood and drought.

Every bit as important and visibly the most spectacular are the habitat improvements brought about by fencing livestock out of the river corridor particularly when coupled with river corridor management in the form of coppicing and /or tree planting. The before and after photographs in Fig 4 of river corridor restored in this way are compelling evidence of the way in which this vital habitat has been neglected and abused in the past.

Figure 4. River corridor recovery after exclusion of livestock (Photo : A. Rickard)

Farmers too have been quick to see the advantages to the husbandry of their livestock through fencing off the river in this way and again with the provision of alternative drinking areas such as pasture pumps, can measure the benefit in cash terms. Down stream water quality improvements are an important benefit particularly the reduction in microbiological loading where abstraction or bathing water is an issue.

Monitoring, Evaluating and Reporting

An overall monitoring and evaluation process has been developed for assessing improvements within the catchment. This comprises the assessment of key economic, physical, chemical and natural features during the project. The results of implementation of the management plans are evaluated by:

- Changes in land use and restoration of habitat,
- Benefits to the aquatic environment,
- Economic benefits related to the changes of use of the surrounding land.

An independent detailed evaluation of the economic benefits of the Tamar 2000 Project has been prepared for Westcountry Rivers Trust by the Academy of Economic Studies, Bucharest and Royal Holloway Institute for Environmental Research. This focused primarily on those related to the community within the catchment area, while evaluation of the wider benefits associated with improved quality of water extracted from the river basin for other uses was considered to be underestimated.

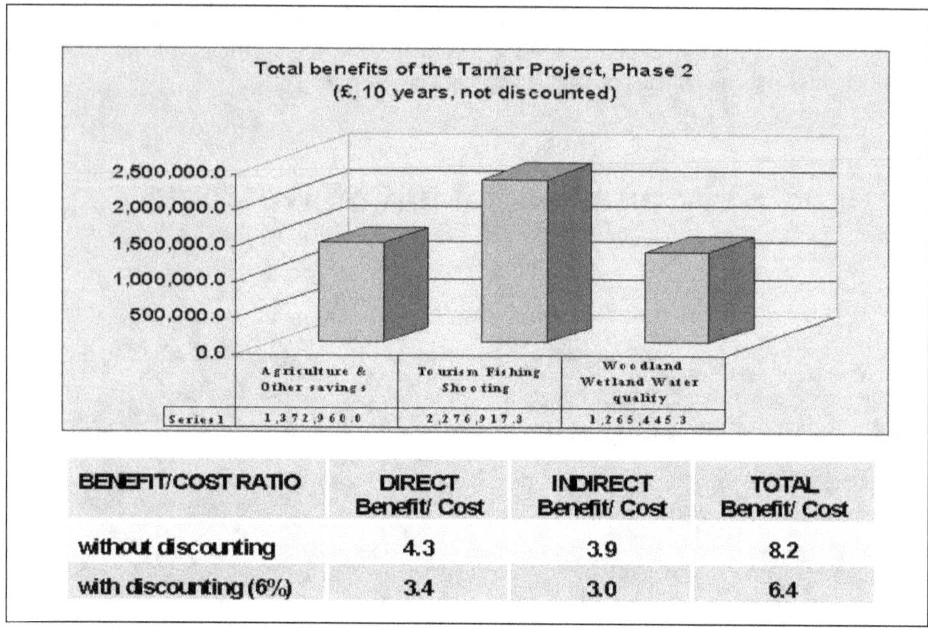

BENEFIT/COST RATIO	DIRECT Benefit/ Cost	INDIRECT Benefit/ Cost	TOTAL Benefit/ Cost
without discounting	4.3	3.9	8.2
with discounting (6%)	3.4	3.0	6.4

Figure 5. Analysis of economic benefits over a ten year period

Fig 5 summarises the benefits into three categories, agricultural & other savings, Tourism fishing & shooting, and woodland and wetland water quality. Approximately 50% of the benefits came from increased tourism, fishing and shooting reflecting both development of new enterprises and enhanced environmental provisions and over a ten year period the estimated benefit to cost ratio without discounting was calculated to be 8.2.

To date the Tamar 2000 project's reception and outputs have exceeded expectation. Landowners/farmers have responded better than anticipated to the project's approach. Optimising inputs, providing one of the few ways to improve profitability without the need for large investment in particular, has stimulated action by farmers. Similarly the opportunity to improve capital values has provided an incentive to many. Some farmers have also used their participation in the project and their farm management plans when negotiating with their bank. Project meetings have also taken place with NFU Insurance regarding farm pollution risk assessment and the potential risk reduction as a result of the implementation of farm management plans and Best Management Practice. A larger than expected number of farmers has also grasped the opportunity to diversify into tourism or to add value to existing operations. Of key importance has been the continued improvement of the water quality and sustainability of the environment of the Tamar River basin for the benefit of all.

Key factors in the success of the project include:

- Strong working partnerships
- Combining skills and resources
- Catchment scale based approach
- The adoption of a voluntary approach rather than regulation
- Providing advice and supporting plans that are non- prescriptive
- Adopting a practical approach that involves the farmer and incorporates their vision
- A strong one to one relationship between advisor and farmer
- Linking economic gains to environmental improvements

In terms of environmental improvement, tackling the causes as well as the symptoms of decline

OUTCOMES

The delivery of the Tamar 2000 project has achieved substantial environmental, physical and economic outputs. Importantly as a pathfinder project the design, delivery and recording systems are now performing well after refinement and there is great scope (and demand) for transferability of this approach to other river catchments. Fig 6 summaries the key features for programme delivery based on an ecosystem approach.

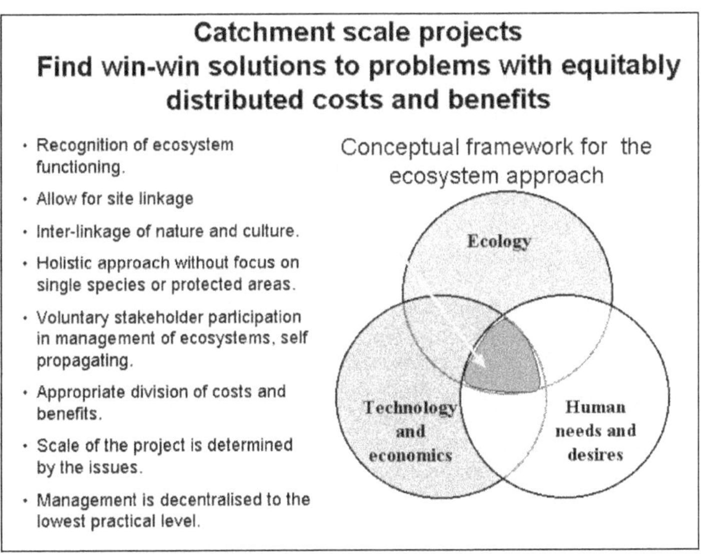

Figure 6. Key features of the Ecosystem approach to catchment scale projects.

Central to success is having the management of activities decentralised to the lowest practical level yet operated on the principal of "thinking globally and acting locally". Only be engaging with the owners and managers of the river's resources can integrated land and water management be achieved throughout the river basin. Two guiding principles of such programmes are:

- Significant steps towards sustainability of actions can be made by "helping a lot of people to each achieve a little"
- Subtle management changes, when sufficiently widespread, will reach a critical mass with a river's catchment area.

Westcountry Rivers Trust are now operating schemes covering many other river basins within SW England and have secured a major programme of work in Cornwall under European Union Objective 1.

A further important feature of the activities of Westcountry Rivers Trust is to maintain close contact and involvement with on going relevant research projects and to keep abreast of new techniques and technologies. An important aspect of Westcountry Rivers Trust's their work is research. The rivers of South West England are important strongholds for salmonids, which have been declining in numbers in recent years. The Atlantic Salmon and Brown Trout are regarded as key indicators for project targeting and one of a range of indicators of project success. The Trust has collaborated with many organisations as part of it research projects including Universities, the Environment Agency, the Atlantic Salmon Trust, the Scottish Fishery Trusts, and the Salmon & Trout Association. The Trust's science team are currently supervising a PhD student studying the population genetics of wild Brown Trout on the River Dart in Devon and the implications for stock management, with a similar study of Atlantic Salmon just starting on the River Tamar.

Most Rivers Trusts combine the use of best available science and data drawn from the Environment Agency (the Government regulator) and by employing their own scientists, supported by volunteers and riparian owners in each catchment or river basin. This structure is typified by a Board of Trustees drawn from the community that "head up" and oversee the Trust, freely offering their time and a wealth of knowledge covering important aspects of Trust activity including legal, business and accounting, fisheries, agriculture, tourism and education. Where funds permit the Board will usually appoint a small team of professionals, often beginning with a Scientist or Educationalist. As the Trust develops so the team may be expanded to include other specialists including a Manager or Director who will undertake the day to day running of the Trust and its projects. This team will then work very closely with the wider community including the river owners and managers.

As one might expect, their formation is in response to the growing awareness of the wider environment or concern over the decline of certain key indicator species, decline in water quality, notable pollution events and the recognition of the need to restore the rivers. Most trusts, where eligible, have successfully applied for European Union structural funds such as LEADER, Objectives One, Two and 5b or lottery funds and obtained from various sources additional match funding including from Government agencies. From a Government fund-holders position, partnerships like this can provide a very cost-effective conduit for delivery of environmental, social and economic outputs demonstrating strong community stakeholder involvement.

Association of River Trust– "ART"

During 2001, the Westcountry Rivers Trust together with the Eden Rivers Trust (NE), Tweed Foundation (Scottish Borders), Wye & Usk Foundation (Wales) and Ribble Catchment Conservation Trust (Centre) publicly announced the launch of an "Association of River

Trusts" (ART) for England and Wales. The need for such a body is a logical extension of the increasing level of liaison that had taken place for some time between established rivers trusts. However the speed with which the new organisation has become recognised and the demands already placed upon it by new and emerging trusts seeking assistance could hardly have been anticipated. A further six Trusts are now at various stages of development.

ART aims and objectives

The main aims of the Association of Rivers Trusts are:-

"to co-ordinate, represent and develop the aims and interests of the member Trusts in the promotion of sustainable, holistic and integrated catchment management and sound environmental practices, recognising the wider economic benefits for local communities and the value of education."

The key principles of ART are based on:

- Consent
- Subsidiarity - where ART will serve its members and decisions will be taken at the appropriate level
- Partnership
- Education and technology transfer - with particular reference to new and emerging trusts and collaborative programmes.

The Rivers Trust movement is a bottom up grassroots development, initiated by a number of different community groups, from around the country working independently to form Trusts. The formation of ART is simply a natural response to mature trusts wishing to share information and work more closely together to help others and provide synergy.

Improving the riverine corridor and surrounding catchment is a complex process involving Government Departments, its Agencies and many other diverse organisations. ART provides an important link between the established, and the new and emerging Rivers and Fisheries Trusts. It also provides a forum to develop ideas, Best Practice and policy guidance and test transferability. Furthermore it offers a national platform for regional Trusts to "showcase" their work and to inform and enthuse others, offering advice and encouragement and ultimately, empowerment. ART is currently co-ordinating programmes looking at all relevant aspects of river basin management including the sustainability and improvement of salmon and trout fish stocks around the whole country.

Legislative Pressures for Change

ART has a key role to play in working with the competent agency helping to ensure that the European Union legislative directives for change in water management are met and also in providing collective feedback for future deliberations on EU policy. There are many important directives which all EU countries are currently having to address including:-

Groundwater Directive

Habitats Directive

Waste Directive

Freshwater Fish Directive

Nitrates Directive

Bathing water Directive

Water Framework Directive

With the importance of the global sustainability of good quality freshwater supplies and the increasing importance of European Union legislation ART is seeking to establish relationships with similar interested bodies in other European countries with a view to collaboration and further development of projects and new methods for environmental sustainability of our rivers and also for widening the opportunity to secure additional European funding and support for new programmes.

Centre of excellence

As a result of their extensive work Westcountry Rivers Trust has developed a series of 130 + comprehensive "Best Practice" technical information sheets on all aspects of river restoration, regeneration and sustainable land use and agricultural management practices including:

- Water

- Soils

- Organic manures

- Fertilisers

- Chemicals & pesticides

- Energy usage

- Bio-diversity

The Trust are also planning to establish a "Centre of Excellence" with a teaching base at Duchy College (part of the Combined University for Cornwall) based on Sustainable River Basin Management for continued research, development and wider educational activity to promote and encourage the successful methodologies that they and other bodies have created. ART see this as an ideal network opportunity to provide a national training resource linked to the Water Framework Directive which sets out to deliver water of good ecological status by 2015.

Résumé

Le programme pionnier de restauration et de réhabilitation des bassins versants initié par *Westcountry Rivers Trust* et développé à travers l'association des *Rivers Trusts (ART)* influence positivement l'efficacité de l'investissement dans le domaine de la durabilité environnementale. Le programme concerne les besoins en eau brute dans les bassins versants fournissant un approvisionnement en eau potable, de même que les besoins liés aux loisirs et à la biodiversité.

On espère que ces leçons pourront être partagées et comparées avec les expériences menées dans les autres régions de la communauté européenne et que cette connaissance accumulée pourra nourrir la future politique européenne, incluant la PAC.

Conclusion

Ph. MEROT

Cet ouvrage s'inscrit dans la continuité d'une série de documents publiés ces dernières années, qui présentaient les connaissances élaborées par les scientifiques sur les relations entre territoire/activité humaine/qualité des milieux (eaux, sols..), en s'appuyant sur des recherches menées essentiellement dans l'Ouest. On citera notamment les trois ouvrages : « Agriculture intensive et qualité des eaux »; « Pollutions diffuse: du Bassin versant au littoral »; « A la recherche d'une agriculture durable ».

Cet ouvrage–ci, à la différence des précédents qui reflétaient les recherches d'un programme particulier, a confronté les résultats d'un ensemble très diversifié de recherches et d'actions sur ces mêmes relations territoire/activité humaine/qualité des milieux, en zone d'agriculture. Il met ainsi en avant différents aspects:

- Une reconnaissance confirmée de la notion de bassin versant.

D'une façon très générale on pouvait se demander s'il était nécessaire d'introduire - en terme de gestion - cette notion de "bassin versant", à différentes échelles depuis le très grand périmètre, celui de l'agence de l'eau inscrite dans la loi depuis 1964, jusqu'aux syndicats de petits bassins, avec toute la complexité que cela a amené. Cet ouvrage montre comment cette notion a été maintenant appropriée par une multiplicité d'acteurs et a permis à beaucoup de nos concitoyens de se familiariser avec des notions simples mais importantes de cycle de l'eau dans les paysages : relations amont-aval, bilans « entrées-sorties », responsabilité collective à une échelle spatiale de taille très humaine.

- Une progression réelle des outils d'évaluation à l'échelle d'un bassin.

La caractérisation des bassins versants agricole a progressé, tant par un suivi très important de la qualité des eaux à l'échelle de ces différents bassins versants, que par celui des pratiques agricoles et de leurs conséquences sur différents indicateurs intermédiaires. L'importance de la variabilité interannuelle des flux d'eau et de solutés et corrélativement de la nécessité de mesures sur le long terme pour pouvoir interpréter des évolutions scra sans doute une autre des leçons à retenir.

- Des connaissances scientifiques sur les processus de transfert de stockage et de transformation des eaux et des éléments transportés par l'eau bassins versants, et sur les outils d'intégration que sont les modèles.

Ces connaissances ont semble-t-il dépassé un véritable seuil, à la fois par la nature des modèles qui sont maintenant disponibles et par l'accumulation de références de terrain et de connaissance de bases qui nourrissent ces modèles. On passe ainsi de modèles de connaissance à des modèles proches de modèles de gestion de la qualité des eaux. Du moins, des scénarios agricoles peuvent être testés, des outils d'aide à la décision prenant en compte la qualité des eaux se mettent en place. Il s'agit là d'un vrai saut méthodologique par rapport aux outils jusqu'ici disponibles.

- Un très important travail de terrain.

Il se reflète par une grande diversité des actions faites à l'échelle des bassins versant d'action, comme les bassins versants de Bretagne Eau Pure.

- Une vision des acteurs marquée par le réglementaire.

Cette remarque concerne autant les acteurs de terrain que les scientifiques, dont les crédits de fonctionnement sont souvent liés à leur capacité à répondre aux problèmes du jour. Une réglementation lourde a conduit en effet à une trop grande polarisation sur deux seulement des quatre familles de produits potentiellement polluants évoqués par C. GASCUEL cet ouvrage les nitrates (poids des directives européennes) et les pesticides (sensibilité gouvernementale aux problèmes de santé humaine). Trop peu d'intérêt est accordé au phosphore, aux métaux lourds, et surtout à la famille des « produits émergents » (résidus médicamenteux, dont les antibiotiques, prions, perturbateurs endocriniens), peu d'intérêt non plus pour la rivière, milieu de vie, jusqu'à la récente directive cadre européenne. Une vision "holistique" de la rivière est mise de côté au profit d'actions dont on a l'impression qu'elles cherchent désespérément à « rattraper » une réglementation en perpétuelle évolution..

- L'importance des travaux sur la mobilisation des acteurs.

C'est sans doute l'aspect le plus original et celui qui est sans doute le plus méconnu. Il correspond sans doute au plus grand défi à relever. Le principal défi reste celui relatif aux conditions du dialogue entre acteurs potentiels : comment éviter, lors de la co-construction du projet collectif sur l'eau qu'il y ait des exclus : des agriculteurs qui ne se sentent pas concernés, des écologistes qui adoptent des positions extrémistes (c'est rare, mais ça arrive), des scientifiques qui se replient dans leur tour d'ivoire, des consommateurs déboussolés et démobilisés par le manque de transparence ou de traçabilité ? Comment éviter que certains refusent le dialogue auquel ils sont conviés ?

De ce point de vue, cet ouvrage et le colloque dont il est le fruit ont été une occasion fructueuse de confronter des points de vue très différents, de se découvrir les uns les autres, des sociologues aux administrateurs, en passant par les économistes, les agronomes, les écologues, les agriculteurs, les consommateurs, les citoyens. Ce défi doit être l'occasion , à l'échelle des bassins versants, de créer les conditions d'un vrai dialogue, d'une réelle construction sur ces problèmes de gestion de l'eau, et pourquoi pas de poursuivre cette dynamique collective sur des projets d'animation, de développement local, de solidarité, de citoyenneté, dépassant le simple cadre de la gestion de l'eau ?

Liste des auteurs

AQUILINA Luc
FR/IFR CAREN, UMR
6118 Géosciences Rennes,
Université Rennes I-CNRS
Campus de Beaulieu
35042 Rennes Cedex

AUROUSSEAU Pierre
INRA-AGROCAMPUS RENNES
UMR Sol, Agronomie, Spatialisation
65, rue de Saint Brieuc
CS 84215- 35042 Rennes Cedex

BAUDRY Jacques
INRA- SAD
65, rue de Saint Brieuc
CS 84215- 35042 Rennes Cedex

BÉGUÉ Véronique
Chambre d'Agriculture
13, rue d'Angers
44110 Chateaubriant

BESNARD Alain
ARVALIS, Institut du Végétal
La Jaillère
44370 La Chapelle Saint Sauveur

BIOTEAU Thierry
CEMAGREF, Unité GERE
17, avenue de Cucillé
35044 Rennes Cedex

BIRGAND François
CEMAGREF, Unité GERE
17, avenue de Cucillé
35044 Rennes Cedex

BORDENAVE Paul
CEMAGREF, Unité GERE
17, avenue de Cucillé
35044 Rennes Cedex

BRAS Anne
EDE, Chambre d'Agriculture du Finistère
5, allée Sully
29322 Quimper cedex

BRIVES Hélène
Institut National Agronomique
de Paris-Grignon
Département SES- Sociologie
16, rue Claude Bernard
75231 Paris cedex 05

CAQUET Thierry
UMR 985 Ecologie et Qualité
des Hydrosystèmes Continentaux
65, rue de Saint Brieuc
CS 84215
35042 Rennes Cedex

CARN Jean-Claude
Chambre Régionale d'Agriculture de
Bretagne
Maison de l'Agriculture
CS 74223- 35042 Rennes Cedex

CAUBEL Virginie
INA
Laboratoire de science du sol
2 rue Le Nôtre
49045 Angers cedex 01

CHAMBAUT Hélène
Institut de l'Elevage d'Angers
9, rue André Brouard
BP 70510
49105 Angers Cedex 02

CHANOMORDIC Brigitte
INRA/LASB
2, place Pierre Viala
34060 Montpellier Cedex1

CLEMENT Bernard
CNRS- Université de Rennes 1
ECOBIO UMR 6553
263 avenue du Général Leclerc
CS 74205
35042 Rennes Cedex

CLUZEAU Daniel
UMR CNRS Ecobiologie
Université de Rennes I
Station biologique de Paimpont
35380 Plélan le Grand

COGNE Hervé
22, rue Joseph Tortelier
35000 Rennes

CORDIER Marie Odile .
IRISA/ Université Rennes1
Campus de Beaulieu
35042 Rennes Cedex

CORGNE Samuel
COSTEL UMR LETG 6554 CNRS
Université Rennes 2
Place du Recteur Henri Le Moal
35043 Rennes Cedex

de BARMON Vincent
DIREN Bretagne
6, cours Raphaël Binet
CS 86523- 35065 Rennes Cedex

DESNOS Philippe
Chambre régionale d'agriculture de
Bretagne
Maison de l'Agriculture
CS 74223- 35042 Rennes Cedex

DORIOZ Jean-Marcel
INRA, Station d'Hydrobiologie Lacustre
BP 511-
74203 Thonon-les-Bains Cedex

DUCHANGE Sophie
FEDEREC Bretagne
280, rue de Fougères
BP 80118- 35701 Rennes Cedex 7

DUFOUX Mélanie
Chambre d'Agriculture de Saône-et-Loire
BP 522
71010 Mâcon Cedex

DUPONT Catherine
Chambre d'Agriculture d'Ille et Vilaine
CS 14226- 35042 Rennes Cedex

DURY Bertrand
Chambre d'Agriculture de Saône-et-Loire
BP 522
71010 Mâcon Cedex

DURAND Patrick
INRA UMR SAS
65, rue de Saint Brieuc
CS 84215- 35042 Rennes Cedex

FALCHIER Michel
Chambre d'Agriculture d'Ille et Vilaine
CS 14226- 35042 Rennes Cedex

GARCIA Frédéric
INRA/BIA
BP 27 31326 Castanet Tolosan Cedex

GASCUEL-ODOUX Chantal
INRA-AGROCAMPUS RENNES
UMR Sol, Agronomie, Spatialisation
65, rue de Saint Brieuc
CS 84215- 35042 Rennes Cedex

GRIMALDI Catherine
INRA-AGROCAMPUS RENNES
UMR Sol, Agronomie, Spatialisation
65, rue de Saint Brieuc
CS 84215- 35042 Rennes Cedex

GRUAU Gérard
CAREN, CNRS
Université de Rennes I, campus de
Beaulieu
35042 Rennes Cedex

HALLAIRE Vincent
INRA UMR Sol et Agronomie
65, rue de Saint Brieuc
CS 84215- 35042 Rennes Cedex

HAURY Jacques
UMR 985 Ecologie et Qualité
des Hydrosystèmes Continentaux
65, rue de Saint Brieuc
CS 84215 - 35042 Rennes Cedex

HEDDADJ Djelali
Chambres d'agriculture de Bretagne
Station expérimentale de Kerguéhennec
56500 Bignan

HERAULT Catherine
Ecole Supérieure d'Agriculture d'Angers
BP 748-
49007 Angers Cedex 01

HOUET Thomas
COSTEL-LETG UMR CNRS 6554
Université Rennes II, campus Villejean,
Maison de la Recherche
6, avenue Gaston Berger
35043 Rennes Cedex

HUBERT-MOY Laurence
COSTEL UMR LETG 6554 CNRS
Université Rennes 2
Place du Recteur Henri Le Moal
35043 Rennes Cedex

JARDÉ Emilie
G2R CNRS Université de Nancy
54506 Vandoeuvre-les-Nancy Cedex

JUSTES Eric
INRA Auzeville
UMR ARCHE
BP 27
31326 Castanet Tolosan Cedex

KERVEILLANT Pierre
EDE, chambre d'agriculture du Finistère
Ferme expérimentale de Kerlavic, Stang
Bihan
29000 Quimper

KOCKMANN François
Chambre d'Agriculture de Saône-et-Loire
BP 522
71010 Mâcon Cedex

LAURENT François
UMR CNRS 6590 ESO
Université du Maine, avenue Olivier
Messiaen
72085 Le Mans Cedex 9

LEBOUILLE Laurence
Chambres d'agriculture de Bretagne
Station expérimentale de Kerguéhennec
56500 Bignan

LE FRANCOIS Julie
INRA-AGROCAMPUS RENNES
UMR Sol, Agronomie, Spatialisation
65, rue de Saint Brieuc
CS 84215- 35042 Rennes Cedex

LE GALL Alain
Institut de l'Elevage Rennes
Monvoisin-
35652 Le Rheu Cedex

LE GOUEE Patrick
GEOPHEN-UMR LETG 6554-CNRS
Esplanade de la Paix
14032 Caen Cedex

LE LURON Annie
SAGE Blavet, centre d'exploitation de la
Niel
56920 Noyal-Pontivy

LEPAROUX Pierre
Chambre d'agriculture
rue Géraudière
44939 Nantes cedex 9

LE ROY Sylvie
Mission BEP
43, square de la Mettrie
35706 Rennes Cedex

LE SAOS Eric
CEMAGREF, Unité GERE
17, avenue de Cucillé
35044 Rennes Cedex

LE TROQUER Yves
Chambre Régionale d'Agriculture de
Bretagne
Maison de l'Agriculture
CS 74223-
35042 Rennes Cedex

LHERITEAU Mélanie
AREAS
2, avenue Foch
76460 Saint Valéry en Caux

LIGNEAU Laurence
Chambre Régionale d'Agriculture de
Bretagne
Maison de l'Agriculture
CS 74223-
35042 Rennes Cedex

LUCAS Jean-René
Association des chambres
d'agriculture de l'arc atlantique
Chambre Régionale d'Agriculture de
Bretagne
Maison de l'Agriculture
CS 74223-
35042 Rennes Cedex

MACARY Francis
CEMAGREF UR Agriculture et
Dynamique de l'Espace rural
50, avenue de Verdun à Gazinet
33612 Cestas Cedex

MARTIN Charlotte
FR/IFR CAREN,
UMR Sol, Agronomie et Spatialisation
INRA-AGROCAMPUS RENNES
65, rue de Saint Brieuc
CS 84215
35042 Rennes Cedex

MASSON Véronique
IRISA/ Université Rennes1
Campus de Beaulieu
35042 Rennes Cedex

MERLE Sophie
DRAF, Service Régional
de la Protection des Végétaux
280, rue de Fougères
35701 Rennes

MÉROT Emmanuelle
Chambre d'Agriculture
13, rue d'Angers
44110 Chateaubriant

MEROT Philippe
INRA UMR Sol et Agronomie
65, rue de Saint Brieuc
CS 84215- 35042 Rennes Cedex

MICHEL Olivier
Mission BEP
43, square de la Mettrie
35706 Rennes Cedex

MINETTE Sébastien
Agrotransfert Poitou-Charentes
INRA Les Verrines
86600 Lusignan

MOLÉNAT Jérôme
FR/IFR CAREN,
UMR Sol, Agronomie et Spatialisation
INRA-AGROCAMPUS RENNES
65, rue de Saint Brieuc
CS 84215
35042 Rennes Cedex

MORETTY Pascale
Chambre d'Agriculture de Saône-et-Loire
BP 522
71010 Mâcon Cedex

NARCY Jean-Baptiste
AScA-RGTE
8, rue Legouvé
75010 Paris

NOVINCE Emilie
CEMAGREF
17, avenue de Cucillé
35044 Rennes Cedex

OEHLER François
CEMAGREF, Unité GERE
17, avenue de Cucillé
35044 Rennes Cedex

OMBREDANE Dominique
UMR 985 Ecologie et Qualité
des Hydrosystèmes Continentaux
65, rue de Saint Brieuc
CS 84215- 35042 Rennes Cedex

OUVRY Jean-François
AREAS
2, avenue Foch
76460 Saint Valéry en Caux

PANAGET Thierry
DRASS Bretagne
20, rue d'Isly
35042 Rennes Cedex

POULINARD Jérôme
INRA, Station d'Hydrobiologie Lacustre
BP 511- 74203 Thonon-les-Bains Cedex

POUX Xavier
AScA-RGTE
8, rue Legouvé
75010 Paris

QUENTRIC Olivier
Chambre d'agriculture des Côtes-d'Armor
BP 540
22195 Plérin

RICKARD Arlin
 Association of Rivers Trusts
Bradford Lodge, Blisland, Bodmin,
Cornwall, PL30 4LF
Grande Bretagne

ROUSSEAU Corinne
Chambre Régionale d'Agriculture de
Bretagne
Maison de l'Agriculture
CS 74223- 35042 Rennes Cedex

RUELLAND Denis
UMR CNRS 6590 ESO
Université du Maine, avenue Olivier
Messiaen
72085 Le Mans Cedex 9

SAADI Zakaria
INRA UMR SAS
65, rue de Saint Brieuc
CS 84215- 35042 Rennes Cedex

SAINT CAST Patricia
CEMAGREF, Unité GERE
17, avenue de Cucillé
35044 Rennes Cedex

SERRAND Pascal
CEMAGREF, Unité GERE
17, avenue de Cucillé
35044 Rennes Cedex

SIGWALT Annie
Ecole Supérieure d'Agriculture
BP 748
49007 Angers Cedex 01

SOULARD Christophe
INRA SAD, LISTO
BP 87999- 21079 Dijon Cedex

STEYAERT Patrick
Domaine expérimental INRA-SAD
de Saint-Laurent-de-la-Prée
545, rue du bois Mâché
17450 Fouras

THENAIL Claudine
INRA- SAD
65, rue de Saint Brieuc
CS 84215
35042 Rennes Cedex

THOMAS Zahra
INRA UMR SAS
65, rue de Saint Brieuc
CS 84215- 35042 Rennes Cedex

TORTRAT Florent
INRA UMR SAS
65, rue de Saint Brieuc
CS 84215- 35042 Rennes Cedex

TREPOS Ronan
INRA UMR SAS
65, rue de Saint Brieuc
CS 84215- 35042 Rennes Cedex

TURPIN Nadine
CEMAGREF, Unité GERE
17, avenue de Cucillé
35044 Rennes Cedex

VERTÈS Françoise
INRA UMR-SAS
65, rue de Saint Brieuc
CS 84215- 35042 Rennes Cedex

VIAUD Valérie
INRA UMR SAS
65, rue de Saint Brieuc
CS 84215- 35042 Rennes Cedex

VINCENT Véronique
Chambre Régionale d'Agriculture de
Bretagne
Maison de l'Agriculture
CS 74223- 35042 Rennes Cedex

VINSON Julie
INRA-AGROCAMPUS RENNES
UMR Sol, Agronomie, Spatialisation
65, rue de Saint Brieuc
CS 84215- 35042 Rennes Cedex

Index des auteurs

Imprimé pour vous par Books on Demand (Allemagne)